振南技术干货集：单片机基础·进阶·创业·十年

于振南　马崇琦　编著

北京航空航天大学出版社

内 容 简 介

本书主要是记录振南近十年的研发、创业、技术管理等方面的经历。内容包含创业沉浮、喜怒忧思、精彩技术、趟坑经历、感悟忠告、研发经验等，有单片机基础、有进阶技巧、有创业项目实战等。一共包含 21 章，每一章一个专题，独立成章，但是章与章之间又相互关联。

本书的读者对象为单片机与嵌入式系统领域的开发工作者以及有志于学习、钻研单片机与嵌入式系统技术的所有人员。

图书在版编目(CIP)数据

振南技术干货集：单片机基础·进阶·创业·十年 / 于振南,马崇琦编著. -- 北京 ：北京航空航天大学出版社,2023.11

ISBN 978 - 7 - 5124 - 4236 - 8

Ⅰ. ①振… Ⅱ. ①于… ②马… Ⅲ. ①单片微型计算机－系统设计 Ⅳ.①TP368.1

中国国家版本馆 CIP 数据核字(2023)第 216133 号

振南技术干货集：单片机

基础·进阶·创业·十年

于振南　马崇琦　编著

责任编辑　胡晓柏　张　楠

*

北京航空航天大学出版社出版发行

北京市海淀区学院路 37 号(邮编 100191)　http://www.buaapress.com.cn

发行部电话:(010)82317024　传真:(010)82328026

读者信箱: emsbook@buaacm.com.cn　邮购电话:(010)82316936

北京雅图新世纪印刷科技有限公司印装　各地书店经销

*

开本:787×1 092　1/16　印张:32.5　字数:832 千字

2023 年 11 月第 1 版　2023 年 11 月第 1 次印刷　印数:3 000 册

ISBN 978 - 7 - 5124 - 4236 - 8　定价:99.00 元

前言之前
我的知识基地——振南知波,知识传播!

花了 5 年时间来写这本书,到最后出版前夕我才发现,我写了 21 章,80 多万字,竟然把我自己的平台和品牌介绍给忘了。所以就产生"前言之前"这十几页文字。

1. 从写书到自媒体

其实这种提法是不恰当的,就如同说"从演话剧到搞艺术"一样。写书其实是最传统的自媒体形式。泛泛来说历史上那些诗人作家,比如李白、杜甫、吴承恩,包括近代的鲁迅、老舍,还有现代的莫言、韩寒、刘慈欣等,其实他们都是自媒体的 UP 主。(以上文字仅代表振南个人观点,请勿过度解读。)

从 2008 年到现在,振南一直在写书,从 znFAT(它已经成长为与 FATFS 齐名的国产嵌入式 FAT32 文件系统开源方案)到现在的这本书,再到后面的"高手 C"。经常被问的两个问题:这么厚的书是怎么写成的? 写书到底挣不挣钱? 我在 2023 年 2 月开通了自媒体平台,发布的第一个和第二个短视频,就是在解答这两个问题(短短 3 个月,播放量已经破 3 万,看来大家非常关心这个问题),如图 1 所示。

图 1　振南自媒体平台首发两个短视频(百万字著作如何写成和写书收益如何过千万)

是的,振南已经入驻自媒体平台了,并且在高频次地发布知识内容。大家可以在微信、抖音、B 站等任何自媒体平台,以及任何搜索引擎,搜索"振南单片机世界"。

"振南你做自媒体,那以后就不写书了,是吗?"

当然不是! 写书我会一直坚持下去。为了能够激励自己写书,我与北京航空航天大学出版社合作建立了"振南技术干货集"系列这个大 IP,今后我的书都会收录到这个系列之中(不论我发展到什么地步,我都定位自己是一个技术者,要为大家提供技术干货)。欢迎大家长期关注。规划中,除了您手上的这本书之外,在 2024 年,还会有两本书纳入其中,分别是《振南技术干货集:

嵌入式C语言·登顶·高手》和《振南技术干货集:嵌入式FAT32·存储·实现·应用》,后者是应广大读者的要求把原来的上下两本进行合订,同时再加入更多新的内容,修订出版,如图2所示。

图2　规划中的3本书(振南技术干货集IP之下)

写书和自媒体不矛盾,反而可以互相促进,互相推广,这是一个良性循环。

2. 为什么还要自己做网站?

自从开始做自媒体之后,有不少人问我:"你搞自媒体就好了,还费劲投钱搞一个振南知波网站干啥?"

我认为我们一定要有自己的"知识基地"(KB,Knowledge Base),如图3所示。

图3　振南的"知识基地"概念图示

金窝银窝不如自己的草窝,抖音学浪、B站、腾讯课堂等再好那也是别人的平台,说白了受限于一些因素,有些课程是不方便上传的,比如一些小课、专题、文档教程、工程代码、心得体会、经验杂谈等。而在我的平台上,就可以更好地去发布一些更多样的东西。因为一切都会按照我们自己的想法和思路来做,所以大家就能看到更本源的、更有振南特色的内容。说白了,在振南知波网站上我们自己说了算,会有更多的优惠活动,甚至是直接送课。还能看到很多内部正在进行中的课程和原始手稿资料。其他平台的内容,往往会比知波网站上要晚一段时间。

还有,振南早已告别了单打独斗的阶段,知波网站或者说品牌的后背是多位合伙人的全力支持,所以我们的内容会非常多样化,并不断吸收新的元素。

振南知波(已注册商标),是我们的知识品牌。

振南知波，知识传播。知识涟漪波及之处，就是单片机和嵌入式工程师的归途，如图 4 所示。

图 4　振南知波官网 www.znmcu.com

振南知波网站的几大版块：

（1）在线课程：振南知波独家的视频课程，后面详细介绍主打课程和旗下讲师。

（2）振南直播：振南团队会定期在抖音、B 站等平台进行直播，现场解答大家的各种问题，还有送课环节，并有机会看到一些业内大咖同台交流。

（3）购买书籍：振南官方售卖我自己写的书，会有更大的优惠，还有振南签名版。直播的过程中也会送书。当然也会有团队其他成员的书，甚至是第三方的书。

（4）产品中心：单片机和嵌入式相关课程与其他种类的课程不同，它需要硬件来进行实操，所以振南将相关的产品也进行了整合，大家在学习的时候也可以直接在网站购买相关的硬件。

当然，这些产品还远不只是为了课程，有很多是工业产品，比如传感器、芯片、模块等，能为你的项目研发选型提供参考。

（5）合伙人计划：振南在长期的创业过程中，深深地认识到：1＋1＞3。只有集结各方的力量才能把事情作好。课程合作、产品合作、项目合作、服务合作，振南欢迎大家任何形式的合作；知识传播、服务传播、接力传播，振南欢迎任何形式的正向传播（见图 5）。让别人成功，才

图 5　合伙人计划

是最大的成功,最终我们将会多赢。

(6) ChatGPT|AI:振南网站已经接入 openAI 以及其他 AI 引擎(背后是振南合伙人所提供的巨大 GPU 算力支持,已经打通了多个 AI 平台,比如百度文言一心、阿里通义千问等),提供了 ChatGPT、AI 绘画、AI 代码生成与检查、AI 扣图、AI 图生图、AI 建模、AI 虚拟主播等,为大家提供一个更大、更高效的获取知识的窗口。

当我们遇到问题的时候,不妨问问 ChatGPT;代码编译不通过,可以让 AI 帮你找错误;写文章需要创意图,可以让 AI 绘画帮你生成插画。

AI+想像力=无限!

网站注册即可使用,还有一些课程来教大家如何更好地使用 ChatGPT 和 AI。

同时关注:

振南自己的私有 AI 服务平台——Suiruo(岁若)。

(7) 论坛留言:有人建议我不要做论坛,理由是难于管理,又占用服务器资源。但是最终我还是留下了论坛版块,这是收集大家反馈意见的最直接的方式。

(8) 振南专区:振南一直以来都习惯有一个个人的空间,在这里可以发布一些个人的东西,比如工作计划、体会心得、日常和幕后掠影等。

(9) 资料库:振南把近十年的技术资料、项目代码等都整理到这里,供大家参考。

(10) 等等,平台还在不断迭代改进。

有人问:"振南,你在哪个自媒体平台?"

其实我几乎入驻了所有主流自媒体平台,有抖音、西瓜、快手、B 站、好看、优酷、微信视频号等,还有与我长期合作的 Elecfans(电子发烧友),他们也推出了自己的自媒体平台,叫硬声。所以,你不用担心看不到我的东西,所有平台每天同步高频次更新。

3. 旗下主力 KE(知识输出者,Knowledge Exporter)

2008 年开始发展的时候,还没有什么 IP 的概念,只知道 IP 是网络地址。现在它有更多的解释,它是互联网的一个"符号"、一个自带流量的内容等。

孤掌难鸣,经过长期的沉淀积累,振南有了自己的知识团队(KT,Knowledge Team)。我们有一个共同的信仰——知识输出与传播,如图 6 所示。

图 6 振南知波知识团队(各人专攻一个方向,图中非全部成员)

宝马. E

Matthew，2016 年毕业于英国谢菲尔德大学，取得 EEE 硕士学位（英国电子电气工程专业）。他是我原来创业团队的硬件技术总监，一直专注于电子工程相关技术，精通嵌入式硬件设计和嵌入式程序设计，有较多的算法应用和优化经验，至今活跃于研发一线。对各种传感器小信号采集和处理、PID 控制、通信协议等有大量实战经验，可以独立完成嵌入式系统从硬件到软件的全栈设计，主导检验检疫口岸设施智能化建设，主导桥梁、滑坡、风电等物联网监测系统研发，主导可穿戴医疗设备的硬件研发和转产，主导智能家电产品研发等。

IOT. 刘

刘德大，嵌入式行业 10 年从业者。他是我原来创业团队的嵌入式软件技术总监，专注于 IOT（物联网），涵盖 NB-IoT、LoRa、4G 等技术。曾主导开发结构监测和仪表计量等设备，量产数百万台并长期稳定运行。在长期的研发工作中，积累了丰富的经验。精通 FreeRTOS、RT-Thread 等嵌入式操作系统。近些年来，专注于国产芯片 ESP32 的研发。开发量产了 ESP32 终端设备，这些产品在百万台级别上稳定运行。深入了解 ESP32 的功能和特性，包括其强大的处理能力、丰富的接口支持以及 Wi-Fi 和蓝牙等无线通信功能。

英容. AI

英荣，互联网行业技术总监。精通互联网应用技术体系搭建，高并发系统架构设计，k8s 容器集群搭建；熟悉搜索推荐算法，具备应用搜索推荐算法提升用户留存、点击率的案例经验；推动 AI 人脸模拟整形落地，构建企业私有数据 ChatGPT 智能客服提升转化效率。

Linux. Z

海峰，嵌入式行业 10 年从业者。精通嵌入式 Linux 系统驱动及应用开发，汽车电子行业，5 年嵌入式研发经验，联合开发了智能公交巡检车、主动安全 AI 视觉报警相关系统设备。

以上是振南知波旗下的主力 KE，当然还有更多的 KE，他们的专攻方向涵盖了 FPGA、DSP、电源、机械、生产制造、算法、C++、虚拟技术、AI，甚至是职场人际等。

而且，他们在各自擅长的方向上都已经达到了专家级的水平（基本都是总监或公司创始人的角色）。技术好，经验丰富，又能讲出来，这是很难得的。

我们会不断为大家输出相关知识产品。

若您是同道中人，有激情、毅力、知识创业信念，那欢迎您加入知识聚变计划。

4. 主打课程介绍

（1）《十天登顶嵌入式 C 语言之巅（高手 C）》百集大课，领衔 KE：于振南

由振南历时一年筹划录制，揭秘很多嵌入式 C 语言中你所不知道的知识，剖析经常出错的问题、实用的编程技巧，还有高手的思维模式和内功心法。

这是振南近十年来，第一次系统化地讲 C 语言。（振南一直认为自己没有资格讲。）

希望这套课程，可以让那些已经入门 C 语言，甚至已经奋战在研发一线的单片机和嵌入式软件工程师们，还在"半山腰"徘徊迷茫的人们，能够再提升一个层次，最终登顶嵌入式 C 语言之巅峰，不再为 C 语言技术问题所困扰！如图 7 和 8 所示。

图7 《十天登顶嵌入式 C 语言之巅（高手 C）》，领衔 KE：于振南

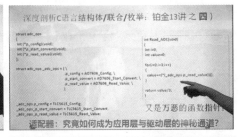

图8 《十天登顶嵌入式 C 语言之巅（高手 C）》百集课程截图

(2)《嵌入式操作系统从入门到精通——基于 FreeRTOS》课程超 60 讲,领衔 KE:于振南

振南在 2023 年 10 月完成了"高手 C"大课的录制之后,虽然还有很多事,但是已经在网上承诺给大家要出一套低门槛超通俗的 RTOS 课程。所以,我马上又投入了这一课程的筹备之中。

振南早在 2011 年就开始接触嵌入式操作系统,当时使用的是 VxWorks,一种强实时操作系统,主要用于某型战机的自动驾驶。然后 VxWorks 一用就是 6 年(主要是军工和实时工业控制领域),都是在设计一些对实时性要求非常高的产品。在 2017 年之后,振南开始大量使用 RT－Thread 和 FreeRTOS,主要涉及物联网、传感器和民用医用产品(相对来说,它们要求没有那么高)。

我做课程的一个原则:我必须要精通它,才会去教授它,正所谓"误人子弟,罪莫大焉!"

这也是我近十年来,第一次系统化地讲嵌入式操作 RTOS,我想我是有资格的。

我知道很多人从裸机开发过渡到基于 RTOS 进行开发,是比较痛苦的。它比我们入门单片机和 C 语言更加痛苦。但是痛定思痛,只有过了这关,大家才能被称为真正的"嵌入式软件工程师";否则的话,你就只是一个"单片机工程师"。二者是有巨大差距的,最直接的体现就是职业地位和薪资待遇。

所以,我做了一套低门槛、超通俗、适合裸机到 RTOS 无痛过渡的、有基础、有实扣、有项目实战的课程(见图 9)。希望能够解决大家普遍存在的问题,提升自己,拿到高薪。

图 9　《嵌入式操作系统从入门到精通——基于 FreeRTOS》,领衔 KE:于振南

（3）《十天学会 Altium Designer 20 电路设计》,领衔 KE:宝马.E

本课程主要分为三大部分内容:

① Altium Designer 20 速通。以一个最小系统板为例,快速过一遍 Altium Designer 20 的主要功能,包括原理图、封装和 PCB 绘制,Gerber、坐标文件、BOM 导出等。

② Altium Designer 20 进阶。以实战中会遇到的各种功能电路为例,为大家讲解更实用的设计技巧,进一步讲解设计过程中用到各种工具,深入剖析设计细节、提高设计效率,使大家可以完成更复杂的电路设计和 Layout。

③ 升华主题。以 Altium Designer 20 作为平台,一起探讨信号完整性问题,为大家揭示信号传输的秘密,从原理设计到 Layout、如何避免干扰、如何进行 EMC 整改等。

本课程内容力争通俗易懂,并且符合各个需求层次的人群;努力做到开卷有益,切实为大家技术的进步做出贡献,如图 10 和图 11 所示。

图 10　《十天学会 Altium Designer 20 电路设计》宝马.E 课程截图一

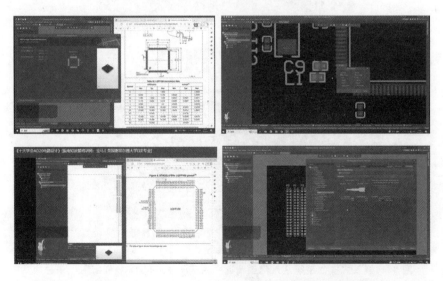

图 11　《十天学会 Altium Designer 20 电路设计》宝马.E 课程截图二

（4）《精讲 ESP32 物联网实战开发》百集大课，KE：IOT. 刘

此课程覆盖从 ESP32 的基础入门到高级应用的各个方面，帮助学习者快速上手并掌握 ESP32 的开发技巧。详细介绍 ESP32 的硬件结构、编程环境的设置和配置，以及如何使用 ESP‑IDF 开发框架进行应用程序的开发。此外，还分享一些实用的技巧和调试经验，帮助学习者解决常见的问题和挑战。

通过这套课程，能够帮助更多的人理解和学习 ESP32 的开发，从而开发出更加稳定和强大的嵌入式物联网产品。课程详情如图 12 和 13 所示。

课程内容	学完你能得到什么
◇ 单片机原理 ◇ C 语言基础 ◇ FreeRTOS操作系统 ◇ ESP32 单片机外设 ◇ Wi‑Fi IP 网络层协议 ◇ 网络编程，应用层协议 ◇ 蓝牙 gatt 操作 ◇ 物联网设备 OTA ◇ ESP32 连接物联网平台 ◇ 环境监测设备设计与实现	◇ 理解什么是单片机 ◇ 掌握 C 语言核心内容 ◇ 掌握 iic spi uart adc 等外设 ◇ 掌握操作系统核心内容，理解 ESP32 工程代码 ◇ 掌握网络编程 tcp https mqtts ◇ 理解蓝牙协议基本概念， ◇ 快速入门掌握嵌入式产品开发

图 12 《精讲 ESP32 物联网实践开发》课程内容及学习目标 IOT. 刘课程截图

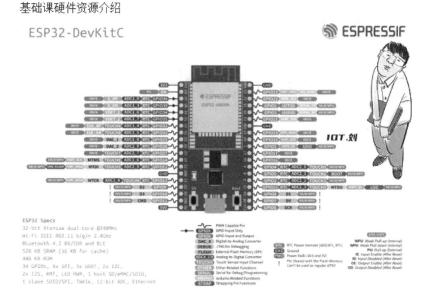

图 13 《精讲 ESP32 物联网实践开发》课程硬件介绍 IOT. 刘课程截图

还有很多录制中和规划中的课程，大家可以关注。

5. 知识聚变与裂变

振南一贯的风格是不喜欢抄袭，而更热衷于按照自己的思维逻辑来创造新东西，我的 zn-

FAT 就是在这种逻辑下的典型产物(znFAT 现在已经成为国内最知名的开源嵌入式 FAT32 文件系统方案)。于是产生了 4 个概念:知识聚变、知识裂变、知识期货和知识基地,前文之中已经有所提及。

(1) 知识聚变(KFu, Knowledge Fusion)

很多人有很好的知识储备,甚至在某一方面是专家,但是他讲不出来。我们希望他能在我们的引导之下,进行知识输出,把知识传播到给更多人。

还有一些人已经录制了自己的课程,而且质量很好,但是没有推广渠道导致不能很好地传播知识,当然也就不能实现自己的知识收益,这很大程度上打击了这些 KE 的积极性。那我们希望在振南和天祥的加持之下,把知识的价值放大,实现自我价值的同时,让你的知识帮助到更多的人。

这就是知识聚合(把各方的知识都聚合到振南知波这个知识基地中来)。

希望有更多的人,能够加入到知识基地中来(KB),如图 14 所示。

图 14 振南知波知识聚变计划图示

(2) 知识裂变(KFi, Knowledge Fission)

很多人有很好的学习能力,同时也渴望更优质的知识。那我们就把知识传播给他,并通过他接力式地传播给更多的人。这就是知识裂变(把知识基地中的知识传播出去,并推动自发裂变)。

希望有更多的人,能加入到知识的传播中来(KD, Knowledge Disseminators),如图 15 所示。

(3) 知识期货(KF, Knowledge Furtures)

我们应该崇尚知识,并深刻地认识到:知识是最崇高的,知识的创作和传播是最有价值的工作,如图 16 所示。

"知识付费(KP, Knowledge Payment)"是社会进步和人民价值观提升的最大体现。知识比金子、钻石更加珍贵,因为它可以影响一个人的一生,它应该是有价格的,而且价格理应不菲。

图 15　振南知波知识裂变计划图示

图 16　知识输出与传播是最崇高、最有价值的事业

我们深知一点：自己能理解和运用知识，和能把知识系统化地讲出来，给到别人脑子里，这是完全不同的两件事。后者需要知识输出者(KE)花费更大的时间和精力。

有人会问我："一套 2 000 分钟的课程，需要花费多少时间和精力去制作？"其实不好去评估。很多人对于课程是如何制作的，尤其是视频课程，不甚了解。

我们可以有一个简单的认知：一套优质的课程，每 3 分钟，幕后大约要花费 1 小时的时间，包括文案、课件、录制、剪辑后期等。所以一套 2 000 分钟的课程，大家可以算算需要多少时间，大约是 1 个月的时间。但是人是要休息的，按 8 小时工作制来说，那就需要 3 个月的时间。这是全职的情况下，绝大部分人不会像振南和天祥一样，全职来做课程。一天最多花 1 到 2 个小时在课程上。这样算下来，总共需要 1 到 2 年的时间，而且前提是要有足够的毅力和精力坚持每天做。95％的人会迷失在这个过程中，最终不了了之。只有 5％的人能够脱颖而出。而后期高昂的剪辑制作费用又是一大障碍。

我说的这些你可能仍然无法理解，那一个活生生的例子就可以让你彻底明白：一部 2 小时的电影为什么要花费几年时间拍摄，同时又要耗费巨资，这是同样的道理。

振南知波，知识基地，能为你做什么？协助你完成课程内容，或者说是一种鞭答。

KE 只需要专注于知识本身的内容创作，后期剪辑、传播、裂变都不需要 KE 操心。

我们会把知识的价值最大程度放大。

知识输出，已经不仅仅是录个课那么简单的事情了。这是在创业，知识创业，它是一个行业。振南和天祥，十几年来，创作了很多的经典课程和书籍，我们就是一直在做知识创业这件事。在屋子里闭关半年，这都是很平常的事情。但是长期知识输出的回报也是丰厚的，它为我们带来了财务自由和行业地位，如图 17 所示。

单片机学习视频清单

1、	郭天祥——《十天学会单片机和 C 语言编程》	（此教程开放下载）
2、	于振南——《单片机基础外设 9 日通》51 版	（此教程开放下载）
3、	51 单片机高级外设	（此教程开放下载）
4、	叶大鹏——十天学会 AVR 单片机	（此教程开放下载）
5、	尹延辉——AVR 单片机软硬件设计教程	（此教程开放下载）
6、	郭天祥——十天学会 PIC 单片机	（此教程开放下载）
7、	郭天祥——CPLD 系统设计及 VHDL 语言的视频教程	（此教程开放下载）
8、	特权——深入浅出玩转 FPGA	（此教程开放下载）
9、	威尔达电子——十天学会 MSP430	（此教程开放下载）
10、	Altium Designer6.9 视频教程	（此教程不开放下载）
11、	STM32 视频教程（振南电子）	（此教程不开放下载）

图 17　网络单片机视频课程 top20（振南天祥位列榜首）

我们在知识创业初期的时候，会把一整套课程花半年到一年的时间全部录制完成，然后才会整体进行发布。有人会问："不能录一集发布一集吗？还有做课程真能挣钱吗？"我们更多考虑的是课程的完整性，如果集与集之间拉得时间太长，将不利于人们的学习。

要说的是，在这个过程中是没有任何盈利的，甚至课程最终都会免费发布。我们想得更多的是：如何能让更多的人看到我们的东西，真的没有考虑太多挣不挣钱的问题。让我来形容当年的状态就是：挣人气不挣钱。

"那你们的动力是啥呢？"

学习者的一句好评、一个笑脸、一声谢谢，其实就是我们最大的慰藉和动力。

做事投入要最大化，回报预期要最小化，这样才能把事情持续进行下去！

——启发于稻盛和夫 经营哲学（日本著名实业家）

他还有另一句名言：

成功的人往往都是那些沉醉于所做之事的人！

在那样一个时代，人们会知道我们的名字，会去看我们的课程。但是要让他们掏钱，却并不容易，因为人们普遍认为网络上的东西就应该是免费的，专业名词叫"白嫖"。

但是现在的情况已经完全不同于当年，这是一个更加崇尚知识的时代。抖音学浪、腾讯课堂、B站等很多的知识平台势如破竹，迅速发展。我们这些老牌的知识创业者又迎来了春天。人们普遍接受了知识付费这一理念，并把讲师奉为崇高的存在。

时代变了，但是有一点永远不会变，那就课程质量。有句话叫："平地抠饼，对面拿贼。"我们要用真本事，高质量的课程讲解，来让人们认同，而容不得半点投机取巧。但凡课程不好，学习者扭头就走，甚至直接否定你这个人。课程质量是重中之重。

在振南知波平台，还有天祥的 PN 学堂，我们有一个约定成俗的做事风格：从来不会轻易去催 KE，要给他们充足的时间去准备，去发挥，来保证课程质量。粗制滥造，提前变现，无异于杀鸡取卵。对于一些重点核心的内容，我们还是会亲自来讲，虽然我们都很忙。

知识可以换算为金钱，这是一场巨大的革命！

我提出了知识期货的概念，如图 18 所示。

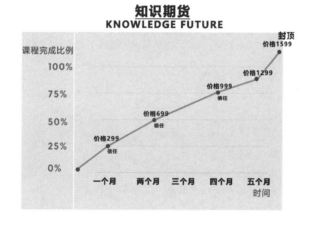

图 18　课程更新过程中可以低价买断全套课程

它能更好地促进知识的创作和传播，它的好处是多方面的：

① 允许 KE 课程做到 1/4 即可带承诺发布，比如承诺在某个时间点之前完更；

② 允许学习者以较低的中间价格直接买断课程（即课程当前及未来所有课时），当然这是基于他对课程的认可和对 KE 承诺的信任；

③ 学习者可以在过程中提出自己的问题和建议，KE 可以在后续课程中解答问题和实时优化课程。（某种层面来说，接近于面传心授，或者直播讲课，就是学习者的意向会影响课程后面的走向。）

在这样的一种设定之下，学习者可以提前低价学到知识，而 KE 则可以有基本的收入，以支撑其创作。

知识期货、知识聚变、知识裂变、知识基地是振南知波平台的主要运作思想，或者说是一套生态理念。其他知识产品也是相同的道理，比如书籍、文档教程等。

这个"前言之前"比真正的"前言"字还多，振南也是醉了。

接下来，欢迎进入振南的技术世界。

于振南

2023 年 9 月

前　言

振南写书一般都会把前言放到最后来写,因为我希望在前言中表达关于书更详细的内容,包括写作动机、写作过程中的点滴以及写完之后的感悟。而这些在写书伊始是无法真切表达的。我不希望前言之中都是一些慷慨激昂的展望和计划,那样显得太空洞。我习惯于先把事情做完,再说。

我原以为写前言是写完全书之后的消遣和放松,但是当我真得拿起笔要开始写的时候,我发现并不那么容易。前言一般只有几页而已,我却思考了半个月,多次的彻悟、哽咽、鼓起信心、又泄气而霜……这本书,应该说每一章我都是倾注了真切的感情的。每到一章,就好像又把我拉回到了当时的场景,沉浸在往事之中,把喜怒忧思悲恐惊这人生七情又体验了一遍。最后,我定坐下来,开始写这个前言。

1. 写书不挣钱?

很多人都知道我原来写过一套书,叫《嵌入式 FAP32 文件系统设计与实现——基于振南 znFAT》。这套书从执笔到封笔一共历时 5 年,所花的精力可谓很大。天天的生活就是:走路想书、吃饭想书、睡觉想书,而一旦有了空闲就坐下来写书,电脑上、手机上、书稿上。这样的生活持续了 5 年。

我要说:写书是一件非常累的事情,从身体到精神。如果你有打算著书立说,那请做好打持久战的心理准备。

更多的还不是写书本身所带来的累和透支体力和脑力的写作。还有很大的一方面是不明就里者的非议和怀疑。

最常被问到的一个问题是:写书挣钱吗? 说实话,真不挣钱。

记得 2012 年,我因为长期用脑过度得了严重的精神衰弱和抑郁,刚开始的时候还不知道是抑郁,在多家医院治疗无果之后,最终开始怀疑是精神上的问题,开始在北医六院治疗。

"你有什么思想负担吗?"医生问我。

"其实也没什么负担。"

"你在北京定居了吗?"

"嗯,定居了。"

"做什么工作?"

"我就在国企，比较稳定。"

"有孩子吗？"

"还没有。"

"那你这基本没有什么压力啊，正是最轻松的时候，怎么会抑郁呢？"

"我是在一直写书，在这方面耗费精力比较大。"

"写那玩意儿又不挣钱。"

……

我给他解释了很多为什么要写书。也许真的是我对"书"过于执迷了。一件短期内看不到收益的事情，甚至永远看不到收益的事情，我却如此乐此不疲。

《嵌入式 FAP32 文件系统设计与实现——基于振南 znFAT》一书出版多年后，大约是2017 年，我开始萌发写这本书的想法，真是好了伤疤忘了疼。

这些年一直有一些抑郁症状伴随着：让人对事情失去兴趣，影响思维能力，易疲劳。尽管这样，我还是开始了这本书的写作。很多人，包括我家里人，看到我这个状态，都开始担心了。

"别写书了。费那么大劲，又不挣钱，老写书干啥？好好把身体养好最重要。"

"写书没用，好好上班得了。"

"你孩子不管，家也不管的，就写书，有什么用？就算你真写出什么名堂，也是失败的。"

……

这些话，一直回荡在我耳边，成为一种谴责和否定。写书真的不挣钱？我需要给自己一个理由！

2. "书"对我的深远影响

我开始矛盾，心里在不断的否定自己，举棋不定。生命并不只有写书这一件事，我是时候开始关注一下更多的事情了。基于此我开始分出精力在家庭、在感情、在人际关系等方面。开始解放自己，努力让自己变得像一个"正常人"一样。

但是"写书"要坚定不移地进行下去，我认为"书"是非常好的载体和平台，可以推广我和我的东西。不能用大块的时间写书，那我本身就要做出"进化"：用平时的碎片时间和垃圾时间来写书。比如陪孩子玩了一天之后，大家都睡了；又比如午休时间；再比如在 KFC、咖啡厅等。

我慢慢形成了自己的一套"写书"思维和方法：如果说写一本书需要 5 年，那么其中有 3 到4 年都是在思考：大纲、素材、细节等。那么就把这些思考的时间分散到生活点滴中去：坐车的时候、散步的时候、上厕所的时候、甚至做梦的时候。做到没有想明白之前，不要动笔，一旦动笔就要一气呵成。在思考的时候，要把一些关键的点记录下来，它将成为最终写作的脉络和指导，如图 1 所示。

把写书的模式从"憋在屋里"转变为了"移动式"。能做到这一点，并不容易：你需要时刻想着写书这件事；牺牲一些娱乐时间，比如看视频、听音乐等；从纷繁的琐事中脱离出来，保持一个聚焦的头脑。

读者可能会问："你兼顾了生活和写作，足够勤奋和自律，但是你还是没有回答那个问题：

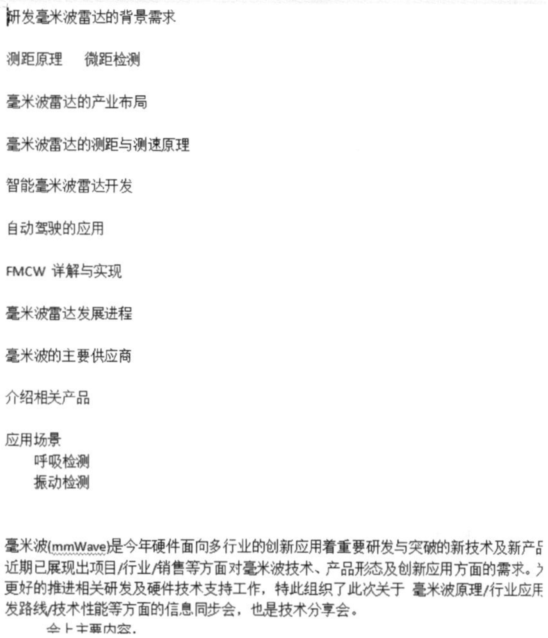

研发毫米波雷达的背景需求

测距原理　微距检测

毫米波雷达的产业布局

毫米波雷达的测距与测速原理

智能毫米波雷达开发

自动驾驶的应用

FMCW 详解与实现

毫米波雷达发展进程

毫米波的主要供应商

介绍相关产品

应用场景
　呼吸检测
　振动检测

毫米波(mmWave)是今年硬件面向多行业的创新应用着重要研发与突破的新技术及新产品。近期已展现出项目/行业/销售等方面对毫米波技术、产品形态及创新应用方面的需求。为更好的推进相关研发及硬件技术支持工作，特此组织了此次关于　毫米波原理/行业应用/发展路线/技术性能等方面的信息同步会，也是技术分享会。
　　全书主要内容.

图 1　书中每一章背后的"思考文案"(图为毫米波雷达一章)

'写书不挣钱，写书的动机在哪里？'"

到底做一个写书的僵尸，还是要有些收益，也不一定是金钱上的？这个问题，答案当然是后者。最终，我给了自己一个"为什么要写书"的理由。

2017 年我从国企安逸的生活中"逃逸"出来，开始进入某大厂担任硬件负责人。在我入职的第一天，有人喊了我一声："于老师！"部门领导也知道我出书的事情，在入职介绍的时候向大家隆重介绍我。

因为我长期窝在国企比较闭塞，不知道我的书、我的视频教程、我所发布的一切，已经让我有了很大的人群。同事们说："于老师，我很久就在看您的视频教程，还有书。"

我已经名声在外，这就是我所做的事情带来的收益，它是无形的，是"写作"和"知识"之树结出的无名之花。

这种无形的收益的影响力远比我想象的更加深远。书和知识如暗流一样，已经串入了网络的各个角落，这是看不见的火种在延续。

后来，我在往更高的职位在走，开始涉及管理，游走的公司也很多，不再局限于闷头做技术。我发现，每到一个公司，硬件电子相关的员工都有人认识我。可以说，我基本做到了，人未见而名在外。

这种行业内的肯定，是我写书的理由！

3. 十年过往？你记性太好了吧！

这本书主要是记录我过去十年的经历，有研发、创业、低谷、高潮等。希望我的经历可以为大家提供参考和借鉴。经历无法复制，但是我走过的坑、趟过的水，大家可以绕开。也许可以助你更快地达到人生巅峰。

在写书的后期,很多人都参与到了我的"书稿内部评审"中,被问得最多的问题是:"这么多的项目和知识点,你是怎么收集到的? 十年的过往,你的记性也太好了吧?"

上面说了,振南在 2017 年就在筹划这本书了。开始刻意地要求自己养成一种习惯,就是把一些精彩的点滴,比如技术点、感悟、解决 bug 的方法等,都记录到云文档中。最后这些点滴会形成巨大的知识财富和"启发库"。从这些只言片语或者"关键词",我就可以联想起当时的情景,而把多个点滴串联起来,可能就能构成一个"链条",可以撑起整个记忆。

振南可以让大家看看这十年我所记录的点滴,本书就是来源于此,如图 2 所示。

212	我与郭天祥的那些事	
213	关于 STC 单片机	
214	那些屎一样的外包项目	
215	"STM32*+SD 卡(DMA)+znFAT+OV7670"录制 AVI 视频"(AVR 版升级)	
216	OV7670 摄像头+AVR+SD 卡+znFAT 作"录像机"! (飘逸极致) 附 AVI 软件	
217	STM32+SD 卡+znFAT+TFT 液晶+AVI 解码实现视频播放	
218	Stm32 的那些替代芯片　　　GD	
219	submodule　　　git merge	
220	技术员怎么保证身体健康	
221	技术员适合找什么样配偶	
222	家庭	
223	恋爱史	
224	电化学传感器和电化学信号处理	chongqi
225	如何作好技术管理	
226	技术只占 10%, 那 90% 是什么? 要成功	
227	SD 卡驱动, 高性能 SD 卡驱动	
228	嵌入式软件架构　RCEF	
229	先求基础功能, 再求软件优雅	
230	Micropython　　解释器	
231	硬件公司产品纳入书中　形成循环	

图 2　十年来振南所记录的"只言片语"

可以说,这一切都是我自己一手营造起来的,一个横跨十年的计划。

4. 关于我与郭天祥

在本书中专门有一章"我和郭天祥的那些事儿",主要是写我和郭天祥从认识到现在的整个经历和纠葛(我很谨慎的用了"纠葛"这个词)。有兴趣的读者可以移步这一章看看。

我知道这么多年来,网上和圈内对于我和郭天祥的关系有很多的讨论和关注,甚至衍生出很多的说法。为了正声和澄清很多事情,我才写了这一章。

首先,郭天祥是富有商业头脑的技术者,他是这个时代所不多见的人才,甚至是先驱者。我们所有人都应该向他学习。一切的成功都基于不断的坚持和智慧,两者缺一不可。少了前者就是三分热情,少了后者就是蛮干。

应该说我是因为郭天祥才有了基本的初始人气,这使得我后面的很多努力变得有意义。

关于我和郭天祥,振南只在这里轻点一下,不展开,否则那一章就没有意义了。

5. 关于这本书

虽然《嵌入式 FAP32 文件系统设计与实现——基于振南 znFAT》一书和相应的 znFAT 开源软件为我笼络了一些人气，但是我认为这本书在营收上来说是失败的。其根本在于 zn-FAT 和嵌入式 FAT32 文件系统是非常专业的技术，这导致它的受众人群比较窄。

"你的粉丝那么多，怎么还会愁书卖不动呢？"

这个原因是这样，我可以引用一个故事来解释这个事情。

20 世纪 80 年代的时候，中国刚开始搞改革开放，把经济搞活。有一些酒贩子想苏联人嗜酒如命，如果把国产的茅台出口到苏联，肯定可以大卖。但是后来他们发现茅台在苏联根本卖不动。究其原因是苏联人习惯了伏特加这种烈酒，对茅台并不感兴趣。

这个故事告诉我们：一定要给对方他觉得好的，而不是你觉得好的。

虽然人群基数众多，但是使用嵌入式 FAT32 文件系统的人有多少？在这些人里面，愿意深入去了解其底层技术的又有多少？

这个问题引发了我的深思，开始慢慢参悟到市场的基本逻辑，并开始用这种逻辑来思考问题。我认为我应该写一本人们真正想要的书，它贴近地气、通俗易懂，书中的内容就是人们平时所经过遇到的问题。不要一味地拔高炫技，而要面向于基础人群。而且，不单单是说技术，还要有更多的故事和创业经历。

在这个的逻辑下，于是有了这本书《振南技术干货集：单片机基础·进阶·创业·十年》。

振南在这里就说这么多。翻过这一页，大家会发现本书的目录都与众不同，从目录中基本可以一览本书的全貌和亮点。我想你一定会被本书深深吸引，爱不释手，从而收获颇丰。

欢迎进入振南的知识世界！

于振南

2023 年 3 月

目　　录

第1章　振南当年入门单片机的那些事儿 ································· 1

1.1　注定堕入单片机 ·· 1

1.1.1　懵懂好奇的我 ··· 2

小时候好奇的性格经常让我屁股开花。初中开始对计算机产生兴趣，并一发不可收拾。

1.1.2　我的 C 语言学习经历 ··· 2

上大学后自学 C 语言。遇到"能人"加入 ACM 竞赛。感觉 C 语言乐趣多多，程序如人生。

1.1.3　C 语言的顶级赛事 ··· 4

ACM 国际程序设计竞赛在东北被我们发扬光大。ACM 竞赛浙大的一段传奇佳话。振南在关注的 IOCCC 国际混乱 C 代码大赛。网吧包宿学 C 语言惊呆室友。

1.1.4　岔路口上选择单片机 ··· 5

搞纯软件还是搞单片机，这是一个抉择。鬼才杜撰拉我进入单片机快车道。

1.1.5　窗户纸破了 ·· 7

入门阶段的困惑，看破 C 语言与单片机之间的鸿沟。

1.2　看穿单片机 ··· 8

1.2.1　CPU 模型 ·· 8

CISC 与 RISC 指令集。CPU 如何执行指令。汇编不是第一代编程语言，打孔纸带才是。

1.2.2　存储器模型 ·· 10

存储器就是一个指令和数据的容器。

1.2.3　总线模型 ·· 11

地址、数据和控制三大总线。贯穿整个单片机芯片的通路。

1.2.4　外设模型 ·· 14

1.3　单片机跑起来 ·· 15

1.3.1　时钟系统 ·· 15

时钟是单片机激励和血液。时钟频率不能无限提高。

1.3.2　二进制 ·· 16

为什么单片机采用二进制？振南告诉你如果单片机使用十进制会怎样？

1.3.3　中断机制 ·· 18

中断不是在给 CPU 捣乱。中断对于单片机为什么如此重要？

第2章　C 语言的那些"骚操作" ··· 20

2.1　字符串的实质就是指针 ·· 20
　　如何将 35 转为对应的十六进制字符串"0X23"？

2.2　转义符\ ·· 22
　　打入字符串内部的"奸细"。

2.3　字符串常量的连接 ·· 22
　　字符串常量是双面胶,你知道吗？

2.4　长字符串的拆分技巧 ·· 23
　　GPS 数据帧 NMEA、Shell 命令行和 AT 指令的解析,是长串拆分的典型应用。

2.5　取出数值的各位数码 ·· 25
　　玩多位数码管的必有操作。

2.6　printf 的实质与使用技巧 ··· 26
　　自认为很了解 printf？那你试过向 3 个 UART 打印吗？或者打印到液晶屏上？

2.7　关于浮点数的传输 ·· 27
　　浮点只是一种假象,看清它的本质。

2.8　关于数据的直接操作 ·· 29
　　如何快速计算浮点的相反数,乘以—1.0？再想想。

2.9　浮点的四舍五入与比较 ·· 29
　　老师说浮点不能直接判等,为什么？

2.10　出神入化的 for 循环 ·· 30
　　for 循环很熟悉了吧？OK,振南出了几道题,来试试。

2.11　隐藏的死循环 ··· 31
　　我们在明处,有时死循环在暗处。

2.12　看似多余的空循环 ··· 32
　　没用的东西？

2.13　独立执行体 ··· 32
　　这个概念 C 语言里没学过？那就对了,我经常用。

2.14　多用()无坏处 ·· 33
　　万物皆可加括号。

2.15　==的反向测试 ·· 34
　　把==错写成=,能让你调程序调到吐血。

2.16　赋值操作的实质 ··· 34
　　让数学教授困惑半生的 C 语言赋值操作。

2.17　关于补码 ··· 35
　　摊牌了,CPU 其实不会作减法。

2.18　关于—1 ··· 36
　　—1 就是全 F,全 F 就是—1。

2.19 字节快速位逆序 ··· 36
　　时间与空间的相互转化——计算机中的相对论。

2.20 关于 volatile ··· 37
　　有些东西不可优化。

2.21 关于变量互换 ··· 38
　　位操作的奇妙。

2.22 关于 sizeof ··· 39
　　告诉你关于 sizeof 那些少人关注的问题。

2.23 memcpy 的效率 ··· 40
　　小小的函数也有大大的背景。

2.24 [] 的本质 ··· 40
　　你以为 [] 只是数组下标?

2.25 ♯与♯♯(串化与连接) ··· 41
　　一个不曾出现在 C 语言教材中的知识点。

第3章　各大平台串口调试软件大赏 ······························· 42
　　串口的重要性不言而喻。为什么很多平台把串口称为 tty,比如 Linux、MacOS 等
　　等,振南告诉你。

3.1　各平台上的串口调试软件 ······························· 42

3.1.1　Windows ······························· 42
　　大家可以挑选适合自己的软件下载下来试试。

3.1.2　Linux ······························· 52
　　Linux 下最常用的串口软件 CeutCom 和一个基于命令行的串口软件 minicom。

3.1.3　MacOS ······························· 55
　　用 MacBook 来搞硬件调试,你真土豪。

3.1.4　iOS 与安卓 ······························· 58
　　用手机来调试串口,配上这些软件,真是一机在手,一切全有。

3.2　串口监控的一些方案 ······························· 62

3.2.1　硬件方案 ······························· 64
　　只需一根导线,串口双向数据尽收眼底。

3.2.2　软件方案 ······························· 64
　　串口抓数和协议分析利器,涵盖 Windows 与 Linux。

第4章　研发版本乱到"妈不认"? Git! ······························· 70

4.1　关于 Git ······························· 70

4.1.1　Git 的前世今生 ······························· 70
　　Git 和 Linux 的生父都是 Linus,振南给你讲讲当初关于 Git 的爱恨情仇,其背后
　　其实是开源与闭源两座阵营的明争暗斗。

4.1.2　Git 的爆发 ······························· 72
　　Git 超越时代的分布式思想。振南再给你讲讲旧金山三个年轻人创办 GitHub,
　　打败 Google,逆袭上位的创业故事。据说 GitHub 服务器要放到火星去?

4.2 用 Git 管理软件代码 ·· 73

　4.2.1 Git 的本地化使用 ······································ 73
　　　以实例来讲解代码仓库的创建、提交、分支等基础内容。

　4.2.2 Git 的远端使用 ·· 82
　　　以实例来讲解仓库的克隆、推送等基础内容。

　4.2.3 代码拯救纪实 ·· 85
　　　Git 绝不会把代码弄丢。一次有惊无险的代码追回经历，根源是对 Git 机制理解不深。

4.3 用 Git 管理硬件 PCB ·· 89
　　对于硬件资源你是如何管理的？ final_final_打死不改_final_1.2.zip？ 还是用 Git 吧。

　4.3.1 Git 的增量式管理 ······································ 89
　　　Git 具体是如何对资源进行管理的？

　4.3.2 AD 中的 Git ·· 90
　　　AD 是原生支持 Git 的，让我们把它利用起来。

　4.3.3 PCB 工程的协作开发 ···································· 94
　　　团队协作中的冲突是如何产生的？ 如何解决冲突？

第 5 章　I/O 口不够，扩展器来凑 ·································· 96

5.1 基于 74 系列芯片的廉价方案 ·································· 96

　5.1.1 并行输出端口扩展 ······································ 96
　　　74HC573 是 8 位并行锁存器，16 位并行锁存器你见过吗？

　5.1.2 串行输出端口扩展 ······································ 99
　　　74HC595 是 8 位串转并，那 16 位串转并你见过吗？ 菊花链级联你知道吗？ 顺便说一下振南趟过的那些芯片选型的坑。在芯片短缺，价格飞涨的大环境下，如何安全地进行芯片选型？

　5.1.3 并行输入端口扩展 ······································ 102
　　　数据选择器可用于并行输入端口扩展，更巧妙的方法在等你。

　5.1.4 串行输入端口扩展 ······································ 102
　　　74HC165 是 8 位并转串。165＋595＋菊花链级联是使用 74 系列芯片实现 IO 端口扩展的终极方案。

5.2 基于专门 I/O 扩展芯片的方案 ·································· 104

　5.2.1 并行 I/O 扩展芯片 ······································ 104

　5.2.2 串行 I/O 扩展芯片 ······································ 108
　　　振南搜罗了国内外主要芯片厂商的 IO 扩展芯片方案，TI、NXP、沁恒等等。国产芯片在崛起，最安全的芯片选型，就是尽量用国产。中国芯片必胜！

第 6 章　CPU，你省省心吧！ ·································· 110

6.1 石油测井仪器 ·· 110

　6.1.1 背景知识 ·· 110
　　　了解一下石油行业。石油到底是怎么找到的？

6.1.2 测井数据采传的实现 ·· 111

看看一般工程师与高手在技术实现上到底有什么区别。充分利用硬件资源。

6.2 巧驱摄像头 ·· 113

6.2.1 摄像头时序分析 ·· 113

6.2.2 使用 DCMI+DMA ·· 114

6.2.3 自搭外部电路 ·· 115

图像一闪而过,普通单片机你抓得住吗?那我们就给他配个"龙抓手",硬件
FIFO。

6.3 单片机巧驱 7 寸大液晶屏 ·· 116

CPU 就算跑冒烟也刷不过来。让 CPU 省省心,来看看振南的方法是否足够巧妙。

第7章　深入浅出 Bootloader ······································ 121

7.1 烧录方式的更新迭代 ·· 121

7.1.1 古老的烧录方式 ·· 121

怀旧一下,单片机高压烧录器。

7.1.2 ISP 与 ICP 烧录方式 ·· 122

还记得当年我们玩过的 AT89S51?

7.1.3 更方便的 ISP 烧录方式 ·· 122

在当前 STM32 一统天下的时代,STC/AVR/C8051F/MSP430 单片机你还在
用吗?

7.2 关于 Bootloader ·· 125

7.2.1 Bootloader 的基本形态 ·· 125

Bootloader 先行,APP 在后。

7.2.2 Bootloader 的两个设计实例 ···································· 126

两种 BL 在实际应用中最常见,还讲了一下 Linux 的 Uboot。

7.2.3 BL 实现的要点 ··· 128

振南会竭尽所能地去讲解,但 BL 实际上能不能跑通,只能祝你好运。

7.3 把 Bootloader 玩出花 ·· 133

7.3.1 BL 的实现与延伸(串口传输固件) ······························ 133

告诉你一个秘密:STM32F103C8T6 的后 64K ROM 也能用,不信你试。

7.3.2 10 米之内隔空烧录 ··· 136

一部安卓手机在手,空中升级调试全有。

7.3.3 BL 的分散烧录 ··· 137

你以为 BL 只能给自己烧程序?

7.4 不走寻常路的 BL ··· 138

7.4.1 Bootpatcher ··· 138

反其道而行之,APP 先行,BL 在后。

7.4.2 APP 反烧 BL ·· 139

你以为只能 BL 烧录 APP?

第8章　制冷设备大型 IoT 监测项目研发纪实 ·············· 140

敬佩马斯克及多位实业创业大佬。到任何时候，我们都应该保持初心。

8.1　制冷设备的监测迫在眉睫 ·············· 140

8.1.1　冷食的利润贡献率 ·············· 140

8.1.2　CME 系统的难点 ·············· 142

制冷设备对于便利店为何如此重要？了解一下你所不知道的便利店和新零售行业。关于电力线载波通信的论战。

8.2　电路设计 ·············· 145

8.2.1　防护电路 ·············· 145

浪涌、脉冲群、静电、过压、雷击，你的电路扛得住吗？加些防护吧。

8.2.2　电路复用 ·············· 146

电路设计，仔细思考一下，不要作重复劳动。

8.3　协议设计 ·············· 148

8.3.1　内外机通信协议 ·············· 148

电力线通信环境是复杂而恶劣的。振南设计的时分复用与冗余编码协议，了解一下。

8.3.2　主机与 WiFi Agent 通信协议 ·············· 151

乐鑫 ESP8266 连接 WiFi，数据上私有云。Json 了解一下。

8.4　自动化生产与测试 ·············· 153

8.4.1　自动化烧录 ·············· 153

8.4.2　自动化测试 ·············· 156

芯片预处理、自动化烧录和测试，半个月生产 9000 套硬件，看看我是如何做到的。

8.5　工程测试与安装 ·············· 158

8.5.1　工程测试 ·············· 158

8.5.2　工程安装 ·············· 160

看我们上天入地安装设备。蓝牙调试，几十米外无线烧录，一部手机全搞定。

8.6　冷设监测数据分析 ·············· 162

开放一些内部数据，看看实际效果。

8.7　冷设监测故障预判作用评估 ·············· 164

8.7.1　故障预判时效 ·············· 164

8.7.2　对维修保养的验收指导作用 ·············· 164

8.7.3　故障报警受气温的影响 ·············· 165

努力没有白费，省下的是实实在在的真金白银。

8.8　冷设预警的典型案例 ·············· 166

这里有 ABC IOT 系统的内部监测数据，一切的努力都归结于这些曲线上。

第9章　我的电动车共享充电柜创业项目纪实 ·············· 169

创业不易，九死一生。在泥沙俱下的洪流之中，你的努力可能仍然微不足道。

9.1　关于创业思维 ·············· 169

9.1.1　原始创业思维 ·· 169

振南较早期的创业行为。我是如何得到自由之身的。

9.1.2　升华创业思维 ·· 170

那些年,我挣到了人气。我是如何一步步被广大圈内人士知道的。

9.1.3　创业思维的歧途 ·· 171

要理性还是要任性,一切都在于你自己的选择。它们标志着不同的人生道路。

9.1.4　创业之心 ·· 171

创业不易,但存创业之心,莫问前路坎坷。

9.2　一切始于那一夜 ·· 171

9.2.1　入伙创业 ·· 171

9.2.2　决策成金 ·· 172

那一夜,一家 KFC,我和合伙人长谈。决策决定人生走向。充电柜,有没有前途?

9.3　智能充电柜的技术实现 ·· 173

9.3.1　需求分析 ·· 173

先定好充电柜要做成什么样子。

9.3.2　业务流程设计 ·· 173

我们自认为考虑得很完备,那后来怎么样? 你猜。

9.3.3　技术总体设计 ·· 175

基本包含的充电柜所有的硬件设计,包括电路、结构、外观等。不光有嵌入式哦,
还包括云端的 PHP 脚本开发。振南给你讲讲什么是 HTTP POST。所有电路
板均可通过 Shell、云端、CAN 总线进行在线升级。还有无线 Shell,现场调试只
需要一部手机。

9.4　智能充电柜的市场投放 ·· 197

9.4.1　批量装配 ·· 198

装配工厂就是一间简陋的民房。凌晨 3 点,零下 3 度,四面透风,在这里我们完成
50 台充电柜的装配。

9.4.2　角色的频繁转换 ·· 198

我是弱电工、是硬件工程师、是解说员、是业务员、还是……

9.4.3　现场掠影 ·· 199

安装现场效果大赏。

9.4.4　用户的诉求 ·· 201

前面自认为考虑得足够全面? 用户还是提出了很多问题。

9.4.5　运营分析 ·· 202

可耻的私心,我通过我的私人服务器拿到了一手运营数据。我需要对盈利模式进
行亲自分析。

9.4.6　奇怪的用户行为 ·· 203

千奇百怪的用户行为,有人用充电柜作储物柜、手机充电柜,更有甚者用它来烧
开水。

9.5　智能充电柜的资金瓶颈 ·· 205
　　在钱烧到 250 个 W 的时候,融资无望的我们,无助的我们。这些付出又算什么?

第 10 章　我的无人智能便利店项目纪实 ······················ 207
　　在 ABC 遇到 YY,从此走入新零售行业。

10.1　ABC 背景往事 ·· 207
　10.1.1　入局新零售 ··· 207
　　　被计算机和网络技术武装到脚的智能便利店。

　10.1.2　新兴冲浪者 ··· 207
　　　颠覆传统便利店,主推无人便利店。这背后是雄厚的技术实力,无人收银、无人
　　　盘点、AI 等。

　10.1.3　创业黑历史 ··· 208
　　　创业面前人人平等,该趟的坑一样都不会少。不同点在于筹码的多少,少则就此
　　　没落;多则东山再起。

10.2　初代无人店 ·· 208
　　无人收银与防盗损是攻克的两座大山。其根本是与人性斗争,一切科技在人面前都
　　是徒劳的。

10.3　第二代无人店 ·· 214
　10.3.1　上海无人零售展大赏 ······································ 215
　　　这个展览代表了无人便利店的最前沿技术,如基于深度学习的商品识别、基于机
　　　器视觉的顾客行为分析等等。有必要看一下,尤其是缤果盒子和云拿无人店。

　10.3.2　我们的新方案 ··· 223
　　　基于深入学习的商品识别,需要数以万计的样本训练,来看看我们是如何在 15
　　　天内完成几万张商品外包装的拍摄和训练的。最终识别率达到 97.5% 以上。

第 11 章　硬件研发半个月出产品,我做到了! ················· 231
　　回答一个问题:程序员与架构师有什么区别? 我提出的硬件技术架构让研发效率
　　开挂。

11.1　研发低效的症候 ·· 231
　　作为大硬件部门主管,我面临最大问题是如何提高硬件研发效率。

　11.1.1　XYZ 公司始末 ··· 231
　　　独家的技术成就行业应用。

　11.1.2　难得的机遇 ··· 232
　　　千万大单推动公司扩张,资本青睐助力价值实现。

　11.1.3　研发速度瓶颈 ··· 234
　　　硬件研发难道就注定周期漫长吗? 我要改变这一设定,不作拖累公司的猪队友。

11.2　关于资源复用 ·· 234
　11.2.1　硬件复用 ··· 235
　11.2.2　嵌入式软件复用 ··· 235
　　　提高研发效率的根本在于提高技术资源复用度。

11.3 硬件矩阵架构 ·· 238

11.3.1 产品的维度 ·· 238

一个不懂产品的研发是做不好研发工作的,更别说提高研发效率。

11.3.2 矩阵架构的思想 ··· 238

振南提出了硬件矩阵架构,其核心思想是完完全全的彻底模块化。这里所说的
模块化,是你未曾见过的。

11.4 Microbus 嵌入式架构 ··· 241

11.4.1 动态加载的实现 ··· 241

11.4.2 模块的自动注册(消息分发的实现) ·· 243

在嵌入式软件上,我提出了 Microbus 微总线架构,它基于消息驱动与动态加载,
实现绝对的并行开发,这应该是团队协作的最高水平。

11.5 Microbus 比你认为的更巧妙 ··· 246

11.5.1 消息的同步问题 ··· 246

11.5.2 基于消息的数据传递 ·· 246

11.5.3 自测试 ··· 249

11.5.4 架构总览 ·· 250

架构师的工作就是构建技术框架、制造工具与实现机制,它决定了工程师的开发
模式和效率。在原始而低效的架构下,你所追求的高效就是奢望;而在优越而高
效的架构下,你想低效也是一种奢望。

11.6 硬件矩阵架构应用实例 ··· 252

11.6.1 Q 公司管线监测项目 ··· 252

20 天,仅 20 天就拿下了这个价值 30 万的项目。这就是硬件矩阵与 Microbus
架构的优越之处。这个项目也很有意思,用水管上的振动来判断泄露点位置。

11.6.2 某省地质灾害监测项目 ··· 255

2000 个监测点位,只有自研才有利润空间,但是我们只有半个月,再一次顶住压
力,拿出产品。

第 12 章 那些欲哭无泪的奇葩外包项目 ·· 258

接项目,需求就像盒子里的巧克力,你永远不知道下一颗是白巧克力,还是老鼠屎。

12.1 项目承接与需求落定 ··· 258

12.1.1 项目承接 ·· 258

信号延时器,看似简单的需求。

12.1.2 需求落定 ·· 259

这么"简单"的需求,花了几天才最终确定下来。

12.1.3 刨根问底 ·· 260

进一步追问之后,需求又变了。

12.1.4 变本加厉 ·· 260

又双叒叕改需求。

12.2 项目动工了 ·· 261

12.2.1 基本功能的实现 ··· 261

12.2.2 老鼠屎的显露 ··· 261
竟然不知道什么是开漏输出。

12.3 讲些技术干货 ··· 263
12.3.1 良好的设计模式 ··· 263
12.3.2 模块化编程 ··· 265
前后台的设计模式。模块化编程能让我们快速构建复杂工程。

12.4 项目后期的继续扯皮 ··· 265
12.4.1 突破认知底线 ··· 266
12.4.2 忍无可忍 ··· 267
12.4.3 交付项目 ··· 268
12.4.4 放开那个傻子让我来 ··· 268
佛系的面对一切。初期的白纸黑字起了大作用。

12.5 想破解我的程序，没门 ··· 270
12.5.1 关于芯片破解 ··· 270
12.5.2 芯片终极破解方法——ROM 染色 ································· 270
12.5.3 基于唯一 ID 的保密机制 ··· 272
世界上没有无法破解的加密。

第13章 颠覆认知的"工业之眼"——毫米波雷达 ······················· 274
毫米波雷达，一个十分神奇的东西。

13.1 初探 MMWR 的神奇 ··· 274
13.1.1 那场突破认知的交流会 ·· 274
通过采集振动信号还能计算钢索的拉力？振南来给你讲讲。毫米波雷达，隔空
测位移和拉力，有点神奇哦。

13.1.2 令人咂舌的测量精度 ··· 277
精度一出，一片哗然。它轻松超越现有的传感器。

13.2 MMWR 的背景 ·· 278
13.2.1 MMWR 的发展历史 ·· 278
很少有人会告诉你，雷达最初是如何出现的？都怪那艘无故闯入马可尼实验的
渔船。

13.2.2 头部玩家 ··· 280
全球前四大的毫米波雷达供应商"ABCD"，来看看都是谁。

13.2.3 最前沿的雷达成像 ··· 281
振南来讲讲最先进的 MIMO 技术，还有 4D 成像。它们都是高阶自动驾驶的重
要基础。

13.3 MMWR 原理真巧妙 ··· 284
振南给你讲讲毫米波雷达最远能测多远，还有两个物体至少间隔多远才能被分辨出
来。你还能看到欧洲最先进的 300GHz 毫米波雷达。

13.4 十步以外检测风吹草动 ··· 292

13.4.1 速度测量 ·· 292

13.4.2 微位移检测 ·· 294
在这里振南将向你揭开毫米波雷达 0.01 mm 超高精度的秘密。有实际的演示哦，我们在 10 米之外复原了微小振动的波形。

13.5 做出自己的 MMWR 产品 ···························· 294

13.5.1 SiR 简介 ·· 295
它是欧洲一家专作毫米波雷达的公司，标志着这一领域最先进的技术，但就是有些牛气。

13.5.2 与德国 Silicon Radar 的论战 ··············· 295
被鄙视，被敲竹杠，说我们作不出来。就不信邪，我们就要自研毫米波雷达。

13.5.3 自研 MMWR ·· 296
这里有些资料是保密的，但我还是拿出来给大家。

第 14 章 信不信？你的 DNA 会发光！——核酸检测中的光电技术 ·············· 307

14.1 核酸检测技术 ·· 307
核酸检测只需 3 小时？它并不简单！如今的方便快捷是无数先驱用毕生精力换来的。

14.1.1 PCR（聚合酶链式反应法）简介 ·············· 308
向卡里·穆利斯致敬！PCR 技术激发了电影《侏罗纪公园》的创作灵感。它的广泛应用，彻底改变了人们的生活。

14.1.2 核酸检测的关键——DNA 扩增技术 ·········· 309
DNA 扩增曾经是阻碍分子生物学发展的最大障碍。试管中实现 DNA 复制。机缘巧合之下揭示 DNA 稳定自动化扩增的最终奥秘。PCR 技术的商业成功以及生物仪器巨头——PE。

14.1.3 耐高温 DNA 聚合酶 ··························· 310

14.1.4 在 DNA 上挑刺（qPCR） ······················ 311

14.1.5 从咽拭子到健康码全过程 ···················· 314
我们的核酸到底都经历了什么，最终展现在健康码上。保证让每个人都看得懂。振南教你判读阴性还是阳性。

14.1.6 揭示"新冠"检测"内幕" ····················· 317
让你看看来自一线实验室的"新冠"扩增曲线。N 基因和 ORF1ab 是"新冠"的罪魁祸首。振南教你如何辨别"新冠"阳性。

14.2 核酸检测仪器的技术精华 ·························· 319

14.2.1 光路设计 ·· 320
电路设计你见得多了，光路设计你见过吗？菲涅尔透镜你听说过，二向色镜呢？滤片呢？

14.2.2 MPPC（硅光电倍增管） ························ 321
什么是 MPPC？它能够对单个光子进行检测。是微弱光信号检测的最佳方案。

14.2.3 温控 PID 与精妙的结构设计 ················· 322
什么是 Block？它的特殊结构可以实现快速温控和温度均匀，来看看它内藏什么玄机？

第15章　卫星、地球到星际怎么传图片？大话文件传输！ ···················· 326

15.1　Xmodem 协议族 ···················· 326

　　15.1.1　Xmodem 的传输过程 ···················· 326

　　15.1.2　Ymodem 的传输过程 ···················· 329

　　15.1.3　关于 Zmodem ···················· 330

　　　　1978 年 IBM 的工程师 Ward christensen 的一次文件传输实验，Xmodem 协议族就此诞生，你知道吗？卫星空间文件传输也用它。

　　15.1.4　AVRUBD 的传输过程 ···················· 330

　　　　知道网友 shaoziyang 的 AVR 通用 Bootloader 吗？它用的就是 AVRUBD。

15.2　更多的文件传输协议 ···················· 332

　　15.2.1　振南的 CAN 文件传输 ···················· 332

　　　　用 CAN 总线作文件传输，有点为难自己了，但我实现了。

　　15.2.2　通过 HTTP 下载文件 ···················· 334

　　　　天涯海角都不怕，我们从云端进行固件升级。

　　15.2.3　Json 传输文件（选读） ···················· 335

　　　　巧妙的 Base64 编解码，你应该了解一下。

第16章　比萨斜塔要倒了，倾斜传感器快来！ ···················· 337

16.1　倾斜传感器的那些基础干货 ···················· 337

　　16.1.1　典型应用场景 ···················· 337

　　　　危楼、边坡、古建筑都是对倾斜敏感的。

　　16.1.2　倾斜传感器的原理 ···················· 338

　　　　如果没看懂，振南教你个好办法：再看一遍。

16.2　倾斜传感器温漂校准的基础知识 ···················· 340

　　16.2.1　温漂产生的根源 ···················· 340

　　　　万物皆受温度影响。振南给你讲讲"调皮的尺子"。

　　16.2.2　温漂的真实例子 ···················· 342

　　　　某项目的奇怪现象，一到中午数据就乱跳。亮一下壮观而精密的自动化校准装置。

16.3　静态温控与温补装置 ···················· 343

　　16.3.1　制冷原理 ···················· 344

　　　　振南告诉你如何对传感器温漂校准。温度控制不难，但是不允许有振动，你作得到吗？

　　16.3.2　静态温度控制 ···················· 345

　　　　如何安静的制冷？TEC 及阵列、水冷、干冰、铝注冷技术、PTC、保温材料、比热容、热阻，还有温控算法，这些你应该了解一下。

16.4　倾角校准与数据拟合 ···················· 356

　　16.4.1　倾角校准装置的构成 ···················· 356

　　16.4.2　倾角温补校准与数据拟合 ···················· 357

16.4.3　分段校准的质疑 ……………………………………………………… 359

多阶拟合算法，还有开源的 Polyfit 方案。来看看最终效果：温度乱舞，传感器却无波动。

16.5　其他细节 ……………………………………………………………………… 360

16.5.1　真值的读取 …………………………………………………………… 360

16.5.2　规避震动干扰 ………………………………………………………… 361

16.5.3　克服地面不平问题 …………………………………………………… 361

16.5.4　减震设计 ………………………………………………………………… 361

万事的成败在于细节。

第 17 章　FFT 你知道？那数字相敏检波 DPSD 呢？ ……………………… 363

17.1　DPSD 的基础知识 …………………………………………………………… 363

17.1.1　应用模型 ………………………………………………………………… 363

17.1.2　原理推导 ………………………………………………………………… 364

17.1.3　硬件 PSD ……………………………………………………………… 365

相敏检波，就是从繁乱复杂的信号中将我们关心的信号检出来，同时对相位敏感。数学原理，逃不掉的，硬着头皮看吧。

17.2　DPSD 的典型应用 …………………………………………………………… 365

17.2.1　石油测井仪器 …………………………………………………………… 365

《科拉深孔》和《地心末日》这两部电影看一下。上天难还是入地难？来看看振南参与研发的地下探测仪器，高温高压高噪声，如何将数据采准？

17.2.2　功率检测 ………………………………………………………………… 367

来看看振南如何检测 220 V 交流电压、电流、功率和功率因子。

17.2.3　电池内阻测量 …………………………………………………………… 368

电池内阻反映了电池的放电能力和剩余电量，内阻如何测？来看一下。

17.2.4　风速风向检测 …………………………………………………………… 369

如何测风速风向？用超声 TOF 法。那你 out 了，来看看来自英国山伯利团队的声共振技术，这是一项伟大的发明。振南也做出了原型机。

第 18 章　znFAT 硬刚日本的 FATFS 历险记 ……………………………… 373

"znFAT 到底是什么？振南，胖子？"严肃一点！它是由振南原创开发的一套应用于单片机上的 FAT32 文件系统方案。

18.1　znFAT 的起源 ………………………………………………………………… 374

18.1.1　源于论坛 ………………………………………………………………… 374

那是一个论坛文化兴盛的年代。网友 DIY SDMP3 播放器激起了我的兴趣。

18.1.2　硬盘 MP3 推了我一把 ………………………………………………… 375

"坤哥"的硬盘 MP3 播放器，让我深陷 FAT 文件系统不能自拔。

18.1.3　我的导师——顾国昌教授 …………………………………………… 376

哈军工时期的老教授，德高望重的人生导师。

18.1.4　那场严重超时的答辩会 ……………………………………………… 376

20 分钟的答辩超时 1 小时，老师表示赞叹。现场承诺要把文件系统写成书。

18.1.5 时隔多年的谢师会 ……………………………………………………… 378
承诺必须兑现，5年之后的谢师会，我擎书谢师。不要轻易做出承诺，除非你真的能做到！

18.2 高手如云，认清对手 …………………………………………………………… 378

18.2.1 国外FAT方案简介 ………………………………………………… 379
列举那些主流FAT文件系统方案，并进行详细介绍。

18.2.2 国内FAT方案简介 ………………………………………………… 381
国内尚无成型开源的FAT文件系统方案。但是我们要支持国货。

18.3 硬刚对手，挑战自己 …………………………………………………………… 381

18.3.1 与高手竞速 ………………………………………………………… 382

18.3.2 挑战自己 …………………………………………………………… 384
这一节我写了一个月。环比各大知名方案，看看到底谁更快！最终，挑战了自我。

18.4 znFAT精彩应用大赏 …………………………………………………………… 386

18.4.1 振南的精彩实验 …………………………………………………… 387
znFAT的最大亮点在于各种精彩的应用，希望振南的这些实验可以让你眼前一亮。

18.4.2 精彩的第三方项目应用 …………………………………………… 407
znFAT今天还算小有名气，离不开广大振南粉、爱好者和第三方项目应用，感谢大家！

第19章 单片机实现数码相框/视频播放器/相机录像机 ……………………………… 417
开篇振南给出了自己独有的学习方法：用浅层认知推动学习，并转化为工程经验。

19.1 一切源于"烂苹果" ……………………………………………………………… 417
那些曾经红极一时的论坛，现在为什么都没落了？

19.1.1 什么是"烂苹果" …………………………………………………… 417
看看"烂苹果"都给我们讲了一个什么故事？

19.1.2 有屏幕就有"烂苹果" ……………………………………………… 418
在OLED上、TFT大屏上播放"烂苹果"，甚至在示波器上、MATLAB上、显微镜下，Oh，My God！

19.1.3 实现我们自己的"烂苹果" ………………………………………… 422
在振南的ZN-X开发板上实现了视频播放。

19.1.4 单片机实现AVI视频播放 ………………………………………… 428
AVI视频其实很简单，我们用STM32F4来直接播放。会介绍一些视频处理利器软件。

19.2 单片机实现简易数码录像机（相机） ………………………………………… 431

19.2.1 拍照功能的实现 …………………………………………………… 432

19.2.2 数码相机录像机的实现 …………………………………………… 433
在振南的ZN-X上实现直接录像存为AVI视频文件，并在电脑上播放。

第 20 章　AI 和 ChatGPT！嵌入式工程师的编程神器 ························· 439

此文部分内容由 ChatGPT 生成,你分得出来哪些是人写的,哪些是 ChatGPT 生成的吗?

20.1　恐怖的 ChatGPT ························· 440

2023 年 ChatGPT 有多火? 比 TikTok 火 4 倍都不止! 什么是"范式革命"? 从石器时代到飞机大炮就是范式革命。AI 绘画、AI 孙燕姿、AI 菜谱、AI 画像、AI 海报、AI 模特,太多了。

20.2　如何更好地使用 ChatGPT ························· 444

我的小姨子硬刚 ChatGPT,有话你得好好说! 市场上引导工程师 一将难求,引导高手能让 ChatGPT 产生自我意识。

20.3　ChatGPT 能给工作带来的切实好处 ························· 449

欢迎登录振南网站体验 ChatGPT 哦! chatgpt.znmcu.com

20.3.1　数据分析师的求助 ························· 450

ChatGPT 让工作效率起飞!

20.3.2　ChatGPT 在嵌入式行业的应用 ························· 450

看完之后,血都凉了! 我是不是要下岗了?

20.3.3　ChatGPT 颠覆现有搜索引擎 ························· 454

谷歌、百度都弱爆了,我不要选择,我只要答案!

20.3.4　职场写作终于不再头疼 ························· 455

下班走人! 周报扔给 ChatGPT 写去吧!

20.3.5　程序员的危与机 ························· 456

失业或者飞升,程序员们你们准备好了吗?

20.4　如何构建自己的 ChatGPT ························· 457

20.4.1　国内使用 ChatGPT 的问题 ························· 457

OpenAI,老美的,不安全,还贵! 还是用国产的吧!

20.4.2　微信公众号对接 ChatGPT ························· 457

ChatGPT 初期,你知道黑客们是怎么玩的吗?

20.4.3　企业私有化定制 ChatGPT 能力 ························· 460

还在用人工客服? 你 OUT 了! 私有化 AI 客服了解一下!

第 21 章　我与郭天祥的那些事儿 ························· 463

郭天祥之于我,是合作伙伴、源动力、榜样、假想敌……

21.1　我与郭天祥的结识 ························· 463

21.1.1　入圈单片机 ························· 463

我是软件出身,最终却搞了单片机。来看看杜撰的蛇形机器人,他还上过《小崔说事》。

21.1.2　工训中心偶遇郭天祥 ························· 465

一切说是偶然,但似乎又是必然。机会可能真得只留给有准备的人。大二我获得了自由之身。

21.1.3　电子大赛"金三角" ·· 466

杜撰、郭天祥和我号称"金三角"，最后却并没有好的结果。

21.2　我与郭天祥的项目经历 ······································ 467

21.2.1　火炮油量计算器 ·· 467

振南给你讲讲火炮"驻退机"的原理，还有你信吗？俄罗斯无人机使用了STC单片机。

21.2.2　电池活化仪项目 ·· 469

振南讲一讲如何修好老化的蓄电池。记住：金钱是成功的副产品。

21.2.3　某油田监测项目 ·· 470

与郭天祥合作的最后一个项目。郭天祥是一个豁达的人，但是继续合作应该不太可能了。

21.3　我与郭天祥的后期往来 ······································ 471

21.3.1　开发板模式的尝试 ·· 472

一个深刻的认识：不要给"门内汉"作教程，盈利的根本是抓住根本供需矛盾。不要在你的目标人群面前卖弄技巧。我的ZN-X模块化多元开发板，是我开发板产品的最终形态。感兴趣？进来看看。

21.3.2　洗清我所知道的那两个负面事件 ···················· 475

不是所有人都乐于仰望你，在他们眼里，你只不过是一根绳子。

21.3.3　不可否认的领袖 ·· 477

每个人都有自己的道路，你也不需要像我们一样抛头露面，这不是你的路。

参考文献 ·· 479

第**1**章

振南当年入门单片机的那些事儿

致广大单片机学习者和工程师：

你们所经历的，振南也一样不落的都经历过。起初对于 C 语言和单片机学习上的迷茫困惑可能比你们更甚，但是一切都过来了，没什么能够真正难倒我们，相信自己！

谨以此文，向大家讲述振南十多年前入门阶段的往事和感悟，以及告诉大家：单片机到底是什么？

为什么很多初学者都被困在 C 语言与单片机入门基础的山脚下止步不前，彷徨徘徊？为什么大家在学习上花费了如此大的精力，却仍然是收效甚微？为什么 C 语言中的指针就那么难于理解，始终让人们摸不着头脑？又为什么看似毫无问题的代码，烧录到单片机中运行就是不对？这一切的一切都归结于一个根源：对 C 语言的本质和单片机的体系结构与运作机制认识不清！

通过本章，振南希望能让你看穿一切，升华你的整体认知。

此时，你会发现作单片机和嵌入式开发是如此简单，单片机也变得"乖巧"了很多，仿佛一切都变得顺畅了，和谐了！

1.1　注定堕入单片机

2005 年开始接触单片机和嵌入式技术，从此堕入其中，直至今日。这十几年里经历了很多项目，遇到了无数技术点。从一个涉世不深的初学者，成长为了现在还算称得上是"资深"的工程师。这期间我还扮演着另一个角色—技术和知识的传授者和解惑者。我热衷于这种工程师之间的交流，它时常会带给我反思、领悟和动力，让我一直保持追求新技术新高度的热情和信念。

在交流中，我无数次地被问到一个问题："如何才能学好嵌入式 C 语言和单片机？"我也确实深深感觉到：C 语言的掌握程度严重制约着单片机和嵌入式工程师的研发水平。其实，我在硬件方面的研发水平很大程度上得益于 C 语言的扎实基础和对其深入细致的理解。

下面，结合我较早期的学习经历和感悟来讲一下嵌入式 C 语言应该如何学好（年代可能会有些久远）。也许，我的经历不易复制，但它作为一种学习方式，大家多少可以借鉴。

引用我启蒙老师的一句话："C 语言，学得多精都不为过！要学单片机，先学 C 语言。"

1.1.1　懵懂好奇的我

性格决定你所能从事的事业，也决定了你的命运。

我的性格是对新鲜事物有极大的好奇，而且这种好奇会发展为兴趣，并最终狂热。当我脑子里出现一个新想法，我就会迫不及待地去实现它，而且不看到它最后的样子，不会轻易放弃，不论成败都要试试。在我记忆里，我小时候就是这样的。

有一次我看到一根铁丝，正好我衣兜里有一个皮筋，于是我就作了一个弹弓。后来一发不可收拾，我迷上了作弹弓，各种各样，大大小小。还不乏创新和发挥，我想到在电影里见过的弩（其实我当时还不知道它叫弩），于是接下来的很长时间我一直在研究如何用铁丝制造一把弩。最终，弩出现了。原来玩弹弓时的纸子弹被我换成了石子，随着扳机的扣动，我的屁股也开花了。

上初中的时候，我通过学校开设的兴趣班第一次接触到计算机，第一次知道了 DOS、Windows98、WPS、输入法这些东西，迅速燃起了对计算机的好奇和兴趣。当时我渴望拥有自己的计算机。于是开始天天缠着我爸妈给我买一台计算机。碍于当时的经济条件，最后家里给我买了一台学习机。用它可以模拟 DOS 环境、练习指法，还有一些简单的编程，如 LOGO、BASIC 等。从此，我开始有了最基本的编程意识：程序就是一行行顺序执行的语句。但是对循环、条件判断等比较复杂的东西还不够熟练，只能说有一个概念。

对计算机的兴趣没有像以往一样，热乎一段时间就放下了。我发现计算机要学的东西非常多，而且它好像一直都在变化出新，这些新的东西又会再一次掀起我的兴趣。对计算机的狂热从上了高中就开始了。长期基于学习机的练习，我的指法已经足够熟练，但是用拼音输入文字速度太慢，所以我报班学了五笔，一直沿用至今（现在每当有人知道我用五笔的时候都会对我投来钦佩的目光）。在一顿软磨硬泡之下，我拥有了第一台自己的奔腾 IV 电脑，从此我的"折腾"开始了。

平时一有时间就研究 VB、软件加解密、网络攻防这些东西，还订阅了杂志《电脑爱好者》，期期不落。到高考前，我应该可以称得上是半个"业余电脑专家"了，也已经可以使用 VB 开发一些小的桌面软件，比如计算器、小游戏。计算机让我的好奇心得到了很大的满足，也使我的创造力得到了施展。

1.1.2　我的 C 语言学习经历

基于我对计算机的浓厚兴趣，高考报志愿的时候，我四个志愿全部报了计算机专业，从那时起，注定了我将以计算机为伴、为业。

原以为进了大学就能马上接受正统的计算机教育了，其实并不是。计算机专业一开始并不直接学编程，而是学数学。我当时比较迷茫，觉得学计算机不教编程，上学有什么用？其实我知道专业课程安排的用意，计算机科学的基础是数学，应该先打基础。但是又有多少学生真正去好好学习这些基础而枯燥的东西。导致很多人整个大一的宝贵时间都浪费在打游戏上，估计他们已经忘了自己为什么要学计算机了。我也怕会变成这样。

我开始自学很多计算机方面的知识，但是又漫无目的，直到我碰到一个"能人"。据说他小学开始学计算机，初中已经可以独立开发软件，高中时因为开发了一个网络软件，被某软件平台收录,并评为五星软件,而被免试特招。他智商高,但似乎情商不是太高,经常容易得罪人,有一些让别人不太舒服的做事风格。有一次我们偶然聊天,他提到国际 ACM 程序设计竞赛的事情,问我有没有兴趣参加,说已经集结了五六个人,组成小组参加比赛。从此我开始有了动力,开始自学 C 语言和算法,参加团队集训,下载往年竞赛题目模拟竞技,相互交流经验。当时专业课还没有开 C 语言,但是我们已经都是 C 语言高手了。也许,应该在这里放一道 ACM 竞赛的试题给大家解解闷(这是一道陈年老题,感兴趣的话可以百度)。

对! ACM 试题是全英文的(见图 1.1)。

Description

Background
For years, computer scientists have been trying to find efficient solutions to different computing problems. For some of them efficient algorithms are already available, these are the "easy" problems like sorting, evaluating a polynomial or finding the shortest path in a graph. For the "hard" ones only exponential-time algorithms are known. The traveling-salesman problem belongs to this latter group. Given a set of N towns and roads between these towns, the problem is to compute the shortest path allowing a salesman to visit each of the towns once and only once and return to the starting point.

Problem
The president of Gridland has hired you to design a program that calculates the length of the shortest traveling-salesman tour for the towns in the country. In Gridland, there is one town at each of the points of a rectangular grid. Roads run from every town in the directions North, Northwest, West, Southwest, South, Southeast, East, and Northeast, provided that there is a neighbouring town in that direction. The distance between neighbouring towns in directions North-South or East-West is 1 unit. The length of the roads is measured by the Euclidean distance. For example, Figure 7 shows 2*3-Gridland, i.e., a rectangular grid of dimensions 2 by 3. In 2 * 3-Gridland, the shortest tour has length 6.

Figure 7: A traveling-salesman tour in 2*3-Gridland.

图 1.1　国际 ACM 程序设计竞赛历届真题

大二下学期,C 语言专业课开了。很多人并不知道 C 语言有什么用,带着迷茫上课、考试、通过,最后忘掉。我开始慢慢深刻感觉到 C 语言的精妙,它有自己严格的语法规则,但是又不作过多限定,这让它非常灵活而实用。同一个逻辑功能,可以有很多种 C 语言的表达方式,它一定程度上体现出了编程者自身的习惯和素养。代码可以写得很乱,也可以写得很优雅;可以写得冗长啰嗦,也可以写得如蜻蜓点水,几行了事。但是乱也可以错落有致,寥寥几行也可以大显功底。我意识到 C 语言没那么简单,不仅仅是一门语言而已,它会伴随我一生,正如后来有人所说的"程序如人生"。

我的性格仍然在发挥着巨大的作用。随着不断地学 C 语言,用 C 语言,我开始觉得 C 语言真的是乐趣多多,如同挖矿,永远都有那些未曾遍及的角落,永远都有没有见过的另类技巧,永远都有富含创意的智慧的流露。(关于 C 语言的技巧,振南专门整理成了一章"C 语言的那些'骚操作'",感兴趣的读者可以看一下。)这一章有 26 个 C 语言的常见问题和编程技巧,其实这些也只是冰山一角。我花了一年的时间,结合我十几年的经验和领悟,录制了一套 C 语言拔高大课。大家可以登录我的网站 www.znmcu.com 看看，有免费试看哦，里面包含了大量的 C 语言的编程技巧和你所不知道的一些深层问题。希望可以提升大家的 C 语言水平。

1.1.3　C 语言的顶级赛事

在 C 语言专业课上，老师告诫我们："C 语言，学得多精都不为过！"

很多人可能当时并没有完全理解这句话，但是我却深深的赞同。后来，我们的 ACM 参赛组对编程的高涨热情感染了整个计算机学院，而这位 C 语言老师，也成了我们的集训老师。再后来，我们的举动，带动了更多人参加 ACM 程序设计竞赛，学院、学校乃至哈尔滨市、黑龙江省、东北三省。最终，国际 ACM 委员会委任我们学校为国际 ACM 中国东北赛区承办方（南方赛区承办方是浙大）。当时，全校到处都挂满了条幅："Program Your World！"

关于 ACM 程序设计竞赛，当年还有一个关于浙大的传奇故事（浙大是当年的 ACM 世界总冠军）。我们知道写程序要经历编程、编译、查错修改、再编译，如此往复，若干次。这个往复的次数，与程序的难度与程序员的能力有很大关系。但是要做到所有一次成功，不能说不可能，但是极难！当年浙大参加总决赛，只剩十分钟，还有最后一道试题。参赛队员，打开记事本，直接写代码，直接提交，一次通过。这件事情，在圈里流传，也许有夸张的成分。但是，也足以显示我们与顶尖编程高手之间的巨大差距。

ACM 竞赛，就是一群疯狂热爱计算机和编程的人们，一起正在作的事情。他们技术夯实，以不断猎奇、不断学习、不断完成新的目标为最大乐趣。

除了 ACM，我私下还在关注另一个国际编程竞赛，IOCCC（国际混乱 C 代码大赛，官方网站 http://www.ioccc.org/，如图 1.2 所示）。其实很多人都不知道这个比赛，我也是偶然间发现的。

IOCCC news

2018-04-01
- The winners of the 25th IOCCC have been announced. Congratulations!
- We plan to publish source and annotations in the next 30 days

2018-02-16
- Due to a scheduling conflict with one of the IOCCC judges, the 25th IOCCC end date is now the Ideas of
- Please submit your entries by 2018-Mar-15 03:08:07 UTC.
- Updated: The 25th IOCCC will be open from **2017-Dec-29 05:38:51 UTC** to **2018-Mar-15 03:08:07 UTC**

2018-01-19
- There is a delay in making the submission tool available. Please retry on 2018-Jan-21 23:09:09 UTC.

2017-12-29
- The 25th IOCCC will be open from **2017-Dec-29 05:38:51 UTC** to **2018-Feb-28 05:29:15 UTC**.
- The submission tool will be available on **2018-Jan-15 09:09:09 UTC**.
- Draft Rules, Guidelines and IOCCC size tool are available.

2016-10-29
- There will not be an IOCCC competition in 2016.
- The IOCCC is on hiatus until mid 2017.

2016-04-07
- The source code for the winners of the 24th IOCCC has been released.

2015-10-25
- The winners of the 24th IOCCC have been announced. Congratulations!

2015-10-10
- The 24th IOCCC is now closed and Judging has commenced.

图 1.2　IOCCC 官网历届比赛的消息公布

为什么会关注这样一个似乎不太正经的比赛？它不比算法，也不比代码的质量和风格，而是比谁的代码最乱,但是乱得要艺术,要能编译,要能实现正确的功能,如图 1.3 所示代码。

```
                    O S[]="syntax_error!"
                 "M@K~|JOEF\\^~_NHI]"; L*N,*K, *
                B,*E,*T,*A,*x,D; Q(*k)O,v; V z(P),j,_,*
               o,b,f,u,s,c,a,t,e,d; J 1; Q _k(P){ R*K?*K++;
             ~-d; } V r(L a){ R a&&putchar(a); } L n(){ R*T=j=
            k(),++j; } O G(P){ *o=d,longjmp(1,b). } Z g(Y a){ R a
           >>s|(a&&~-e)<<s; C p(L*T) { W(r(*T++)); *--T-c&&r(c);} L m
          (P){ W(!((v=A[*T++])-f)); R v; } P q(L*N) { O*q; b=!b; f=-~b;
         u=f|b; s=b<<u; c=s|f;                           a=s<<f; t=-~u; e=a
        <<u; D=v=u<<t;q=S                                  +c-~t; q[~s]=a;
       q--[f]+=a;q--[c                                      +]=a; B= (L*)
      N+~e*e;x=B+e                                            ; A=B+e/f;
     o= (V*) (x+a                                              ); A[-
    ~s]=f; T                                                    =K =A-
   a*f;A[*--                                                     q]=c+
  c; *q=!                                                         c; W
 (++j&&*                                                          ++q)
A[*q-a                                                            ]=j;
W(v<1)                                                            +c)
x[v-                                                              D]=
v,A[                                                              v++
]=j;                                                              ++j
,v=                                                               D=e/
t;                                                                W(++
v<=                                                               D+f*
u)x                                                               v-D+
-c]=                                                              v|a,A[
v]=A                                                              [v|a]j;
W((                                                               A[v]=A[v|a
]=j                                                               ,++v<a*u+~t));
for(                                                              ; E=*++N;T[~d]
=a)W                                                             (*T++=*E++);k=
T
-K?_k; } Z h
(C a){ R(g(a)<<s*                    (L*T)
f)+g(a)>>s*f); } P _i              { Z e=a
{ *o||p(T); } V _b(V a           ?a<<z():c-A
; R A[*T++]!=v+c?G():~-v         z(): e>)z();}
[*T++]+b              ?--T,a>>    +a; W(j)*T--
V _c(L*        1){ T=B           E=B+ (*B==
=v+j%c         ,j/=c;            (*B==
a+c+u          ):W(T<            B+a)*
E++=*          +T; T             E; }
1-B&&          ++ *--            L*p,e
 P M(          Z k){             O)&&G(
=a>>           u; m
```

图 1.3　第 24 届 IOCCC(2015 年)参赛代码

C 语言代码还能写得如此任性? 它体现了 C 语言在形式上的灵活性。当然,也不是单纯用代码来画画,就能被称为"乱"的,它有更多更深层的编程技巧。在这里,你可以看到 C 语言世界的无奇不有,各种挥挥洒洒的编程风格,以及映射出来的代码背后的那个"高手"。

我对 C 语言的学习热情是自始至终的,现在也还是在学习。记得大学时候我们宿舍有一个习惯,就是大考之后的晚上要倾巢出动去网吧包宿。当时流行玩 CS,他们联网打得热闹。但是我对游戏毫无兴趣,就窝在一个靠边的位置上,上网看 C 语言代码。当时特别热衷逛编程网站,比如 CSDN、PUDN 等,还喜欢把代码包全下载下来,看看别人的代码是怎么写的。看了代码,就想编译试试,于是就在网吧的电脑上安装 VC6.0。室友过来看我在干啥,然后就惊呆了:"都考完了,你还在看 C 语言?"

1.1.4　岔路口上选择单片机

接下来,我继续学了 C++,还有后来的 MATLAB、VHDL 和 Verlog(其实当时对硬件、数字信号处理和仿真没什么概念,所以对于后者没有多少热情)。在学 C++ 之前,我使用 VC6.0 已经有一定经验了,尤其是 MFC(当时有人建议我学.NET,比如 C♯,或者 JAVA,说

MFC 已经过时,说 MFC 的意思就是 Maybe Finally Cancelled,即最终会被微软取消)。在系统学了 C++之后,我对 MFC(微软基础类库)有了深入的理解,开始阅读这方面的一些专业书籍,已经可以编写一些功能复杂的多层级的应用软件了。

到这里,我对编程的学习开始出现瓶颈,感觉到迷茫。C 语言,很优雅,很强大,它的父集 C++,面向对象的编程模式,可以开发专业的桌面软件。然后呢? 似乎其他人用 C♯或者 JAVA,开发软件的速度更快,做得更好。优雅不能当饭吃,在这种驱使下,我开始转入 C♯、JAVA、PHP、JSP、ASP 这些上层应用级语言的学习,准备努力成为一个出色的软件工程师。

在这个岔路口上,我遇到了我的启蒙老师,让我再一次打开好奇之门,从而走上了单片机和嵌入式技术的道路。他就是杜撰(化名);他以年龄最小、学历最低的身份,代表黑龙江省参加全国"挑战杯"科技创新大赛,凭自己设计的"仿生蛇"获得二等奖。获奖后,他把相关技术全部无偿给了国防科大。曾作为"小崔说事"栏目的特邀嘉宾接受专访。

关于"杜撰"和我当初进入单片机圈的经历,振南在本书"我与郭天祥的那些事儿"这一章有详细的描写。我现在和郭天祥也在深度合作,我们的 PN 学堂大家可以关注一下,还有我们的"合伙人计划",欢迎加入!

他给我讲了很多关于单片机的事情,当时我对单片机完全不了解,只知道在他的"仿生蛇"里使用了单片机,而且单片机可以用 C 语言进行编程开发。单片机可以做出如此强大的东西,它远比在电脑上写桌面软件要有趣得多。正是这一点,深深吸引了我。

"你从 51 开始学吧,先焊个最小系统,然后点个灯!"

他给了我一个最小系统板和一些配件,还有一个叫《平凡的 C51 教程》(见图 1.4)的电子文档。

"你就在我 在学会使用汇编语言后,学习 C 语言编程是一件比较容易的事,我们将通过一系列的实例介绍 C 语言编程的方法。图 1-1 所示电路图使用 89S52 单片机作为主芯片,这种单片机性属于 80C51 系列,其内部有 8K 的 FLASH ROM,可以反复擦写,并有 ISP 功能,支持在线下载,非常适合做实验。89S52 的 P1 引脚上接 8 个发光二极管,P3.2~P3.4 引脚上接 4 个按钮开关,我们的任务是让接在 P1 引脚上的发光二极管按要求发光。

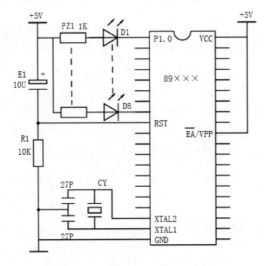

图 I-1 接有 LED 的单片机基本电路

图 1.4 我的第一个单片机实验原理图(摘自《平凡的 C51 教程》)

我照着图 1.4 依葫芦画瓢的焊完了我人生中第一个电路板。虽然惨不忍睹,但是经杜撰过目之后,评价是"还不错,能用。"然后,就让我去学 C51。其实我对这个被称为"最小系统"的电路为什么要用到这些元件,为什么要焊成这样,完全没有概念。带着诸多的迷惑不解开始了我的单片机 C 语言学习之旅,让我开始慢慢明白了 C 语言课上老师说的"C 语言是最贴近硬件的高级语言"这句话。

1.1.5 窗户纸破了

C 语言,不论是变量、函数,还是分支循环,乃至于算法,哪怕是最复杂的算法,这一切的本质都是 CPU 内核的指令执行和访存操作(RAM 和 ROM)。这是起初我对 C 语言的理解。那如何让 C 语言去操控硬件产生物理效果呢? 当时让我百思不得其解的是 C 语言是软件,发光二极管是物理上的硬件,软件是如何能够影响到物理世界的呢? 小到点灯;大到"仿生蛇"产生一系列的动作;更大的比如控制火箭发动机点火。这曾经是我入门阶段无法逾越的一条思维鸿沟。

```
sfr P1 = 0x80;
void main(void)
{
    P1 = 0x55;
    While(1);
}
```

这是我亲手写过的第一个嵌入式 C 语言代码。它为我第一次揭示了 C 语言与硬件之间的交互方式—特殊功能寄存器(Special Function Register)。

register 在标准 C 语言中是一个修饰符。一个变量在定义的时候如果加入这个修饰符,编译器便不会把它分配在内存里,而是直接放在 CPU 内部寄存器里。它的目的是为了加快变量的访问速度,尤其是那些需要被频繁访问的变量。

```
register int i;
register int sum = 0;
for(i = 1;i <= 100;i ++ )
{
    sum + = i;
}
```

上面这段代码(计算 1 到 100 的和)的执行效率就比没有 register 要高。

51 单片机中的 SFR 本质上也是一些随机存储单元,它们的访问速度很快(与 CPU 之间采用直接寻址)。但其又有特殊之处,它们都是一些电路(片内外设)的门户出入口。向这些寄存器写入数值,会直接影响相关电路的运行和输出。

51 单片机的 C 语言中,为这些有特殊功能的寄存器,专门增加了一个修饰符—SFR。由它定义的标识(类似变量名),是可以访问到相应的特殊功能寄存器的,即片内外设电路的出入口,从而达到控制电路的目的。诸多的电路,具有各自的功能,它们纷纷留出寄存器接口,形成一系列的 SFR。通过 CPU 统一调配、有机控制,最终就可以完成复杂而有序的各种功能。这就是单片机,乃至于更高端的嵌入式 CPU,如 ARM、DSP 等均采用的运作机理。而这些电路,连同 CPU 内核,还有存储器,当然还有连接它们之间的总线,被塑封在一起(即封装),再把电路（片内外设）的相关外部信号通过引脚引出，这就是我们所看到的单片机芯片了。其实它就是一个完整的计算机。这大大拓宽了我起初对计算机认识的范畴：凡是拥有独立计算能力，具备输入输出和存储功能的设备都可以称为计算机。从某种范范的意义来说，算盘就是最原始的计算机，虽然它很大程度上依赖人的操作和辅助。

一直困惑我的谜雾终于变得清晰了。捅破了这层 C 语言软件与硬件之间的窗户纸，让我看清了硬件和嵌入式系统的本质。我觉得在硬件上，我将可以发挥更大的创造力。兴趣的泛滥再一次一发不可收拾。

基于我在 C 语言方面的扎实基础和深入的理解，我对单片机的学习也较为顺利。

理解了 51 单片机的 SFR，很多东西便变得简单了。对"C 语言，学得再精也不为过！"这句话有了更深的认识：C 语言不光是一门语言，它影射出了整个计算机体系的运作机制，每当硬件出现进步，甚至是革命的时候，C 语言必定会随之进化。（大家可以看一下 GCC 编译器的迭代历程，基本上就是主流编程语言衍化的写照）

我们不应再为 C 语言如何操控硬件而产生疑惑，因为从我们使用 C 语言写下第一行代码的那一刻起，其实我们就已经在操控硬件了（内存访问、数据传送、CPU 执行就是硬件行为）。

1.2　看穿单片机

经历了十多年的单片机开发，站在我现在的高度来看单片机，可谓望眼欲穿。

下面振南要介绍的是"单片机的体系架构模型"，是超脱于任何一种具体型号的单片机芯片之上的（我感觉我要成仙），它具有很强的普适性。几乎所有的单片机，或是 ARM、DSP 以及更为高端的处理器都遵循这一模型。或者说，这一模型中的几大要素是必需的。

我认为只有在这个层面上，才能真正"看穿单片机"。

1.2.1　CPU 模型

CPU，即中央处理单元，它是计算机系统的核心，占有至高无上的地位，拥有绝对的管理权与控制权，如图 1.5 所示。

CPU 的核心要务是执行指令，比如计算两个数的和、读写寄存器、操作总线读写内存等等。每一个 CPU 都有自己事先设计好的一套指令集，或称指令系统，每一条指令完成一项具体的操作和功能。但是指令集并不是凭空存在的，每条指令必然都对应着一套电路。当 CPU 执行一条指令时，其实就是相应的电路在工作。所以，一个 CPU 的性能是否优异，一部分因素就在于指令集是否丰富，指令功能是否强大，指令电路是否强大而高效。

从复杂程度上来说，CPU 指令集主要分为两种：复杂指令集（CISC）与精简指令集（RISC）。大多数的嵌入式 CPU 都是 RISC 的，这一方面表现在指令的数量上：指令少，则对应的电路就少，可以很大程度上降低 CPU 设计的难度，同时也降低了功耗；另一方面则表现在指令的功能量级上：指令本身一般不宜实现过于复杂的功能，这使得指令执行效率比较高。CISC 则不同（x86 就是最为经典的 CISC 指令集），它的指令数量庞大（少的有 300 条左右，多的甚至超过 500 条，而 RISC 通常不超过 100 条），而且指令的功能都比较强大。这意味着采用 CISC 指令集的 CPU 在电路设计上的难度很大，研发周期比较长。但是它在功能和性能上都是 RISC 所无法企及的（一条 CISC 指令所完成的工作可能需要若干条 RISC 指令才能完

图 1.5　CPU 在计算机系统中占有核心地位

成)。所以在大型服务器、工作站这些计算机系统中大多使用 CISC 指令 CPU。

实际上,CISC 与 RISC 只是为了适应不同的需求而产生的,它们并非对立,反而是相互促进,取长补短的关系。CISC 中已经开始加入部分 RISC 指令,而在嵌入式领域中也出现了一些 CISC 指令的 CPU。融合了 CISC 与 RISC 双重指令集的新型 CPU 将是以后的发展趋势。

上面是振南对 CPU 指令集的简要介绍,其实与指令集密切相关的还有一些关键技术,比如流水线、指令预取、乱序执行等等,是它们让 CPU 的性能有了更大的提升(振南早期就职于Intel 中国研究院,主要就是研究这方面技术,所以深有感触)。不过在这里振南不对其进行讲解,有兴趣的读者可以自行研究。

直到现在,仍然有很多人向我咨询关于计算机基本原理、体系架构、硬件组成等等方面的问题,我在解答之余,也在问他们:"你们对计算机基础如此感兴趣,为什么起初不学计算机专业呢?"我其实明白,很多人在高考报志愿的时候,都是有些盲目的。

指令的实质是什么? 是 C 语言中的 a=0? 是汇编语言中的 MOV? 不,大家看到的这些语句只是指令的一种表达形式而已。指令实质上是一个有一定长度的二进制序列(比如0101111010101010 或 1011010111011011 等)。CPU 在得到指令之后,首先由指令译码电路从中分离中操作码、操作数,如图 1.6 所示(以 51 的 MOV 指令为例进行说明)。

01110100 00010000
操作码　操作数

图 1.6　对指令码的译码

01110100 即为指令 74H,它的功能是将后面的操作数(00010000,即 10H)传送到 A 寄存器(51 CPU 中的累加器)。这条指令如果使用汇编语言来表示就是 MOV A,♯10H,它通过汇编器翻译之后,就是上图中的 16 位指令码(汇编语言的提出,只是对最原始的 CPU 二进制指令进行了封装,用一些便于记忆的标识,比如 MOV、ADD、INC 等对指令进行表示,经过汇编器翻译后,就是可直接进入CPU 进行执行的指令码序列了)。

振南经常想象在 CPU 问世初期人们是如何向 CPU 输入指令的—"打孔纸带",如图 1.7 所示。

在汇编语言产生之前,程序指令的编制都要完全靠人工来完成。人们将编好的若干条指令通过纸带打孔方式输入到 CPU 中,让它可以依次执行,最终完成整个计算任务(纸带上的'孔'与'实'代表了 1 和 0)。从某种意义上来说,"纸带"才是第一代编程语言,然后"汇编语

图 1.7　人们使用纸带打孔方式向 CPU 输入指令

言"是第二代编程语言。它们都是离 CPU 指令最近的语言，所以我们称之为"低级语言"。最后才产生了 C 语言，它与我们人类日常使用的自然语言（英语）已经非常接近，这意味着它离 CPU 指令很远了。它需要经过专门的编译器进行预处理、语义分析、编译等加工处理，生成中间代码（汇编），然后再进一步进行汇编、连接等处理才能得到真正可由 CPU 执行的指令码。所以，C 语言被称为"高级语言"。

　　综上所述，我们可以认为 CPU 就是一个取指令执行的机器，这就是 CPU 的主要功能和工作。但是 CPU 的体系结构又并非仅仅这么简单，如何协调取指令的过程，防止出错？指令存储在哪里？CPU 如何从存储器中取出指令？这些问题我们都要深刻理解，否则 C 语言和单片机是无法真正精通的。

1.2.2　存储器模型

　　存储器对于整个计算机系统来说是至关重要的：供 CPU 执行的程序指令、程序运行过程中的变量和数据……它们都要以存储器作为载体。所以在实际的应用和开发中，人们总是希望单片机芯片的 RAM 和 ROM 容量能尽量大一些。这样就可以存储更多的代码指令，运行规模更大更为复杂的程序。另外，存储器本身的读写速度也就成了 CPU 性能的最大瓶颈之一。更为形象的描述如图 1.8 所示。

　　ROM，即只读存储器，也就是说在它上面存储的内容是无法被 CPU 直接修改的。（通常只能使用专用的烧录器来修改其中的数据，不过现在一些新型的单片机芯片已经可以在 CPU 运行过程中去修改 ROM 数据了，这种技术被称为"IAP"）所以，ROM 通常被用来固化存储程序指令代码和一些无须修改的数据，比如字模字库、常数等等。

　　RAM 与 ROM 不同，它是可读可写的，因此被称为随机读写存储器。CPU 在运行过程中，可以对 RAM 中的任何数据进行读写修改操作。这就是 C 语言中赋值语句在底层得以实

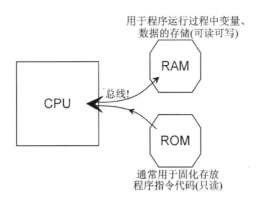

图 1.8　CPU 从存储器取指令以及进行变量、数据的存储

现的物理基础,比如"int a；a＝0",就是将 RAM 中的某一个存储单元写入了一个数值 0。但如果是"code int a；a＝0"的话,编译的时候就一定会报错。(code 关键字在 51 单片机 C 语言中是用来说明"变量"的位置在 ROM 中,同样的定义在 ARM 上使用 const)而且,RAM 比 ROM 在读写速度上要快得多,所以 CPU 在运行程序的时候,通常都会把一些代码指令拷贝到 RAM 中来,尤其是那些会被频繁执行的部分(这就是 C 语言中的.text 段,即代码段)。但是 RAM 通常比 ROM 要昂贵得多(关于这一点大家应该有宏观的感知,一个 U 盘 16G 才 10块钱,但是电脑内存条却要好几百),这也就是生产厂商为什么在单片机芯片中对于 RAM 的配比显得很吝啬,而对于 ROM 则略显慷慨的原因。

　　为了更好地讲解后面的内容,对于存储器大家必须明确一点,它也算是一个常识:它是由很多的地址连续的存储单元构成的,如图 1.9 所示。

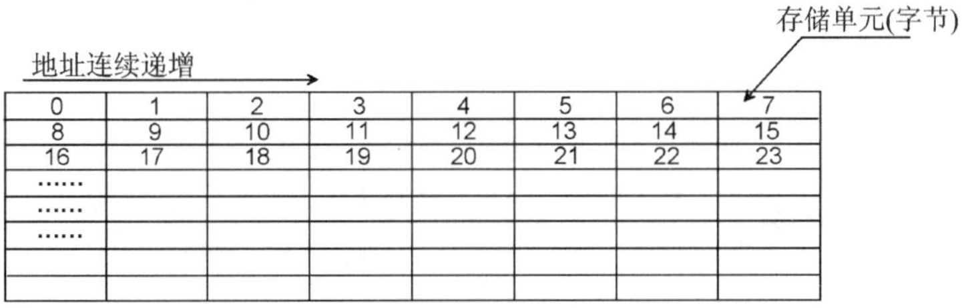

图 1.9　存储器是由地址连续的存储单元构成

　　总体来说,存储器就是一个指令和数据的容器,它与 CPU 相互依存,这才使得整个计算机系统得以正常运作。此时一个极其重要的问题便应运而生:CPU 是如何精准地从存储器中取出指令和数据的,又是如何将数据写入到存储器中的? 这一问题说起来简单,但它却引申出了一个关键的技术—"总线"!

1.2.3　总线模型

　　如果把 CPU 看作"帝都",存储器看作是"卫城",它们之间要互通往来,就必然要修建道路,而这条道路又可以不断延伸分支,将很多城市串联起来。这样,城市两两之间便均可通行。这条"道路"就是总线! 如图 1.10 所示。(这些被串联起来的"城市"就犹如振南后面要讲到的"CPU 外设")。

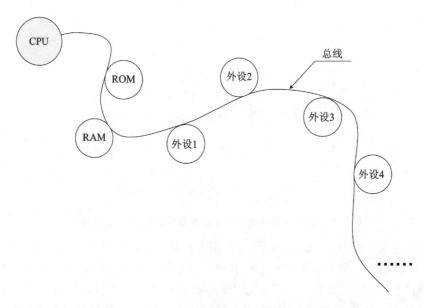

图 1.10 总线的结构模型

好，现在 CPU 与存储器之间的这条通路有了。此时，CPU 如果要读取存储器中地址为 addr 位置上的一个字节，该如何作呢？这个过程主要分 3 步：(是不是想起了"把大象装冰箱总共分几步？")

(1) CPU 首先告诉存储器要读取的地址；

(2) 等待存储器将相应地址上的数据取出来；

(3) CPU 将数据取走。

更为形象的说明如图 1.11 所示。

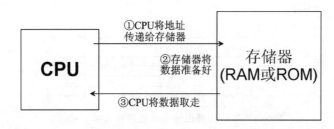

图 1.11 CPU 访问存储器的主要过程

仔细想一下，这个过程的实现其实涉及几个问题：CPU 如何将地址给存储器？CPU 如何知道存储器已将数据准备好？CPU 又如何将数据取走？……总结起来，主要是地址和数据的传输，以及它们之间的协调与控制。为了解决这一问题，我们提出了这一模型，请看图 1.12。

图中所看到的连线就是实实在在的用于传输二进制信号(0 或 1)的导线。CPU 首先将地址输出到地址总线上(很显然地址线的数量决定了 CPU 可以寻址的空间范围)，然后再将 RD 信号置为 0(RD 平时为 1)，告诉存储器地址已经给出，请准备好数据并将其输出到数据总线上(数据线的数量决定了 CPU 的数据吞吐量，这也是衡量 CPU 位数的标准，51 单片机是 8 位单片机，则它每次只能读到一个字节的数据，ARM 是 32 位的，所以它可以一次性读取一个字)。CPU 对数据总线进行读取，再将 RD 信号置 1，整个过程便完成了。

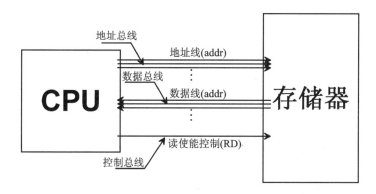

图 1.12　CPU 与存储器之间的总线模型(读数据)

那 CPU 如何向存储器写入数据呢? 其实道理是一样的,如图 1.13 所示。

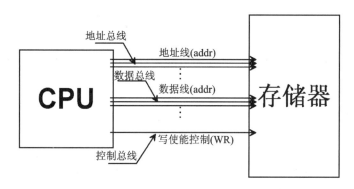

图 1.13　CPU 与存储器之间的总线模型(写数据)

仍然是由 CPU 先给出地址,再向数据总线给出要写入的数据,然后将 WR 信号置 0,告诉存储器地址与数据已经就绪,请予以处理。最后将 WR 信号置 1 即可。

综上所述,CPU 中有三大总线:地址总线、数据总线与控制总线。这一模型最终如图 1.14 所示。

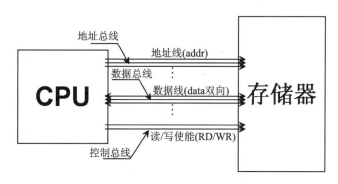

图 1.14　CPU 与存储器之间的总线模型

如果我们把 CPU 访存过程中,各总线信号上的电平随时间变化的示意图画出来的话,它将是这样的,如图 1.15 所示。

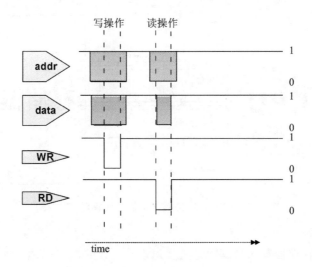

图 1.15　CPU 总线操作的时序图

　　上图就是 CPU 总线操作的时序图（Timing Digram）。它是描述接口时序与信号协议最为直观的形式。看懂时序图是我们学习电子和单片机技术，使用 C 语言正确编写底层驱动程序的根本基础。

1.2.4　外设模型

　　我们已经知道了 CPU 如何通过总线进行存储器的读写，也知道地址总线的宽度决定了 CPU 的寻址空间，数据总线的宽度则决定了 CPU 的位数（单次能够读写的数据量），而控制总线在一定程度上影响了访存的速度（WR 与 RD 为 0 的时间越短，访存速度越快，当然也要存储器速度跟得上才行）。有了 CPU 和存储器，以及连接它们的总线，这就足以构成一个完整的、可正常运行的计算机系统。我们可以把一些算法放在其中来运行，但是单片机（嵌入式处理器）并不仅仅只是用来作计算的，它更大的作用在于控制（所以单片机的英文缩写是 MCU，即 Micro Controller Unit，微控制单元）。IO 是最直接、最常用的控制接口，我们可以将它置 1 或清 0 来输出高电平或低电平，从而实现对外部电路或机构的控制。

　　对前面振南的困惑从更基础的层面进行解释：C 语言是如何实现对物理世界产生影响的？

　　在图 1.5 中，以 CPU 为核心，周边除了存储器（RAM 与 ROM）之外，还有很多控制器，比如 IO 控制器、串口控制器等等，这些就是所谓的"CPU 外设"。外设其实就是一些电路，它用于实现某一特定的功能。这些电路肯定要受 CPU 的控制，因此在电路设计上留出了专门的接口（寄存器）。这个接口的读写是符合 CPU 总线时序的，所以它可以直接挂接在 CPU 总线上，与存储器、其他外设并存（但是分属于不同的地址区间，CPU 向这些地址读写数据将对应于外设电路的不同功能）。更形象的说明请看图 1.16。

　　很明显，CPU 的整个寻址空间（它的大小由地址总线宽度决定）并不都是由存储器独占的。存储器只是占用其中的某一段而已，其他的地址空间一部分分配给各个外设，而更多的可能只是空闲保留。有人可能会问："既然这样，那我们完全可以把自己做的电路接到 CPU 的总线上，作为 CPU 扩展外设。"没错，只要 CPU 芯片把总线通过外部的引脚开放出来，我们就可以挂接自己的电路，让 CPU 直接去访问控制，比如挂接一个 8080 接口的液晶屏等。（51 的

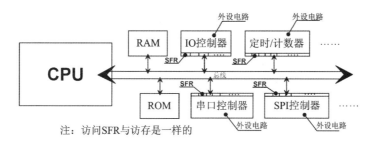

注：访问SFR与访存是一样的

图 1.16　CPU 外设的结构模型

xdata、STM32 的 FMC 都是 CPU 内核将总线对外开放的实例，在后面大家会看到一些单片机外部总线巧妙的应用实例）。

1.3　单片机跑起来

好，有了 CPU、存储器、总线以及外设，我们把它们有机地组合封装在一起，再把各个外设、总线的信号，以及供电和地通过引脚引出来，这就是一片完整的单片机芯片。等等，要让单片机跑起来似乎还少了些什么？对，还有时钟！

1.3.1　时钟系统

如果上面所说的这些都只是单片机芯片的躯壳的话，那么时钟就是在其中流动的血液和跳动的脉搏。时钟对于单片机来说是至关重要的，它是整个系统的激励。它是否稳定、是否精确、是否高速都直接影响了单片机中所有电路的运作，包括 CPU、总线、外设等等。从本质上来说时钟就是一个方波信号，如图 1.17 所示。

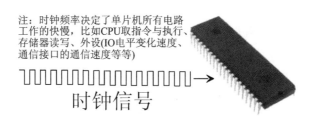

注：时钟频率决定了单片机所有电路
工作的快慢，比如CPU取指令与执行、
存储器读写、外设(IO电平变化速度、
通信接口的通信速度等等)

时钟信号

图 1.17　时钟在单片机中占有至关重要的地位

有人说："既然时钟的快慢决定了单片机的速度，那只要尽量提高时钟频率就可以让单片机的性能得到飞跃了!?"原理上来说确实是这样的，但是因为很多因素，比如半导体材料的特性、芯片制造工艺等，导致时钟频率并不能无限制地提高（过高频率的时钟信号会导致单片机电路工作异常，问题大多出现在信号的完全性上）。关于这一问题的解释请见图 1.18。

更形象地说，这就如同人的心跳不能太快，否则血液还没来得及将氧气和养分送到各个组织，就已经急逝而过了。同时，血管也无法承载如此高的血压和血液速度，最终导致人体整体机能的紊乱。相反，心跳又不能过缓，否则血液同样也无法完成输送给养的工作（单片机的时钟过慢可能无法满足我们的应用需求，所以实际应用过程中，选取一个合适的工作时钟是非常重要的）。

图 1.18　时钟频率过高将导致信号完整性受损

不过又说回来了,我们很多时候确实希望单片机运行得越快越好,比如一些计算量很大的实时算法、信号采集、音视频的录制与播放等等。所以无数的工程师、科学家都在致力于提高硬件性能、提高时钟频率、提高加工工艺水平,甚至是尝试新的半导体材料或是改进电路结构。但是尽管如此,时钟频率仍然会有一个无法逾越的顶线。而且人们发现时钟越快,电路工作时的功耗越大。这些窘境以及对高性能低功耗的不断追求,催生了 CPU 芯片向着多核的方向开始发展(时钟频率不再提升,而是通过增加芯片中 CPU 内核的数量来提高整体的性能)。

振南上面说,时钟越快,功耗越大。这不难理解,电路不工作时功耗一定最小;一旦有了时钟,它开始工作了,那功耗必然变大。这一原理是现在很多单片机芯片中实现低功耗的根本基础。单片机的设计者为每一个外设电路都配置了一个时钟开关(这些开关也是一些挂接在 CPU 总线上的特殊功能寄存器,因此可由 CPU 直接控制),从而可以控制外设停机还是工作。这在很大程度上降低了单片机的整体功耗。这就是现在一些高级单片机中的一个新概念—时钟配置(CC)。它实际上可能会更加强大,不光可以关闭某个外设的时钟供应,而且还可以调节时钟的频率,让外设可以工作在最为适宜的功耗水平下。

1.3.2　二进制

将"二进制"单独拿出来作为一节来讲,是因为它是一个极为基础的概念。但是很多人对二进制并没有形象的认识,甚至有一些已经入门、稍有开发经验的人对它的理解仍然比较模糊。所以振南认为有必要将它以一种更为形象、通俗而又深刻的方式着重来进行阐述,以便给我们以后的学习打下坚实的基础。

我们人类自古以来都在沿用一种被认为非常自然的计数方式,即十进制。它的原理非常简单,即"满十进一"(为什么是十进制,究其根源是因为我们有 10 根手指)。如果"XY"是一个十进制的 2 位数的话,那么它的每一个位上将可能出现 0~9 这 10 个数字。某一位当前是 9,如果再+1 便会归 0,同时向它的更高一位进 1。这就是计数的基础原理(不论进制如何都是如此)。

既然人类已经习惯了使用十进制,那为什么要在单片机中使用二进制呢?把它设计成十进制不好吗?在计算机问世的初期,或是在一些技术狂热分子中确实有人尝试制造出其他进制的计算机。但不论使用何种进制,振南前面所介绍的 CPU 体系中的各种基本内容都是必须要遵循和实现的,比如寻指令与执行、总线的操作等等。好,那振南就以总线操作中的一个环节—"CPU 向地址总线给出要访问的存储器中的存储单元的地址"为例,用十进制来进行实现。

假设要访问的地址是 $(3456)_{10}$,请看图 1.19。

很明显,要以十进制方式传输 3456 这个数值,我们就需要用 4 条地址线,每一条地址线上

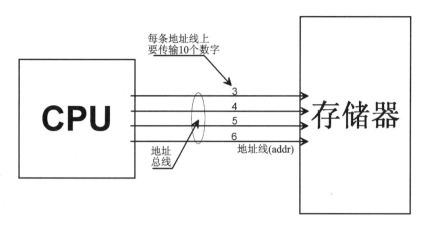

图 1.19 CPU 以十进制方式向存储器产生地址

分别传输 3、4、5、6 这 4 个数字。敢问大家,这该如何传呢? 一条线如何能表达 0～9 这 10 个数字呢? 有人说:"可以啊! 我把 5 V 等分为 10 份,0～0.5 V 代表 0,0.5～1 V 代表 1,依此类推,4.5～5 V 代表 9。"不错,很聪明,这就是传说中的"模拟计算机"的做法。它的信号线上传输的是模拟电压信号,而非数字信号。

虽然上面所说的方法是可行的,但有很多因素决定了人们不会去这样做:

(1) 电路的实现上难度比较大,模拟电路的设计比数据逻辑电路要复杂得多;

(2) 传输速度不高,模拟信号的产生与采集接收比数字信号要慢;

(3) 稳定性和抗干扰能力比较弱,仅仅靠 0.5 V 的压差来确定传输的数值,极易出现错误;

(4) 功耗很难降低,模拟电路的复杂度和规模以及其他因素注定其功耗较大。

……

针对第 3 条,有人曾经提出过疑问:"我可以把电压抬高啊,可以将 5 V 定义为 10 V 或 20 V,这样压差不就拉开了吗?"聪明,不过你考虑过功耗的问题吗?

我们还是用二进制的方式来进行实现吧。$(3456)_{10}$ 转化为二进制是 $(110110000000)_2$,请看图 1.20。

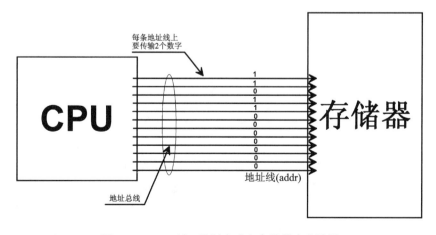

图 1.20 CPU 以二进制方式向存储器产生地址

二进制是满二进一,将一个十进制的数值转化为二进制其位数一定会变多,所以我们就需要更多的地址线。二进制数的每一位上只能表示 0 和 1 这两个数字，这对应于地址线上使用两个电平即可实现，比如 0 V 和 5 V(实际可能是 0～2. x V 表示 0，2. x～5 V 表示 1)。这样做的好处是显而易见的，电路设计的难度下降了很多，而且抗干扰能力也比较强。更重要的是，信号的传输速率可以做到比较高，最终实现计算机系统整体性能的提升。另外，二进制也使得芯片的功耗可以大幅度地降低，因为我们可以将高电平定义为 3.3 V、1.8 V，甚至是 1.2 V。(高电平电压定义得越低，单片机信号从低电平爬升到高电平的速度越快。因此，降低电平电压将有利于时钟频率的提高。)

综上所述，大家应该已经比较深刻地认识到计算机系统中使用二进制的重要意义了。二进制是计算机的根基，是底层 CPU 硬件以及很多相关电路实现的基础。所以，在我们所做的与单片机相关的很多开发和研究工作中，会大量涉及二进制的概念和应用。

1.3.3 中断机制

中断机制在单片机及嵌入式系统中是重中之重，我们必须深入理解。首先我们要明白一点：CPU 执行指令代码，并非一直顺序地逐条执行，而是可能突然跳到某段代码上去的。因为这段代码的优先级更高，或者说它更加紧迫，CPU 必须暂时放下手上的工作，立即去执行它，否则就可能导致不良的后果，甚至是严重的事故。这个"突然跳转"有时是可以人为预见的，或者是设计人员故意使然，但有些时候却是随机的，无法事先断定它发生的具体时间。这就是"中断"最为通俗的表述，如图 1.21 所示。

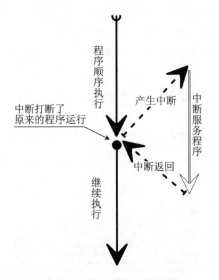

图 1.21 对"中断机制"的表述

有人说："中断似乎是在给 CPU 捣乱嘛，它总是在打断程序的正常执行。"不错，但是不能说是"捣乱"，因为中断的存在是合理的，是为了解决实实在在的问题而产生的。比如说，一个单片机正在正常工作，它同时还要接收来自于串口的数据，但是它又不知道数据何时会到，为了解决这一问题，我们可以采用 CPU 轮询方式，即不停地查看是否有新的数据到来，如果有则进行接收。这样做的最大问题在于浪费 CPU 的运行时间，这可能会影响到其他任务的执行效率。如果使用中断方式，将使 CPU 得以解放，在没有数据到来之前它可以安心地去做其

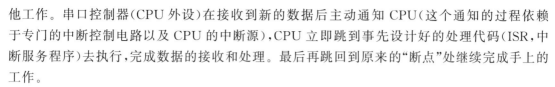

他工作。串口控制器(CPU 外设)在接收到新的数据后主动通知 CPU(这个通知的过程依赖于专门的中断控制电路以及 CPU 的中断源),CPU 立即跳到事先设计好的处理代码(ISR,中断服务程序)去执行,完成数据的接收和处理。最后再跳回到原来的"断点"处继续完成手上的工作。

　　关于中断,其实包含有非常多的内容,比如现场维护、中断向量、中断优先级、中断响应速度、中断的嵌套等等。要将这一切融会贯通,我们才能在实际的开发过程中游刃有余。不过,中断很多时候要比我们想象得更加复杂一些:如果主程序在顺序执行过程中产生了中断,CPU 立即转向中断服务程序,那如果在执行中断服务程序的过程中,再一次产生了中断,CPU又该何去何从呢? 这就是上面所说的"中断嵌套"所要解决的问题(这里只是简单说说,让大家心中有初步的认识)。

　　好,本章到这里就告一段落了。振南希望通过此章能够让大家从根本上实实在在地认识到 CPU 与单片机体系结构以及运作机理的本质,在脑中建立起一个形象的模型。有了这个基础,大家对单片机的理解才能真正做到入木三分,学习和领悟才能事半功倍。

　　单片机和 C 语言其实不难,从某种意义上来说,它只不过是一个"熟练工种",最重要的是"入门"。基础加上我们的聪明才智,每一个人都能成为高手!

　　可以搜索"振南单片机世界"微信公众号、抖音或 B 站,振南制作了近千个知识小视频,希望对你有用!

第2章

C 语言的那些"骚操作"

C 语言,是一门非常灵活而强大的编程语言。同样一个算法、一个功能,我们可以把它写得中规中矩,也可以把它写得晦涩难懂。而且很多自诩为编程高手的人,偏偏就喜欢把程序写成天书,认为让别人看不懂,却能实现正确的功能,此乃技术高超的表现。我不评价这样的做法是否可取,因为每个人都有各自的风格和个性。让他违背意愿去编程,那么编程可能就会变得索然无味,毫无乐趣。我只想说,要把程序写出格调,是需要资本的,是需要对 C 语言有较深入的理解的。很多时候不是我们想把程序写得难懂,而是我们要去看懂别人的程序。在这一章中,振南列举一些我曾经见过和使用过的编程技巧,并进行深入的解析。

本章包含 26 个 C 语言的常问题和编程技巧,它们是从振南的《高手 C》拔高大课的 500 个问题中精选出来的,有兴趣的读者可以看下《高手 C》课程全集。

2.1　字符串的实质就是指针

字符串是 C 语言中最基础的概念,也是最常被用到的。在嵌入式开发中,我们经常要将一些字符串通过串口显示到串口助手或调试终端上,作为信息提示,以便让我们了解程序的运行情况;或者是将一些常量的值转为字符串,来显示到液晶等显示设备上。

那么 C 语言中的字符串到底是什么? 其实字符串本身就是一个指针,它的值(即指针所指向的地址)就是字符串首字符的地址。

为了解释这个问题,我经常会举这样一个例子:如何将一个数值转化为相应的十六进制字符串。比如,把 100 转为 0X64。

我们可以写这样一个函数:

```
void Value2String(unsigned char value,char * str)
{
    unsigned char temp = 0;
    str[0] = '0';str[1] = 'X';str[4] = 0;
    temp = value >> 4;
    if(temp >= 0 && temp <= 9)str[2] = '0' + temp;
    else if(temp >= 10 && temp <= 15)str[2] = 'A' + temp - 10;
    temp = value&0X0F;
    if(temp >= 0 && temp <= 9)str[3] = '0' + temp;
```

```
else if(temp >= 10 && temp <= 15)str[3] = 'A' + temp - 10;
}
```

没有问题,它的功能是正确的。在实现上,因为数值 0~9 和 A~F 在 ASCII 码值上并不连续(分别为 0X30~0X39 和 0X41~0X46),所以程序中以 9 为分界,进行了分情况处理。

但聪明一些的编程者,可能用这样的方法来实现:

```
void Value2String(unsigned char value,char * str)
{
    char Hex_Char_Table[16] = {'0','1','2','3','4','5','6','7','8','9','A','B','C','D','E','F'};
    str[0] = '0';str[1] = 'X';str[4] = 0;
    str[2] = Hex_Char_Table[value >> 4];
    str[3] = Hex_Char_Table[value&0X0F];
}
```

对,这是使用了查表的思想。虽然 0~9 和 A~F,在 ASCII 码值上不连续,但是我们可以把它们放到一个数组里,创造一种连续。然后用数值作为下标,直接获取对应的字符。

也许会有人觉得 Hex_Char_Table 定义起来太麻烦,要一个个去输入字符。其实可以这样做:

```
void Value2String(unsigned char value,char * str)
{
    char * Hex_Char_Table = "0123456789ABCDEF";
    str[0] = '0';str[1] = 'X';str[4] = 0;
    str[2] = Hex_Char_Table[value >> 4];
    str[3] = Hex_Char_Table[value&0X0F];
}
```

我们将字符数组换成了字符串常量。其实它们在内存中的表达是几乎一样的,其实质都是内存中的字节序列,如图 2.1 所示。

| 字符数组 | '0' | '1' | '2' | '3' | '4' | '5' | '6' | '7' | '8' | '9' | 'A' | 'B' | 'C' | 'D' | 'E' | 'F' | |
| 字符串 | '0' | '1' | '2' | '3' | '4' | '5' | '6' | '7' | '8' | '9' | 'A' | 'B' | 'C' | 'D' | 'E' | 'F' | 0 |

图 2.1　字符数组与字符串都是内存中的字节序列

不同点在于,字符数组在定义的时候要明确指定数组的大小,即它可以容纳多少个字符(字节)。而字符串的长度则以第一个等于 0 的字节为准。所以,字符串的字节序列中,一定有某一个字节的值为 0,它就是字符串的结束符。我们平时使用的 strlen 这个函数,计算字符串长度的原理,其实就是在检测这个 0。所以,如果我们拿一个没有 0 的字符数组(字节序列)传给 strlen,那么最终的结果很可能是错误的,甚至因为数组越界访问,而导致程序的崩溃。

上面,振南说"字符串本身就是指针",那么见证这句话真正意义的时刻来了,我们将上面程序继续简化:

```
void Value2String(unsigned char value,char * str)
{
    str[0] = '0';str[1] = 'X';str[4] = 0;
    str[2] = "0123456789ABCDEF"[value >> 4];
    str[3] = "0123456789ABCDEF"[value&0X0F];
}
```

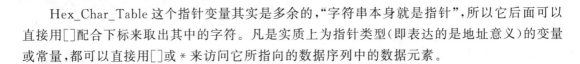

Hex_Char_Table 这个指针变量其实是多余的，"字符串本身就是指针"，所以它后面可以直接用[]配合下标来取出其中的字符。凡是实质上为指针类型（即表达的是地址意义）的变量或常量，都可以直接用[]或＊来访问它所指向的数据序列中的数据元素。

2.2　转义符\

C 语言中要表达一个字节数据序列（内存中连续存储的若干个字节），我们可以使用字节数组，如 unsigned char array[10]={0,1,2,3,4,5,6,7,8,9}。其实字符串，本质上也是一个字节序列，但是通常情况下它所存储的字节的值均为 ASCII 中可打印字符的码值，如 'A'、' '、'|' 等。那在字符串中是否也可以出现其他的值呢？这样，我们就可以用字符串的形式来表达一个字节序列了。很多时候，它可能比字节数组要方便一些。字符串中的转义符就是用来干这个的。请看如下程序：

```
const unsigned char array[10] = {0,1,2,3,4,5,6,7,8,9};
char * array = "\x00\x01\x02\x03\x04\x05\x06\x07\x08\x09";
```

这两种写法，array 所指向的内存字节序列是基本一样的（后者最后还有一个 0）。当然，如果我们把 array 传到 strlen 去计算长度，返回的值为 0。因为它第一个字节的值为 0。但是我们仍然可以使用 array[n] 的方式去访问序列中的数据。

```
char * str = "ABCDEFG";
char * str = "\x41\x42\x43\x44\x45\x46\x47";
```

上面程序中的两种写法，是完成等价的。

字符串中的转义符的目的是在本应该只能看到 ASCII 可打印字符的序列中，可以表达其他数值或特殊字符。如经常使用的回车换行"\r\n"，其实质就是"\x0d\x0a"；通常我们所说的字符串结束符\0，其实就是 0 的八进制转义表达形式。

2.3　字符串常量的连接

在研读一些开源软件的源代码时，我见到了字符串常量的一个比较另类的用法，在这里介绍给大家。

有些时候，为了让字符串常量内容层次更加清晰，就可以把一个长字符串打散成若干个短字符串，它们顺序首尾相接，在意义上与长字符串是等价的。比如"0123456789ABCDEF"可以分解为"0123456789""ABCDEF"，即多个字符串常量可以直接连接，够成长字符串。这种写法，在 printf 打印调试信息的时候可能会更多用到。

```
printf("A:%d B:%d C:%d D:%d E:%d F:%d\r\n",1,2,3,4,5,6);
printf("A:%d " \
       "B:%d " \
       "C:%d " \
       "D:%d " \
       "E:%d " \
       "F:%d\r\n",1,2,3,4,5,6);
```

在 printf 的格式化串很长的时候,我们把它合理的打散,分为多行,程序就会显得更加工整。

2.4　长字符串的拆分技巧

很多时候我们需要进行长字符串的拆分。在振南的研发经历中,使用到这种操作的最典型的应用场合有 3 个。

1. NMEA 协议数据的解析

NMEA 可能很多人不太了解,但是说到 GPS 肯定大家都很熟悉。当我们从 GPS 模块中读取定位信息的时候,数据就是遵循 NMEA 协议格式的。图 2.2 为一个标准的 GPS 数据帧。

```
$GPGGA,121252.000,3937.3032,N,11611.6046,E,1,05,2.0,45.9,M,-5.7,M,,0000*77
$GPRMC,121252.000,A,3958.3032,N,11629.6046,E,15.15,359.95,070306,,,A*54
$GPVTG,359.95,T,,M,15.15,N,28.0,K,A*04
$GPGGA,121253.000,3937.3090,N,11611.6057,E,1,06,1.2,44.6,M,-5.7,M,,0000*72
$GPGSA,A,3,14,15,05,22,18,26,,,,,,,2.1,1.2,1.7*3D
$GPGSV,3,1,10,18,84,067,23,09,67,067,27,22,49,312,28,15,47,231,30*70
$GPGSV,3,2,10,21,32,199,23,14,25,272,24,05,21,140,32,26,14,070,20*7E
$GPGSV,3,3,10,29,07,074,,30,07,163,28*7D
```

图 2.2　一个符合 NMEA 协议标准的 GPS 数据帧

整个数据帧采用 ASCII 编码,它以 $GP 作为开始,后面依次排列的是各项参数,参数之间使用,作为分隔。比如 $GPRMC 为推荐定位信息,我当时就是使用这一条数据来获取经纬度信息的(当时是 Intel 杯嵌入式邀请赛需要作一个手持 GPS 跟踪器)。这条数据中 N 后面是纬度,E 后面是经度。我们要做的就是将它们从整个数据帧(一个长字符串)中提取出来。所以,这就涉及了所谓的"长串拆分"。

2. Shell 命令行的命令解析

在很多项目中,我都习惯于基于串口编写一个后台 Shell 系统,可以起到一个基本的调试作用。从而一定程度上减少修改代码和固件烧录的次数。比如,项目中如果涉及 DAC 电压经常的调整输出,我就会在后台中设计一个命令 SetV n,以便随时灵活的操控 DAC。随着项目功能的升级,后台命令也会变得开始复杂。比如 SetArg a b c d e f g h....,用于同时设置程序中多个关键参数的值;再比如 SetV channel n freq a,设置某通道第 n 个信号的输出幅值和频率。

这些命令通过 PC 上的串口助手或调试终端来发送,比如超级终端、SecureCRT 或 XShell 等。程序中从串口接收到命令之后,将其放入内存的缓冲区中,其形式就是一个字符串。命令字以及后面的若干参数之间使用空格来分隔。程序要匹配命令字,并提取参数,以便执行相应的操作。所以,这也涉及长串的拆分。

3. DTU 模块的 AT 指令解析

AT 指令其实和 NMEA 是一个道理,它们都是一种通信协议格式,只不过 AT 指令更多使用在网络通信模块中,比如 SIM800、ESP8266、HC06 蓝牙串口等。举个例子,我们想知道网络信号强度,就可以向模块发送"AT+CSQ\r\n",模块会返回"+CSQ:29,0\r\n"。CSQ:

后面的 29 就是信号强度。它们都是 ASCII 编码的，也就是一个字符串。我们需要将 29 从其中提取出来。当然，AT 指令也有比较复杂的，字符串会比较长，包含的参数也会比较多。所以，要想使用这些网络模块实现网络通信，就必须实现对 AT 指令的解析。

说了这么多，都是在说长串拆分很重要。根本问题是如何实现它？很多人可能都会想到使用那个分隔字符，比如空格、逗号。然后去一个个数要提取的参数前面有几个分隔字符，然后将相应位置上的字符组成一个新的短字符串，如图 2.3 所示。

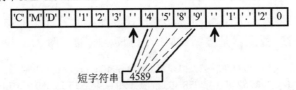

图 2.3　通过分隔字符定位要提取的部分

这种方法固然可行，但是略显笨拙。其实对于这种有明显分隔符的长字符串，我们可以采用"打散"或"爆炸"的思想，具体过程是这样的：将长字符串中的所有分隔符全部替换为 '\0'，即字符串结束符。此时，长字符串就被分解成了在内存中顺序存放的若干个短字符串。如果要取出第 n 个短字符串，可以用这个函数：

```c
char * substr(char * str,n)
{
    unsigned char len = strlen(str);
    for(;len>0;len--){if(str[len-1]==' ') str[len-1]=0;}
    for(;n>0;n--)
    {
        str += (strlen(str)+1);
    }
    return str;
}
```

很多时候我们需要一次性访问长字符串中的多个短字符串，此时振南经常会这样来做：通过一个循环，将长字符串中的所有分隔符替换为"\0"，在此过程中将每一个短字符串首字符的位置记录到一个数组中，代码如下：

```c
unsigned char substr(unsigned char * pos,char * str)
{
    unsigned char len = strlen(str);
    unsigned char n = 0,i = 0;
    for(;i<len;i++){if(str[i]==' '){str[i]=0;pos[n++]=(i+1);}}
    return n;
}
```

好，举个例子：我们要提取"abc 1000 50 off 2500"中的"abc"、"50"和"off"，可以使用上面的函数来实现。

```c
unsigned char pos[10];
charstr[30];
strcpy(str,"abc 1000 50 off 2500");
```

```
substr(pos,str);
str + pos[0]; //"abc"
str + pos[2]; //"50"
str + pos[3]; //"off"
```

2.5　取出数值的各位数码

在实际项目中,我们经常需要提取一个数值的某些位的数码,比如用数码管来显示数值或将一个数值转成字符串,都会涉及这一操作。

那如何实现这一操作呢?虽然这个问题看似很简单,但提出这一问题的人还不在少数。请看下面的函数。

```
void get digi(unsigned char  * digi,unsigned int num)
{
    digi[0] = (num/10000) % 10;
    digi[1] = (num/1000) % 10;
    digi[2] = (num/100) % 10;
    digi[3] = (num/10) % 10;
    digi[4] = num % 10;
}
```

它的主要操作就是除法和取余。这个函数只是取出一个整型数各位的数码,那浮点呢?其实一样的道理,请看下面函数(我们默认整数与小数部分均取 4 位)。

```
void getdigi(unsigned char  * digi1,unsigned char  * digi2,unsigned float num)
{
    unsigned int temp1 = num;
    unsigned int temp2 = ((num − temp1) * 10000);
    digi1[0] = (temp1/1000) % 10;
    digi1[1] = (temp1/100) % 10;
    digi1[2] = (temp1/10) % 10;
    digi1[3] = (temp1) % 10;
    digi2[0] = (temp2/1000) % 10;
    digi2[1] = (temp2/100) % 10;
    digi2[2] = (temp2/10) % 10;
    digi2[3] = (temp2) % 10;
}
```

有人说,我更喜欢用 sprintf 函数,直接将数值格式化打印到字符串里,各位数码自然就得到了。

```
char digi[10];
sprintf(digi," % d",num); //整型
char digi[10];
sprintf(digi," % f",num); //浮点
```

没问题。但是在嵌入式平台上使用 sprintf 函数,通常代价是较大的。作为嵌入式工程师,一定要惜字如金,尤其是在硬件资源相对较为紧张的情况下。sprintf 非常强大,我们只是一个简单的提取数值数码或将数值转为相应的字符串的操作,使用它有些暴殄天物。这种时候,我通常选择写一个小函数或者宏来自己实现。

2.6　printf 的实质与使用技巧

上面说到 sprintf，那我们顺便提一下 printf。printf 是我们非常熟悉的一个入门级的标准库函数，每当我们说出计算机金句"Hello World!"时，其实无意中就提到了它：

```
printf("hello world!");
```

它可以某种特定的格式、进制或形式输出任何变量、常量和字符串，为我们提供了极大的方便，甚至成了很多人调试程序时重要的 Debug 手段。我们并不太了解 printf 函数的具体实现细节，并认为无须关心这些。但是在嵌入式中，我们就需要剖析一下它的实质了。

printf 函数的底层是基于一个名为 fputc 的函数，它用于实现单个字符的具体输出方式，比如是将字符显示到显示器上，或是存储到某个数组中（类似 sprintf），或者是通过串口发送出去，甚至不是串口，而是以太网、CAN、I2C 等接口。

以下是一个 STM32 项目中 fputc 函数的实现：

```
int fputc(int ch, FILE * f)
{
    while((USART1 ->SR&0X40) == 0);
    USART1 ->DR = (u8)ch;
    return ch;
}
```

fputc 中将 ch 通过 USART1 发出。这样，我们在调用 printf 的时候，相应的信息就会从 USART1 打印出来。

"上面你说的这些，我都知道，有什么新鲜的!"确实，通过串口打印信息是我们司空见惯的。那么下面的 fputc 你见过吗？

```
int fputc(int ch, FILE * f)
{
    LCD_DispChar(x,y,ch);
    x ++ ;
    if(x >= X_MAX)
    {
        x = 0;y ++ ;
        if(y >= Y_MAX)
        {
            y = 0;
        }
    }
    return ch;
}
```

这个 fputc 将字符显示在了液晶上（同时维护了字符的显示位置信息），这样当我们调用 printf 的时候，信息会直接显示在液晶上。

说白了，fputc 就是对数据进行了定向输出。这样我们可以把 printf 变得更灵活，来应对更多样的应用需求。

在振南经历的项目中，曾经有过这样的情况：单片机有多个串口，串口 1 用于打印调试信息,串口 2 与 ESP8266 WiFi 模块通信,串口 3 与 SIM800 GPRS 模块通信。3 个串口都需要格式化输出,但是 printf 只有一个,这该怎么办? 我的解决方法是,修改 fputc 使得 printf 可以由 3 个串口分时复用。具体实现如下。

```
unsigned char us = 0;
int fputc(int ch,FILE * f)
{
    switch(us)
    {
        case 0:
                    while((USART1 ->SR&0X40) == 0);USART1 ->DR = (u8)ch;   break;
        case 1:
                    while((USART2 ->SR&0X40) == 0);USART2 ->DR = (u8)ch;   break;
        case 2:
                    while((USART3 ->SR&0X40) == 0);USART3 ->DR = (u8)ch;   break;
    }
    return ch;
}
```

在调用的时候,根据需要将 us 赋以不同的值,printf 就归谁所用了。

```
#define U_TO_DEBUG      us = 0;
#define U_TO_ESP8266    us = 1;
#define U_TO_SIM800     us = 2;

U_TO_DEBUG
printf("hello world!");
U_TO_ESP8266
printf("AT\r\n");
U_TO_SIM800
printf("AT\r\n");
```

2.7　关于浮点数的传输

很多人不能很好地使用和处理浮点,其主要根源在于对它的表达与存储方式不是很理解。最典型的例子就是经常有人问我:"如何使用串口来发送一个浮点数?"

我们知道 C 语言中有很多数据类型,其中 unsigned char、unsigned short、unsigned int、unsigned long 我们称其为整型,顾名思义它们可以表达整型数。而能够表达的数值范围与数据类型所占用的字节数有关。数值的表达方法比较简单,如图 2.4 所示。

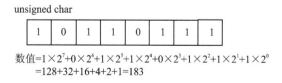

图 2.4　整型变量数值的计算方法

一个字节可以表达 0~255,两个字节(unsigned short)自然就可以表达 0~65535,依次类推。

当需要把一个整型数值发送出去的时候,我们可以这样做:

```
unsigned short a = 0X1234;
UART_Send_Byte(((unsigned char *)&a)[0]);
UART_Send_Byte(((unsigned char *)&a)[1]);
```

也就是将构成整型的若干字节顺序发送即可。当然接收方一定要知道如何还原数据,也就是说它要知道自己接收到的若干字节拼在一起是什么类型,这是由具体通信协议来保障的。

```
unsigned char buf[2];
usnigned short a;
UART_Receive_Byte(buf + 0);
UART_Receive_Byte(buf + 1);
a = ( * (usnigned short * )buf);
```

OK,关于整型比较容易理解。但是换成 float,很多人就有些迷糊了。因为 float 的数值表达方式有些复杂。有些人使用下面的方法来进行浮点的发送。

```
float a = 3.14;
char str[10] = {0};
ftoa(str,a); //浮点转为字符串 即 3.14 转为"3.14"
UART_Send_Str(str); //通过串口将字符串发出
```

很显然这种方法非常的"业余"。还有人问我:"浮点小数字前后的数字可以发送,但是小数点怎么发?"这赤裸裸的体现了他对浮点类型的误解。

不要被 float 数值的表象迷惑,它实质上只不过是 4 个字节而已,如图 2.5 所示。

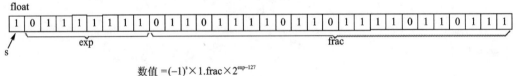

$$数值 = (-1)^s \times 1.frac \times 2^{exp-127}$$
$$= -1 \times 1.01101111011011110110111 \times 2^0$$
$$= -1.4352940839879613$$

图 2.5 浮点变量数值的计算方法

所以,正确的发送浮点数的方法是这样的:

```
float a = 3.14;
UART_Send_Byte(((unsigned char *)&a)[0]);
UART_Send_Byte(((unsigned char *)&a)[1]);
UART_Send_Byte(((unsigned char *)&a)[2]);
UART_Send_Byte(((unsigned char *)&a)[3]);
```

接收者将数据还原为浮点:

```
unsigned char buf[4];
float a;
UART_Receive_Byte(buf + 0);
UART_Receive_Byte(buf + 1);
UART_Receive_Byte(buf + 2);
UART_Receive_Byte(buf + 3);
```

```
a = *((float *)buf);
```

其实我们应该发现数据类型的实质:不论是什么数据类型,它的基本组成无非就是内存中存储的若干个字节。只是我们人为的赋予了这些字节特定的编码方式或数值表达。看穿了这些,我们就认识到了数据的本质了,我们甚至可以直接操作数据。

2.8 关于数据的直接操作

直接操作数据?我们来举个例子:取一个整型数的相反数。一般的实现方法是这样的:

```
int a = 10;
int b = - a; // - 1 * a;
```

这样的操作可能会涉及一次乘法运算,花费更多的时间。当我们了解了整型数的实质,就可以这样来做:

```
int a = 10;
int b = (~a) + 1;
```

这也许还不足以说明问题,那我们再来看一个例子:取一个浮点数的相反数。似乎只能这样来做:

```
float a = 3.14;
float b = a * - 1.0;
```

其实我们可以这样来做:

```
float a = 3.14;
float b;
((unsigned char *)&a)[3]^ = 0X80;
b = a;
```

没错,我们可以直接修改浮点在内存中的高字节的符号位。这比乘以 -1.0 的方法要高效的多。

当然,这些操作都需要你对 C 语言中的指针有炉火纯青的掌握。

2.9 浮点的四舍五入与比较

我们先说第一个问题:如何实现浮点的四舍五入?很多人遇到过这个问题,其实很简单,只需要把浮点 +0.5 然后取整即可。

OK,第二个问题:浮点的比较。这个问题还有必要好好说一下。首先我们要知道,C 语言中的判等,即 ==,是一种强匹配的行为。也就是,比较双方必须每一个位都完全一样,才认定它们相等。这对于整型来说,是可以的。但是 float 类型则不适用,因为两个看似相等的浮点数,其实它们的内存表达不能保证每一个位都完全一样。

这个时候,我们做一个约定:两个浮点只要它们之差 m 足够小,则认为它们相等,m 一般取 10e-6。也就是说,只要两个浮点小数点后 6 位相同,则认为它们相等。也正是因为这个约定,很多 C 编译器把 float 的精度设定为小数点后 7 位,比如 ARMCC(MDK 的编译器)。

```
float a,b;
if(a == b) ...    //错误
if(fabs(a - b)<= 0.000001) ...//正确
```

2.10   出神入化的 for 循环

for 循环我们再熟悉不过了，通常我们使用它都是中规中矩的，如下例：

```
int i;
for(i = 0;i <100;i ++ )
{...}
```

但是如果我们对 for 循环的本质有更深刻的理解的话，就可以把它用得出神入化。

for 后面的括号中的东西我称之为"循环控制体"，分为三个部分，如图 2.6 所示。

A、B、C 三个部分，其实随意性很大，可以是任意一个表达式。所以，我们可以这样写一个死循环：

```
 for(1;1;1) //1 本身就是一个表达式:常量表达式
{
    ...
}
```

当然，我们经常会把它简化成：

```
for(;;)
{
    ...
}
```

既然循环控制体中的 A 只是在循环开始前作一个初始化的操作，那我这样写应该也没毛病：

```
int i = 0;
for(printf("Number:\r\n");i <10;i ++ )
{
    printf("   % d\r\n",i);
}
```

B 是循环执行的条件，而 C 是循环执行后的操作，那我们就可以把一个标准的 if 语句写成 for 的形式，而实现同样的功能：

```
if(strstr("hello world!","abc"))
{
    printf("Find Sub - string");
}
```

```
char * p;
for(p = strstr("hello world!","abc");p;p = NULL)
{
    printf("Find Sub - string");
}
```

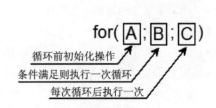

图 2.6   **for 循环的"循环控制体"**

以上的例子可能有些鸡肋，"一个 if 能搞定的事情，我为什么要用 for？"，没错。我们这里主要是为了解释 for 循环的灵活用法。深入理解了它的本质，有助于我们在实际开发中让工作事半功倍，以及看懂别人的代码。

以下我再列举几个 for 循环灵活应用的例子，供大家回味。

[例 1]

```
char * p;
for(p = "abcdefghijklmnopqrstuvwxyz";printf(p);p++) printf("\r\n");
```

提示：printf 我们太熟悉了，但是有几个人知道 printf 是有返回值的？ 输出应该是怎样的？

[例 2]

```
char * p;
unsigned char n;
for(p = "ablmnl45ln",n = 0;((* p == 'l')? (n++):0), * p;p++);
```

提示：还记得 C 语言中的三目运算和逗号表达式吗？ n 应该等于几？

[例 3]

```
unsigned char * index = "C[XMZA[C[NK[RDEX@";
char * alphabet = "EHUIRZWXABYPOMQCTGSJDFKLNV";
int i = 0;
for(;(('@'! = index[i])? 1:(printf("!! Onz\r\n"),0));i++)
    {printf(" % c",alphabet[index[i] - 'A']);}
```

提示：天书模式已开启。如果看不懂，你可能会错过什么哦！

2.11　隐藏的死循环

有些时候我们会发现 for 循环变成了一个死循环：

```
unsigned char i;
for(i = 4;i >= 0;i - -) ....
```

我们本希望循环 5 次，然后结束，但是实际情况是陷入了死循环。这种错误在实际开发中，还比较难发现。其原因在于 i 的类型，无符号整型是永远不小于 0 的。我们需要将 i 的类型改为有符号型。

```
signed char i;
for(i = 4;i >= 0;i - -) ....
```

OK，这样就对了。细节虽小，但是对实际开发的影响还是蛮大的，请大家引以为戒。

下面的两个例子中 for 循环也是死循环，请自行分析：

[例 1]

```
unsigned char i;
for(i = 0;i < 256;i++) ...
```

提示：i 的数据类型。

[例 2]

```
char str[20];
char * p;
unsigned char n = 0;
for(p = strcpy(str,"          abcd");((* p) = ' ');p ++ ,n ++ );
```

提示：这个例子，不光会死循环，而且还可能会让程序直接崩溃。判等的 = = 你会不会经常直接写错成 = (赋值表达式)。

2.12　看似多余的空循环

有时我们会看到这样的代码：

```
do
{
    ...... //do something
}while(0);
```

代码本身实际只运行了一次，为什么要在它外面加一层 do while 呢？ 这看似是多余的。其实不然，我们来看下面例子：

```
#define DO_SOMETHING fun1();fun2();
void main(void)
{
    while(1) DO_SOMETHING;
}
```

while(1) DO_SOMETHING;本意应该是不断调用 fun1 和 fun2，但实际上只有 fun1 得到运行。其中原因大家应该明白。所以，我们可以这样来写：

```
#define DO_SOMETHING do{ fun1();fun2();}while(0);
```

do while 就如同一个框架把要运行的代码框起来，成为一个整体。

2.13　独立执行体

我在 C 语言编程的过程中，经常乐于使用一种"局部独立化"的方式，我称之为"独立执行体"，如下例：

```
void fun(int a,int b,int c)
{
    int tmp = 0;
    //主体计算
    {                    //独立执行体，解决临时性问题
        int c = 0;
        c = (a>b)? a:b;
        printf("max:% d\r\n",c);
    }
```

```
{                        //独立执行体
    int c = 0,d = 0,.....,res = 0.;
    //数据处理算法
    printf("result: % d\r\n",res);
}
//进一步计算
}
```

编程时,我们经常需要解决一些小问题,比如想对一些数据进行临时性的处理,查看中间结果;或是临时性的突发奇想,试探性的作一些小算法。这过程中可能需要独立的变量,以及独立于主体程序的执行逻辑,但又觉得不至于去专门定义一个函数,只是想一带而过。比如上例,函数 fun 主要对 a、b、c 这 3 个参数进行计算(使用某种算法),过程中想临时看一下 a 和 b 谁比较大,由第一个"独立执行体"来完成,其中的代码由自己的{}扩起来。

其实我们可以更深层的去理解 C 语言中的{},它为我们开辟了一个可自由编程的独立空间。在{}里,可以定义变量,可以调用函数以及访问外层代码中的变量,可以作宏定义等等。平时我们使用的函数,它的{}部分其实就是一个"独立执行体"。

"独立执行体"的思想,也许可以让我们编程更加灵活方便,可以随时让我们直接得到一块自由编程的净土。

上一节中的 do while(0),其实完全可以把 do while(0)去掉,只用{}即可:

```
#define DO_SOMETHING {fun1();fun2();}
```

其中它还有一个好处,就是当你不需要这段代码的时候,你可以直接在{}前面加上 if(0)即可。一个"独立执行体"的外层是可以受 if、do while、while、for 等这些条件控制的。

2.14　多用()无坏处

! 0+1,它的值等于多少?其实连我这样的老手也不能马上给出答案,2 还是 0? 按 C 语言规定的运算符优先级来说,应该是! 大于+,所以结果应该是 2。

但是如果把它放在宏里,有时候就开始坑人了:

```
#define VALUE ! 0 + 1
int a;
a = VALUE&0;
```

踩过此类坑的人无须多说,自能领会。a＝2&0 呢,还是 a＝! 0+1&0 呢? 它们的值截然不同。

这里出现了一些运算优先级和结合律的差错。为了让我们的语义和意图正确的得以表达,所以建议多用一些()。

```
#define VALUE ((! 0) + 1)
int a;
a = VALUE&0;
```

这样,a 的值就一定是 0 了。

另外,有时候优先级还与 C 语言编译器有关,同一个表达式在不同的平台上,可能表达的

意义是不同的。所以，为了代码的可移植性、正确性以及可读性，振南强烈建议多用一些()。

2.15　＝＝的反向测试

C 语言中的＝与＝＝，有时候是一个大坑。主要体现在条件判断时的值比较，如下例：

```
int a = 0；
if(a = 1)
{
    //代码
}
```

也许我们的原意是判断 a 若为 1，则执行。但实际上 if 根本不起作用，因为错把＝＝写成了＝。

C 语言中的赋值操作也是一种表达式，称为赋值表达式，它的值即为赋值后变量的值。而 C 语言中条件判断又是一种宽泛的判断，即非 0 为真，为 0 则假。所以 if(a＝1)这样的代码编译是不会报错的。

这种错误通常是很难排查出来的，尤其是在复杂的算法中，只能一行行代码的跟踪。所以对于变量值的比较判断，振南建议使用"＝＝的反向测试"，并养成习惯。

```
int a = 0；
if(1 == a)
{
    //代码
}
```

如果把＝＝错写成了＝，因为常量无法被赋值，所以编译时会报错。

2.16　赋值操作的实质

原来一位哈工程理学院教授(搞数学的)讲述了自己的一个困惑，一直以来都被我们当成一个笑话在说。他学 C 语言的时候，首先 a＝1，然后后面又来一个 a＝2，这让他非常不解，a 怎么可能同样等于 1 又等于 2 呢？

其实这是因为他对计算机运行机制不了解，这个 a 不是他数学稿纸上的代数变量，而是计算机中实实在在的"电"，或者说"信号"，如图 2.7 所示。

其实不限于 C 语言，所有编程语言的目的都是控制计算机硬件，实现电信号的传输、存储等操作，最终达成某一功能。变量是存储器中的一小块空间，它源自于形如 int a 这样的代码编译后由编译器所做的存储器分配。对变量的赋值就是 CPU 内核通过三总线将数据传输到存储器特定地址单元上的过程。所以，a＝1；a＝2；只是两次数据传输过程而已。

这个教授当时算是个外行，其实对于我们也是一样的，想要真正掌握编程语言，只流于代码表面的意思是不行的，必须对它在硬件上产生的操作有明确的认识，对计算机内部的运行机理有深入理解才可以。

变量a
CPU
内核
控制总线
地址总线
数据总线
存储器
地址

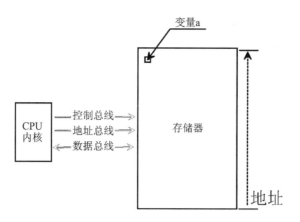

图 2.7　计算机中 CPU 与存储器的寻址与数据传输

2.17　关于补码

补码是一个很基础的概念，但是对于很多人来说，其实有些迷糊，这里对补码进行一些通俗而深刻的讲解。

C 语言中的整型类型有两种，无符号与有符号。无符号比较好理解，如图 2.8 所示。

只需要将每一个位乘以它的权值，再求和即是其所表达的数值。它所有的位都用来表达数值，因此上图中类型能表达的范围为 0～255(8 个位)。但是如何表达负数，比如－10，这个时候就涉及补码了，如图 2.9 所示。

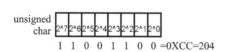

unsigned
char
2^7 2^6 2^5 2^4 2^3 2^2 2^1 2^0
1 1 0 0 1 1 0 0 =0XCC=204

图 2.8　无符号整型的数值表达

signed
char
s 2^6 2^5 2^4 2^3 2^2 2^1 2^0
0 1 0 0 1 1 0 0 =+76
1 1 0 0 1 1 0 0 =-?

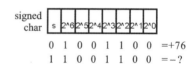

图 2.9　有符号整型的数值表达

有符号整型的最高位被定义为符号位，0 为正数，1 为负数。上图中前一行等于＋76，后一行等于多少？－76？那就错了。对于负数的数值要按其补码来计算，如图 2.10 所示。

为什么要引入补码的概念，符号位表示符号，其他位直接表示其绝对值，不是更好吗？这其实是一个数字游戏。我们要知道一个前提：CPU 中只有加法器，而没有减法器。OK，我们看下面的例子。

1 | 1 0 0 1 1 0 0
取反+1
0 | 0 1 1 0 1 0 0 =-52

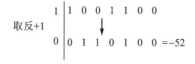

图 2.10　有符号整型负数数值计算方法

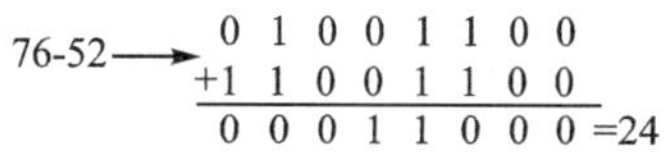

76-52
0 1 0 0 1 1 0 0
+1 1 0 0 1 1 0 0
0 0 0 1 1 0 0 0 =24

图 2.11　使用补码通过加法实现减法操作

可以看到，补码将符号位也统一到了计算过程中，并且巧妙的使用加法实现了减法操作。这对于简化 CPU 中的算术逻辑电路(ALU)具有重要意义。

2.18 关于－1

为了说明关于－1的问题，我们先来看一个例子：

```
signed short a = -1;
if(-1 == a)
{
    //....
}
```

这个 if 条件成立吗？似乎这是一句废话。其实不然，它不一定成立。

我们要知道 C 语言中的判等＝＝运算是一种强匹配，也就是比较的双方必须每一个位都匹配才被认为相等。上例中，a 在内存中的表示是 0XFFFF（补码），但是－1 这个常量在内存中的表示在不同的硬件平台上却不尽相同，在 16 位 CPU 平台上是 0XFFFF，它们是相等的。而在 32 位 CPU 平台上则是 0XFFFFFFFF，它们就不相等。所以稳妥的办法是：

```
signed short a = -1;
if(((signed short)-1) == a)
{
    //....
}
```

我们看到－1 的补码是全 F，而且位数与 CPU 平台相关。所以－1 经常还有另一个妙用，即可以用于判断硬件平台的 CPU 位数，便于提高代码的可移植性（32 位平台的 int(-1) 为 0XFFFFFFFF，而 16 位平台则是 0XFFFF）。

在绝大多数情况下，我们对－1 在不同类型之间直接比较是没有问题的，那是因为编译器帮你做了优化。但是在内存中到底是什么样子，大家心里一定要有数，不出问题不代表没有问题。

2.19 字节快速位逆序

我给大家出一道有意思的题目：如何快速得到一个字节的位逆序字节。比如 0X33 的位逆序字节是 0XCC。

有人给了我这样一段代码：

```
unsigned char reverse_byte(unsigned char byte)
{
    unsigned char i = 0;
    unsigned char temp = 0;
    for(i = 0;i < 8;i++)
    {
        if(byte&(0x01 << i)) temp| = (0x80 >> i);
    }
    return temp;
}
```

这段代码很简洁，也很巧妙。但是它却不是最快的。后来做了改进：

```
unsigned char reverse_byte(unsigned char byte)
{
    unsigned char temp = 0;
    if(byte&0x01) temp| 0x80;
    if(byte&0x02) temp| 0x40;
    if(byte&0x04) temp| 0x20;
    if(byte&0x08) temp| 0x10;
    if(byte&0x10) temp| 0x08;
    if(byte&0x20) temp| 0x04;
    if(byte&0x40) temp| 0x02;
    if(byte&0x80) temp| 0x01;
    return temp;
}
```

这样把循环打开,确实会提速不少。但它仍不是最快的实现方案。请看如下代码:

```
unsigned char rbyte[256] = {0x00,0x80,0x40,0xc0,0x20,........};
#define REVERSE_BYTE(x) rbyte[x]
```

恍然大悟了没有? 使用字节数组事先准备好位逆序字节,然后直接以字节的值为下标索引,直接取数据即可。这种方法被称为"空间换时间"。

这个问题我问过很多人,多数人并不能直接给出最佳方案。倒是有不少人问我这个问题有什么实际意义,为什么要去计算位逆序字节? 请大家想想,如果我们把电路上的数据总线焊反或插反了该怎么解决。

2.20　关于 volatile

现在的编译器越来越智能,它们会对我们的代码进行不同程度的优化。请看下例:

```
unsigned char a;
a = 1;
a = 2;
a = 3;
```

这样一段代码,有些编译器会认为 a=1 与 a=2 根本就是毫无意义,会把它们优化掉,只剩下 a=3。但是,有些时候这段代码是有特殊用途的:

```
unsigned char xdata a _at_ 0X1111;
a = 1;
a = 2;
a = 3;
```

a 不单单是一个变量,而是一个外部总线的端口(51 平台)。向它赋值会产生相应的外部总线上的时序输出,从而对外部器件实现控制。这种时候,a=1 和 a=2 不能被优化掉。举个例子:a 所指向的外部总线端口,是一个电机控制器的接口,向它写入 1 是加速,写入 2 是减速,写入 3 是反向。那么上面的代码就是加速→减速→反向,这样一个控制过程。如果被优化的话,那最后就只有反向了。

为了防止这种被"意外"优化的情况发生,我们可以在变量的定义上加一个修饰词 volatile。

```
volatile unsigned char xdata a _at_ 0X1111;
a = 1;
a = 2;
a = 3;
```

这样,编译器就会对它单独对待,不再优化了。

volatile 最常出现的地方,就是对芯片中寄存器的定义,比如 STM32 固件库中有这样的代码:

```
#define __IO volatile
typedef struct
{
    __IO uint32_t CRL;
    __IO uint32_t CRH;
    __IO uint32_t IDR;
    __IO uint32_t ODR;
    __IO uint32_t BSRR;
    __IO uint32_t BRR;
    __IO uint32_t LCKR;
}GPIO_TypeDef;
```

这是对 STM32 的 GPIO 寄存器组的定义,每一项都是一个 __IO 类型,其实就是 volatile。这样是为了对片内外设的物理寄存器的访问一定是真正落实的,而不是经过编译器优化,而变成去访问缓存之类的东西。

2.21　关于变量互换

初学 C 语言的时候,有一个小编程题我们应该都记得,就是变量互换。

```
int a,b;
int temp;
temp = a;
a = b;
b = temp;
```

变量 a 与 b 的值互换,在这过程中一定需要一个中间变量 temp 作为中转。不用这个中间变量能不能实现? 请看下面的代码:

```
int a,b;
a = a + b;
b = a - b;
a = a - b;
```

可以说上面代码有点小巧妙,那么下面的代码就真正是巧妙了:

```
int a,b;
a = a^b;
b = a^b;
a = a^b;
```

异或运算有一个性质叫自反性,这个可以实现很多巧妙的操作,大家可以深入研究一下。异或位运算比上面的加减法更严谨,因为加减法是可能会溢出的。异或运算是一种富含高超技巧的高能运算。在振南的《高手 C》课程中有专门的内容讲解异或相关的使用技巧,大家可以看一下。

2.22 关于 sizeof

C 语言中的 sizeof 我们应该是非常熟悉的,它的作用就是用来计算一个变量或类型所占用的字节数。

```
sizeof(int)          //如果是 32 位 CPU 平台,值为 4,即 4 个字节
int a; sizeof(a)     //同上
sizeof(struct ...)   //计算某结构体的大小
```

这个很简单,我们再来看下面的代码:

```
char * pc = "abc";
sizeof(pc)           //指针的 sizeof 等于多少?
sizeof( * pc)        //指针指向的单元的 sizeof 等于多少?
```

pc 用来指向 char 类型的变量。pc 本身是一个指针类型,在 32 位平台上 sizeof(pc)的值为 4,即指针类型占用 4 个字节(与 CPU 平台有关)。 * pc 是 pc 所指向的变量,所以 sizeof(* pc)的值为 1。

好,还能理解吧,那我们再来看:

```
char a1[] = "abcd";
sizeof(a1)           //数组的 sizeof 等于多少?
void fun(char a1[])  //形参 a1 的 sizeof 等于多少?
{
    //....
}
```

第一个 sizeof(a1)等于 5,因为它是一个数组(最后还有一个字符串结束符'\0')。第二个 sizeof(a1)等于 4,形参中的 a1 不再是一个数组,而是一个指针。

好,下面的实例估计很多人没见到过:

```
struct {} a,b,c;
sizeof(a) //空结构体的 sizeof 等于多少?
```

空结构体类型变量的大小是多少? 这个问题似乎有些奇葩,没什么实用性。空结构体有什么用?

这个问题可以揭示一些比较深层的问题,我们平时注意不到。空结构体的大小是 1,即占用 1 个字节。当我们的程序还仅仅是一个框架的时候,一些结构体还只是一个空壳,只是拿一个 struct 的定义在那占位置而已,此时就涉及空结构体问题了。通常编译器会给空结构体分配 1 个字节的内存空间。为什么? 如果不分配空间,那程序中的多个同类型结构体变量如何区分呢? 比如 a、b、c 这三个变量,它们必须要被分配到不同的地址上去,各占 1 个字节的空间。

另外,因为 sizeof 有一个(),所以很多人想当然的把它当成一个函数。但其实它表达的是一个常数(运算符),它的值在程序编译期间就确定了。比如 sizeof(i＋＋),其中 i 为 int 类型,那么它的值就是 4(32 位平台)。

2.23　memcpy 的效率

memcpy 函数的功能是用来作内存搬运，就是将数据从一个数组赋值到另一个数组。它的实现很简单：

```
void memcpy(unsigned char * pd,const unsigned char * ps,unsigned int len)
{
    unsigned int i = 0;
    for(i = 0;i < len;i ++ ) pd[i] = ps[i];
}
```

但是这种实现方式，其实是比较肤浅而低效的。作为嵌入式或硬件工程师，如果对上面的代码看不出什么问题的话，那可能要好好找找自身的原因。

上面的代码，对 CPU 数据总线带宽的利用率不高，我们把它改成这样：

```
void memcpy(unsigned char * pd,const unsigned char * ps,unsigned int len)
{
    unsigned int i = 0;
    unsigned int temp = len/sizeof(unsigned int);
    for(i = 0;i < temp;i ++ ) ((unsigned int * )pd)[i] = ((unsigned int * )ps)[i];
    i * = sizeof(unsigned int);
    for(;i < len;i ++ ) pd[i] = ps[i];
}
```

改进后的代码最大限度地利用了 CPU 数据总线带宽，每次传输多个字节（如 32 位平台为 4 字节）。这一实例告诉我们：C 语言，尤其是嵌入式 C 语言很多时候需要考虑硬件层面的因素，如 CPU 总线、内存结构等。

2.24　[]的本质

当我们想取出一个数组中的某个元素时，我们会用到[]，采用下标的方式，如下例：

```
int a[3] = {1,2,3};
a[1]; //数组 a 的第 2 个元素
```

其实我们可以用其他方式取出这个元素，即 * (a+1)。可以看到[]与 *，在功能上有相似之处。其实[]并不限于与数组搭配访问数组元素，它的实质是：访问以指针所指向的地址为开始地址，以其下标为偏移量的存储单元中的数据，如图 2.12 所示。

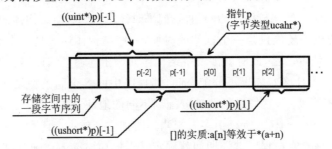

图 2.12　[]的实质其实就是所谓的"基址偏移量取值"

上图可能颠覆了一些人对[]的认识,下标还能是负数? []可以在一个开始地址后面去取数据,为什么不能在它前面取数据呢? 我们可以理解[]是对指针加减和取值操作的综合。

认清了[]的实质,再加上对 C 语言的精髓——指针深刻的理解,我们编程将会非常灵活,肆意挥洒。详见《高等 C:指针黄金 11 讲》。

2.25　♯与♯♯(串化与连接)

C 语言中的♯与♯♯可能很多人都不了解,更没有用过,因为在一般的教材上都没有对它们的介绍。但是把它们用好了,也能使我们的代码别有一番格调。来看下面的例子:

```
#define STR(s) #s
printf(" % s", STR(www.znmcu.com));
printf(" % s", "www.znmcu.com"); //宏展开之后的效果
```

这就是串化,在宏定义中♯可以将宏参数转换为字符串,即在宏参数的开头和末尾添加引号。似乎有些鸡肋,但是如果看到别人的代码有用到串化的时候,我们需要能够看懂。

再来看一下连接符♯♯,它用来将参数和其他的内容连接起来,如下例:

```
#define CON1(a, b) a##e##b
#define CON2(a, b) a##b##00

printf(" % f\n", CON1(8.5, 2));
printf(" % d\n", CON2(12, 34));

printf(" % f\n", 8.5e2); //展开后的效果
printf(" % d\n", 123400); //展开后的效果
```

我在很多 ARM 官方评估板的配套代码中看到过大量串化与连接的应用,当时我并不知道 C 语言还有串化连接这些东西(虽然我已经用 C 语言有十几年了),所以有些看不明白。通过百度学习了一下♯与♯♯,这才懂了。所以,C 语言学得多精都不为过,很多知识我们可能一辈子都不会用到,但是不代表我们可以不知道,因为别人在用。

关于 C 语言方面的一些常见问题、非常规操作以及认知误区振南就讲这么多。C 语言其实是博大精深,还是那句话:"学得多精都不为过!"我一直把嵌入式工程师比喻成"能与硬件对话的灵媒",我们所使用的语言就是 C 语言。我们自认为对 C 语言已经足够了解了,足够精通了,但是我们又会发现在实际开发过程中,会遇到很多新的问题,很多问题是与 C 语言本身相关的。

所以记住:"学海无涯!"有 C 语言方面的问题,欢迎与振南沟通交流,我自己也在不断学习的过程中。

第 **3** 章
各大平台串口调试软件大赏

我们对于 UART 应该有着很深的情怀和依赖。想当年我们初学 51 单片机和 C 语言,第一个接触的就是 UART,也就是串口。在后来的日子里,我们的水平在不断提升,所使用的芯片器件也越来越高级、越来越复杂,但是 UART 一直是必不可少的。似乎没有这个接口,我们就会感觉很奇怪,很不顺手。我们使用 UART 来做多芯片之间、芯片与设备之间的通信;使用它来输出 log 以便于我们了解程序的运行状态和定位 bug;更有高手用它构建 Shell 界面,来实现友好的人机交互。串口太重要了,它几乎就是我们与芯片沟通的首选方案。

在可追溯的过去,人们基于电传打字机(Teletypewriter,简称 tty,是不是终于知道 Linux 下为什么将串口称为 tty 了)的编码方式发明了 UART,并一直沿用至今;在可预见的未来,各种更高端的 CPU、SoC 等芯片依然会保留这一接口。虽然曾几何时,电脑上已经取消了传统 RS-232 接口,取而代之的是更强大的 USB 接口。但是这一举措,激起了 USB 串口桥接芯片市场的新浪潮。FT232、CP2102 以及国产的 CH341(沁恒)、PL2303(中国台湾 Prolific)等一系列解决方案层出不穷。一条稳定耐用的 USB 串口调试线和一个方便易用的串口调试软件,成了硬件和嵌入式研发工程师的必备利器。

本章振南将介绍一些值得推荐的串口调试软件,它们也是振南在过去十几年的研发经历中曾经使用过的。看完本章,你也许会惊叹:原来串口调试软件还有这么多! 也可以这么强大!

3.1　各平台上的串口调试软件

嵌入式系统工程师的最终形态一定是游走于多个平台之间,包括 Windows、Linux 以及各种嵌入式操作系统。各平台都有各自比较优秀的串口调试软件。

3.1.1　Windows

Windows 上的串口软件数不胜数,很多人经常淹没在串口软件的海洋中,下载一个不满意,再下一个不好使,最后感叹:想找个好用的串口软件就这么难! 希望振南的推荐可以满足你的使用需求。

1. STCISP

我用了很多年的 STC 单片机,直到 2008 年我才全部转为使用 STM32 等其他芯片。虽然 STC 单片机已经很多年不用了,但是它的下载烧录软件 STCISP 我还一直在用。因为它内嵌了一个很好的串口工具(感谢姚老师这么贴心的设计),如图 3.1 所示。

图 3.1　STCISP 软件内嵌的串口工具

到底什么样的串口工具算是好的? 其实很简单,主要以实用为主:(1)可以支持 ASCII 与 Hex 模式收发;(2)可以选择不少于 4 个串口端口;(3)可以灵活设置串口参数,如波特率、校验位;(4)稳定不丢数据,不应有太大的数据延迟。这 4 条是最基本的要求,缺少其一都会影响使用,让人产生反感。

STCISP 功能不多,但是它恰恰符合上述几点。下载地址:www.stcmcudata.com。

2. SSCOM

这个软件估计很多人都在用,也确实很好用。它是由大虾电子网研发并发布的免费软件,如图 3.2 所示。

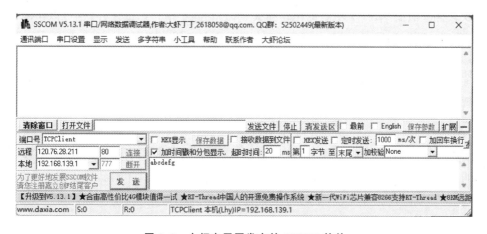

图 3.2　大虾电子网发布的 SSCOM 软件

图 3.2 所示是它最新版本 5.13.1,它除了基本的功能之外,还有定时发送、文件发送、接收数据到文件、时间戳等功能,可以说很强大。而且最新版本已经支持网络调试,包括 TCPServer、TCPClient 和 UDP。还有一个比较有特色的功能就是自动计算校验码，支持多种 CRC 以及校验和，这对于调试 Modbus 非常方便。而且最难能可贵的是，它的接收框是可以 Shell 交互的。这种功能只有像后面要介绍到的 Xshell 或 SecureCRT 之类的终端软件才有，但是这些软件可都是收费的。所以，SSCOM 基本上可以新老咸宜，易于上手，成为 Windows 平台上流传甚广的知名串口工具是有原因的。

SSCOM 是一款非常优秀的免费的专业级的串口工具。下载地址：www.sscom.vip。

3. 友善串口调试助手

友善之臂（杭州野芯科技）这个品牌大家有所耳闻，是做 ARM 开发板、相关配件以及仿真工具的。它也推出了一款串口软件，如图 3.3 所示。

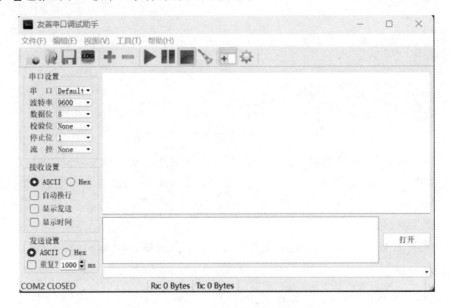

图 3.3 友善之臂发布的串口调试助手

这款软件看似简单，其实功能也比较强大。（1）它除了串口调试之外，也可以作网口调试；（2）支持多端口同时调试，如图 3.4 所示；（3）提供几个实用小工具，比如 ASCII 表、校验计算器（支持 CheckSum 与 CRC）。

友善串口调试助手也是一款比较实用的串口工具，还有就是它的界面看着比较舒服。

下载地址：https://www.alithon.com/downloads。

4. Xshell

上面振南所介绍的都是一些开源或者免费软件，这里要介绍的 XShell 是商业软件，是由一家名叫 NetSarang 的公司（全名是 NetSarang Computer, Inc.，主要致力于安全终端软件的开发）开发的。既然是商业软件，它的整体品质自然是上述免费软件所不能及的。振南使用试用版来为大家介绍。

说实话，关于 Xshell 这一节还真不太好写，因为它过于强大，我甚至不知从何说起。

Xshell 严格意义上讲，并不是一款串口调试软件，或者说并不是一款仅用于串口调试的软件。串口只是它所支持的一个端口而已。除此之外，它还支持 SSH、TELNET、SFTP 等多种

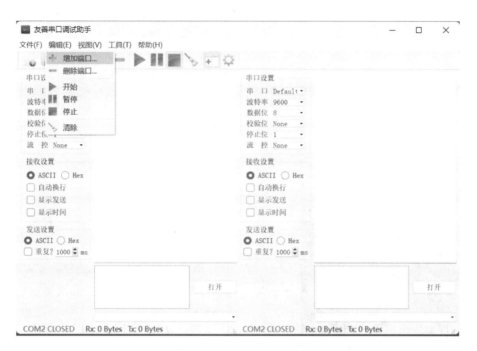

图 3.4　对多端口的支持

协议连接方式，甚至支持 JS、Python 等脚本，从而可以实现一些自动执行的任务。

振南来介绍几个比较出彩的功能。

（1）多窗口排列

很多时候我们需要同时调试多台设备，那就需要多个调试终端。最典型的应用就是通信设备的收发，一发一收，一发多收，多发多收等等。Xshell 的多窗口排列可以满足这个需求，如图 3.5 所示。

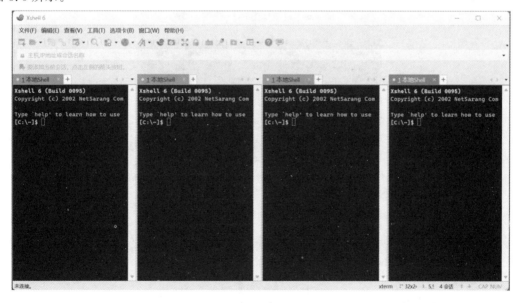

图 3.5　Xshell 对多端口的支持

（2）定制按钮

Xshell 定制按钮的功能很强大，如图 3.6 和图 3.7 所示。

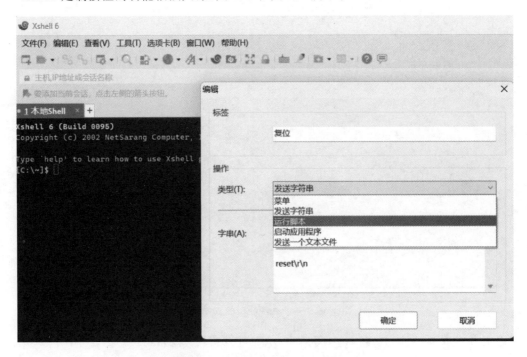

图 3.6　定制按钮可实现多种操作

图 3.7　定制按钮的效果

这样只要鼠标一按，即可执行预设好的操作，而不再需要手工输入命令。而且这些定制好的按钮还可以导出为模版，让大家共享。这样 Xshell 一跃就成了项目专属的调试工具了。

（3）关键词高亮

你是否有过这样的困扰，调试的时候 log 一大堆，你所关注的信息被淹没在大量的无用

log 之中。可能你就只想看某个变量的值，或者某个字符串。然而串口软件又不支持文本搜索，我们只能把 log 复制到记事本，然后搜索。

Xshell 的关键词高亮功能可以完美解决这一问题。而且它还支持正则表达式，我们可以理解为智能的字符串匹配。比如高亮显示所有以 temprature 开始，以℃结束的字符串；又比如高亮显示所有以 3-4-4 格式显示的数字，即电话号码，如图 3.8 所示。

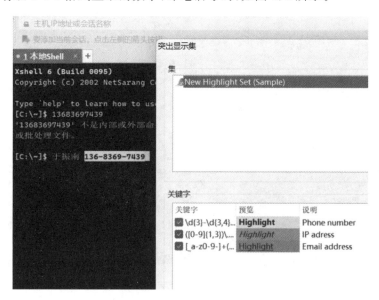

图 3.8 使用 Xshell 的正则式高亮显示 log 中的所有电话号码

关于正则表达式，振南会在其他章节进行专门的讲解（正则表达式是非常有用的东西）。当然，你也可以直接在 log 上右键查找，这样更方便，如图 3.9 所示。

图 3.9 直接对 log 进行搜索（支持正则式）

最后再说一点，大型软件往往不乏彩蛋，Xshell 中可以通过 SSH 登录一些开源的游戏服务器，直接玩游戏，比如字符版的贪吃蛇，如图 3.10 所示。

服务器地址 ssh sshtron.zachlatta.com，工作之余休闲一下。

Xshell 是商业软件，鼓励大家去申请试用版来进行体验。如果是项目或公司使用，一定要支持正版哦！

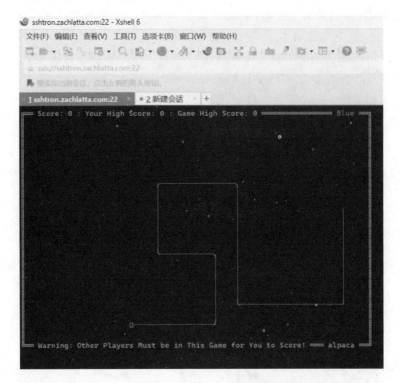

图 3.10　Xshell SSH 登录字符游戏服务器

5．SecureCRT

SecureCRT 与 Xshell 是同量级的商业软件（出自 Vandyke 公司，它主要从事网络安全相关软件的开发）。在功能上也很相似，如图 3.11 所示。

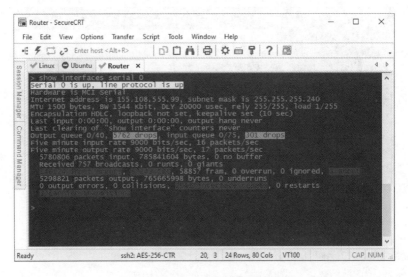

图 3.11　SecureCRT 软件界面

6. PuTTY

PuTTY 比 Xshell 与 SecureCRT 要古老,可以说它是多协议(包括串口,而且我猜它是首先支持串口的,从它名字中的 TTY 可以看出来)调试终端软件的鼻祖,如图 3.12 所示。

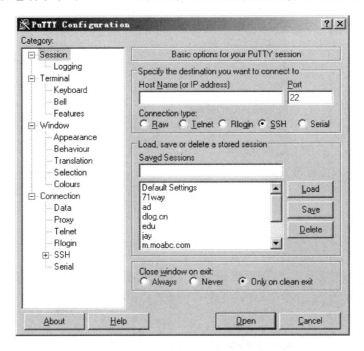

图 3.12　PuTTY 软件界面

有些人可能会问:"串口调试、网口调试,甚至是 telnet 我都了解,这些终端软件好像都支持 SSH,这个我不太了解,振南老师能不能介绍一下什么是 SSH?"这里我只说 SSH 非常重要,它是安全远程调试的主要手段,振南会在相关章节进行专门的介绍。

PuTTY 主要由 Simon Tatham 维护,现在已经迭代到 0.78 版本。

官网是 www.putty.be,大家可以去下载。还有一点,PuTTY 经过多年的发展,现在已经覆盖 MacOS、Linux 等平台了。

印象中,PuTTY 还有一个增强版 MTPuTTY(Multi-Tabbed PuTTY),可以支持多标签,类似于 Xshell 和 SecureCRT,如图 3.13 所示。

7. MobaXterm(MobaXVT)

MobaXterm 是与 Xshell、SecureCRT 类似的全功能终端软件,功能也非常强大。

这个软件是由法国图卢兹的 Mobatek 公司研发出品的,它除了 MobaXterm 还有一个 MobaShell,大家也可以下载试用版体验一下。它的串口调试和终端相关的功能,振南就不赘述了。值得一说的是它的 SSH-browser 与 Remote edition 功能,如图 3.14 所示。它可以以 SSH 方式登录远程服务器并浏览文件,这样便于我们对文件进行远程编辑和管理。当然,如果用来作代码开发,还是 VScode 或 codeserver 更合适一些。(关于这两个软件振南会在专门的章节进行介绍。)

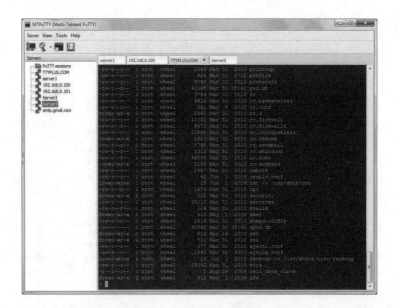

图 3.13　MTPuTTY 软件界面

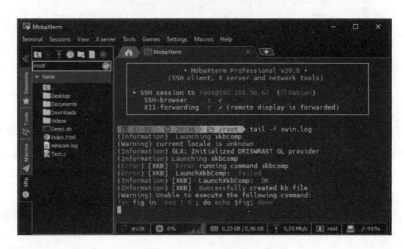

图 3.14　MobaXterm 的软件界面

8. COMTool

COMTool 是我在写这一章的时候才发现的一款终端调试软件，可以用优雅来形容它。官方的自我介绍是：这是一个由 Python 编写的多平台的串行调试工具。字越少，事越大，它确实是很强大的软件。

大家可以在 GitHub 上找到它的项目 https://github.com/Neutree/COMTool。

项目 README.MD 中的一张图足以诠释它的强大，如图 3.15 所示。

它几乎支持所有的主流平台，只要你的平台支持 Python 就可以使用；支持多种协议和接口，如串口、网口、SSH，而且还支持二次开发，可以自己开发协议插件；它还支持数据图形化，只要你按照它的协议格式收发数据，就可以将其画成折线图，如图 3.16 所示。

不知道你有没有注意到，Xshell、SecureCRT 和 PuTTY 这些软件，其实是终端软件，而非

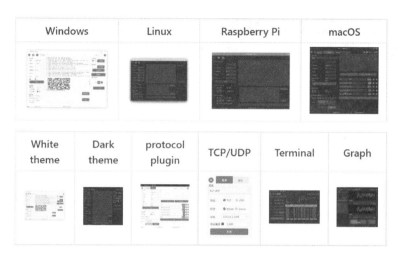

图 3.15　COMTool 开源项目中对其功能特性的完整描述

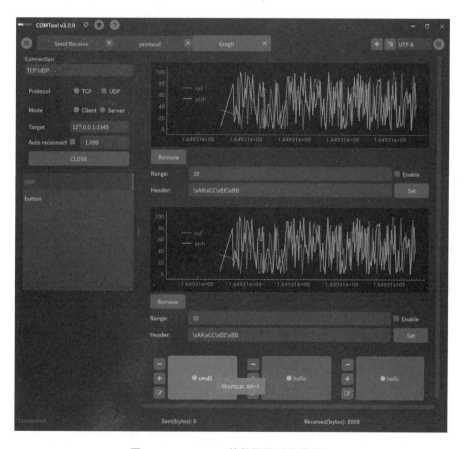

图 3.16　COMTool 的数据图形化效果图

纯粹的串口调试工具,它们是无法发送和接收十六进制数据的,也就是说我们不能使用它们来调试 Modbus 这类二进制的协议。但是 COMTool 却可以,如图 3.17 所示。

可以看到,它包含 4 大功能:收发、协议、终端和图表。每项功能都很实用,大家可以自

图 3.17　COMTool 对串口十六进制的支持

体验。

就像前面说的 Windows 上的串口软件数不胜数。除了上面所介绍的这几款软件，其实还有很多的串口软件也很优秀，限于篇幅就不再继续介绍了。关于这些软件更详细的内容大家可以自行百度。

3.1.2　Linux

近些年 Linux 有逆袭之势。基于开源 CPU 架构，比如 MIPS、RISC－V 等，在 Wintel 之外（Windows ＋ Intel 的生态体系），已经出现了很多的新兴生态体系，比如龙芯＋UOS 生态、麒麟＋鸿蒙生态等。人们已经不再被 X86_64 架构禁锢，而开始望向了移动便捷、可穿戴、万物互联、智能 AI 的可期未来，或许这些"未来"已经到来了。Linux 再一次成为宠儿，它不再是生僻的、高端的、不亲民的 OS，而是在我们身边越来越多地被用到。家里机顶盒、智能插座、故事机等，基本上都有 Linux 的身影。微软有没有为它一直秉持的闭源策略感到后悔？无论怎样，Linux 变得越来越主流，很多的消费类软件在发布 Windows、MacOS、Android 等版本的同时，还会专门发布一个 Linux 版本，甚至还会区分 X86 和 ARM 平台，如图 3.18 和 3.19 所示。

可以看到，Windows 现在只是众多平台中的一个而已。所以，现在很多工程师，尤其是做嵌入式 Linux 的，都会在 Linux 上涉及串口调试的问题。所以振南才设计了这一章，来汇总介绍一下 Linux 上比较优秀的串口调试软件。

首先是一个坏消息和一个好消息，坏消息是 Xshell 没有 Linux 版本，好消息是 Se-cureCRT 有。大家可以去搜索相关的安装使用教程，振南就不在这里赘述了。下面主要是介

图 3.18　百度云盘发布的 Linux 版本的安装包

图 3.19　向日葵发布的 Linux 版本的安装包

绍一些小的开源软件(在 Linux 上搞闭源软件总感觉怪怪的)。

1. CuteCom

振南直接引用 CuteCom 网站上的介绍:CuteCom 是一个图形化的串口终端,就像是 Minicom 或者是 Windows 上的超级终端,但是我不想与它们相比,据我所知,超级终端简直就是一个垃圾。经过近期的努力,它已经可以跑在 Linux、FreeBSD 和 MacOS 上了(我理解作者也不需要太怎么努力,因为这些系统本质上都是 Unix 系统或与之兼容)。它主要是面向硬件工程师或者想要跟设备对话的任何人。它是免费的,并遵循 GPL 许可,使用 Qt library 开发。请关注 sourceforge 上的项目页面。

我真是不喜欢这种翻译体口吻,感觉怪怪的,但这是此软件的作者 Trolltech 亲自所述,有纪念意义。这里附上它的网站地址 https://cutecom.sourceforge.net/。

软件的界面如图 3.20 所示。

没什么可说的,中规中矩,功能够用。

唯一一点要说的是,如果使用 USB 串口的话,需要先安装驱动,然后会产生/dev/tty-USB0 这样的设备号。一般的 Linux 都已经支持 CH341、PL2303 和 CP2102。如果是不常用的桥接芯片,那就需要自行编译驱动了。

2. Minicom

讲到这里,你是否有一个疑问:"我的 Linux 没有桌面(不接显示器,或者硬件上根本没有

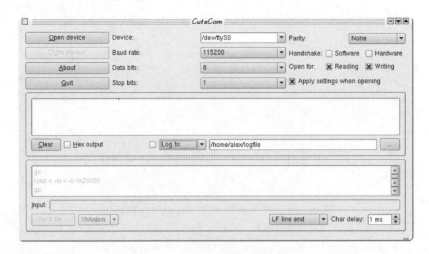

图 3.20　CuteCom 软件的界面

HDMI 或者 VGA 之类的显示接口),只是通过串口或者 SSH 来进行开发,此时我怎么调试串口呢?"Minicom 可以满足你的需求,它是一个纯字符界面的串口调试软件。它在操作上,不像其他软件那样比较直观易用,但它的定位就是这样,如图 3.21 所示。

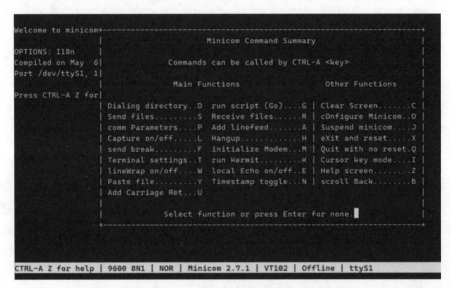

图 3.21　Minicom 的串口相关设置界面

　　其实建议大家一定要接受和熟悉命令行方式,在嵌入式这方面实际上很多情况下并没有良好的图形界面,串口或 SSH 是主要的设备对话手段。曾几何时,振南在开发单片机项目的时候,喜欢先开发或移植一个 Shell,以方便单片机运行时对其进行实时的调试和参数观察。有没有比较好用的开源 Shell 方案? TinyShell 了解一下。另外有很多人在剥离 RT－Thread 的 MSH 为自己所用,也是不错的方案,只是门槛有些高。关于 Shell 振南会在相应章节进行详细讲解。

　　很多跨平台的软件,其实都在 Windows 那一节讲过了,所以这里主要针对 Linux 下特有的一些软件进行介绍。CuteCom 与 Minicom 算是比较典型的。其他还有很多小软件,比如

kermit、cu、picocom 等，大家可以自行尝试。

3.1.3　MacOS

说到 MacOS,不得不说一下 Unix 与当今三大操作系统的衍生关系和发展历史,如图 3.22 所示。

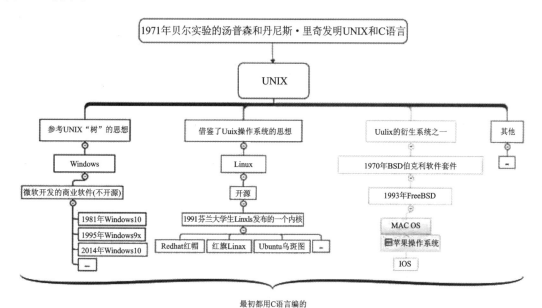

图 3.22　Unix 与当今三大操作系统的衍生关系和发展历史

可以看到,Windows、MacOS 和 Linux 都是继承了 Unix 的衣钵而发展起来的,只不过前两者都是闭源的(或者部分开源),而 Linux 是开源的。这使得这三种操作系统在很多概念上是相通的。

Windows 因为在商业上发力较早,而且价格合适,从而快速占领了图形化桌面操作系统的大半江山。

MacOS 与之是同时期的,难道 MacOS 不够好？其实并不是,恰恰相反,MacOS 不管从界面交互友好度、流畅性(MacOS 需要更高的硬件配置)还是实际工作效率、生产力(尤其是音视频编辑)等方面,几乎都足以甩 Windows 一个赛道。那为什么 MacOS 没有得到普及,这是因为它的定位:面向高端人群的奢侈品。这不光从 Mac 电脑可以看出来,苹果几乎所有的产品,似乎都透露着一股高大上而优雅的气息。真是贫穷限制了我们对市场的认知。

试想,手捧一台价格过万的 MacBook,去开发嵌入式,做串口调试,是不是有点舍不得？但是这并不妨碍人们去开发 MacOS 下的串口工具。因为振南没有 MacBook,而且尝试在 Vmware 中去虚拟安装也失败了,所以这一节中介绍的软件我并没有条件去亲测,也就无法去挖掘这些软件的亮点。我只能截取网络上的一些资料来进行讲解。

1. coolTerm

coolTerm 是一个图形界面的串口工具,Windows 与 Linux 下也有相应的版本,使用起来很简单。

单击主界面工具栏的 Option 选项,选择端口和波特率,如图 3.23 所示。

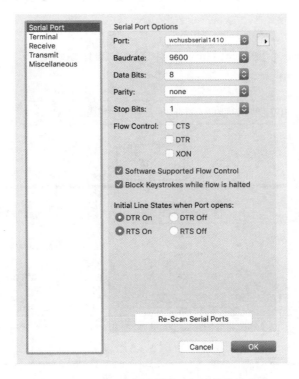

图 3.23　coolTerm 中设置端口与波特率等参数

回到主界面单击工具栏的 Connect 即可,如图 3.24 所示。

图 3.24　coolTerm 的串口终端界面

2. 友善串口调试助手

吃不吃惊,意不意外! 友善串口助手竟然有 MacOS 版本。我也一直以为它不支持 macOS,最近才发现它真的有 Mac 的版本,如图 3.25 所示。

前面已有介绍,这里不再赘述。

3. Volt＋(伏特加)

这个软件也是国人开发的跨平台串口工具,挺有意思,功能很强大。它拥有统计功能、支持条形图、直方图、频域图显示。不仅支持二维调试、还支持三维调试。伏特加还有开放性的特点,用户可以添加自定义控件,通过图形化界面的方式在线修改程序参数,查看数据结果。

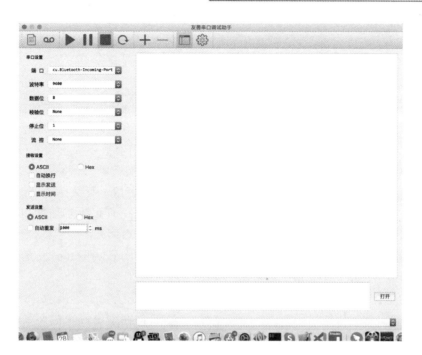

图 3.25　MacOS 下的友善串口助手界面

自定义控件的源码是开源的,用户可以根据需要自己编写自定义控件,如图 3.26 所示。

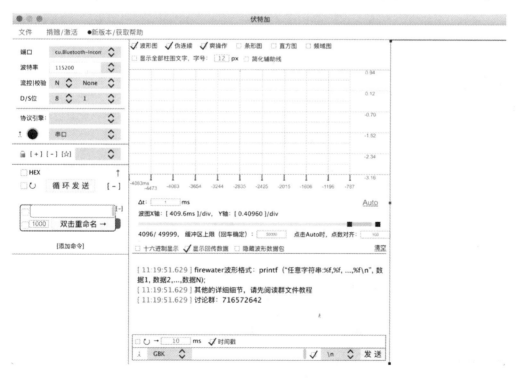

图 3.26　Volt＋软件界面

其实 MacOS 与 Linux 是有比较高的兼容度的,所以很多 Linux 下的工具在 MacOS 都能使用，比如 Minicom、picocom 等。

3.1.4 iOS 与安卓

在 2011 年前后我曾经用过 2 年的 iPhone，但是在此之后，我个人就不再使用 iPhone 了，不是因为价格问题，而是我觉得 iPhone 可以让人赏心悦目，但是用在我这样的技术狂的手上，有些限制我的发挥。我认为 iOS 系统相对比较封闭：(1)它不能使用扩展存储卡；(2)很多第三方的蓝牙、USB 设备都支持得不够好；(3)特立独行的接口有些不太方便。(以上仅代表振南个人观点。)

我经常需要到现场调试设备或者在路上干一些专业的事情。我又是一个懒人，不喜欢带电脑、背书包，而喜欢两手空空，想走就走。所以我的手机就成了主要的调试工具。曾几何时，我身边的人都开始感叹我用的手机越来越大，不理解我为啥用那么大的手机，手机不就是要小巧方便吗？其实他们不了解这个中缘由。在后面的"深入浅出 Bootloader"一章中讲到蓝牙串口＋手机进行远程调试相应章节。

其他方式还有诸如手机向日葵＋远程主机调试代码、花生壳＋手机 JuiceSSH 登录远程 Linux 系统进行大型软件的编译等。我希望坐在咖啡馆、待在家里或者在火车上就把千里之外的事情给做了，人肉到现场是不得已而为之的下下策。产生这种想法，真的不要怪我懒，而是以前冒着大雪、风雨、严寒、酷暑去现场调试，苦怕了。为了输入一个指令，去爬几十米高的没有护栏的梯子；为了查看设备状态，钻到密不透风的机箱里去；为了设置参数，跑到脚下就是万丈深渊的竖井里去；旁边就是暖暖的空调房，却非要因为那不足 2 米的串口线蹲在设备旁调试，不想再冒这个险，受这个苦了。所以从 2016 年后我研发的产品，一律带有蓝牙、WiFi 或以太网接口，在嵌入式软件上一律都有强大的 Bootloader 系统以及高度可配置的设计，支持 OTA、支持总线自动化烧录等。设计开发的时候，每多想一步，到调试时我们就可能与恶劣环境远离一步，或者在艰苦环境下少留一分。

1. 基于 USB 的串口调试软件

现在我们的手机基本上都已经统一为 Type－C 接口了，就连 iPhone 也已经开始放弃 Lighting，向 Type－C 屈服了。随之而来的，淘宝上开始出现很多 Type－C 接口的 USB－TTL 串口模块或转接线，如图 3.27 所示。

图 3.27　Type－C 接口的 USB－TTL 转接线与手机相连

Type‑C 只是一种接口形式,它兼容 USB,但是它不仅仅是 USB,它还可以支持 DP、HD-MI、音频等多种协议。但是我们使用 TTL 串口转接线确实是使用了 USB 协议,就像是以前的 micro-USB 或者 USB 一样。我们使用这些老接口的串口调试线,配上接口转换器,一样可以接到手机上使用。

有了调试线,我们就只缺一款 APP 了。

(1) USB 串口调试助手

这款软件有很多人在用,被人们称为 USB 调试宝。它几乎支持市面上所有的 USB 串口桥接芯片,如 FTDI 的 FT232、Prolific 的 PL2303、Silabs 的 CP2102 和沁恒的 CH34X 等,如图 3.28 所示。

图 3.28　USB 串口调试助手

（2）Serial USB Terminal

安卓下的 USB 串口调试 APP 似乎不太多。除了上面介绍的 USB 调试宝，其他的 APP 都不太成气候（其实我自己在手机上并不用 USB 串口调试，而是用蓝牙串口比较多）。Serial USB Terminal 算是一款比较好用的软件，详细的介绍如图 3.29 所示。

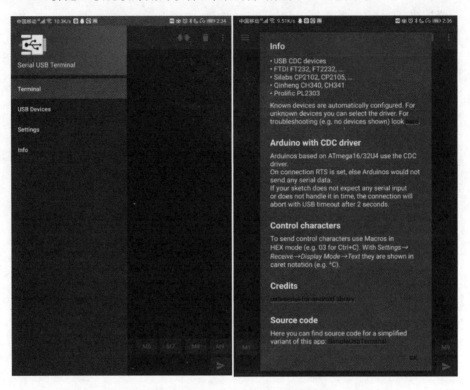

图 3.29　Serial USB Terminal 软件界面

这些软件都是安卓平台下的，至于 iOS 振南就不赘述了，硬件工程师应该远离 iPhone（仅代表振南个人观点）。

2. 基于蓝牙的串口调试软件

这方面的 APP 比较多，如图 3.30 所示。

关于这种基于蓝牙的远程无线调试方法，振南在"深入浅出话 Bootloader"一章中已经有过介绍，但是主要偏向于它的文件无线传输相关功能的应用。这里我们对安卓下比较优秀的串口调试软件进行一个汇总。（硬件上我们使用 HC-06 蓝牙 SPP 串口模块，它与手机蓝牙可以直接配对。）

下面振南选几款 APP 进行介绍。

（1）BlueSPP

它的全名叫蓝牙串口通信助手，整体来说比较实用，基本的功能都有了：搜索蓝牙设备并快速添加；支持 ASCII 或 HEX 模式；支持串口终端以及按钮，如图 3.31 所示。

（2）蓝牙串口

这款 APP 功能比较单一，也只有一个界面，即数据收发，如图 3.32 所示。

可以看到它还有一个贴心小设计，就是可以把接收的数据存为 txt 文件，通过 QQ 发送出去。

蓝牙串口(BlueSPP)

1.78M / 2021-05-03 / v7.4.7 安卓版

蓝牙串口app是一款androidbluetoothspp，也叫作蓝牙串口spp，可用于手机蓝牙搜索、调试等等，功能非常强大，欢迎下载使用，蓝牙串口介绍蓝牙串口

<u>点击下载</u>

蓝牙串口助手pro apk

258KB / 2021-07-17 / v0.151 安卓版

蓝牙串口助手pro增强版英文名为bluetoothspppro，是一个功能强大的蓝牙调试app，为用户提供了很多便捷的蓝牙管理功能，既可

<u>点击下载</u>

蓝牙串口spp调试助手pro

2.40M / 2017-12-27 / v6.6 安卓版

蓝牙串口调试助手apk软件是一款专为安卓手机设计的蓝牙串口调试工具，主演用于两个不同设备之间的数据传输，帮助用户建立完整的通信路径，喜欢的朋

<u>点击下载</u>

蓝牙串口助手最新版本

2.48M / 2021-07-17 / v1.1 安卓版

蓝牙串口助手app为网友们提供了最新版蓝牙窗口调试工具，这个软件可以帮助工程师用户在手机上搜索蓝牙设备、管理蓝牙串口数据。软件功能非常丰富，

<u>点击下载</u>

蓝牙调试宝app最新版

17.63M / 2022-06-01 / v2.1.3 安卓版

蓝牙调试宝帮助安卓开发者在手机上进行蓝牙调试的工作，让你可以测试各种数据，无需再次开发新的应用来测试。线上提供很多实用的调试功能，各位开发

<u>点击下载</u>

蓝牙调试器

2.63M / 2021-07-17 / v1.95 安卓版

蓝牙调试器app使用起来很简单，软件能够自定义调试蓝牙，还可以搜索、收藏设备，网友们可以使用本软件进行蓝牙设备的参数值进行挑战，查看实时数据

<u>点击下载</u>

图 3.30　网上众多的蓝牙串口调试 APP 软件

图 3.31　BlueSPP 软件界面

图 3.32　蓝牙串口软件界面

上面介绍的这两款 APP,从功能上看都比较弱。其实并不是因为它是手机软件而导致其功能单一,有些蓝牙串口 APP 的功能也是非常强大的。真的可以做到,一机在手,调试全有。

来看下面这款 APP。

(3) Android 蓝牙串口 Pro

这款 APP 是我用过的最强大的蓝牙串口调试软件。它除了蓝牙搜索配对、数据收发(ASCII 与 HEX 方式)、数据保存、定时发送等基础功能之外,还有图形化地面站、XMODEM 文件发送等高级功能,如图 3.33 所示。

不过这款 APP 不太好找,振南也是在机缘巧合之下才知道这个软件的。大家可以在 bbs.21ic.com 搜索"Android 蓝牙串口 Pro",即可下载到。

什么? 你问 iPhone 上可不可以连接蓝牙串口模块来实现无线调试? 先不说 iOS 下有没有比较好的蓝牙串口 APP,你可以研究一下,先在 iPhone 上搜到蓝牙串口模块,完成配对再说!(iPhone 似乎对未在其蓝牙授权列表中的设备进行支持。)

3.2　串口监控的一些方案

我先来说一个桥段:两个工程师在调试串口收发,一个上位机,一个下位机(单片机),它们之间的协议非常简单,如图 3.34 所示。

看似简单,但是他俩就是调不通,一个人说:"我上位机没收到回应,指令我肯定是下发下去了!"另一个人说:"指令我是收到,但是回应我肯定是发了,你再查查!"公婆之争,没有休止。要确定问题到底在哪一方,最好的办法就是监视他们的串口数据,一目了然。

如何监视串口数据? 有几种方法。

图 3.33　Android 蓝牙串口 Pro 的几个典型工作界面

3.2.1 硬件方案

纯硬件监视串口的收发,其实是不得已而想出的办法(能用软件解决的问题绝不会去动硬件),如图3.35所示。

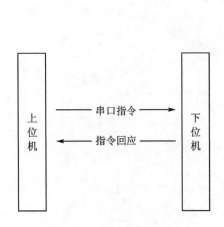

图 3.34　串口收发示意图

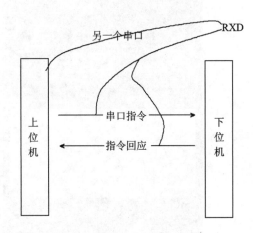

图 3.35　使用另一个串口的 RXD 来监视串口数据收发

道理很简单,串口的收发其实对于另一个串口来说,都是接收。只要它不同时收发,我们就可以在 RXD 上看到双向的数据。

这应该是最简单粗暴的方法了,但是实际上现场可能不方便接线。

3.2.2 软件方案

其实有一些软件可以实现串口数据监视,包括 Windows 和 Linux 平台。这样的监视软件,有些人形象地称之为"防扯皮软件",专治像上面这种公婆之争。

振南对几个比较好用的软件进行介绍,同时讲解一下它们的基本使用方法。有人说,我知道一个软件可以对数据进行抓包,Wireshark,没错,这个软件很强大,但是我发现它并不能对串口数据进行抓包和监视,而更多是对网络数据进行抓包,而用于网络协议分析。

1. Ser232Mon

这个是我用过的第一个串口监视软件。当时对 STC 的串口下载协议非常感兴趣,想想如果能知道它的协议,就可以用一个单片机去烧录别一个单片机了,这就实现了离线烧录。所以,我就用 Ser232Mon 对 STC 下载过程中的串口数据进行监视分析(声明:数据监视与分析仅用于个人学习)。它的通信是无加密的,完全明文传输,所以当看到这一收一发的串口数据,协议自然了然于眼前。这就是串口监视的最大意义,我们可以知道串口收发的具体细节,从而有力地支撑串口调试工作。

Ser232Mon 界面简洁,功能够用,是一款比较实用的软件。可惜的是,在现在的 WIN10 时代已经用不起来了,它只支持 WINXP。这导致我想截图一个软件界面都比较困难。

2. DeviceMonistoring Studio

这是一个非常强大的工具,串口监视只是它的一项功能,它还可以监视 USB、网口等,甚至可以作为调试终端。而且它还内置了很多协议，便于进行协议分析，如图3.36所示。

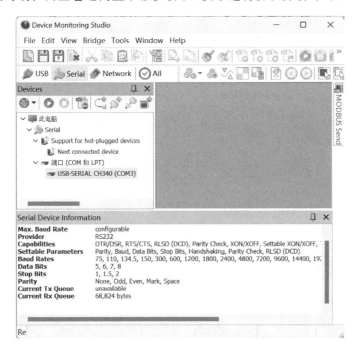

图3.36 Device Monistoring Studio 的软件界面(显示 CH340 USB 串口)

当然制作如此精良的软件，肯定又是商业软件。没错，它是由英国HHD软件公司研发出品的。这个公司与Netsarang一样，也有一系列的产品，主要专注于端口监视与调试(真是任何细分领域都有专注者)，如图3.37所示。

图3.37 HHD软件公司诸多的软件产品与解决方案

这里振南简单介绍一下使用这个软件进行串口监视的方法。首先，右键要监视的串口，选择开始监视,如图 3.38 所示。

图 3.38 在 Device Monitoring Studio 中右键选择开始监视

接下来会新建一个 Session(会话),类型选择 Generic,如图 3.39 所示。

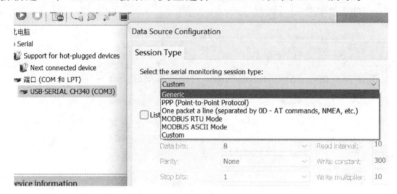

图 3.39 创建类型为 Generic 的会话

最后选择监视数据的处理方式(是只监视原始数据,还是区分输入与输出,再或者是使用协议进行分析,比如 Modbus),一般我们选择 Data View,如图 3.40 所示。

我们使用串口助手收发数据,就可以从 Monitoring 软件中看到,它分为 Reads 与 Writes。如图 3.41 所示。

而且每一次数据都会有序号和时间戳,方便我们进行串口协议交互的细粒度的分析。

3. CommMonitor

这也是一款利器,但是个人认为它比 Device Monitoring 要逊色一些,起码在界面 UI 上不如它优雅和专业(以上仅振南个人观点)。来看一下它的界面,如图 3.42 所示。

CommMonitor 其实是一个商业软件,由 CEIWEI 软件公司研发出品。它是国内为数不多的专注于 Windows 系统驱动开发的几家公司之一。主要业务是串口过滤、TCP/UDP 网络、USB 端口、并口(打印机)端口、Modbus RTU/ASCII 协议、MQTT 协议等一系列底层过滤监控技术服务(援引其官网的介绍)。

这个软件的使用非常直观,所以就不再赘述了,大家可以自行尝试。

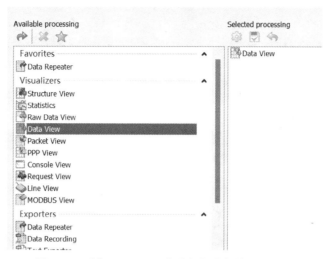

图 3.40　选择 Data View 作为数据监视的处理方式

图 3.41　Monitoring 软件对串口监视数据的显示

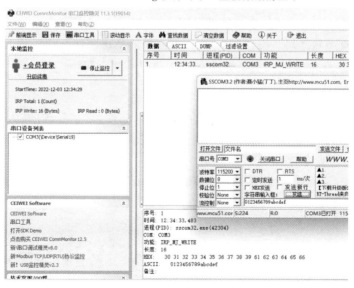

图 3.42　CommMonitor 的软件界面

4. AccessPort

上面介绍的都是商业软件，唯独一个 ser232mon 是免费的，还不能支持 Win10（振南已经测试过，Win7 也不能支持）。"振南，你这不等于白介绍了吗？用不了啊！"别着急，我再介绍两款软件：AccessPort 和 ComSpy。它们不能算功能强大，但还算好用。最重要的是免费，如图 3.43 所示。

图 3.43　AccessPort 的软件界面

5. ComSpy(串口监视精灵)

话不多说，功能很单一，就是串口收发数据监视，如图 3.44 所示。

Windows 上这类软件其实还有不少，上面所介绍的是比较常见的。在 Linux 下也有一些类似的软件，振南在这里仅列举一个，更多的大家可以自行查找。

6. jpnevulator

jpnevulator 是 Linux 下一个比较有名的串口监视软件，它是开源的，大家可以进入它的项目网站 https://jpnevulator.snarl.nl 来对其进行深入了解。

它的使用是基于命令行的。

首先，需要对 jpnevulator 进行安装，直接 apt install jpnevulator。随后，在 Linux 命令行中输入以下命令：

jpnevulator − − ascii − − pty = :SerialSent − − pass − − tty "/dev/ttyS1:SerialReceived" − − read

正常的话会显示：

jpnevulator: slave pts device is /dev/pts/2.

图 3.44 ComSpy 的软件界面

命令解析：——pty 会虚拟出一个假的设备/dev/pts/2，——pass 会把/dev/pts/2 上接收到的数据转发到/dev/ttyS1，——read 会读取/dev/pts/2 收到的和/dev/ttyS1 从外部收到的，并显示出来，如图 3.45 所示。

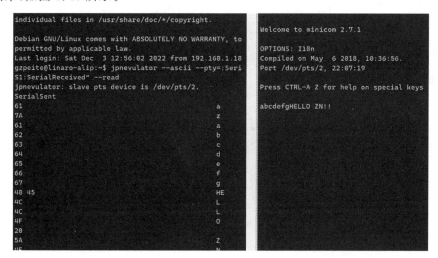

图 3.45 jpnevulator 对 Minicom 的串口数据收发进行监视

除了上面这些软件，可能有的人还需要一些串口监视的开发包，以便在自己开发的软件项目中实现串口监视功能。振南可以介绍一个支持二次开发的开源软件 pySerial，需要的可以自行研究。

关于串口调试和终端软件，振南就写这么多。写这一章还是耗费了很多的精力的，振南的一贯风格是事无巨细。其实本文所讲到的很多软件，振南也只是知道，并没有实际去用过。为了能够更系统的、更全面的，针对各个平台的软件进行准确的描述，振南做了大量的实验以及搜索与软件相关的信息。希望大家能够从本文中有所收获，对你的实际项目研发产生益处。

第4章

研发版本乱到"妈不认"？Git！

　　某某项目(final-version).zip、某某项目(final-final-version).zip、某某项目(final-final-打死不改-version).zip、某某项目(final-final-打死不改-final-version－2021－3－21).zip，哭笑不得。我想很多人都干过这种事，别问我怎么知道的。使用标识或者日期来对研发项目进行版本管理，是一种形同虚设的方案。在这种管理方式下，最终的结果就是产生一大堆的带有各种标识的文件备份。凭借这些标识根本无从进行版本追溯。但值得肯定的是，大家都有基本的版本管理意识和需求，只是缺少一个实用有效的方法或工具。

　　万物皆有迭代，有迭代就有版本，有版本就有 Git。早日使用 Git，早日脱离苦海。

　　信 Git，得永生！

4.1　关于 Git

　　在 2015 年之前，可以说我的版本管理也是一团糟。我被动地的使用过 svn、soucesafe 这些版本控制工具，但是都不得其法。根本原因是我并不知道理想的版本管理应该是怎样的，直到我上手 Git。

　　Git，我们可以单独写出一本书来，因为它足够博大精深，甚至已经成了版本管理的实际标准，如图 4.1 所示。

4.1.1　Git 的前世今生

　　Git 已经成为现在最优秀的分布式版本管理工具，没有之一。它的管理理念到现在仍然是很先进的。说起 Git 的起源，其实还是有些无奈的，可以说它是另一个大规模软件项目的副产品。

　　Linux 大家都知道，它的作者是世界上最伟大的程序员 Linus Torvalds（林纳斯·托瓦兹）。1969 年，Linus Torvalds 生于芬兰一个知识分子家庭。1988 年，Linus 进入赫尔辛基大学计算机科学系就读。芬兰人性格内敛，这与 Linus 的行事方式不谋而合，他对开源的信念是近乎执着的。在兴趣的驱使下，Linus 创造并发布了自制的开源操作系统，取名为 Linux。有人问过他，为什么要叫 Linux。他回答：我是个任性的杂种，我把所有我做的项目以我自己命名。看来程序员是偏执自恋而可爱的，连通神的 Linus Torvalds 也不例外。

图 4.1　《Git 版本控制管理》一书

Linux 是一个非常宏大的软件项目，单靠 Linus 一个人是不可能完成的。开源软件的核心要意就是集思广益，团队协作，你在享用别人的代码的同时，也要为它创造贡献。在 2002 年以前，Linux 的维护研发是由世界各地的程序员共同参与的，他们写出来的代码全部都交给 Linus 去合并（这个工作量可想而知）。2002 年以后，经过十多年的发展参与的人越来越多，而一个人合并难以避免的就是效率低下，这也直接引起了维护者们的不满。难道没有工具可以实现代码的自动合并吗？当然是有的。当时已经存在一些版本控制工具了，像 CVS、SVN 等，但是这些工具都是要收费的，而且使用的还是集中式版本管理方式。这就受到了 Linus 的唾弃（他坚定地认为，软件应该是免费开源的）。

后来 Linus 选择了 BitKeeper 分布式版本控制工具（BK）来作为 Linux 的版本管理工具，这个工具的研发公司 BitMover，也是出于人道博爱的精神给他们免费使用了。但是 Linux 社区的很多贡献者对 BK 非常不满，原因是它不开源。既有怨气，必有勇士。一位叫 Andrew Tridgell 的程序员违反 BK 的使用原则，对其进行了逆向工程，写了一个可以连接 BK 仓库的外挂。BitMover 认为他反编译了 BK。Linus 花了很多时间精力从中协调磋商，但是最终还是失败了。2005 年，BitMover 同 Linux 内核开源社区的合作关系结束。

Linus 一怒之下，决定自己造车轮。他基于使用 BK 时的经验教训，仅花了 2 周就开发出了自己的版本管理系统，也就是后来的 Git。Linus 怒而不乱，其实他早有此意并对市面上多个版本管理方案进行过评估。他提出了极具前瞻性的三个诉求：可靠性、高效、分布式。后来，这三个特性被视为 Git 的核心灵魂所在，深远地影响了 Git 及其他同类软件的后续发展。

4.1.2 Git 的爆发

伟大的软件一定是很好地解决了行业内长期饱受诟病的一些重大问题和痛点。在 Git 问世之前很多的版本管理软件都采用服务器集中式管理方式,如图 4.2 所示。

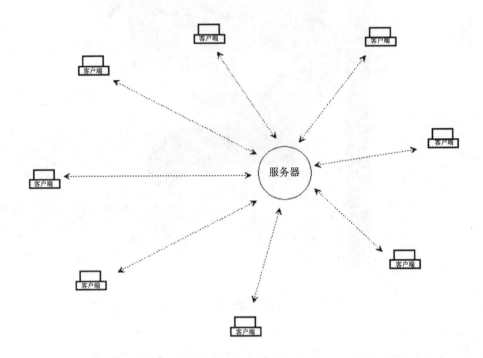

图 4.2 服务器集中式的版本管理方式

在这种管理方式下,程序员每次进行开发前,都要先从服务器拉取版本,在开发完成之后,再将它推回到服务器。这带来两个问题:(1)开发用的电脑必须联网;(2)因为代码都存在远端服务器上,一旦服务器出现问题都是灾难性的,程序员的工作可能付诸东流。

Git 反其道而行之,它采用分布式的版本管理方式(Linus 起初选择 BK 也是因为它是分布式的)。分布式的主要思想是去中心化和本地化。程序员可以从服务器上拉取项目的完整仓库到本地,然后以离线的方式进行本地化的开发和提交。用 Linus 的话说:你可以在本地做很多事情,而完全不依赖于服务器和网络。而且本地化的管理,使得类似于 commit、版本回滚等操作都变得非常快速(集中式的版本管理所有操作都是直接与服务器进行远程访问的,所以总是要等待服务器的回应,这造成它行动缓慢,效率不高)。

Git 成功地替代了 BK,成为 Linux 的版本控制的原生方案,但它仍然只不过是服务于局部人群的一个工具而已。它如星星之火,要燎原还差一场风暴。要得到行业内普遍认同和接受是任重道远的。这个时候就不得不引出一个伟大的网站,是它最终成就了 Git,即 GitHub。这背后是三个年轻人创业的故事。

2007 年旧金山三个年轻人觉得 Git 是个好东西,就搞了一个公司,名字叫 GitHub。第二年上线了使用 Ruby 编写的同名网站 GitHub,这是一个基于 Git 的免费代码托管网站(有付费服务)。十年间,该网站迅速蹿红,击败了实力雄厚的 Google Code,成为全世界最受欢迎的代码托管网站。2018 年 6 月,GitHub 被财大气粗的 Microsoft 收购。2019 年 1 月 GitHub 宣布用户可以免费创建私有仓库。根据 2018 年 10 月的 GitHub 年度报告显示,目前有 3100 万开发者创建了 9600 万个项目仓库,有 210 万家企业入驻。

相比 Git,GitHub 提供了更多的功能,比如 Web 管理界面、评论、组织、点赞、关注、图表,俨然已经是一个社交网站了,大家围绕着开源项目进行使用、讨论和贡献等。

关于 GitHub 的历史和里程碑大家可以去百度一下,这里就不赘述了。

GitHub 是世界上最大的开源代码仓库,这是程序员的天堂。在这里,你可以站在无数高手的肩膀上,高效而高质量地完成自己的开发。在你打开 www.github.com 的一瞬间,你已经是开源主义军团中的一名战士了,如图 4.3 所示。

图 4.3   GitHub 网站(主页为"飞往火星",网传服务器要放到火星去)

4.2   用 Git 管理软件代码

4.2.1   Git 的本地化使用

当你在开发一个完全独立的,不需要公开或多人协作的项目时,就可以使用 Git 的本地化仓库。下面振南举例进行说明。

安装好 Git 之后,在要管理的代码工程目录下单击右键,选择 Git Bash,如图 4.4 所示。

然后 git init,这样就创建了一个本地的仓库。对,就是这么简单。创建成功后,可以看到一个名为 .git 的目录,如图 4.5 所示。

从图中我们可以看到(master),这是当前仓库所处的分支。分支(Branch)是 Git 的一个重要概念。一个仓库可能会有很多分支,其中有一个分支为默认主分支,一般主分支名称为 master 或 main。分支可以被创建、拷贝和删除,而各分支之间可以合并。这些是 Git 最最基本的一些操作,请大家深入去理解。

OK,我们现在创建了一个空仓库,而且它有一个主分支 master,如图 4.6 所示。

对,它就是这么空空如也。接下来我们把要进行版本管理的文件添加到仓库中,使用 git add 命令,如图 4.7 所示。

只有被添加到仓库里来的文件,才能进入到 git 的版本管理体系中来。一个项目的文件可能会非常多,难道要一个个去 add 吗？如果真是这样,那 Git 就不会有今天的辉煌了。直接

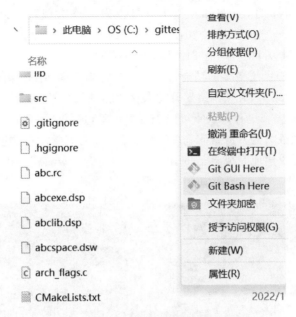

图 4.4　代码工程目录下右键选择 Git Bash

图 4.5　创建本地的 git 仓库

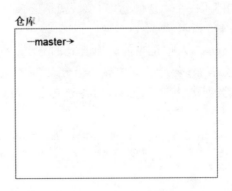

图 4.6　一个只有一个主分支 master 的空仓库

.gitignore
2022/11/25 12:10
Git Ignore 源
MINGW64:/c/gittest/abc
.hgignore
abc.rc
abcexe.dsp
abclib.dsp
abcspace.dsw
arch_flags.c
CMakeLists.txt
Administrator@Yuzhennan MINGW64 /c/gittest/abc (master)
$ git add arch_flags.c
Administrator@Yuzhennan MINGW64 /c/gittest/abc (master)
$

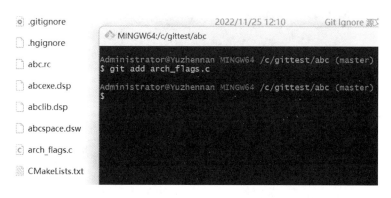

图 4.7　向仓库中添加文件以对其进行版本管理

使用 git add . 即可。但是这样又出现一个问题，我可能并不想把所有文件都添加到仓库中，比如一些编译的中间文件. obj、. o 等，因为对这些文件进行版本管理毫无意义，而且还会使仓库越来越臃肿。为什么会越来越臃肿？往后看。

为了解决这个问题，git 提供了. gitignore 这个文件，我们可以把不想加入到仓库中的文件写到此文件中，比如 *. obj。这样我们执行 git add . 的时候，git 就会自动为我们忽略这些文件。

OK，现在我们将这个目录下的所有文件都加入到仓库中，如图 4.8 所示。

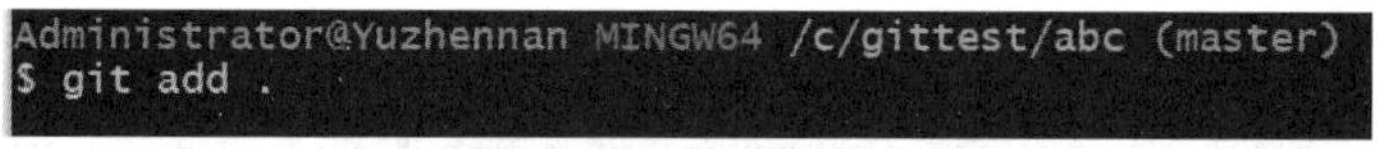

Administrator@Yuzhennan MINGW64 /c/gittest/abc (master)
$ git add .

图 4.8　向仓库中添加所有文件

如果文件比较多，这个操作可能会比较花时间。

接下来，我们来尝试进行第一次提交 commit，如图 4.9 所示。

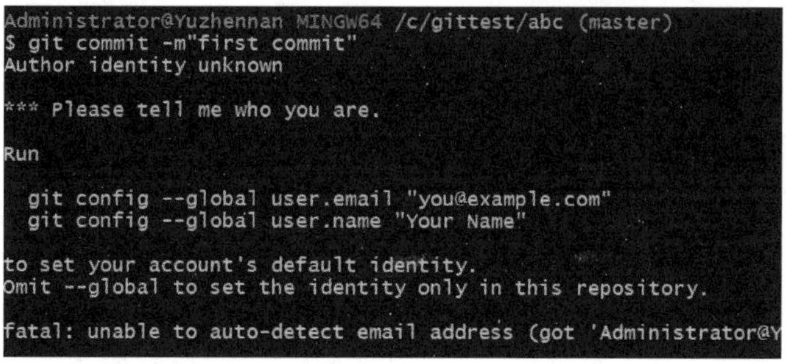

Administrator@Yuzhennan MINGW64 /c/gittest/abc (master)
$ git commit -m"first commit"
Author identity unknown
*** Please tell me who you are.
Run
git config --global user.email "you@example.com"
git config --global user.name "Your Name"
to set your account's default identity.
Omit --global to set the identity only in this repository.
fatal: unable to auto-detect email address (got 'Administrator@Y

图 4.9　尝试进行第一次提交

git 提示“Please tell me who you are.”好吧，那我们用提示中的 git config 命令来设置账户邮箱和用户名，如图 4.10 所示。

再次尝试进行 commit，如图 4.11 所示。

可以看到 git 罗列出了我们前面 add 的所有文件，这说明这些文件确实已经进入到 git 的管理体系中了。在提交的时候，可以通过 -m 来添加一些注释，来对此次提交进行一些必要的描述。

```
Administrator@Yuzhennan MINGW64 /c/gittest/abc (master)
$ git config --global user.email "987582714@qq.com"

Administrator@Yuzhennan MINGW64 /c/gittest/abc (master)
$ git config --global user.name "yuzhennan"
```

图 4.10　设置账户邮箱和用户名

```
Administrator@Yuzhennan MINGW64 /c/gittest/abc (master)
$ git commit -m"first commit"
[master (root-commit) a637962] first commit
 1800 files changed, 1004764 insertions(+)
 create mode 100644 .gitignore
 create mode 100644 .hgignore
 create mode 100644 CMakeLists.txt
 create mode 100644 Makefile
 create mode 100644 README.md
 create mode 100644 abc.rc
 create mode 100644 abcexe.dsp
 create mode 100644 abclib.dsp
 create mode 100644 abcspace.dsw
 create mode 100644 arch_flags.c
 create mode 100644 copyright.txt
 create mode 100644 depends.sh
 create mode 100644 i10.aig
 create mode 100644 lib/pthread.h
 create mode 100644 lib/sched.h
```

图 4.11　对代码进行提交

我们可以使用 git log 来查看当前分支曾经的提交历史，如图 4.12 所示。

```
Administrator@Yuzhennan MINGW64 /c/gittest/abc (master)
$ git log
commit a637962d420b4bbbdb5af51a79576110bea6e3ad (HEAD -> master)
Author: yuzhennan <987582714@qq.com>
Date:   Fri Nov 25 14:00:38 2022 +0800

    first commit
```

图 4.12　通过 git log 查看当前分支的提交历史

好吧，我们只提交过一次。

接下来，我们对文件作一些修改（把 arch_flags.c 文件内容清空），如图 4.13 所示。

然后再提交一次，如图 4.14 所示。

此时，如果我们想看一下上一个版本的代码，该如何操作？仔细观察每一次 commit，git 都会生产一个 commit-id（40 个字符），通过它我们可以进入任何一次提交，去查看当时的代码，如图 4.15 所示。

此时，我们再去看一下刚才修改的 arch_flags.c 这个文件，如图 4.16 所示。

可以看到，arch_flag.c 文件又恢复了原来的内容，是不是很神奇？这就是 Git 为我们带来的版本管理强大功能的冰山一角。

进入某个 commit 后，可以查看代码，但是并不能修改它，因为每一次 commit 都是一个固定的版本。那如何基于某一个中间 commit 进行后续开发呢？那我先要问问你为什么会有这种自废武功的操作？你理直气壮地说："因为我后悔了，我对这个 commit 之后的代码开发不满意，我希望回去重新来！"OK，Git 给你后悔药。

我们让代码回滚，如图 4.17 所示。

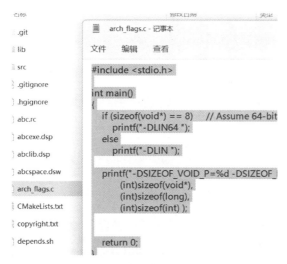

图 4.13　对文件做一些修改

```
Administrator@Yuzhennan MINGW64 /c/gittest/abc (master)
$ git add .

Administrator@Yuzhennan MINGW64 /c/gittest/abc (master)
$ git commit -m"arch_flags.c clear"
[master b6d1b42] arch_flags.c clear
 1 file changed, 17 deletions(-)

Administrator@Yuzhennan MINGW64 /c/gittest/abc (master)
$ git log
commit b6d1b42a1534bcc0a08e8b87039c71c4364bc3a3 (HEAD -> master)
Author: yuzhennan <987582714@qq.com>
Date:    Fri Nov 25 15:29:26 2022 +0800

    arch_flags.c clear

commit a637962d420b4bbbdb5af51a79576110bea6e3ad
Author: yuzhennan <987582714@qq.com>
Date:    Fri Nov 25 14:00:38 2022 +0800

    first commit

Administrator@Yuzhennan MINGW64 /c/gittest/abc (master)
$ |
```

图 4.14　对代码再一次提交

```
Administrator@Yuzhennan MINGW64 /c/gittest/abc (master)
$ git checkout a637962d420b4bbbdb5af51a79576110bea6e3ad
Note: switching to 'a637962d420b4bbbdb5af51a79576110bea6e3ad'.

You are in 'detached HEAD' state. You can look around, make experimental
changes and commit them, and you can discard any commits you make in this
state without impacting any branches by switching back to a branch.

If you want to create a new branch to retain commits you create, you may
do so (now or later) by using -c with the switch command. Example:

  git switch -c <new-branch-name>

Or undo this operation with:

  git switch -

Turn off this advice by setting config variable advice.detachedHead to false

HEAD is now at a637962 first commit

Administrator@Yuzhennan MINGW64 /c/gittest/abc ((a637962...))
$ |
```

图 4.15　使用 git checkout 进入到某一次提交

图 4.16 切换 commit 之后 arch_flags.c 文件恢复了原来的内容

```
Administrator@Yuzhennan MINGW64 /c/gittest/abc ((a637962...))
$ git checkout master
Previous HEAD position was a637962 first commit
Switched to branch 'master'

Administrator@Yuzhennan MINGW64 /c/gittest/abc (master)
$ git log
commit b6d1b42a1534bcc0a08e8b87039c71c4364bc3a3 (HEAD -> master)
Author: yuzhennan <987582714@qq.com>
Date:   Fri Nov 25 15:29:26 2022 +0800

    arch_flags.c clear

commit a637962d420b4bbbdb5af51a79576110bea6e3ad
Author: yuzhennan <987582714@qq.com>
Date:   Fri Nov 25 14:00:38 2022 +0800

    first commit

Administrator@Yuzhennan MINGW64 /c/gittest/abc (master)
$ git reset --hard  a637962d420b4bbbdb5af51a79576110bea6e3ad
HEAD is now at a637962 first commit

Administrator@Yuzhennan MINGW64 /c/gittest/abc (master)
$ git log
commit a637962d420b4bbbdb5af51a79576110bea6e3ad (HEAD -> master)
Author: yuzhennan <987582714@qq.com>
Date:   Fri Nov 25 14:00:38 2022 +0800

    first commit

Administrator@Yuzhennan MINGW64 /c/gittest/abc (master)
$
```

图 4.17 将代码回滚到某一个 commit

上图中,先从 commit 的临时分支切回到 master 分支,然后使用 git reset 命令将版本回滚到某个 commit 上。最后,再次 git log 就会发现,第二次提交已经消失了。我们这个时候就可以开始在这颗"后悔药"上继续开发了。

但是你又怎么保证你不会后悔吃了后悔药？有点作,no 作 no Die,想好再干。OK,Git 满足你,如图 4.18 和图 4.19 所示。

```
Administrator@Yuzhennan MINGW64 /c/gittest/abc (master)
$ git log
commit dbdf5d5cc2926781bc0532f0b21371e3c46c1fd5 (HEAD -> master)
Author: yuzhennan <987582714@qq.com>
Date:   Fri Nov 25 16:12:35 2022 +0800

    arch_flags.c clear

commit a637962d420b4bbbdb5af51a79576110bea6e3ad
Author: yuzhennan <987582714@qq.com>
Date:   Fri Nov 25 14:00:38 2022 +0800

    first commit

Administrator@Yuzhennan MINGW64 /c/gittest/abc (master)
$ git checkout a637962d420b4bbbdb5af51a79576110bea6e3ad
Note: switching to 'a637962d420b4bbbdb5af51a79576110bea6e3ad'.

You are in 'detached HEAD' state. You can look around, make experimental
changes and commit them, and you can discard any commits you make in this
state without impacting any branches by switching back to a branch.

If you want to create a new branch to retain commits you create, you may
do so (now or later) by using -c with the switch command. Example:

  git switch -c <new-branch-name>

Or undo this operation with:

  git switch -

Turn off this advice by setting config variable advice.detachedHead to false

HEAD is now at a637962 first commit

Administrator@Yuzhennan MINGW64 /c/gittest/abc ((a637962...))
$ git checkout -b test
Switched to a new branch 'test'

Administrator@Yuzhennan MINGW64 /c/gittest/abc (test)
$ |
```

图 4.18　从 master 分支的某个 commit 开出一个新的分支 test

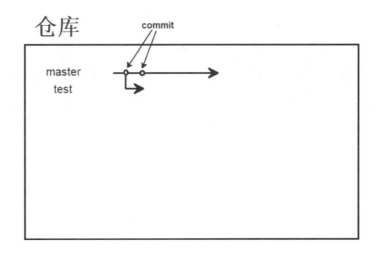

图 4.19　从 master 分支的某个 commit 开出一个新的分支 test(示意图)

我们可以从 master 分支的某个 commit 开出一个新的分支,然后在这个新的分支上继续开发。最后再合并到 master 上,如图 4.20～4.22 所示。

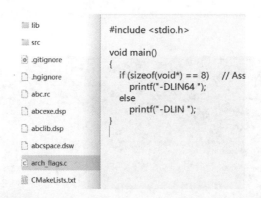

图 4.20　在 test 分支上对 arch_flags. c 文件作一些修改

图 4.21　在 test 分支上对代码进行提交

图 4.22　将 test 分支合并到 master 分支上

　　图 4.22 因为清屏的问题，没有截到图。过程是先 checkout master，然后 git merge test。这个时候会提示 arch_flags. c 有冲突，并且自动处理冲突失败（需要手动处理），同时标识变成了（master|MERGING），说明当前分支正在进行合并。

　　有人会问："冲突是怎样产生的？冲突是什么样的？"原则上来说，在两个分支的同一个文件中，同一行的内容不同，那么就会产生冲突，而且 Git 并不能自动处理，因为它根本不知道该舍谁留谁。

　　冲突的解决通常需要借助于一些工具，比如 kdiff3 等。我一直在使用 VScode，我也建议大家使用它，因为它的功能实在是太强大了，如图 4.23 示。

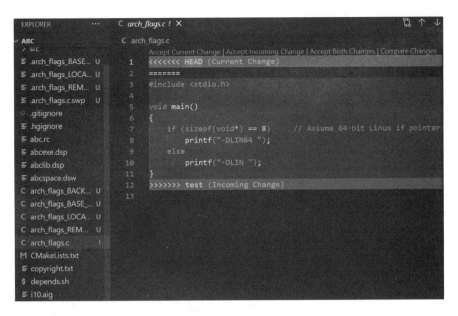

图 4.23　使用 VScode 对冲突进行解决

上面说，冲突的本质是一个去留的问题。仔细观察上图，会发现代码中有一个分割线===
=====，它上面是 master 分支当前这一行的内容，下面则是合并的源分支，即 test 分支此行的
内容。一个称为 Current Change，另一个称为 Incoming Change。你需要在这两者之间做出
选择。在冲突的顶端有几个选项，Accept Current Change 和 Accept Incoming Change，我们
选择后者。在解决了冲突之后，我们对 master 分支进行一次 commit，标识中的 MERGING
就消失了，如图 4.24 所示。

```
Administrator@Yuzhennan MINGW64 /c/gittest/abc (master|MERGING)
$ git add .

Administrator@Yuzhennan MINGW64 /c/gittest/abc (master|MERGING)
$ git commit -m"merged from test"
[master 609160b] merged from test

Administrator@Yuzhennan MINGW64 /c/gittest/abc (master)
$ git log
commit 609160b54feef0c5304e5e86fadbbc3b1fa709d5 (HEAD -> master)
Merge: dbdf5d5 b6370d2
Author: yuzhennan <987582714@qq.com>
Date:   Fri Nov 25 17:18:57 2022 +0800

    merged from test

commit b6370d2ff2c69670c01fa4d0a51777025fc77377 (test)
Author: yuzhennan <987582714@qq.com>
Date:   Fri Nov 25 16:33:28 2022 +0800

    test arch_flags.c modified
```

图 4.24　对完成 merge 的 master 分支进行 commit

此时，似乎 test 分支已经没有存在的必要了，我们可以将它删除，使用命令 git branch--
delete test。

当然，如果我们发现在 test 分支上干不下去了，又想回到 master 分支，那么你可以直接干
掉 test 分支，回归 master。

以上一整套的操作其实映射出几个问题：

（1）不要轻易地删除分支或回滚，以及其他可能造成数据丢失的行为，三思而行（虽然在git的体系下，并不会真正的造成丢失，后面会有一个数据拯救追回的实例）；

（2）你应该有一个主分支，比如master或main，并且秉持严肃的态度，不轻易地直接对其进行改动，并保证主分支上的代码是相对成熟的；

（3）每开一个子分支一定要知道为什么开它，以及它的使命是什么？原则上来说，一切子分支都应该为主分支服务。

以上振南只是对Git的本地化操作的一些皮毛进行了介绍，我想已经足够大家应付一般的情况了。

4.2.2　Git的远端使用

Git的真正威力其实是其社区化的多人协作的模式。要协作就一定要公开你的代码，这就需要一个代码托管服务器，并能够方便高效地在本地与远端服务器之间进行各种操作。每个公司可能都有自己的Git服务器，并且通常是私有的，不对外开放。只有使用公司内网或VPN才能登录。而且有专人进行维护，还会有多重的数据备份。这对于阿里、百度这样典型的互联网公司来说，在管理上就更加谨慎和严格了。

振南公司的私有服务器是不可能拿来演示的，那就用GitHub吧。

我们先来尝试把前文那个本地仓库上传（push）到服务器。基本的流程是：在GitHub上创建一个仓库；将本地仓库与GitHub上的远端仓库建立关联；通过git命令操作远端仓库。

首先你要在GitHub上注册一个账号，然后单击新建仓库，如图4.25和图4.26所示。

图4.25　在GitHub上单击新建仓库

这样，我们就成功创建了一个远端的仓库，如图4.27所示。

可以看到GitHub已经给出来操作方法。要注意的是，GitHub默认使用SSH协议与本地仓库建立连接。但是设置SSH是比较麻烦的（涉及SSH-key的生成和添加，后面会有介绍），所以我们使用HTTPS。具体操作如图4.28所示。

在填入了设备码之后，我的电脑认证通过，Git开始将本地仓库推向GitHub。我们可以来看看GitHub上新建的仓库，如图4.29所示。

Create a new repository

A repository contains all project files, including the revision history. Already have a project repository elsewhere?
Import a repository.

Owner *   **Repository name ***

ZNelec ▾   /   abc   ✓

Great repository names are short and memorable. Need inspiration? How about **animated-guide**?

Description (optional)

abc

◉ 🖥 **Public**
　　Anyone on the internet can see this repository. You choose who can commit.

○ 🔒 **Private**
　　You choose who can see and commit to this repository.

Initialize this repository with:
Skip this step if you're importing an existing repository.

☐ **Add a README file**
　　This is where you can write a long description for your project. Learn more.

Add .gitignore
Choose which files not to track from a list of templates. Learn more.

.gitignore template: None ▾

Choose a license
A license tells others what they can and can't do with your code. Learn more.

License: None ▾

图 4.26　在 GitHub 上新建仓库

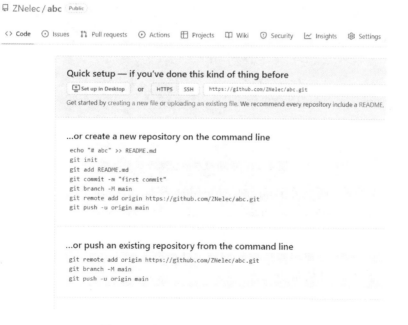

🖵 ZNelec / abc   Public

‹› Code　⊙ Issues　⇅ Pull requests　⊙ Actions　⊞ Projects　🕮 Wiki　① Security　⮝ Insights　⚙ Settings

Quick setup — if you've done this kind of thing before

⊡ Set up in Desktop   or   HTTPS   SSH   https://github.com/ZNelec/abc.git

Get started by creating a new file or uploading an existing file. We recommend every repository include a README,

…or create a new repository on the command line

```
echo "# abc" >> README.md
git init
git add README.md
git commit -m "first commit"
git branch -M main
git remote add origin https://github.com/ZNelec/abc.git
git push -u origin main
```

…or push an existing repository from the command line

```
git remote add origin https://github.com/ZNelec/abc.git
git branch -M main
git push -u origin main
```

图 4.27　在 GitHub 上新创建的仓库

图 4.28　通过设备码进行认证从而将本地仓库推到 GitHub

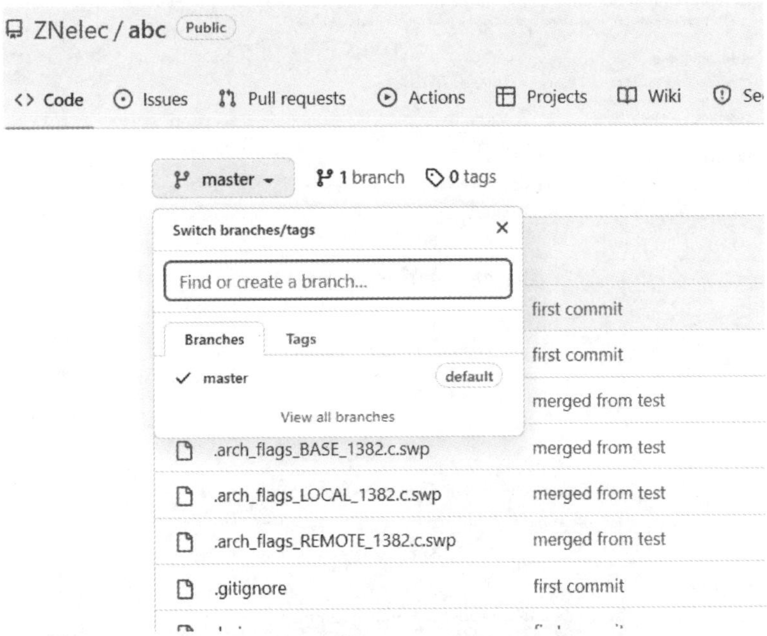

图 4.29　成功将本地仓库推到了远端

　　这里的讲解似乎与网上关于 Git 的使用有些不一样。我知道网上的很多教程都是以 SSH 为例来展开的,但其实 HTTPS 更加简单。

　　如果我们想去将别人在 GitHub 上的仓库同步到本地,又该如何操作呢? 很简单,用 git clone 即可,而且这应该是使用频率最高的命令了。我们以 GitHub 上随便一个仓库为例,把它 Clone 下来,如图 4.30 所示。

　　首先我们要获取 GitHub 仓库的 HTTPS 链接(如果你 Clone 的目的只是为了看一看,而不打算加入到这个仓库的维护中去,那直接 Download ZIP 就可以了),然后就可以开始 clone 了,如图 4.31 所示。

Go to file
Add file
Code
Local
Codespaces New
Clone
HTTPS
SSH
GitHub CLI
https://github.com/CoXier/Girl.git
Use Git or checkout with SVN using the web URL.
Open with GitHub Desktop
Download ZIP

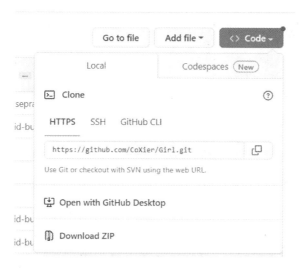

图 4.30　获取 GitHub 仓库的 HTTPS 链接

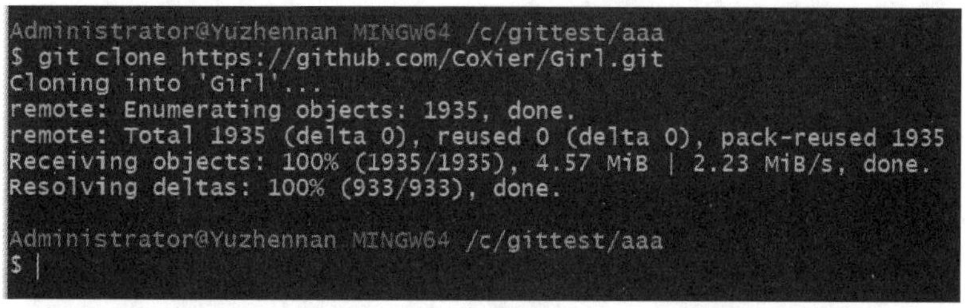

Administrator@Yuzhennan MINGW64 /c/gittest/aaa
$ git clone https://github.com/CoXier/Girl.git
Cloning into 'Girl'...
remote: Enumerating objects: 1935, done.
remote: Total 1935 (delta 0), reused 0 (delta 0), pack-reused 1935
Receiving objects: 100% (1935/1935), 4.57 MiB | 2.23 MiB/s, done.
Resolving deltas: 100% (933/933), done.
Administrator@Yuzhennan MINGW64 /c/gittest/aaa
$

图 4.31　对 GitHub 上的仓库成功进行 Clone

4.2.3　代码拯救纪实

很多人在使用 Git 的初期，因为对其机制没有很好的理解，所以经常会犯各种错误，然后自己又无法解决，最终无奈放弃 Git。在他们心里总是对 Git 有怀疑心理：“Git 会不会把我的代码弄丢？”而且这种疑虑在莫名其妙的问题出现时，尤为强烈。

这里我可以明确地告诉大家：“放心，只要你正确的 commit 过，那你的代码就不可能丢。”

以下是一个代码拯救追回的实例，大家可以看看。

有一天同事找到我，说：“我提交的代码都不见了，那是近一个星期的工作，振南你帮我看看有什么办法恢复吗？”

“别着急”，我来到他的座位前，看到 GitBash 上显示当前正处于 master 分支上，使用 git log 查看历史提交记录，这几天的记录都没有了。OK，一顿操作猛如虎，数据恢复我最靠谱！最后同事的小心脏终于放回了肚子里。我又给他讲解了问题所在，他这才恍然大悟。

这个实例就讲完了。“等等，你讲了些啥就讲完了？”振南开个玩笑而已。

为了方便讲解恢复数据的过程，振南在自己的电脑上复现了这个问题，如图 4.33 所示。

然后我们对第二次提交不满意，想回退到第一次提交，再继续开发。我同事的方法如图 4.34 所示。

然后我们在这个 commit id 上对代码进行开发，然后直接提交，如图 4.35 和 4.36 所示。

图 4.33　某 Git 仓库的 commit 记录

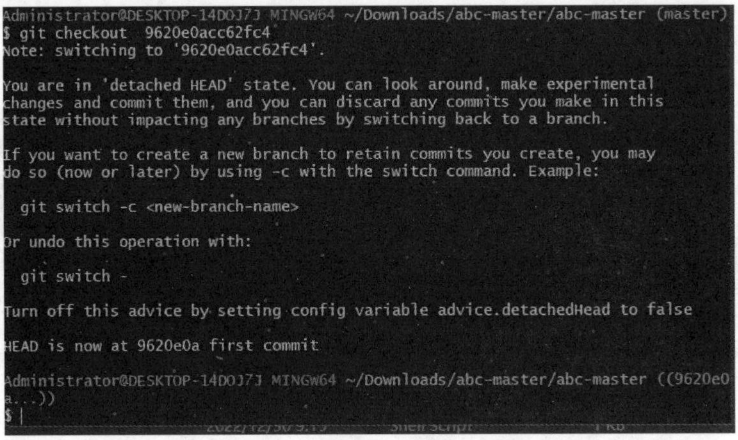

图 4.34　Checkout 到第一次提交时的 commit id

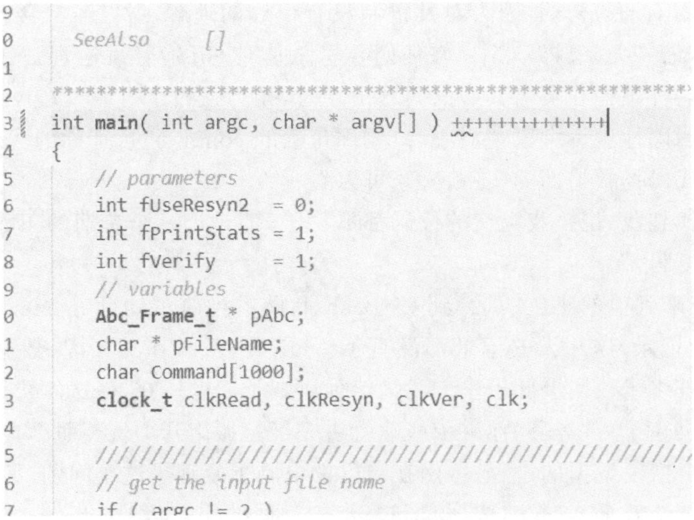

图 4.35　象征性的对代码作一些修改

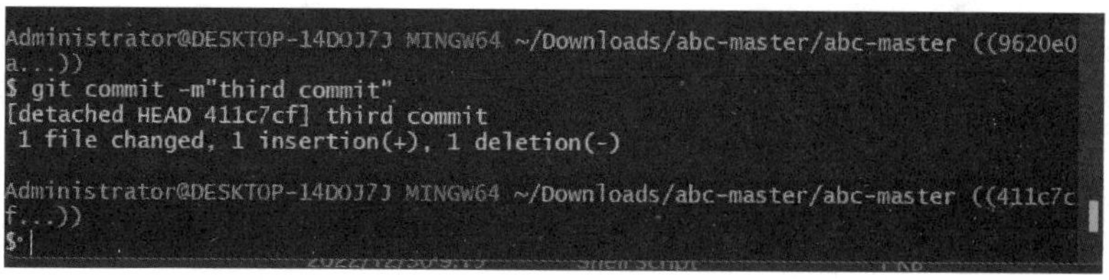

图 4.36 在当前 commit id 上对代码进行提交

提交之后，我们会发现 commit id 变了。我们原以为这些提交操作都是在 master 分支上进行的，是跟随在第一次提交之后的。但是当我们切回到 master 分支之后，我们傻眼了，如图 4.37 和图 4.38 所示。

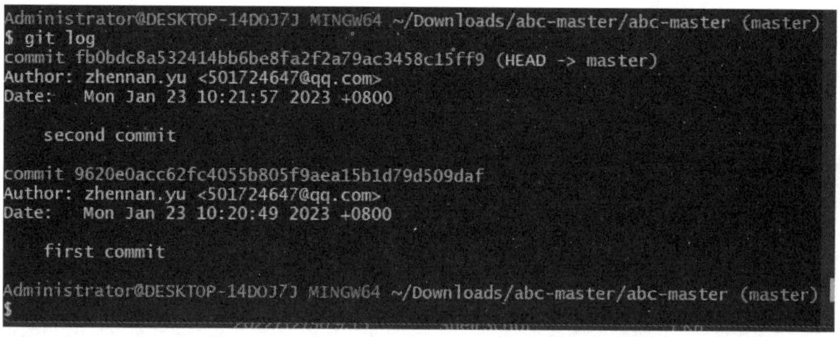

图 4.37 切到 master 分支之后只看到以前的两次提交

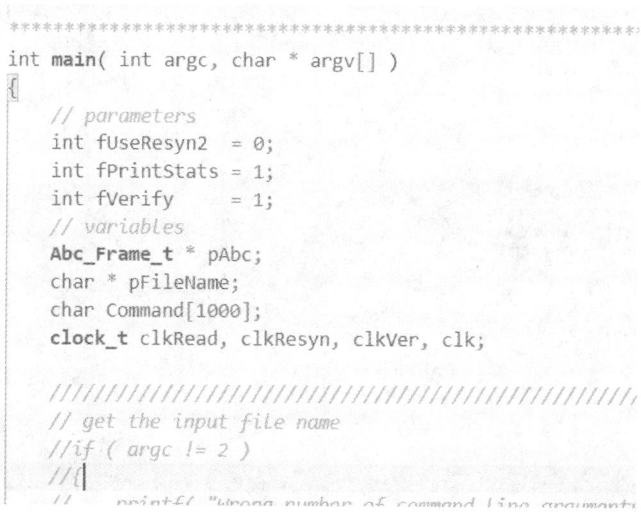

图 4.38 代码的改动不见了(这就是所谓的"数据丢失")

我们用 git reflog 来看看 Git 在这期间都做了什么(这个命令可以查看 Git 的所有内部操作)，如图 4.39 所示。

HEAD 是一个指针，它指向某一个分支。比如图 4.39 中的(HEAD →master)就是指 HEAD 指向 master 分支。当 checkout 到某一个 commit id 上之后，我们会发现 HEAD 不再指向 master 了，而是 HEAD@{2}，而在提交之后又换成了 HEAD@{1}，这说明我们根本就

图 4.39　使用 git reflog 查看 Git 日志

没有向 master 分支上提交代码,而是向一个隐藏的临时分支在提交。当我们在切回到 master 分支时,当然看不到提交记录了。

解决的方法是:我们把后面那"无名"的提交移到一个明确的分支上来,然后将此分支与 master 进行 merge 合并。

具体操作如图 4.40 所示。

图 4.40　将"无名"提交合并到 master 分支上来

此时我们在 master 分支就可以看到对代码的改动了,如图 4.41 所示。

造成这次"虚惊一场"的根本原因是我这个同事向 commit id 向提交代码。他对分支和 commit 并没有真正的理解。一个分支是由多个 commit 组成的,我们在某一个分支上进行的每一次提交都会生成一个 commit id。这个 commit id 其实是一个固定的标签,是不可修改

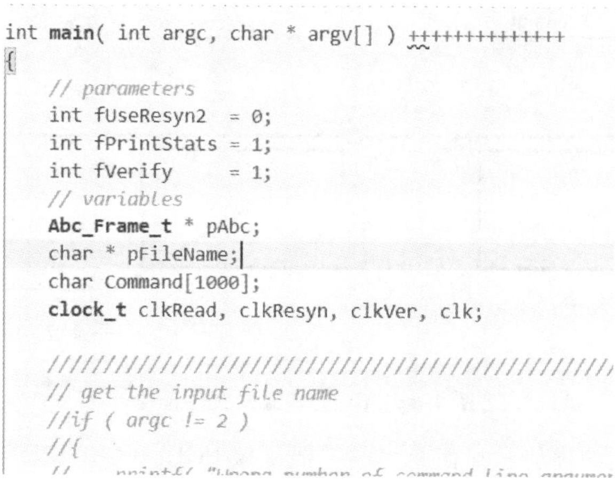

```
int main( int argc, char * argv[] ) +++++++++++++
{
    // parameters
    int fUseResyn2  = 0;
    int fPrintStats = 1;
    int fVerify     = 1;
    // variables
    Abc_Frame_t * pAbc;
    char * pFileName;
    char Command[1000];
    clock_t clkRead, clkResyn, clkVer, clk;

    /////////////////////////////////////////////
    // get the input file name
    //if ( argc != 2 )
    //{
    //    printf( "Wrong number of command line argumen
```

图 4.41　在 master 分支上看到了丢失的代码回来了

的,可以理解为一个阶段性的固定版本。我们可以从每一个 commit id 新建一个分支,然后在这个分支会继承这个 commit id 的代码(说拷贝可能更好理解),我们可以在此基础上继续开发,并向这个新的分支上提交。如果我们尝试向一个 commit id 进行提交,那么 Git 会悄悄地新建一个临时分支,我们以后的提交都是在这个临时分支上的。此时,我们可以通过 git reflog 来查看 Git 到底都做了什么,从而把那些"流浪"的代码找回来,接续在我们的工作分支上。

记住:Git 会比你更珍惜你的劳动成果,在它的管理体系下,不会真正删除任何东西!

4.3　用 Git 管理硬件 PCB

上面振南讲解了如何使用 Git 来对软件代码进行管理。关于 Git 被最频繁问到的一个问题是:"Git 能不能用来作 PCB 资料的管理?"答案是肯定的。

我先来问广大硬件工程师们一个问题:"你们是如何管理 PCB 工程的版本的呢?"以我这么多年的经历所看到的,很多工程师和公司更在乎的是 PCB 相关资料的留存和安全(就是说有就行,顶多简单地整理一下),在版本管理上似乎并不太在意,或者说没有什么好的办法。关于硬件资料的版本,更多是依赖于工程师自身的素养。比如统一整理到某种存储介质中,可以是一块硬盘,可以是一台设置了权限的共享计算机,或者一个 NAS 服务器,也可以是一个类似于 seafile 的网盘。

对于这些资料的追溯,则要靠完整的技术文档。这样的管理方式,看似严谨,硬件资料都在公司的掌控之中,但实际上最终难免落得个版本凌乱,七零八落的下场。很多时候,你面对着众多的 PCB 版本,并不能确定哪一个是最终可用于生产的版本,因为往往并不是最新的版本就是可用的版本。

OK,那我们向硬件也引入 Git 这一版本管理利器,来看看通过它如何来管理硬件版本。

4.3.1　Git 的增量式管理

Git 对于文件的管理采用的是增量式管理,如图 4.42 所示。

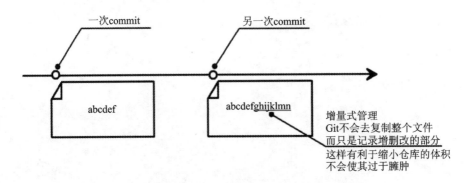

图 4.42　Git 的增量式文件管理

　　Git 在文本管理上的优势是显而易见的。但是像 PCB、Word、PDF 等这些文件,都是二进制的,不同版本的文件相同之处比较少,此时再用增量式管理,基本无异于文件拷贝。所以,用 Git 管理二进制文件,会让仓库体积比较大。而且,二进制文件是没法直接合并的。不过,这些并不妨碍我们使用 Git 来进行管理。因为 Git 针对二进制或者大文件有自己的一套管理方法(比如压缩或者 LFS,大家可以去百度一下)。

　　我向很多硬件工程师推荐了 Git,让他们用来管理 PCB 资料的版本。但是他们反映最多的问题是:不太适应纯命令行的操作方式,那些命令总是容易忘。这让他们产生了抵触心理。所以我仔细研究了 AD 对 Git 的界面化支持。

4.3.2　AD 中的 Git

　　鉴于 Git 的广泛应用,很多开发环境都已经与 Git 无缝衔接,而并不需要涉及太多的命令行操作。AD(Altium Designer)作为最著名的 EDA 工具之一,自然是支持 Git 的。

1. 本地化操作

　　振南以一个 PCB 工程为例来进行介绍,如图 4.43 所示。

　　首先创建一个本地仓库 git init,如图 4.44 所示。

　　接下来我们的操作基本上都在 AD 软件中来完成(本章的讲解基于 AD 22)。单击右键 PCB 工程文件,将其添加到仓库中来,如图 4.45 所示。

　　接下来,我们尝试将整个 PCB 工程进行提交,如图 4.46 所示。

　　在 Comment 中可以填入关于此次提交的一些说明,这类似于 git commit-m,如图 4.47 所示。

　　随后我们可以看到工程视图中的文件右边出现了图标,如图 4.48 所示。

　　这种图标的意思是"Ahead of server",即等待推到远端仓库。这是因为刚才只进行了 commit 而没有 push,等后面我们设置了远端仓库的链接,就可以执行 push 了。

　　我们尝试对某个文件进行修改,如图 4.49 所示。

　　此时这个文件右边将出现一个新的图标"Open and locally modified",对其再一次进行提交,如图 4.50 所示。

　　在 AD 中的这些操作,与 Git 是完全同步的,其实 AD 就是在背后调用 Git。我们可以用 git log 查看一下,如图 4.51 所示。

图 4.43 在工程目录下单击右键打开 Git Bash

图 4.44 创建一个本地仓库

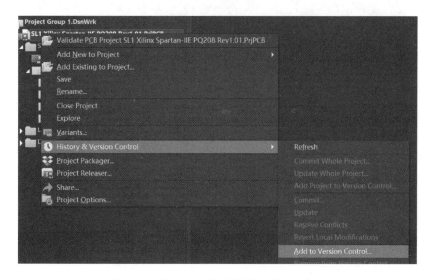

图 4.45 将 PCB 工程文件添加到仓库之中

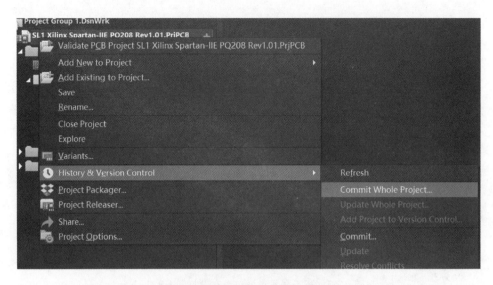

图 4.46 将整个 PCB 工程进行提交

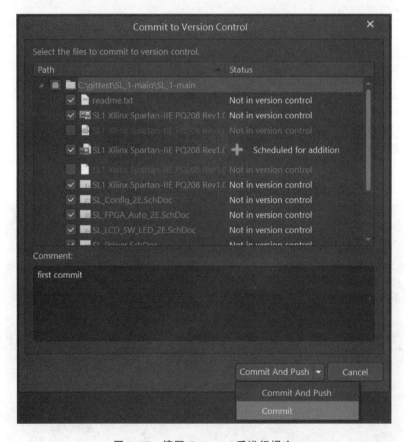

图 4.47 填写 Comment 后进行提交

图 4.48　提交之后 PCB 工程相关文件右边出现了图标

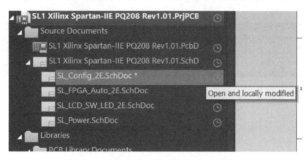

图 4.49　对某个原理图文件进行修改

图 4.50　对 PCB 工程再一次进行提交

Administrator@Yuzhennan MINGW64 /c/gittest/SL_1-main/SL_1-main (master)
$ git log
commit 9caa0a92d46b56e6dfe92fcb89289c41ef2dd3dd (HEAD -> master)
Author: yuzhennan <987582714@qq.com>
Date: Sun Nov 27 17:20:49 2022 +0800
second commit
commit 69e794d286a1b0cf1a44aa132139ed92abfbd265
Author: yuzhennan <987582714@qq.com>
Date: Sun Nov 27 16:58:29 2022 +0800
first commit
Administrator@Yuzhennan MINGW64 /c/gittest/SL_1-main/SL_1-main (master)
$

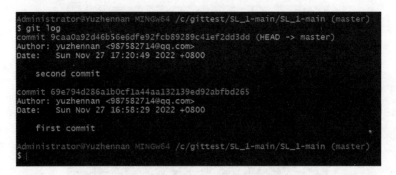

图 4.51 通过 git log 查看提交记录

2. 远端操作

接下来，我们将本地仓库推到远端服务器。首先，要在远端服务器上建立一个仓库（GitHub 上创建仓库前面章节已有介绍，这里不再赘述）。使用 Git 命令行向仓库添加远端仓库的链接，如图 4.52 所示。

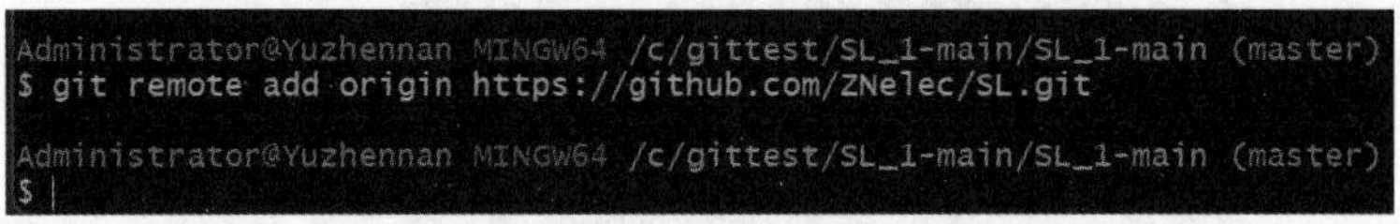

Administrator@Yuzhennan MINGW64 /c/gittest/SL_1-main/SL_1-main (master)
$ git remote add origin https://github.com/ZNelec/SL.git
Administrator@Yuzhennan MINGW64 /c/gittest/SL_1-main/SL_1-main (master)
$

图 4.52 通过 git remote add 添加远端仓库链接

这里我们仍然使用 HTTPS 链接，一方面是方便，省去了生成 SSH－key 的麻烦；另一方面是 AD 的 CVS 系统目前只支持 HTTPS。随后，右键 push 即可将仓库推到 GitHub 上了。这个过程中，可能会提示输入用户名密码，输入即可。

4.3.3 PCB 工程的协作开发

我们使用 Git 一方面是为了管理版本，另一方面是让开发工作实现并行化和更好的团队多人协作。Git 解决了很多团队协作过程中经常出现的问题，遇到最多的就是多人同时开发同一分支，如图 4.53 所示。

push
clone
push
push
基于本地仓库的开发
developer A
本地开发
developer B
本地开发
push失败因为developerB在此期间有过一次push，远端仓库的内容是developerA本地所没有的，所以不能直接push。

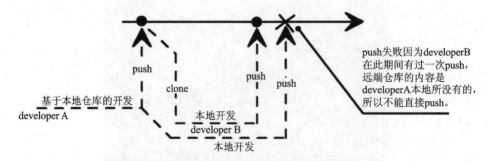

图 4.53 多人同时开发同一分支时 push 失败

解决的方法就是 A 应该先 git pull，将远端仓库同步到本地，并在本地完成合并和提交，然后再 push。具体过程，如图 4.54 所示。

值得注意的是，在 pull 之后在本地进行合并时，是有可能出现无法自动解决的冲突的，这

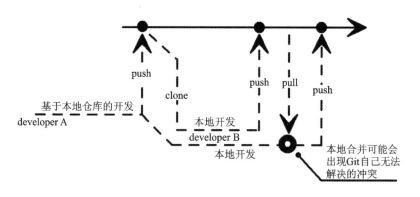

图 4.54 多人同时开发同一分支时 push 失败的解决方法

就需要我们手动来进行解决。根本问题在于,为什么会出现无法自动解决的冲突?这种情况绝大多数都是因为多人编辑了同一个文件,并在文件相同的位置上存在不同的内容,造成 Git 无法决定舍谁留谁。这种情况,一般需要参与开发的工程师共同商量,以人工方式来解决冲突。

如果多人在同时设计一张电路原理图或者 PCB 版图,那是否可以合并呢?答案是否定的,因为 PCB 文件是二进制的,而非字符。对于二进制的合并,将毫无意义。

本章关于 Git 的介绍就到这里,希望大家早日上手。其实本文所讲的内容都是皮毛中的皮毛,Git 工具远比我们想象的要强大得多,GitHub 也远比我们想象的要浩瀚得多。关于更深层的应用,还要等着大家深入去研究发掘。

GitHub 是全世界程序员智慧的结晶,是一笔巨大的财富,是无数开源主义先驱努力奋斗的成果。在闭源软件圈地为王、Windows 等商业软件大行其道甚至垄断的历史背景下,开源者力排众议,自力更生,集结所有有生力量,共同构建了开源软件的庞大生态,这是伟大的,前无古人的!

向开源者致敬!!!

第 **5** 章

I/O 口不够,扩展器来凑

在我们进行单片机开发的时候,经常会发现 I/O 口不够用。一方面是因为我们产品中往往都包括很多的功能,又有显示,又有存储等等;另一方面是我们所使用的单片机芯片确实 I/O 资源不多。有人说,你可以选 I/O 口比较多的芯片,比如说把 STM32F103C8T6 换成同型号大封装的,或者直接换 F407。没错,如果在成本允许的情况下,确实是 I/O 不够一换了之。但成本往往是需要考虑的首要因素。越是上量的产品,就越是对成本敏感。尤其是 2020 年前后这几年芯片严重短缺,新冠病毒的国际大流行和美国芯片法案是最重要因素。这导致很多存量芯片的价格飞涨,那些不常用的、高端的芯片价格更是离谱,而且不好买。在这种特殊的背景下,我们会尽量用中低端的、常用的、市场存量大、交货周期短的芯片。这个时候,我们去自己通过廉价的方案扩展出一些必要的硬件资源,就显得更加迎合时宜了。

振南为了写这一章做足了功课,花了大量精力收集了市面上主要的一些 I/O 扩展方案,同时不乏创新性。

5.1 基于 74 系列芯片的廉价方案

用惯了各种高大上的芯片,似乎我们已经忘记了那些基础简单而又极为重要的芯片,比如 74 系列芯片。我认为芯片没有低高端之分,只有是否用得好之别。

5.1.1 并行输出端口扩展

回想我们使用 8 位单片机的时候,比如 51、AVR、PIC 等,它们的 I/O 端口是 8 位的。但是很多器件是 16 位接口的,比如一些液晶屏,或是存储器。此时我们一般会把两个 I/O 端口拼起来,形成 16 位。但前提是我们的 I/O 比较富裕。如果只剩下一个 I/O 端口了,那怎么办?我们可以使用 74HC573、74HC373 这类的锁存芯片,请看图 5.1。

对于 74HC573 想必大家都比较熟悉了,振南就不赘述了。这里简单介绍一下上图的操作逻辑。单片机首先通过 8 位 I/O 端口输出 16 位的高字节 ByteH,同时将 OE 置低,LE 由低置高,这样 ByteH 就被锁存输出到了 Dout(锁存后的 Dout 不会再随 Din 变化而变化)。然后单片机再将 8 位端口输出 16 位的低字节 ByteL,[ByteH ByteL]就拼成了 16 位输出。

这算是 I/O 扩展的最基础、最常用的方法。大家可以回想一下 51 单片机是如何扩展

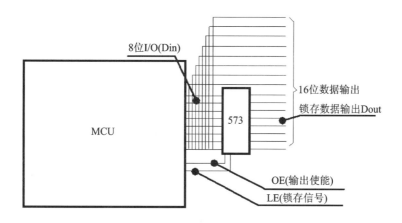

图 5.1 使用 74HC573 将 8 位端口扩展出 16 位

SRAM 的,比如 62256 之类的芯片。对,它就是使用了一片 8 位锁存芯片,由 P0 来产生访存地址的低 8 位(P2 产生高 8 位),请看图 5.2。

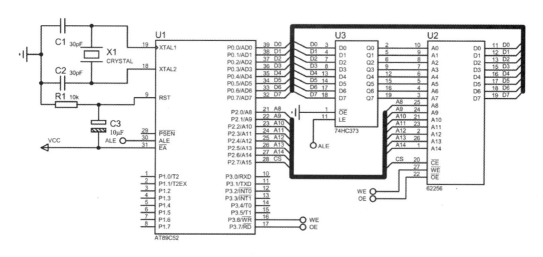

图 5.2 51 单片机外扩 62256 的原理图

简单描述:51 单片机为了节省引脚,在外部访问中对 P0 进行了复用。P0 首先输出 16 位地址的低 8 位 A0~A7,其通过锁存由 8 位锁存器输出,其与 P2 输出的高 8 位 A8~A15 共同形成了 16 位访存地址。随后 P0 将要写入到外部存储器的 8 位数据从 P0 输出,在♯WE 信号的作用下,数据被写入到相应地址单元中。这是一个 xdata uint8 数据赋值操作单片机在背后所产生的一系列动作,当然这些时序都是它自动产生的,属于 CPU 的访存原子操作。

是不是现在很多初学者已经对 51 单片机不太熟悉了?而是直接使用 STM32 来入门,那上面的这个例子,对这些人来说可能就不好理解了。

有人问"那我想扩展出 32 个 I/O 怎么做呢?"如法炮制,请看图 5.3。

那是不是我们可以通过这种堆砌 74HC573 的方法,扩展出无限的 I/O?理论上是的,但实际上需要考虑器件的负载能力,一般来说 CMOS 电路可同时接 8 个负载。

除了 8 位锁存器,还有 16 位锁存器,比如 74ALVCH162373,芯片示意如图 5.4 所示。

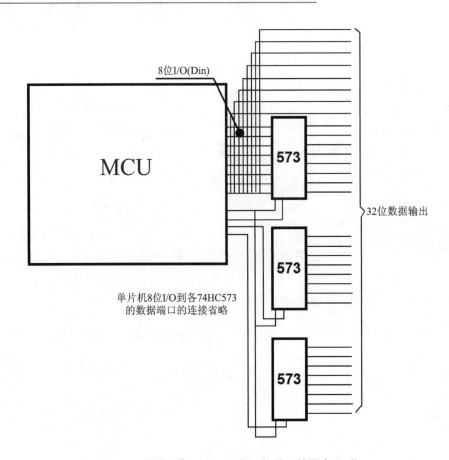

图 5.3　使用 3 片 74HC573 将 8 位端口扩展出 32 位

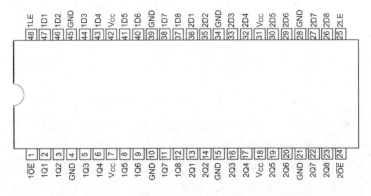

图 5.4　16 位锁存器芯片 74ALVCH162373 引脚分布

　　乍一看，像条蜈蚣一样，一共有 48 个引脚。可以看到，它有两个 8 位输入端口 1D1～1D8 2D1～2D8，两个 8 位输出端口 1Q1～1Q8 2Q1～2Q8，同时还有 2 个 #OE 和 2 个 LE。通过它我们可以把 16 位 I/O 端口，扩展为 32 位。其实这一芯片比较小众，需要 32 位端口的应用场景并不多。什么？驱动大量 LED 或数码管？OK，这算一个。但实际上这种应用场景下，使用这种方案来扩展 I/O 也并不可取。因为它需要单片机能够先提供 16 个 I/O 出来，而这在 I/O 资源本就很拮据的前提下，显然是困难的。

通常我们会使用 8 位锁存器＋译码器的方式来实现。原理很简单,用译码器的输出作为 8 位锁存器的锁存信号,如图 5.5 所示。

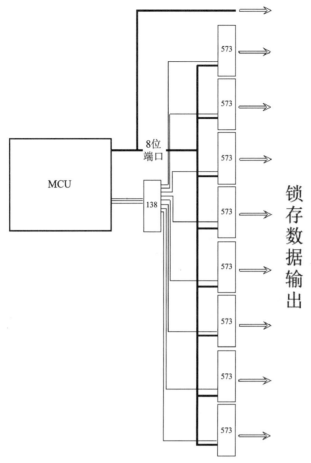

图 5.5 74HC138＋74HC573 实现更多 I/O 的扩展

关于原理振南就不再赘述了,大家应该都明白。另外关于译码器,我们常用的是 74HC138,3 - 8 译码器,上图中就是。其实还有更多路的译码器,比如 CD54HC154,它是 4 - 16 译码器。使用译码器,或者称数据选择器,可以适当减少在并行 I/O 扩展过程中所需要额外分配的 I/O 数量(如果不用译码器,每增加一片 74HC573 就需要多拿出一个 I/O 来控制其 LE)。

5.1.2 串行输出端口扩展

上面介绍了一些并行输出端口扩展的方法,可能有一些读者有这样的疑问:"你这有点押注的感觉,要想得到,先得搭进去一些,如果我单片机连 8 个 I/O 都不剩了,那怎么办?"可以用串行扩展方式,如图 5.6 所示。

大家对 74HC595 应该很了解了,它是串行转 8 位并行的位移缓存器,也称移位寄存器。它最大的特点就是支持菊花链(daisy chain)。仔细观察图 5.6,可以看到 74HC595 除了 8 位并行输出之外,还有一个 Q7',它可以连接到下一个 74HC595 的 DS 上,这样串行数据位就可以在时钟 SHCP 的作用下,像流水一样贯穿多片 74HC595。有了这一机制,理论上我们就可以仅用 3 个 I/O 扩展出无数的输出端口来。同样的,也有 16 位的串转并芯片,比如

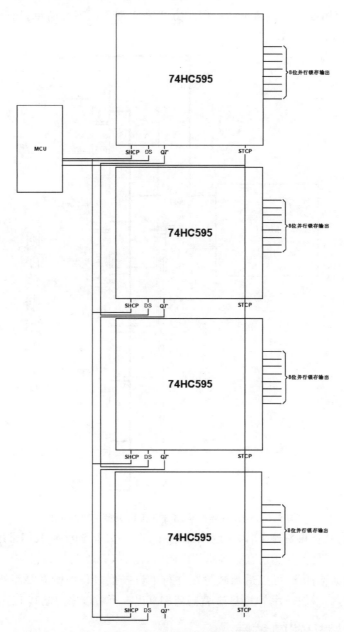

图 5.6　采用多片 74HC595 级联实现串行输出端口扩展

NJU3716,但也属于小众芯片。

我们在作产品研发的时候,在器件选型方面要考虑它的功能性能是否满足我们的设计需要,同时还要考虑器件的可替代性和供应链的情况。一要使用主流的,最好有多个厂商都生产的芯片,比如 74 系列芯片,作为最基础的入门电路,欧森美、TI、NXP 等厂商都在生产;再比如这几年炒得沸沸扬扬的 STM32,它不光有 ST 在生产,相关的兼容型号也有很多其他厂商在生产,比如国内的兆易创新生产的 GD32 系列、国民技术的 N32 系列、灵动微的 MM32 系列、艾派克的 APM32 系列等等,这样就使得用 STM32 设计产品比较安全。因为兼容型号很多,市场存量非常大,这样就算在半导体极端行情的背景下,我们产品的物料元件也不至于断供。

同时，尽量使用最畅销，最常用的型号，比如 STM32F103。因为在极端情况下，半导体厂商会削减产能，把有限的生产能力放到那些出货量最大的型号上。所以，在我看来，那些高端的芯片，比如 STM32L/F4、H7 系列都是有风险的。还有不要使用特异封装，比如 VFQFPN、WLCSP、UFBGA 等。一方面是这些特异封装用量小，特殊时期可能因为厂商减产采购不到，就算能采购到，交货周期也会很长。另一方面，这些封装都需要比较高的加工焊接工艺，能接单的板家比较少，而且周期长，次品率高。不要一味地猎奇，或者过分的在意电路尺寸，给自己制造麻烦。

说了这么多，可能很多人还是认识不深刻，容易被正常时期的供应链充沛状态所蒙蔽。说两个活生生的例子。在很久以前，有一款单片机非常流行，知名度非常高，性能也比同期的其他芯片要高。基于它，国内外的工程师开发和发布了很多优秀的硬件开源项目和商业产品，甚至有人在用它作音视频编解码、图像识别、跑 Linux。对，它就是 AVR，Atmel 的当家花旦，就如同 Microchip 的 PIC，SiliconLab 的 C8051F 一样的历史地位。但是在 2015 年前后，AVR 的供货急转直下，甚至一片难求。究其原因应该是 Atmel 与 Microchip 的并购导致的市场动荡。用 Atmel 自己的话说是：原因在于这一收购案过程的不确定性，导致经销商降低库存水位，特别是在亚洲地区。这样的芯片短缺状态持续了 2 年左右，导致大量的 AVR 用户不得不转向其他芯片。一方面是供货周期过长，另一方面是因为经销商惜售而造成的高价格。又鉴于当时 STM32 以及很多国产 8 位 MCU 已经崛起，从而使得 AVR 惨遭抛弃。昔日那些基于 AVR 的开源项目和社区论坛，比如国内比较有名的 ourAVR 就此没落，从而开始寻求综合化论坛的发展路径，也因此改名为 ourDEV。

另一个例子是发生在我身上的。前面我说过，有好几年我一直在做智能传感器。因为涉及的产品非常多，有加速度、倾角、温度、应变等等，所以我所带领的硬件团队考虑做一个通用的核心板，而把通信和采集做成模块，方便插接集成和复用，希望通过这种模块化的架构来提高整体的研发效率（详细的内容可以去看"硬件研发半个月出产品，我做到了！"一章）。核心板主芯片选型时，考虑到尽量把 PCB 做小，以便可以直接利用现有的外壳，以及为电池留出更多的空间。我们最终选定了 STM32L452RET6 UFBGA 封装（一种 pitch 非常小的 BGA 封装），如图 5.7 所示。

UFBGA封装的STM32L452RET6

图 5.7　使用 UFBGA 封装的 STM32L452RET6 作为模块化核心板的主芯片

产品不断上量，困境也随之而来。先不说 UFBGA 的高加工费，当然加工费可以用产品批量均摊掉。随着 2019 年年末席卷而来的新冠疫情，因 ST 芯片产能的限制，整个 STM32 的供应链出现了很大的问题。供应链团队是直接向 ST 原厂订货的，周期已经排到了 2 年以后，而且能排上已经是谢天谢地了。而 2019～2020 年正处于公司 B 轮融资的极速扩张期，大量的项目订单纷至沓来，而库存芯片仅有 1000 多片，一个项目就可能倾数耗尽。起初尝试向兆易创新咨询是否有替代型号，但是 L452 这款芯片并不常用，无果而终。最后逼得没有办法，开始替换为 STM32L452REY6，其封装为 WLCSP，它的 pitch 更小，加工焊接需要的工艺更高。但是我们确实发现这一封装的市场存量比较大，可以支撑产品渡过困难期。我考虑，就是因为这种封装不易焊接，才作为库存一直压在经销商手上。

经过这些事情，一改我对供应链的观念。以前我对供应链的认识就是买买买，但实际上并没那么简单。它直接关系到我们的研发成果是否有实际批量意义。因为某个关键器件供货出问题，而不得不整体改版的事情我见得太多了，所以请大家一定要谨慎选型。

关于 74HC595 可能有人会问："串转并，那速度不会很慢吗？"并行一定比串行快，这是一个认知误区。其实串行比并行更加稳定，而且速度不慢。这也是现在串行总线大行其道的原因，比如 USB、SATA 等。我们可以用硬件 SPI 向 74HC595 写入数据，串行时钟可以达到 10MHz，这样转为并行，也有 1MBps 的数据速率了。这对于一般的应用是足够了。如果你非要用级联几百个 74HC595 去驱动 LED 大屏，还要实现显示特效的话，我们就需要性能更高、速度更快的控制器了（大多使用专门的 ASIC 芯片或 FPGA）。74HC595 的时钟频率支持到 100Mhz 是没有问题的。

5.1.3　并行输入端口扩展

前面我们介绍的都是输出端口扩展，输入也同样重要。我们可以使用数据选择器来实现。请看图 5.8。

图 5.8 中 D00～D70 是一个 8 位并行输入端口，D01～D71 是第二个端口。单片机通过控制数据选择引脚 SEL，来切换两个输入端口。如果要扩展更多的端口，可以使用更多路的数据选择器，比如 4 选 1 或 8 选 1。

OK，同样的套路，我们来看看如果通过串行方式来扩展并行输入端口。

5.1.4　串行输入端口扩展

74HC595 是数据串行输入，并行输出。那是否有芯片可以实现数据并行输入，串行输出呢？当然有，74HC165，而且它也支持菊花链。来看一下它的脚引分布，如图 5.9 所示。

D0～D7 是 8 位并行输入，DS 与 CP 是串行数据与时钟，♯PL 是数据装载，它为低电平时 D0～D7 输入状态将被读入到内部的移位寄存器中。Q7 这个引脚很重要，它是移位寄存器的输出，通过它我们就可以实现菊花链级联，如图 5.10 所示。

以上振南介绍了输出端口与输入端口的扩展方法，但它们单独拿出来都算不上是 I/O 扩展，因为它们只能输出或输入。那如何实现可以输出同时又能输入的真正意义上的 I/O 扩展呢？很简单把输出和输入端口拼在一起就行了。但是要注意一点，当它用于输入的时候，输出端口要保持高阻状态。拿 74HC595＋74HC165 这样的组合来说，当使用 74HC165 读取并行数据的时候，74HC595 要将♯OE 拉高，使其输出呈现高阻态。否则，它会影响 74HC165 的电

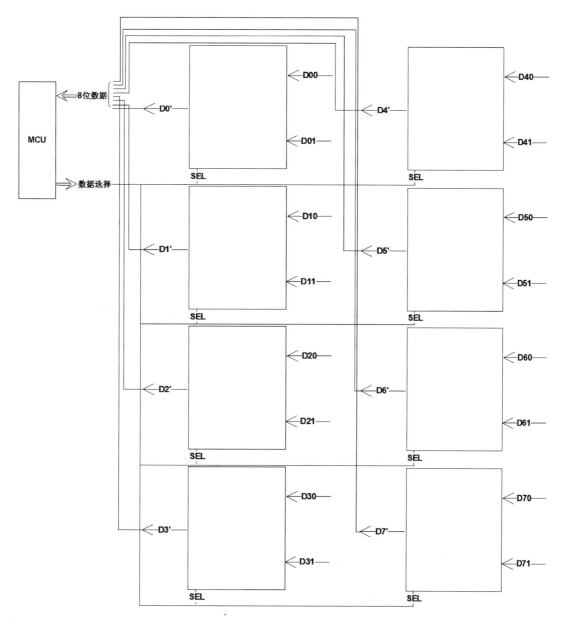

图 5.8　使用 2 选 1 数据选择器实现 8 位并行输入端口扩展

平读取。

　　有人还是在顾虑串行速率的问题"我用 51 单片机,没有硬件 SPI,只能用 I/O 模拟,怎么让串转并速度快一些?"既然你使用这么古老的 51 芯片(STC51 基本上都支持硬件 SPI,但是如果 51 芯片过于古老,那确实没有硬件 SPI),还奢求速度? 好吧。51 单片机有一个被很多人忽视的功能,即 UART 的模式 0,它就是一种硬件同步串行接口,大家可以去了解一下(UART 的 0 模式可以用来充当硬件 SPI)。

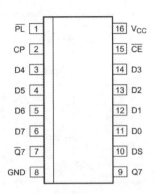

图 5.9　74HC165 的芯片引脚分布图

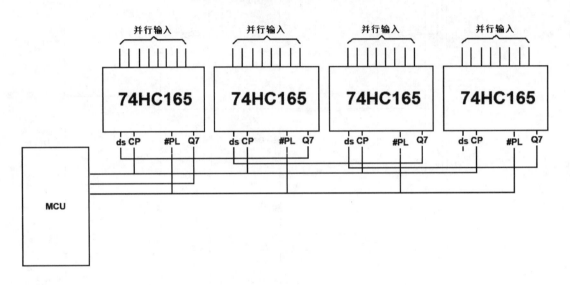

图 5.10　使用多片 74HC165 级联实现大量输入端口扩展

5.2　基于专门 I/O 扩展芯片的方案

　　使用 74 系列芯片固然成本低，而且安全，但是它有一个很大的问题，比较占用 PCB 面积。一个板子，放眼望去有很多片 74 芯片，这无形之中拉低了板子的档次。I/O 短缺其实是行业内一个很常见的问题，因此芯片厂商专门研发了一些 I/O 扩展芯片。它们功能丰富，集成度高，同时价格可控，对于一些成本不是极为严苛的项目和产品，不失为是终极解决方案。

　　以下的讲解振南不会去细述芯片的具体使用方法，只会简单介绍其主要功能，因为复述芯片手册是一件毫无营养的事情。振南主要进行一些芯片的推荐，大家可以依自己的实际情况灵活选型。

5.2.1　并行 I/O 扩展芯片

　　这一类的专用芯片不多，我仅以我知道的说一下。

1. 8255

8255 是一个代号,或者说别称,它不是芯片型号,而是指与之兼容的由不同厂家生产的多个型号,如图 5.11 所示。

82C55	OKI electronic componets	
82C55	Toshiba Semiconductor and Storage	
82C55	Intel	
82C55	Intersil Corporation	
82C55	Wing Shing Computer Components	
82C55	ETC	

图 5.11　多个厂商都在生产 8255 兼容型号

8255 是一个功能强大而又古老的芯片(振南曾经在一些比较老型号的打印机中见到过应用),最初由 Intel 开发,基本与 8051 是同时代的产品。它有多种工作模式,我们这里仅介绍其最简单最常用的一种,即模式 0。

先来看一下 8255 的引脚分布,如图 5.12 所示。

D0～D7 是 8 位输入输出端口,用于与单片机连接,以实现对内部寄存器的读写。PA、PB 和 PC 为 3 个 8 位输入输出端口,即扩展端口。A1－A0 是两位的地址码,用于寄存器寻址,所以 8255 有 4 个寄存器,分别是 PA、PB 和 PC 的数据寄存器,和控制寄存器。

我们先来看一下 8255 的基本操作,如图 5.13 所示。

控制寄存器是比较重要的寄存器,通过它我们可以设置扩展端口的工作模式、输入输出方向等,如图 5.14 所示。

比起现在芯片动辄几百个寄存器,8255 相对要简单多了。如图 5.15 所示,从控制寄存器的定义中可以看到,PC 端口被砍成了两段 UPPER 与 LOWER,分别为 4 位,可以单独设置它们的方向。而且更强大的是,PC 端口是支持位操作的,置位或者清零,类似于 51 单片机 sbit 位寻址或者是 STM32 的 bitband 位带。

这样的设计非常实用。我们在使用 I/O 端口进行数据读写的时候,通常还要配有相应的控制信号,比如 8080 总线除了数据线还有控制线 ♯RD 和 ♯WR。所以 PC 口就可以充当控制线,位控制可以提供执行效率。

关于 8255 更多的功能,大家可以去它的数据手册。

哪里可以找到它的数据手册?官网、21icsearch、alldatasheet、百度。

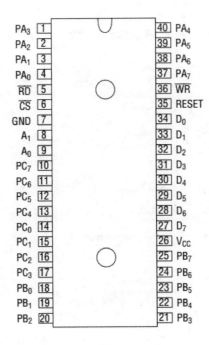

图 5.12　8255 的引脚分布

A1	A0	$\overline{RD}$	$\overline{WR}$	$\overline{CS}$	INPUT OPERATION (READ)
0	0	0	1	0	Port A → Data Bus
0	1	0	1	0	Port B → Data Bus
1	0	0	1	0	Port C → Data Bus
1	1	0	1	0	Control Word → Data Bus
					OUTPUT OPERATION (WRITE)
0	0	1	0	0	Data Bus → Port A
0	1	1	0	0	Data Bus → Port B
1	0	1	0	0	Data Bus → Port C
1	1	1	0	0	Data Bus → Control
					DISABLE FUNCTION
X	X	X	X	1	Data Bus → Three-State
X	X	1	1	0	Data Bus → Three-State

图 5.13　8255 的基本操作

2. CH351

前面说过 8255 是比较老的芯片,实际上现在可能也不太好买,而且市面上散料比较多(所

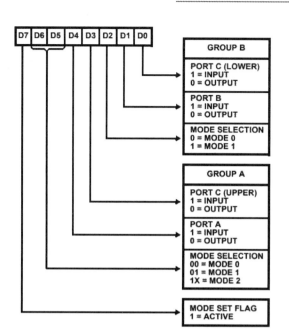

图 5.14　控制寄存器的定义

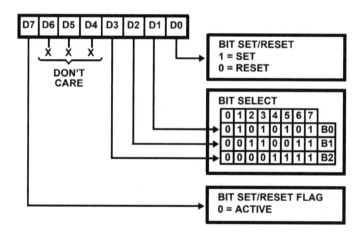

图 5.15　控制寄存器用于 PC 端口位操作时的定义

谓散料就是拆机件)。我再推荐一款芯片 CH351,来自于南京沁恒。对于这个公司大家应该比较熟悉,起码有所耳闻。它主要是研发接口扩展、转换、桥接这一类的芯片。最有名的,也是用量最大的就是他的 CH341(USB 转 TTL 串口桥接芯片)。有必要跟大家说一下国内的几个我们经常用到的芯片和器件供应商及其代表产品,如表 5.1 所列。

表 5.1　国内的一些常见芯片器件供应商及其代表产品

芯片厂商	代表产品	说　明
南京沁恒	CH375、CH341	专注于连接技术和 MCU 内核研究
武汉天马	TM1668	提供显示解决方案

芯片厂商	代表产品	说　　明
江苏宏晶	STC12C5A60S2	专注于国产 8051 内核芯片的研制
广州金升阳	ACDC DCDC 芯片模块	一站式电源解决方案
北京兆易创新	NOR Flash、GD32 系列	专注于存储、Arm 核 MCU 和触控芯片
北京圣邦	SGM3001、SGM706	专注于高性能、高品质模拟集成电路的研发和销售
福州瑞芯微	RK3288	物联网（IoT）及人工智能物联网（AIoT）处理器芯片
珠海全志	A133 A40i－H	卓越的智能应用处理器 SoC、高性能模拟器件和无线互联芯片设计厂商
上海复微	FM25Q64	已形成安全与识别、智能电表、非挥发存储器、智能电器四大成熟的产品线和系统解决方案
台湾华邦	W25Q256	是台湾唯一同时拥有 DRAM 和 Flash 自有开发技术的厂商
台湾新唐	Mini51 系列	专注于控制/微处理、智能家居及云端安全相关应用 IC、电池监控 IC、影像感测 IC、IoT 应用 IC、半导体组件等

可以看到国内半导体产业其实并不弱，不管是研发设计，还是晶圆生产封装测试，整个产业链是很完整的。平时大家说的中国芯片落后是指高端和尖端的芯片设计和制造，其实一般性的芯片，比如汽车、功率器件等等自给自足是完全没有问题的。一定要对国产器件有信心，选型多选国产，因为自己的才是最安全的。

CH351 可以扩展出 32 个 I/O，请看图 5.16。

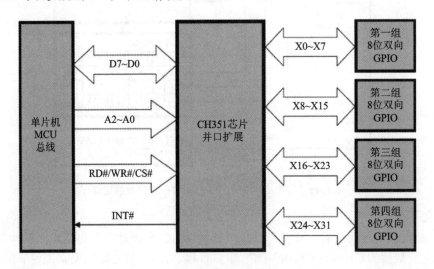

图 5.16　CH351 的芯片应用框图

具体的使用方法振南就不赘述了，大家可以到沁恒官网去下载芯片手册。

5.2.2　串行 I/O 扩展芯片

串行 I/O 扩展芯片是 I/O 扩展的主流方案，它最大的优势是使用极少的 I/O 即可扩展出大量 I/O，而且集成度高，性价比高。按照所使用的串行接口，振南对这些芯片进行罗列，请看表 5.2。

表 5.2   主流常见的串行 I/O 扩展芯片

芯片厂家	芯片型号	接口类型	说　明
南京沁恒	CH423	I2C	提供 8 个双向输入输出引脚和 16 个通用输出引脚，支持输入电平变化中断
上海艾为	AW9523	I2C	可提供 16 个 I/O 端口扩展
无锡力芯	ET6416	I2C	可提供 16 个 I/O 端口扩展
TI	TCA6424	I2C	可提供 24 个 I/O 端口扩展
TI	TCA9555	I2C	可提供 16 个 I/O 端口扩展
TI	PCF8574	I2C	可提供 8 个 I/O 端口扩展
TI	PCF8575	I2C	可提供 16 个 I/O 端口扩展
ISSI	IS31I/O7325	I2C	可提供 8 个 I/O 端口扩展
NXP	PCA9698	I2C	提供 40 个并行 I/O 端口扩展
Microchip	mcp23017	I2C	可提供 16 个 I/O 端口扩展
MAXIM	MAX7312	I2C	可提供 16 个 I/O 端口扩展
成都国腾	GM8166	SPI	提供 32 个并行 I/O 端口扩展
成都国腾	GM8164	SPI	提供 32 个输入引脚与 40 个输出引脚
Microchip	mcp23s17	SPI	可提供 16 个 I/O 端口扩展
日本 JRC	NJU3716	SPI	可提供 16 个 I/O 端口扩展

其中 TCA9555 有非常多的兼容型号，比如 PCA9555、AT9555、XL9555、NCA9555 等等。

上面只是罗列了常见的一些串行 I/O 扩展芯片，实际市面上的芯片种类要比这里看到的要多得多。可见，I/O 扩展是业内的一个普遍问题，各大芯片厂商都有自己的方案，但其实它们都是大同小异。具体哪一款适合你，大家可以根据自己的产品功能与成本需求进行选型。

除了这些专用 IC，其实还有人用 CPLD 或 FPGA 器件来实现 I/O 扩展，也是一种很好的方案，因为它具有很好的灵活性。而且现在 FPGA 这块也不是老美 Xilinx 和 Altera 独揽的局面，很多国产 FPGA 具有很高的性价比，比如 AGM 系列、安路 FPGA 系列等。同时，在可编程逻辑器件这方面，有一个比较新的概念 CIMC，即可编程混合信号芯片，感兴趣的读者可以关注一下，据说性价比巨高。

第 **6** 章

CPU，你省省心吧！

"CPU 运行时间是宝贵的资源，我们要把有限的 CPU 时间投入到更有意义的事情中去。"

在我们进行嵌入式系统开发的过程中，你一定干过这几件事：用 GPIO 模拟某种通信接口，比如 SPI 等；用空循环来实现延时 delay；空等寄存器的关键状态位。也许是出于无奈，比如所使用的芯片没有硬件 SPI 或通道不够，或此时 CPU 除了空转并没有其他事情要做，但是我们一定要有这样的意识：这是在浪费 CPU 资源。

CPU 是嵌入式系统的核心，但是它不必深入参与到每一个细节中去。记住：CPU 是片上所有硬件资源的统领者，而非事必躬亲的苦力。我们要学会尽最大可能充分利用片上硬件资源，甚至在芯片外部扩展一些专门的硬件电路来完成功能设计。

本章振南将通过几个实例来向大家说明如何减轻 CPU 负担，而用片内片外的硬件来实现我们想要的功能。

6.1 石油测井仪器

6.1.1 背景知识

在我的职业生涯中，有 5 年多的时间在做石油仪器。这是一个很传统的行业，但也是非常综合性和吃技术的行业。

有人说："你这一章似乎要讲的是 CPU 的利用率问题，怎么又讲起石油仪器来了？"

别急，振南自有用意。

请看图 6.1。

图 6.1 为石油测井系统的简易拓扑示意图。工作时测井车通过轮盘拉动钢缆上提，与此同时仪器向外发射信号（电或超声），并接收返回信号经过计算将结果通过同轴以太网上传到地面系统，由上位机绘制出曲线。最终曲线将交给解释工程师，来判断油气储层的位置。

上提的速度是一定的，我们当然希望在某一个深度上多采集一些数据，即尽量提高采样率。这样最终的测井曲线上就能体现出更多的细节。

这就是最基本的原理和背景。

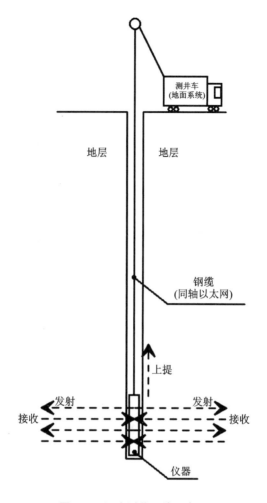

图 6.1　石油测井系统示意图

6.1.2　测井数据采传的实现

电路上比较清晰,如图 6.2 所示。

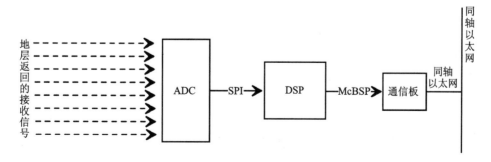

图 6.2　测井仪器数据采传原理框图

1. 最直接的初级方案

最直接的初级方案是所有人都能想到的方案，就是采集、计算、发送按部就班地进行，如图 6.3 所示。

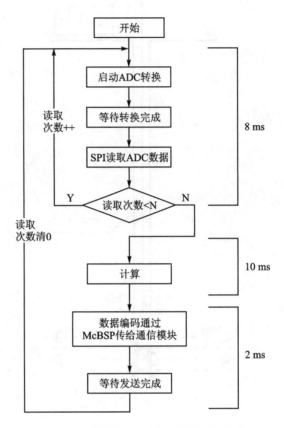

图 6.3　测井数据采传最直接的实现方案

每一个周期要做的事情就是：ADC 采集一段波形，然后进行计算，主要是一些数字滤波、FFT、DPSD 之类的数字信号处理，最终将结果数据按协议格式打包通过 McBSP（TI DSP 专有的通信接口）发送给同轴以太网通信模块。我们当然希望这个周期越短越好，这需要将一些步骤优化压缩。

2. 加入 DMA 的优化方案

上面的方案，仔细看一下就会发现，它的所有操作都是需要 CPU 参与的，大量的时间都在等待外设。如何降低 CPU 的参与度，把其宝贵的时间不要浪费在空等上，而放在核心算法的计算上，如图 6.4 所示。

我们首先由 CPU 参与完成一次波形采集，然后开始针对采集数据进行计算，因为涉及大量浮点数据的数字信号处理，所以计算过程会比较花时间，一次计算大约需要花费 10ms。与此同时，我们适时的不断启动 ADC 转换，在其转换的时间间隙里进行计算，然后直接启动 SPI－DMA 传输来读取 ADC 的转换数据。而 CPU 不用去等 DMA 传输完成，可以利用 DMA 传输的时间进行计算，最后回过头来立即进行下一次计算，因为此时新的波形已经准备好了。这样，一个周期的时间可以压缩到 10 ms，采样率比原来提高了一倍。

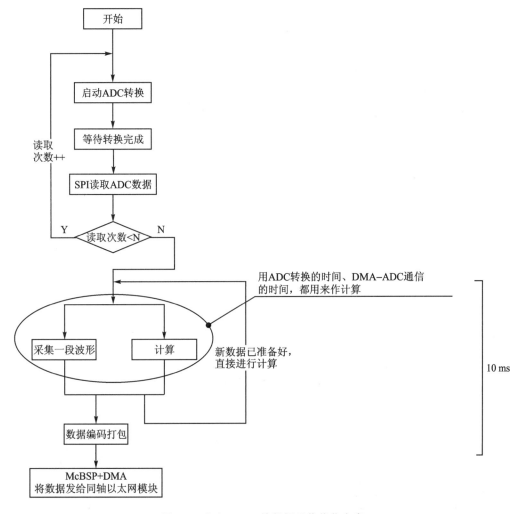

图 6.4　加入 DMA 的数据采传优化方案

振南是想通过这个实例来告诉大家：CPU 的运行时间是宝贵的，将片上的硬件资源充分地利用起来将可以释放出更多的 CPU 时间来做更有意义的事情。一些技巧和 DMA 的合理运用是行之有效的办法。

其实很多时候能被用来发挥的硬件资源并不只限于片内，我们自己设计一些简单的片外电路加以辅助，有时候可以达到意想不到的效果，请往下看。

6.2　巧驱摄像头

6.2.1　摄像头时序分析

我知道很多人都对摄像头模块感兴趣，想用单片机驱动一下试试效果，但是做成功的并不多，如图 6.5 所示。

究其原因有几点：摄像头 CMOS 芯片的时序较为复杂；SCCB 通信及相关寄存器的配置；

图 6.5 比较盛行的 OV7670 摄像头模块和模组

时序过快，而且是按其固有频率主动输出，难于捕捉和采集数据。

它的时序有多快，我们来看下图，如图 6.6 所示。

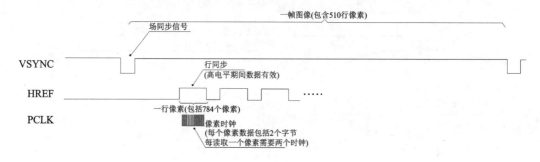

图 6.6 OV7670 的时序示意图

OV7670 在 VGA 模式下可达到的最高帧率 30 fps，即每秒钟产生 30 帧 640×480 尺寸的图像。从官方资料上得知 VGA 模式下实际输出的行数为 510，每行输出的像素数为 784（多出来的行数与像素数是多余的，其数据是无效的，我们只关注 HREF 为高电平期间的像素数据）。这样，PCLK 的时钟周期为 1/(30 * 510 * 784 * 2)＝41.7 ns。想要用一般单片机的 GPIO 来直接采集像素数据，几乎是不可能的，因为 I/O 与 CPU 的速度都不够快。

6.2.2 使用 DCMI＋DMA

要读取摄像头如此高速的数据，必须要有专门的硬件。我们可以选用 ST 的 STM32F4 系列微控制器，它内置了 DCMI（数字摄像头模块接口），使用它将可以很轻松地完成图像获取的功能。它要配合 DMA 来工作，如图 6.7 所示。

DCMI 获取摄像头数据，可以通过 DMA 直接将数据保存到内部 RAM 或外部的 SDRAM，甚至直接写入到 TFT 中，实现图像的实时动态显示。而在整个过程中，CPU 只不过在作一些配置性的工作，并没有参与图像数据采集和传输。所以，用高端芯片会使我们的开发工作如虎添翼，事半功倍。就是因为它有更强大的硬件外设来为我们完成特定的功能实现。当然，更强大的硬件也意味着更多的学习成本，我们需要仔细学习如何正确地使用它来达到想要的效果。

有些时候，硬件外设电路甚至比 CPU 内核更复杂，比如有些多媒体编解码 SoC，CPU 内核只是 51 或 M0，片上更大的面积是诸如 H.264 之类的编解码电路。所以，做嵌入式开发的

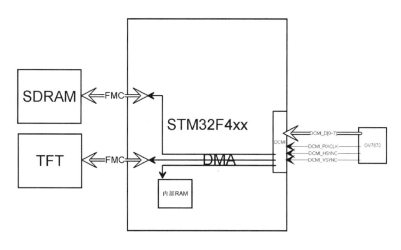

图 6.7   使用 DCMI＋DMA 实现对摄像头的驱动

工程师，首先要充分了解自己手上有哪些硬件资源，而不要所有功能都纯依靠 CPU 来实现。

6.2.3   自搭外部电路

本节的名字是"巧驱摄像头"，上面所介绍的方案都算不上一个"巧"字。上述方案中必须要求单片机有 DCMI 之类的专用硬件，那不用 DCMI 可不可以？比如拿普通的 51 或低端的 M0 单片机，可不可以实现对摄像头的驱动。答案是肯定的，不过这需要我们在外部电路上做些手脚，如图 6.8 所示。

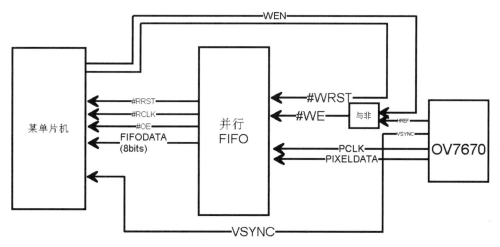

图 6.8   通过片外并行 FIFO＋时序调理实现图像采集

配合下面的流程图，大家就知道其巧妙之处了，如图 6.9 所示。

程序按图 6.9 描述的逻辑运行之后，一帧图像就存到 FIFO 中了。此时单片机可以慢慢从读取端（并行 FIFO 分为写入端与读取端，分别对应的有写指针与读指针）读到图像数据了。这样 CPU 和 I/O 的速度就再也不是瓶颈。通过这样的机制，任何单片机都可以轻松实现图像采集了。

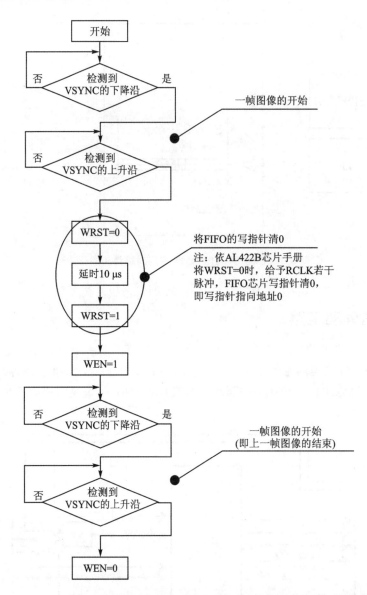

图 6.9 通过片外并行 FIFO 实现一帧数据的获取

在此过程中,CPU 都干了什么?似乎只有等待帧同步信号 VSYNC 和操作几个 I/O。这种方式比 DCMI+DMA 更省 CPU(DMA 实际上会占用一半的片内数据总线带宽,使 CPU 的运行效率降低),而且更灵活,对单片机硬件的依赖更小。

6.3 单片机巧驱 7 寸大液晶屏

通过上面几个实例,大家应该知道振南所谓"巧驱"的路数了吧,对,就是多让硬件说话,我们要做"软硬兼施"的工程师。

如果我问大家:"我能用 51 或 M0 单片机,驱动 7 寸大屏液晶(800 * 480),如图 6.10 所示,并且流畅播放视频,你信不信?"你一定会说:"不太可能吧,刷屏速率不够。"但我既然这么问,那振南一定是已经实现了,这里我就把实现过程给大家讲一下。

图 6.10　7 寸 TFT 液晶模块

先来看原理图,如图 6.11~6.14 所示。

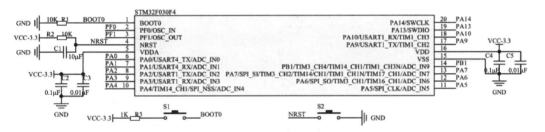

图 6.11　巧驱 7 寸液晶屏原理图之 MCU 部分

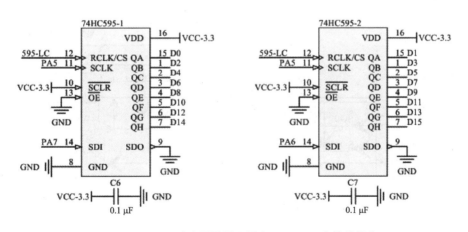

图 6.12　巧驱 7 寸液晶屏原理图之 74HC595 串转并部分

基本的实现逻辑如图 6.15 所示。

仔细观察上面的原理图与逻辑框图,估计很多人已经明白了振南的意思,振南再给出配套的流程图,逻辑就更清晰了,如图 6.16 所示。

两片 74HC595 用于将 16 位串行数据转换为并行,与 TFT 液晶的 16 位数据接口相连。74HC595 的串行数据输入同时与 MCU 的两个 GPIO 以及 spiFlash 的两个串行数据端口相连。当 spiFlash 失能时(即 CS 置高),其数据端口呈现高阻,此时 74HC595 可由 MCU 操作;

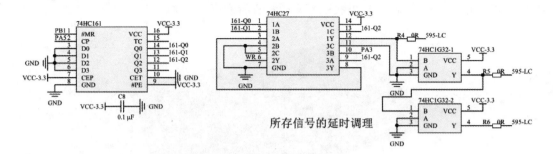

图 6.13 巧驱 7 寸液晶屏原理图之八进制计数与时序调理部分

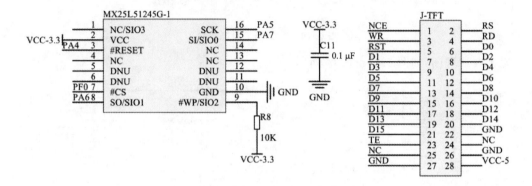

图 6.14 巧驱 7 寸液晶屏原理图之 spiFlash 与 7 寸 TFT 接口部分

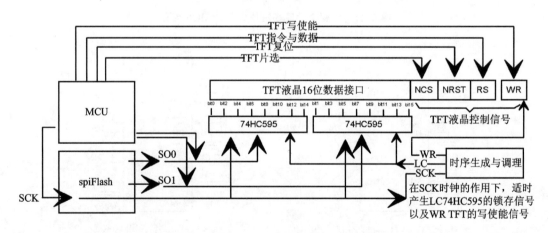

图 6.15 巧驱 7 寸液晶屏之基本实现逻辑框图

而当 MCU 的 GPIO 设置为高阻时,两片 74HC595 可分别接收来自 spiFlash 的双位串行数据。这样的复用设计,可以使 MCU 对 TFT 液晶进行预先的初始化,使其工作在纯像素数据写入的模式;而在高速数据写入的阶段,MCU 退出而让 TFT 接收来自 spiFlash 的数据。

两片 74HC595 实现串转并的要点在于 LC 锁存信号的产生,每产生 8 个 SCK 脉冲,则自动产生一个 LC 上升沿,这是时序生成与逻辑调理的一部分。实现的根本在于 74HC161 与 74HC27 的组合运用,如图 6.13 所示。首先对 74HC161 复位清零,此时 $[Q2:Q0]=000$,74HC27 是三输入或非门,其输出 1Y,即 $595-LC$ 为 1;时钟的输入后 $[Q2:Q0]$ 随之自增 001、

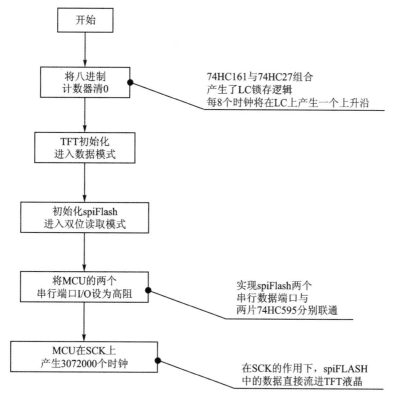

图 6.16　巧驱 7 寸液晶屏的基本流程图

010 …… 在 000 之前 595－LC 均为 0，而 8 个时钟之后，595－LC 将变为 1，即产生了上升沿。这里振南给 595－LC 增加了两级 74HC1G32 作为缓冲，为的是增加一些延时，以使 74HC595 的存锁数据输出更稳定。

然后是液晶的 WR 信号的产生：从图 6.12 中可以看到，WR 信号是一个 GPIO 与 8 位计数器输出最高位 Q2 的或非非（没错，是或非非）。当 Q2 为 0 时，WR 受控于 GPIO，此时可用于 MCU 对 TFT 预先进行初始化操作。当 GPIO 为 0 时，WR 受控于 Q2，每 8 个时钟会产生一个下降沿（前面那个或非非是为了推迟一下这个下降沿，以使 16 位并行数据写入液晶更稳定），并维持 4 个时钟周期。

基本的要点已经描述清楚了。至于时钟的产生，唯一的要求是要产生特定数量的时钟，而不能是连续不断的。比如一帧图像的数据量为 800 * 480 半字，我们要输出 3 072 000 个时钟才能让一帧图像显示到液晶上。所以我们不能用 MCO 或者是 PWM，而要用 SPI，如果是 8 位 SPI，要写 384 000 次，如果是 16 位 SPI，则要写 192 000 次。当然，为了节省更多的 CPU 资源，我们可以使用 DMA。当时钟不断地产生，一帧帧的图像显示到液晶上时，视频就流畅地播放出来了。

我曾经把我这个"巧驱大屏"的实验讲给了我的同事听，他们在赞叹的同时，还说："你不做 FPGA 真是浪费了！"其实我是做过一段时间的 FPGA 的，那还是在 2007 年在 Intel 中国研究院实习工作的时候。

好了，本章用 3 个实例阐述了本章最开头的那句话：CPU 时间是宝贵的，我们要把有限的 CPU 时间投入到更有意义的事情中去。

在实际开发中，充分地利用硬件资源，自行灵活扩展一些硬件电路，通常可以达到意想不到的效果，甚至可以化不可能为可能。

永远记住：我们很多时候做的是嵌入式软件的工作，但归根结底我们搞的还是硬件。

第 **7** 章

深入浅出 Bootloader

当我面对一个有一定规模、稍显复杂的嵌入式项目时，我通常并不会直接专注于主要功能的实现，而是会做一些磨刀不误砍柴工的工作——设计一个 Bootloader(以下简称 BL)以及构建一个 Shell 框架。可能有人会觉得它们很高深，实则不难，正所谓"会者不难，难者不会"。本章就针对 BL 进行详细的讲解，希望让大家可以体会到它的重要性。

7.1 烧录方式的更新迭代

7.1.1 古老的烧录方式

单片机诞生于 20 世纪 80 年代，以 51 为代表开始广泛应用于工业控制、家电等很多行业中。起初对于单片机的烧录，也就是将可执行的程序写入到其内部的 ROM 中，这不是一件容易的事情，而且成本不低，因为需要依赖于专门的烧录设备。而且受到半导体技术与工艺的限制，对于 ROM 的烧写大多需要高压。这种境况一直持续到 2000 年左右(我上大学的时候还曾用过这种专门的烧录器)，如图 7.1 所示。

图 7.1 单片机烧录器

7.1.2　ISP 与 ICP 烧录方式

随着低压电可擦写 ROM 的成熟，单片机开始集成可通过数字电平直接读写的存储介质。其最大的优势在于可实现在系统或在电路直接烧录程序，而无须像以前一样把单片机芯片从电路中拿出来，放到编程器上，这种烧录方式就是 ISP(In System Programming)或 ICP(In Circuit Programming)，如图 7.2 所示。

有人问过这样一个问题："ISP 和 ICP 我都听说过，都说是可以在电路板上直接烧录程序，而无须拿下芯片，那 ISP 和 ICP 有什么区别？"从广义上来说，两者没有区别，平时我们把其意义混淆也毫无问题。非要刨根问底的话，那可以这样来理解：ISP 要求单片机中驻留有专门的程序，用以与上位机进行通信，接收固件数据并烧录到自身的 ROM 中，很显然 ISP 的单片机是需要可运行的，即要具备基本的最小系统电路(时钟和复位)；而 ICP 可以理解为 MCU 就是一块可供外部读写的存储电路，它不需要预置任何程序，也不需要单片机芯片处于可运行的状态。

支持 ISP 或 ICP 的芯片，以 AT89S51 最为经典，当时从 AT89C51 换成 S51，多少人曾因此不再依赖烧录器而大呼爽哉。这种并口下载线非常流行，如图 7.3 所示，网上还有各种 ISP 小软件，可以说它降低了很多人入门单片机的门槛，让单片机变得喜闻乐见。一台电脑、一个 S51 最小系统板、一条并口 ISP 下载线，齐了！

图 7.2　单片机的 ISP 烧录

图 7.3　用于 AT89S51 的并口 ISP 下载线

7.1.3　更方便的 ISP 烧录方式

1. 串口 ISP

但是后来我们发现带有并口的电脑越来越少。那是在 2005 年前后，STC 单片机开始大量出现，在功能上其实与 S51 相差无几，甚至比同期的一些高端 51 单片机还要逊色。但是它凭借一个优势让人们对它爱不释手，进一步降低了单片机的学习门槛。这个优势就是——串口 ISP，这是真正意义上的 ISP，如图 7.4 和图 7.5 所示。

再后来，9 针串口都很少见了，只有 USB。这促使一个烧录和调试神器炙手可热——USB

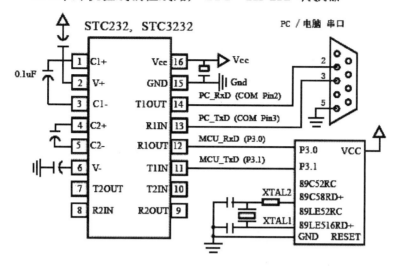

图 7.4　STC 单片机的串口 ISP 线路示意

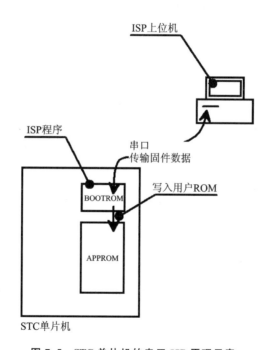

图 7.5　STC 单片机的串口 ISP 原理示意

TTL 串口。这下 232 转换芯片省掉了,直接通过 USB 进行烧录。这种方式造福了无数的单片机学习者和工程师。我本人虽然已经搞了近 20 年单片机和嵌入式,USB 串口依然是不可或缺的调试工具。

多年来,在串口与单片机的交互上,我动了很多脑筋,这也是我乐于开发 Bootloader 的一个原因。我希望"USB 串口在手,一切全有!"

STC 并不是第一个使用串口 ISP 烧录程序的,但它是最成功和最深入人心的。与之同期的很多单片机,包括时至今日仍然应用最广泛的 STM32 全系列也都支持了串口 ISP,它成了一种标配的、非常普遍的程序烧录手段。

2. 各种 USB ISP

串口 ISP 固然方便,但是下载速度是它的硬伤,当固件体积比较大的时候,比如一些大型嵌入式项目的固件动辄几百 KB,甚至几 MB,再用串口 ISP 就未免太慢了。所以一些单片机配有专门的 USB ISP 下载器。以下列举几种比较主流的单片机及其 USB ISP 下载器。

(1) AVR

AVR 单片机曾经盛极一时,但经历了 2016 年的缺芯风波之后,加之 STM32 的冲击,开始变得一蹶不振,鲜有人用了。与之配套的 USB ISP 下载器非常多样,有些是官方发布的,更多的是爱好者开源项目的成果,如图 7.6 所示。

图 7.6 AVR 多样的 USB ISP 下载工具(AVRISP MKII 与 USBASP)

(2) C8051F(见图 7.7)

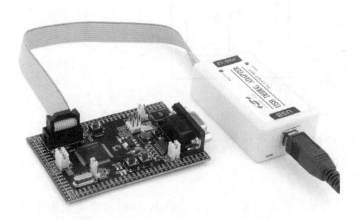

图 7.7 C8051F 的 USB ISP 下载器(EC6)

(3) MSP430(见图 7.8)

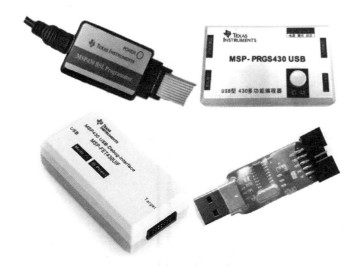

图 7.8 MSP430 的 USB ISP 下载器

我们会发现,一个具有良好生态的主流单片机,一定有配套的高效便捷的烧录下载工具。可见一种好的烧录方式,对单片机开发是多么重要。

不论是串口 ISP 还是各种专用的 ISP 下载器,都有一些共同的弊端。

(1) 依赖于专门的上位机或下载器硬件,不能做到统型;

(2) 下载器价格仍然比较高,尤其是原厂的,这也是为什么有些单片机催生出很多第三方的下载器,比如 AVR;

(3) 下载的时候通常需要附加额外的操作,比如 STC 要重新上电、STM32 需要设置 BOOT 引脚电平等。

这些额外的操作都增加了烧录的复杂性。尤其是在产品形态下要去重新烧录程序,比如嵌入式升级,就要打开外壳,或将附加信号引出到壳外。这都是非常不高效,不友好的做法。

如果有一种烧录方法,对于任何一种单片机:

(1) 通信方式统一(比如一律都用串口);

(2) 提供一个友好的操作界面(比如命令行方式);

(3) 高效快速,没有附加操作,最好一键自动化烧录;

(4) 另外再增加一些嵌入式固件管理的功能(比如固件版本管理)。

这一定会让我们事半功倍。

Bootloader 就能实现上述的这一切!

7.2 关于 Bootloader

7.2.1 Bootloader 的基本形态

直接看图 7.9。

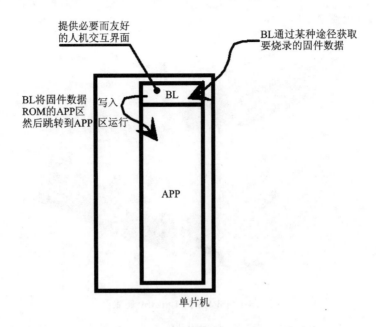

图 7.9　Bootloader 的基本形态

可以看到 BL 就是一段存储在 ROM 中的程序，它主要实现 4 个功能：

（1）通过某种途径获取要烧录的固件数据；

（2）将固件数据写入到 ROM 的 APP 区中；

（3）跳转到 APP 区运行，将烧录进去的用户程序引导起来；

（4）在此过程中，提供必要而友好的人机交互界面。

这么说可能不好理解，我们还是通过实例来进行讲解。

7.2.2　Bootloader 的两个设计实例

下面的两个实例，用于说明 BL 的实际应用形态，不涉及具体的实现细节，旨在让大家了解 BL 实际是如何运行的。

1. 带 Shell 命令行的串口 BL

基本的操作逻辑如下：

（1）通过超级终端、SecureCRT 或 Xshell 之类的串口终端输入命令 program；

（2）BL 接收到命令后，开始等待接收固件文件数据；

（3）串口终端通过某种文件数据传输协议（大家可以参见本书相应章节对 X/Y/Zmodem 协议的介绍）将固件数据传给 BL；

（4）BL 将固件数据写入到 ROM 的 APP 区中；

（5）BL 将 APP 区中的程序引导运行起来。

更具体的示意如图 7.10 所示。

这里把操作逻辑说得很简单，实际实现起来却并不容易，我们放在后面去细究其具体实现。

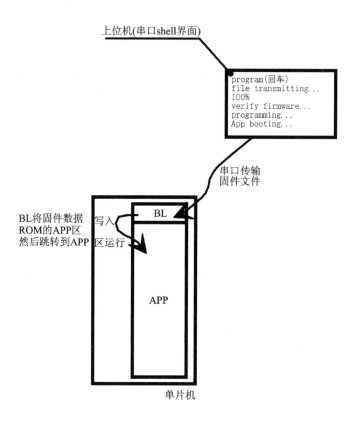

图 7.10　带 Shell 命令行的串口 BL 逻辑示意

2. 插 SD 卡即烧录的 BL

基本的操作逻辑如下：

（1）将待烧录的固件复制到 SD 卡中；

（2）将 SD 卡插入到卡槽中；

（3）BL 检测到 SD 卡插入，搜索卡中 BIN 文件；

（4）将 BIN 文件数据读出写入到 ROM 的 APP 区中；

（5）BL 将 APP 区中的程序引导运行起来。

如图 7.11 所示。

通过这两个设计实例，大家应该已经了解 BL 是什么了吧。有没有感受到 BL 是比 ISP 烧录器更通用、更灵活、更友好、功能更强大的固件烧录和管理手段呢？

有人可能知道 Linux 下的 Uboot，它就是一个强大的 BL，它提供非常强大的刷机（烧录操作系统镜像）的功能以及完备而灵活的 Shell 界面，如图 7.12 所示。其实我们电脑的 BIOS 也是一种广义的 BL。

那如何实现一个 BL 呢？别急，要实现 BL 是需要满足一些基本要求的。

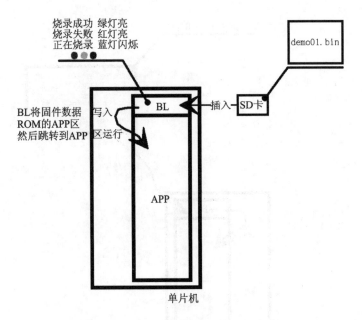

图 7.11　插 SD 卡即烧录的 BL 逻辑示意

```
#####     Boot for Nor Flash Main Menu    #####
#####     EmbedSky TFTP download mode      #####

[1] Download u-boot.bin to Nand Flash
[2] Download Eboot (eboot.nb0) to Nand Flash
[3] Download Linux Kernel (zImage.bin) to Nand Flash
[4] Download stepldr.nb1 to Nand Flash
[5] Set TFTP parameters(PC IP,TQ2440 IP,Mask IP...)
[6] Download YAFFS image (root.bin) to Nand Flash
[7] Download Program (uCOS-II or TQ2440_Test) to SDRAM and Run it
[8] Boot the system
[9] Format the Nand Flash
[0] Set the boot parameters
[a] Download User Program (eg: uCOS-II or TQ2440_Test)
[b] Download LOGO Picture (.bin) to Nand  Flash
[l] Set LCD Parameters
[o] Download u-boot to Nor Flash
[p] Test network (TQ2440 Ping PC's IP)
[r] Reboot u-boot
[t] Test Linux Image (zImage)
[q] Return main Menu
Enter your selection: █
```

图 7.12　Uboot Shell 界面

7.2.3　BL 实现的要点

首先要说,并不是任何一个单片机都可以实现 BL 的,要满足几个要点。

1. 芯片体系架构要支持

来看图 7.13。

我们知道单片机程序的最开头是中断向量表,包含了程序栈顶地址以及 Reset 程序入口,通过它才能把程序运行起来。很显然在从 BL 向 APP 跳转的时候,APP 程序必须有自己的中断向量表。而且单片机体系架构上要允许中断向量表的重定向。

传统 51 单片机的中断向量表只允许放到 ROM 开头,而不能有偏移量,所以传统 51 单片

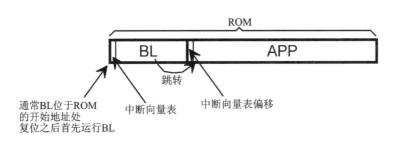

图 7.13 BL 的实现需要单片机支持中断向量表偏移(重定向)

机是不能支持 BL 的。有人要问"你这不是自相矛盾吗?你前面说 STC 的 51 单片机是支持串口 ISP 的,那它应该内置有 ISP 程序,我理解它应该和 BL 是一个道理。"没错,它内置的 ISP 程序就是一种 BL。STC 之所以可以实现 BL 功能,是因为宏晶半导体公司对它的硬件架构进行了改进,请看图 7.14。

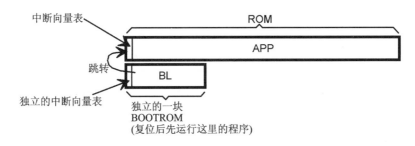

图 7.14 STC 对传统 51 单片机硬件架构上的改进

可以看到,STC51 单片机多出了一块专门存放 BL 的 ROM,称为 BOOTROM。

网上有一位叫 shaoziyang 的网友为 AVR 单片机写了一个 BL,还配套开发了一款叫 AVRUBD 的上位机,如图 7.15(AVRUBD 是很有用的,本章后面会介绍,它可以让我们实现隔空烧录)所示,实现了 AVR 单片机的串口烧录,让很多人摆脱了对 USBISP 之类 ISP 下载器的依赖(虽然 ISP 下载器已经很方便了,但它毕竟还需要银子嘛)。

AVR 在硬件架构上与 STC51 是一个套路,如图 7.16 所示。

通过配置 AVR 的熔丝位可以控制复位入口地址以及 BOOT 区的大小和开始地址,如图 7.17 所示。

讲到这里,有人会说:"那有没有一种单片机,程序放在 ROM 的任何位置都可以运行起来,也就是中断向量表可以重定位?"当然有,这种单片机还很多,其中最典型的就是 STM32。它的程序之所以可以放之各地皆可运行,是因为在它的 NVIC 控制器中提供了中断向量表偏移量的相关配置,这个后面我们再详细说。

2. ROM 要支持 IAP

这也是需要单片机硬件支持的。很好理解,在 BL 获取到固件数据之后,需要将它写入到 ROM 的 APP 区中,所以说单片机需要支持 IAP 操作,所谓 IAP 就是 In Application Programming,即在应用烧录。也就是在程序运行过程中,可以对自身 ROM 进行擦除和编程操作。

大家仔细想想是不是这样?似乎支持串口 ISP 的单片机都支持 IAP 功能。STC 还把这

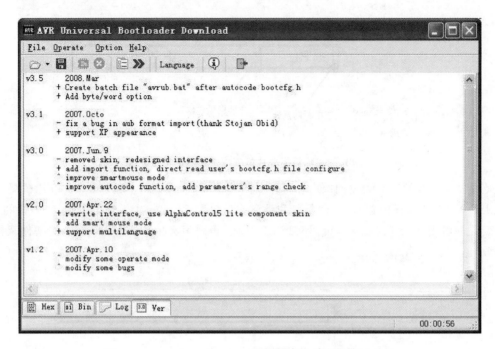

图 7.15　shaoziyang 的 AVR BL 配套上位机软件 AVRUBD

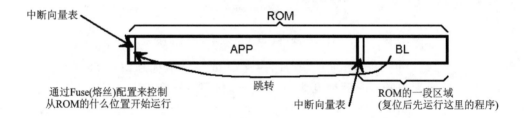

图 7.16　AVR 单片机硬件架构上对 BL 的支持

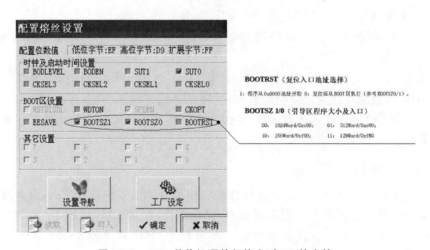

图 7.17　AVR 单片机硬件架构上对 BL 的支持

一功能包装成了它的一大特色,可以用内部 ROM 来充当 EEPROM 的功能,可以在运行时记录一些掉电不丢失的参数信息。

STM32 的 ROM 擦写在配套的固件库(标准库或 HAL 库)中已经有实现,大家可以参考或直接使用。

3．APP 程序的配套修改

为了让 BL 可以顺利地将 APP 程序引导运行起来,APP 程序在开发的时候需要配合 BL 做出相应的修改。最重要的就是 APP 程序的开始地址(即中断向量表的开始地址)以及对中断控制器的相应配置。

对于 51、AVR 这类单片机 APP 程序不用修改,具体原因大家应该明白。这里主要对 STM32 APP 程序如何修改进行详细讲解。

我们依然是结合实例,如图 7.18 所示。

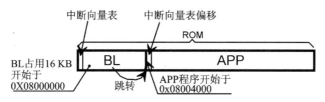

图 7.18　STM32 ROM 划分实例

假设我们所使用的 STM32 的 ROM 总大小为 128KB,BL 程序的体积是 16KB,APP 程序紧邻 BL,那么 APP 区的开始地址为 0X08004000,也就是 APP 程序的中断向量表偏移地址为 0X4000。

如果我们使用 MDK 作为开发环境的话,需要修改这里,如图 7.19 所示。

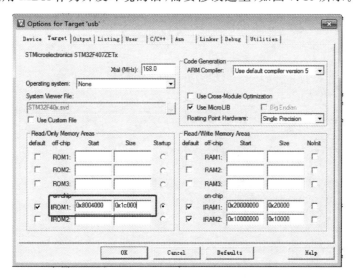

图 7.19　MDK 开发环境中对程序存储器开始地址与大小进行配置

而如果我们使用的是 gcc 的话,则需要对 link.ld 链接文件进行修改,如图 7.20 所示。

然后我们还需要对 NVIC 的中断向量表相关参数进行配置,主要是中断向量表的偏移量,如下代码:

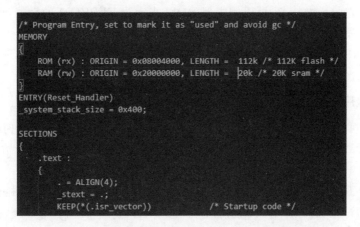

图 7.20　gcc 编译环境下对 link. ld 文件的修改

```
#define VECT_TAB_OFFSET   0x4000
```

OK，经过修改后的程序，我们把它放到 ROM 的 0X08004000 开始地址上，然后再让 BL 跳转到这个地址，我们的程序就能运行起来了。

有人又会问："BL 中的跳转代码怎么写？"别急，这是我们要讲的下一个要点。

4. BL 中的跳转代码

跳转代码是 BL 要点中的关键，直接关系到 APP 程序能否正常运行，如图 7.21 所示。

我直接给出 STM32 的 jump_app 函数代码。

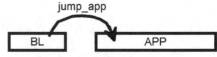

图 7.21　BL 向 APP 的跳转示意

```
typedef void ( * iapfun)(void);
iapfun jump2app;
void MSR_MSP(u32 addr)
{
__ASM volatile("MSR MSP, r0");    //set Main Stack value
__ASM volatile("BX r14");
}
void load_app(u32 appxaddr)
{
    if((( * (vu32 * )appxaddr)&0x2FFE0000) == 0x20000000)   //检查栈顶地址合法
    {
        //用户代码区第二个字为程序开始地址(复位地址)
        jump2app = (iapfun) * (vu32 * )(appxaddr + 4);
        //初始化 APP 堆栈指针(用户代码区的第一个字用于存放栈顶地址)
        MSR_MSP( * (vu32 * )appxaddr);
        jump2app();                                   //跳转到 APP.
    }
}
```

单片机的程序到底是如何一步步运行起来的，还有堆栈、栈顶、复位地址等内容，大家可以看一下我的《高手 C》大课程。

这段代码大家自行研究，如果展开讲就属于赘述了。

到这里 BL 相关的要点就介绍完了，大家应该有能力去完成一个简单的 BL 了。我基于

STM32 设计了一个小实验,大家有兴趣可以小试牛刀一下,如图 7.22 所示。

图 7.22　BL 功能验证实验

我们将 BL 程序用 Jlink 烧录到 0X08000000 位置,而把 APP 程序烧录到 0X08002000 开始位置,然后复位,如果串口打印了 hello world 或流水灯亮起来了,就说明我们的 BL 成功了。

7.3　把 Bootloader 玩出花

上面我所讲的都是 BL 最基础的一些内容,是我们实现 BL 所必须了解的。BL 真正的亮点在于多种多样的固件数据获取方式。

7.3.1　BL 的实现与延伸(串口传输固件)

前面我讲到过两个 BL 应用的实例,一个是串口传输固件文件,一个是 SD 卡拷贝固件文件。它们是在实际工程中经常被用到的两种 BL 形式。这里着重对前一个实例的实现细节进行讲解剖析,因为它非常具有典型意义,如图 7.23 所示。

这个流程图提出了 3 个问题:

(1) 串口通信协议是如何实现的?

(2) 为什么获取到上位机传来的固件数据,不是直接写入到 APP 区,而是先暂存,还要校验?

(3) 对固件数据是如何实现校验的?

串口通信协议以及文件传输实现的相关内容略显繁杂,在本书《大话文件传输》一章中会专门进行讲解。

第二个问题:经过串口传输最终由单片机接收到的固件数据是可能出现差错的,而有错误的固件贸然直接写入到 APP 区,是一定运行不起来的。所以,我们要对数据各帧进行暂存,等全部传输完成后,对其进行整体校验,以保证固件数据的绝对正确。

针对第三个问题,我们要着重探讨一下。

一个文件从发送方传输到接收方,如何确定它是否存在错误? 通常的做法在文件中加入校验码,接收方对数据按照相同的校验码计算方法计算得到校验码,将之与文件中的校验码进行对比,一致则说明传输无误,如图 7.24 所示。

图 7.24 是对固件文件的补齐以及追加校验码的示意。为什么要对文件补齐? 嵌入式程序经过交叉编译生成的可烧录文件,比如 BIN,多数情况下都不是 128、256、512 或 1024 的整数倍。这就会导致在传输的时候,最后一帧数据的长度不足整帧,就会产生一个数据尾巴。取整补齐是解决数据尾巴最直接的方法。这一操作是在上位机上完成的,通常是编写一个小软件来实现。这个小软件同时会将校验码追加到固件文件末尾。这个校验码可以使用校验和(CheckSum)或者 CRC,一般是 16 位或 32 位,如图 7.25 所示。

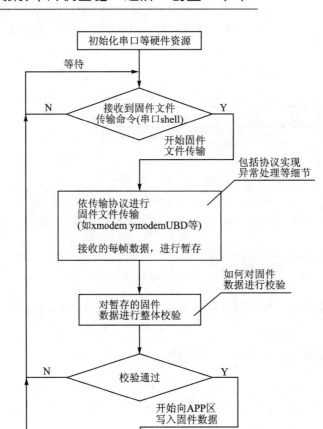

图 7. 23 BL(串口传输固件)的实现流程图

又有人会问："要把整个固件暂存下来,再作校验,那得需要额外的存储空间吧,外扩 ROM(FlashROM 或 EEPROM)?"是的。如果想节省成本,我们也可以不暂存,传输时直接烧 写到 APP 区。这是有风险的,但是一般来说问题不大(STC 和 STM32 的串口 ISP 其实也都 是实时烧写,并不暂存)。因为在传输的过程中,传输协议对数据的正确性是有一定保障的,它 会对每一帧数据进行校验,失败的话会有重传,连续失败可能会直接终止传输。所以说,一般 只要传输能够完成,基本上数据正确性不会有问题。但是仍然建议对固件进行整体校验,在成 本允许的情况下适当扩大 ROM 容量。同时,固件暂存还有一个另外的好处,在 APP 区中的 固件受到损坏的时候,比如固件意外丢失或 IAP 时不小心擦除了 APP 区,此时我们还可以从 暂存固件恢复回来(完备的 BL 会包含固件恢复的功能)。

其实也不必非要外扩 ROM,如果固件体积比较小的话,我们可以把单片机的片上 ROM

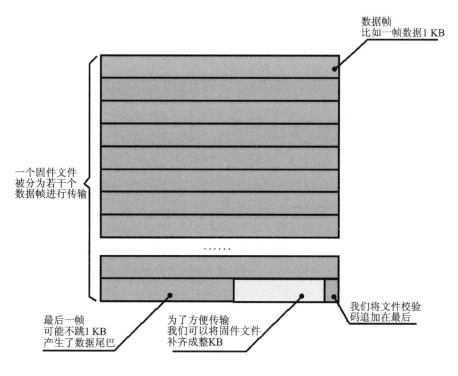

数据帧
比如一帧数据1 KB

一个固件文件
被分为若干个
数据帧进行传输

......

最后一帧
可能不跳1 KB
产生了数据尾巴

为了方便传输
我们可以将固件文件
补齐成整KB

我们将文件校验
码追加在最后

图 7.24　对固件文件进行补齐并追加校验码

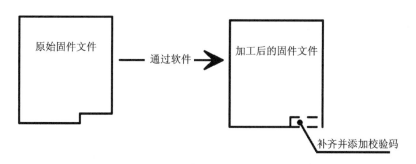

原始固件文件

通过软件

加工后的固件文件

补齐并添加校验码

图 7.25　通过一个小软件实现对固件文件补齐和添加校验码

砍成两半来用,用后一半来做固件暂存。

如图 7.26 所示,我们将片上 ROM 划分为 3 部分,分别用于存储 BL、APP 固件以及暂存固件。比如我们使用 STM32F103RBT6,它一共有 128 KB 的 ROM,可以划分为 16 KB/56 KB/56 KB。

有些产品对成本极为敏感。我就有过这样的开发经历,当时使用的单片机是 STM32F103C8T6,片上 ROM 总容量为 64 KB,固件大小为 48 KB,BL 为 12 KB。在通过 BL 进行固件烧写时根本没有多余的 ROM 进行固件暂存。我使用了一招"狗尾续貂",如图 7.27 所示。

我无意中了解到 STM32F103C8T6 与 RBT6 的晶元是同一个。只是因为有些芯片后 64 KB 的 ROM 性能不佳或有瑕疵,而被限制使用了。我实际测试了一下,确实如此。但是后 64 KB ROM 的使用是有前提的,也就是需要事先对其好坏进行验证。如果是好的,则暂存校

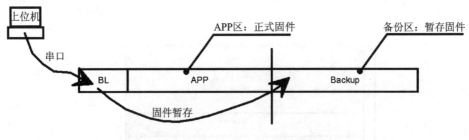

图 7.26 将片上 ROM 划分为 3 部分

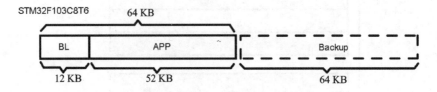

图 7.27 STM32F103C8T6 后 64KB 也可用

验,再写入 APP 区;而如果是坏的,那么就直接在固件传输时实时写入 APP 区(这个办法我屡试不爽,还没有发现后 64 KB 有坏的)。

以上振南所介绍的是一种"骚操作",根本上还是有一定的风险的,ST 官方有声明过,对后 64 KB ROM 的质量不作保证,所以还是要慎用。

7.3.2 10 米之内隔空烧录

这个"隔空烧录"源于我的一个 IoT 项目,它是对空调的外机进行工况监测。大家知道,空调外机的安装那可不是一般人能干的,它要不就在楼顶,要不就在悬窗上。这给硬件升级嵌入式程序带来很大的困难。所以,我实现了"隔空烧录"的功能,其实它就是串口 BL 应用的一个延伸,如图 7.28 所示。

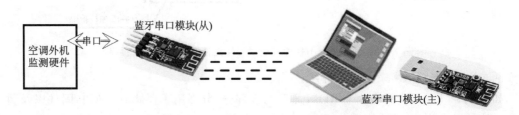

图 7.28 通过蓝牙串口模块实现"隔空烧录"

"隔空烧录确实牛,但是总要抱着一个电脑,这不太方便吧。"确实是！还记得前面我提过的 AVRUBD 通信协议吗?(详见"大话文件传输"一章)它的上位机软件是有手机版的。这样我们只要有手机,就能"隔空烧录"了,如图 7.29 所示。

"哪个 APP? 快告诉我名字",别急,蓝牙串口助手安卓版,图 7.30 是正在传输固件的界面。

AVRUBD 其实是对 Xmodem 协议的改进,这个我们放在专门的章节进行详细讲解。

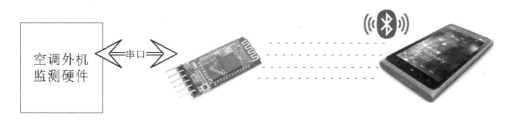

图 7.29 手机连接蓝牙串口模块实现"手机隔空烧录"

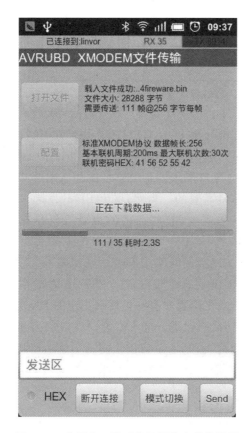

图 7.30 蓝牙串口助手传输固件文件的界面

7.3.3 BL 的分散烧录

我们知道 BL 的核心功能其实就是程序烧录。那你有没有遇到过比较复杂的情况,如图 7.31 所示。

这种情况是有可能遇到的。主 MCU＋CPLD＋通信协处理器＋采集协处理器就是典型的复杂系统架构。这种产品在批量生产阶段,烧录程序是非常烦琐的。首先需要维护多个固件,再就是需要一个个给每一个部件进行烧写,烧写方式可能还不尽相同。所以我引入了一个机制,叫"BL 的分散烧录"。

首先我们将所有的固件拼装成一个大固件(依次数据拼接),并将这个大固件预先批量烧

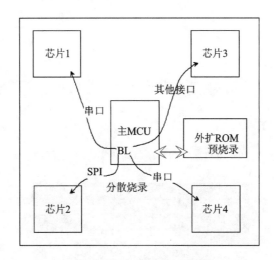

图 7.31　一个系统(产品)中有多个部件需要烧录固件

录到外扩 ROM 中,比如 spiFlash;再将主 MCU 预先烧录好 BL;然后进行 SMT 焊接。PCBA 生产出来之后,只要一上测试工装(首次上电),BL 会去外扩 ROM 中读取大固件,并从中分离出各个小固件,分别以相应的接口烧录到各个部件中去。配合工装的测试命令,直接进行自检。这样做,批量化生产是非常高效的。当然,这个 BL 开发起来也会有一定难度,最大问题可能还是各个部件烧录接口的实现(有些部件的烧录协议是比较复杂的,比如 STM32 的 SWD 或者 ESP8266 的 SLIP)。

OK,上面振南就对一些 BL 实例的实现和应用场景进行了介绍。还有一些实例没有介绍,比如通过 CAN 总线或 SPI 进行文件传输,这个我们还是放到专门的章节去详细讲解。当然,各位读者可以在此基础上衍生出更多有特色而又实用的 BL 来。

BL 没有最好的,只有最适合自己的。通常来说,我们并不会把 BL 设计得非常复杂,原则上它应该尽量短小精炼,以便为 APP 区节省出更多的 ROM 空间。毕竟不能喧宾夺主,APP 才是产品的主角。

7.4　不走寻常路的 BL

7.4.1　Bootpatcher

我来问大家一个问题:"Bootloader 在 ROM 中的位置一定是在 APP 区前面吗?"很显然不是,AVR 就是最好的例子。那如果我们限定是 STM32 呢?似乎是的。上电复位一定是从 0X08000000 位置开始运行的,而且 BL 一定是先于 APP 运行的。

在某些特殊的情况下,如果 APP 必须要放在 0X08000000 位置上的话,请问还有办法实现 BL 串口烧录吗?要知道 APP 在运行的时候,是不能 IAP 自己的程序存储器的(就是自己不能擦除自己来烧录新固件),如图 7.32 所示。

APP 运行时,想要重新烧录自身,它可以直接跳转到后面的 BL 上,BL 运行起来之后开始接收固件文件,暂存校验 OK 之后,将固件写入到前面的 APP 区。然后跳转到 0X08000000,

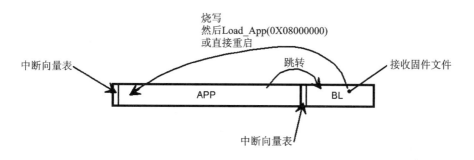

图 7.32　BL 位于 APP 之后称之为 Bootpatcher

或者直接重启。这样新的 APP 就运行起来了。这个位于 APP 后面的 BL,我们称之为 Boot-patcher(意为启动补丁)。但是这种做法是有风险的,一旦 APP 区烧录失败,那产品就变砖了。所以这种方法一般不用。

7.4.2　APP 反烧 BL

前面我们都是在讲 BL 烧录 APP,那如果 BL 需要升级怎么办呢?用 JLINK。不错,不过有更直接的方法,如图 7.33 所示。

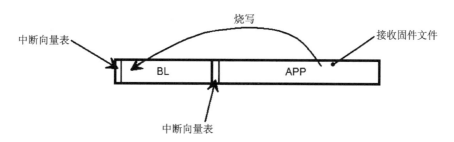

图 7.33　APP 烧录 BL 区

这是一种逆向思维,我们在 APP 程序中也实现接收固件文件,暂存校验,然后将其烧录到 BL 区。这种做法与 Bootpatcher 同理,也是有一定风险的,但一般都没有问题。

本章对 BL 进行了详尽的剖析讲解,应该做到了深入浅出,包含基本的原理,以及实例的实现,还有一些知识的扩展。这其中不乏振南的一些创新思想,希望能够对大家产生启发,在实际的工作中将这些知识付诸实践。

第 **8** 章

制冷设备大型 **IoT** 监测项目研发纪实

有人曾经问过马斯克一个问题："PayPal 已经让你成为亿万富翁,如果我是你的话我就去迪拜投资一个豪华宾馆,肯定稳赚,又何必去冒搞航天的巨大风险,可能让你血本无归!"马斯克说："我崇尚技术,热爱创新和挑战自我,我是不会去作那些没有技术含量的事情的。"

马斯克是振南的偶像,就如同钢铁侠已富可敌国,但还是保持着一颗工程师的初心,在不断地寻求技术创新。这些都是不会被金钱迷惑志向的人,是伟大的。

那些由互联网行业转作实业的大佬,大多都有这样的潜质。在我的经历中,我在前 EF 网CEO 所创始的 ABC 供职过几年,主要还是在做 IoT 智能硬件这个方向。

有人会说:"我知道 ABC 是作便利店的,它需要什么 IoT 硬件自主研发,或者说很多设备是现成的,直接采购就好了。"因为他在搞一个概念叫"智慧门店"或者说"无人门店",他想用新兴的互联网、物联网技术来进行便利店的管理,从而降低人员与运营成本。

OK,那我问一下大家:"一家真正的便利店里(那些小超市不算),什么设备是最重要的,最值得我们去监测的?"对,就是制冷设备!(也许你对便利店这个行业并不了解,但我认为这并不影响你阅读本章的内容。)

8.1 制冷设备的监测迫在眉睫

8.1.1 冷食的利润贡献率

首先不要认为冷食只有冰激凌、饮料这些,还有保鲜和现制食品,比如水果、奶制品、盒饭等,其实便利店内部对制冷设备的依赖是巨大的:

(1) 每家店后方都配备有冷库(用于放置食材,冷饮备货等),如图 8.1 所示。

(2) 营业区有风幕柜、冷藏柜、冷饮柜等,如图 8.2 所示。

在每年的 5~8 月份,ABC 的冷食营业额占比很大,如图 8.3 所示。

可以看到,单单风幕柜一项的营业额(毛利率)就占总营业额(毛利率)的 30% 左右,再加上冷库食材便餐、冷柜冷饮冰激凌等,冷食的营业额可能占总营业额的 50%~60%。所以一旦制冷设备故障,营业额损失将是巨大的。

我们还忽略了一大块损失,可谓比以上有形的损失更严重:空调如果故障了,三伏天店里

图 8.1　便利店后方内部的冷库(后补冷库)

图 8.2　便利店营业区的冷柜与风幕柜

热得像蒸笼,这将对便利店品牌造成无法估计的影响。

综上所述,可以说冷设故障对便利店的打击将是毁灭性的。

有人可能会说:"是机器就一定会坏,及时维修不就好了。"说起来简单,及时维修有两个重要因素 时效要短与问题定位要准确。

很多时候冷设故障都是外机故障不易发觉,再加之室温并不会骤然上升,而是会继续维持一段时间的低温。所以,这就造成维修时效很难得到保证。等到报修,再到上门,通常要经历半天甚至几天的时间。这么长时间的故障使得冷食变质废弃,继而造成损失,当然同时也影响营业额。

再就是,就算维修人员可以及时赶到现场,能否立即找到问题点,迅速修好也是存疑的。尤其是重要部件损坏,需要更换的时候,比如压缩机,通常一等就是半个月。

有人问:"冷设修不上,难道就眼睁睁地看着冷食废弃吗?没有一点办法?"当然有一些治

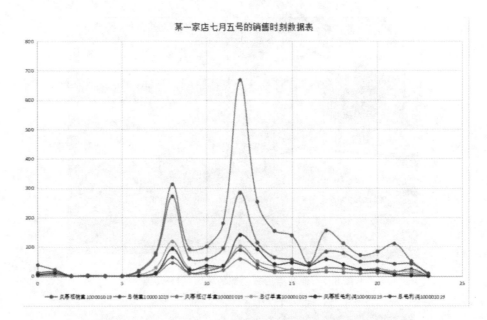

图 8.3　某便利店冷食与总营业额的对比曲线

标不治本的方法，比如商品物料串库（就是先转移到其他临近店去）、用干冰为冷设外机散热（让外机解除热保护）等。这些方法可以为冷设维修争取一些时间，减少损失。

　　ABC 的老板是互联网出身，他非常相信物联网的技术力量，相信数据模型与物理世界的对应关系和规律，所以他提出了要实现一套"冷设监测预警系统"，以下简称 CME。

8.1.2　CME 系统的难点

　　要了解 CME 系统的难点，就要先了解一下冷设的基本结构，如图 8.4 所示。

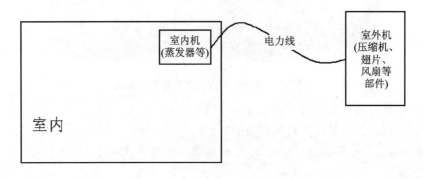

图 8.4　制冷设备的基本结构示意

　　关于制冷原理振南已经在"倾斜传感器并不简单"一章中有所提及，不再赘述。

　　很显然，制冷设备的易损部件大多在室外机，比如压缩机、风扇、各种管线阀门等等。我们要监测的外机管线与压缩机的温度，以及电力线上的电流（功率），详见图 8.5。

　　这里略显有些专业了，读者姑且看之：

　　① 液管　② 进气　③ 吸气　④ 排气　⑤ 机油

　　OK，我们可以开发一个智能硬件采集这几个点的温度，以及电源电流值。

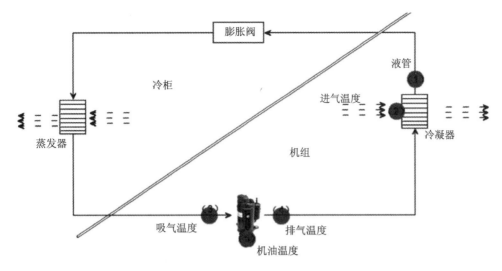

图 8.5　制冷设备监测主要 5 个测点位置

问题是：采到的监测数据怎么上传到 IoT 云平台。这就是 CME 系统的难点。

先来看一下真正的外机实物，如图 8.6 所示。

图 8.6　制冷设备的外机

在这之前，其实已有人思考过外机监测数据如何上传平台的问题。无非两种方案：第一种方法：使用诸如 NBIOT、CAT1 之类的通过运营商网络直接上传平台；

第二种方法：想办法把外机数据先传到店内，通过店内的 WiFi 上传平台。

前者是首先被 PASS 掉的，主要原因是：外机基本都是金属封闭的，影响信号；每年都要有资费的支出。第二种方法的关键是如何将外机数据传到店内，要知道外机与室内之间只有一条电力线，再无额外的通信线。

针对这一问题我带领硬件研发团队（核心人员是我和宏涛）和几位前人作了一些讨论（所谓前人是先前接手这一项目的研发人员）。

"我觉得可以用电力线载波，这样不用单独拉线，直接利用现有的电力线实现通信。"我提出了我的方案。

"电力线载波我们已经试过了，不行的。"他们不屑地说。

"怎么不行？"

"制冷外机有强冲击（浪涌），电力猫会被烧掉！"

我基本知道是怎么回事了，他们都不是做电子的，而只会用现成的设备做集成。

他们用了电力猫加工控机的方案，如图 8.7 所示。

图 8.7　电力猫与嵌入式工控机

ABC 的研发大多是跟随老板一同再创业的互联网从业人员，他们很精通高级编程语言，比如 Python、Golang，但是对于单片机却并不在行。所以在他们的硬件项目里大量的使用了嵌入式工控机，里面运行了 Android 或 Linux，这样就极大地降低了开发门槛。

但是有些硬件项目并不是仅仅把嵌入式软件搞定就 OK 了，它还涉及较深的电力电子方面的知识。比如冷设外机，我知道他们的初衷，如图 8.8 所示。

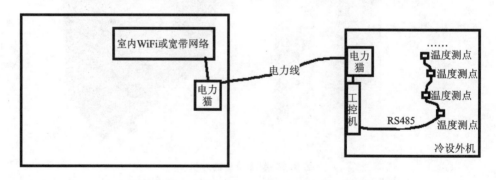

图 8.8　基于电力猫与嵌入式工控机的冷设外机监测示意图

制冷设备外机的工作方式是间歇性的，它的压缩机会不断地启停，这是因为制冷是一个动态调节过程，将被降温空间或物体的温度高于设定温度时，外机即会工作，反之则停机。在启停的瞬间，会在电力线上产生较大的浪涌，瞬时电压可能跳到几千伏，如果电器没有浪涌防护电路,那就很可能被损坏。

一般的电力猫防浪涌能力都较弱,所以直接使用电力猫来通信,其寿命无法得到保证。在浪涌较为严重时,可能连同工控机一起烧掉。

当然,使用这种方案的弊端还有一点就是成本较高。

振南的硬件研发团队仍然使用电力线载波来实现通信,但是我们会专门设计电路,挑选耐操的电力线通信模块,以及针对强干扰环境设计专门的通信协议,来保障整套冷设监测系统的可靠性、稳定性与长寿命。

8.2 电路设计

先来看一下电路的整体框图,它体现了设计思想,如图 8.9 所示。

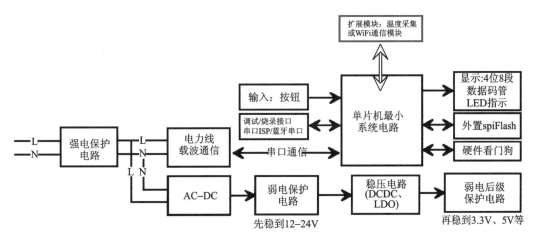

图 8.9 基于电力线载波的冷设外机监测系统电路总体框图

8.2.1 防护电路

1. 强电防护

我们知道通常交流电力线火零(L 与 N)之间的等效电压为 220V(峰值约可达到 311V),很多的 AC-DC 模块或适配器上都会写明其交流输入范围,比如 110~220V 50/60Hz,一旦超出这个范围,则可能导致其输出的直流电压不正常,或将模块烧坏。所以我们要在 220V 交流输入端加入防护电路,即本节所说的强电防护。

振南主攻方向并非电力专业,很多知识也是自学而得,有些描述可能会有所偏颇或不全,请读者见谅。强电防护我们可以使用保险丝或压敏电阻,前者又可分为可恢复和不可恢复两种。具体连接与使用方法如图 8.10 所示。

原理说明:振南不会去用很专业的语言对原理进行描述,想必那样大家看得反而一知半解,而且可能还会产生逆反心理。振南就用切身的宏观理解来进行描述,这样还能通俗一些。压敏电阻有一个特性,就是加在它两端的电压在耐受电压以下时,其阻值变化很小;一旦超过耐受电压之后,其电阻值将很快下降,这样压敏电阻将分走大量的能量,从而保护了后面的负载。当然,压敏电阻也是有一个能接受的电压上限的。如果电力线上的浪涌非常强烈,此时因为压敏电阻阻值过小而使电线上流经较大的电流,当此电流超过保险耐受电流时,保险将立即切断,这样就使得后级的负载得以保全。

当然,很多时候线路单单切断还不行,还需要恢复供电,使负载可以继续工作。常用的保险有两种,如图 8.11 所示。

如果用切断型的话,就需要人工去更换,才能恢

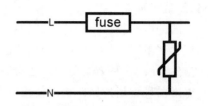

图 8.10　强电防护中的保险与压敏电阻

图 8.11　切断型保险丝与自恢复型保险丝

复线路供电,而自恢复型保险丝则可在线路事故过去之后自行恢复。它们各有优点,前者较后者保险电流通常较大,可以达到 20 A 左右,通常用于大型用电器的保护。

2. 弱电防护

首先是一个问题:"既然强电端已经作了防护,为什么弱电还要作防护?"强电防护并不一定能把所有冲击和干扰都拦在前面,比如脉冲群干扰,更重要的是 ESD,即静电释放。这些都可能使弱电端的电压超出其允许的范围,从而对元器件造成损坏。我们可以使用压敏电阻 MOV 或 TVS 二极管来进行解决,如图 8.12 所示。

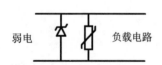

图 8.12　弱电防护中的 TVS 与 MOV

TVS 二极管会和要保护的电路并联。当其电压超过崩溃电压时,可以直接分流过多的电流。TVS 二极管是箝位器,会抑制超过其崩溃电压的过高电压。

TVS 二极管与 MOV 似乎很像,都是改变自身的内阻来引流多余的电流。但是在高频电子线路中(电源线与信号线),我们更多用的是 TVS,因为它的反应速度更快,能达到 ps 级别,从而能够更快速有效的保护元器件免收损坏。

加入了强电与弱电防护电路之后的电路,我们将它放到冷设外机的线路中,连续运行 3 个月,没有出现过死机和损坏的现象,这表明浪涌冲击这一关我们已经过去了。

8.2.2　电路复用

电路复用说白了就是"模块化电路",关于模块化的好处振南就不再赘述了。但要作好模块化,就要从整体全局来审视,把可以共用的部分充分的提炼出来,请看图 8.13。

仔细看过上图,结合上文振南的描述,大家会发现这套系统需要两套电路,一个放在室内,通过电力线通信接收采集数据通过 WiFi 上传到云端;另一个放在室外的冷设外机中,接收室

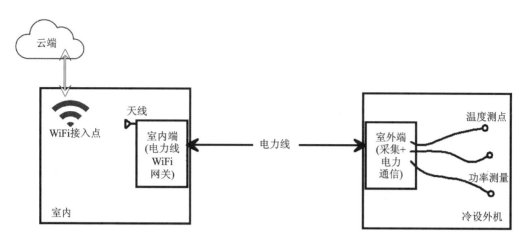

图 8.13　基于电力线载波的冷设外机监测系统整体架构

内机的命令,采集温度和功率,通过电力线通信传给室内机。这两套电路除了一个需要 WiFi,一个需要采集功能,其他的功能都是一样的。所以我们需要设计 3 套电路,1 是 WiFi 模块;2 是温度与功率采集模块;3 是主板,如图 8.14 所示。

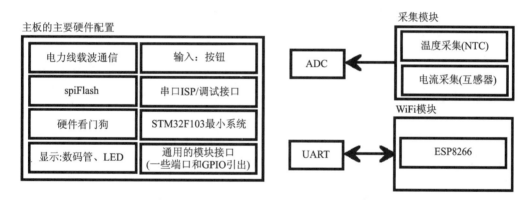

图 8.14　主板、采集模块与 WiFi 模块示意图

它们之间通过插接方式进行组合使用,如图 8.15 所示。

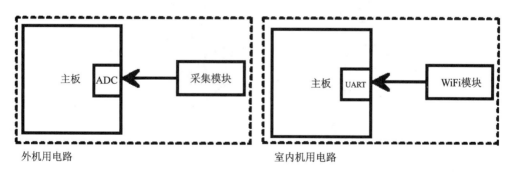

图 8.15　由模块构成的外机与室内机用电路

8.3 协议设计

8.3.1 内外机通信协议

先说一下电力线载波通信机制背景:

电力线载波通信硬件层面没有主从与寻址过滤机制,某一个节点发送数据,同一电力线网络下(同相,无变压器隔离),所有其他节点均可接收到数据(排除电力线干扰的理想情况下),如图8.16所示。

即电力线载波通信仅工作在广播通信方式。

电力线载波通信的特点:带宽较小,即每次传输数据量较小;干扰大,可能导致数据通信失败率较高。

制定协议的原则:

(1)防止外机与内机通信时对电力线的争抢,即实现有序的无冲突的通信;

(2)外机与内机自身通信故障诊断,以便从通信故障中恢复;

(3)容忍恶劣的干扰因素,保障最大限度数据传输;

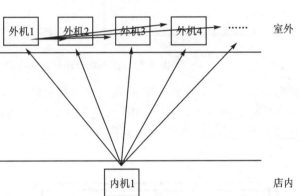

图8.16 一个内机+N个外机的电力载波通信模型

(4)在有限的数据带宽下,尽量多的传输更多信息。

内外机之间的通信采用电力线载波通信,经过多次的筛选测试,最终振南选定了ZBKJ的模块,如图8.17所示。

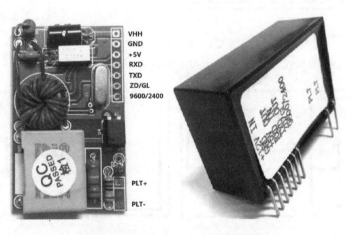

图8.17 ZBKJ的电力载波通信模块

这是一家实力蛮强的公司,模块上所使用的芯片是他们自主研发的,如图8.18所示。

主机(内机)请求帧如下:

HS89F432QS

图 8.18　ZBKJ 自主研发的电力载波通信芯片

AA55	BB66	AA55	BB66	AA55	BB66	AA55	BB66	AA55	BB66

电力载波模块每次发送接收固定 20 字节数据,不足部分补 0。

请求帧为了防止数据丢失,采用重复编码,即 10 个 AA55BB66,从机只要接收到至少 1 个 AA55BB66 则认为接收到请求。

外机回传数据帧:

外机回传一次数据长度固定为 40 字节,即两次电力线通信。采用 4 字节反码配对编码,一共可传输 10 组信息。

Byte0									Byte1								Byte2									Byte3								
A	A	B	B	B	C	C	C	T	T	T	T	T	T	T	V	R0	R0	R0	R0	R0	R0	R0	R0	R1	R1	R1	R1	R1	R1	R1	R1

字　段	说　明
AA	00 表示模拟量采集数据
BBB	外机 ID,000～111,因此此套方案,现支持 8 个外机
CCC	模拟量采集通道号 000～110,000～101 为 6 路温度,110 为电流
TTTTTTT	温度值,7 位有符号,−64～+63,表达−15～+112 ℃ 与电流,TTTTTTT 表达 0mA～12000mA
V	字节序标记,V=0
R0−R1	前两个字节 Byte0−Byte1 的反码

4 字节前 2 字节与后 2 字节可反码配对,则说明此组数据有效,进而进行解析。

这种方式在传输过程中就算有个别字节丢失,它也能最大限度的解析到足够的信息。

我们不光关心外机回传的采样数据,同时我们也很关心外机自身工作是否正常,所以我们继续做出了如下定义:

Byte0									Byte1								Byte2									Byte3								
A	A	B	B	B	V	V	V	T	T	T	R	C	Q	Q	V	R0	R0	R0	R0	R0	R0	R0	R0	R1	R1	R1	R1	R1	R1	R1	R1

字　段	说　明
AA	01 表示诊断数据
BBB	外机 ID,000～111,因此此套方案,现支持 8 个外机

字　段	说　明
VVV	外机电路 CPU 内核电压 000－111,表达 2.1V～4.2V
TTT	外机电路 CPU 内核温度 000－111,表达 18～46 ℃
R	外机电路软复位标记(外机软复位后,R＝1,直至收到主机请求,将 R 传输后,R＝0)这样做的目标是为了可以让主机(内机)统计到从机(外机)的软件复位次数,以评估其健康度
C	C 同 R,用于标记外机电路断电(外机因断电复位后,C＝1)
QQ	QQ 为从机自主裁决的电力通信质量,00－11,分 4 级别,级别越高,质量越差,误码越高
V	字节序标记,V＝0
R0－R1	前两个字节 Byte0－Byte1 的反码

4 字节反码配对编码数据帧还可以表达更丰富的信息:

字　段	说　明
AA	10 表示从机固件版本
BBB	外机 ID,000～111,因此此套方案,现支持 8 个外机
vvvvvvvvvv	从机嵌入式软件固件版本
V	字节序标记,V＝0
R0－R1	前两个字节 Byte0－Byte1 的反码

字　段	说　明
AA	11 表示从机描述符
BBB	外机 ID,000～111,因此此套方案,现支持 8 个外机
ddddd sssss	ddddd sssss 为两个 ASCII 字符,分别 5 位,用于表达 26 个大写字母,比如 KT(空调)、LK(冷库)等等
V	字节序标记,V＝0
R0－R1	前两个字节 Byte0－Byte1 的反码

一共是 40 个字节,就可以将从机(外机)的采集数据、电路诊断信息、固件版本以及人机监控属性描述清楚了,而且任何字节的丢失并不影响其他数据的解析。

有人可能会问一个问题:"我看这套系统是采用主机主动广播请求,从机来回复的方式工作,如何解决数据在电力线上碰撞的问题?"其实,这个问题就如同 RS485 总线的广播一样,从机接收到广播请求帧之后,并不能立即将数据进行回应。振南的做法是各自延时各自的 ID 值后再回应,如图 8.19 所示。

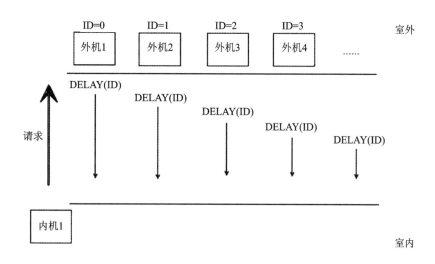

图 8.19　内机一次广播请求各从机延时发送回应

这样,主机(内机)在广播请求之后,等待约 10s,即可接收到来自各从机(外机)的数据了。

8.3.2　主机与 WiFi Agent 通信协议

主机获取到各个从机的数据并解析之后,最终需要将结果上传到云平台,以便进行进一步的展示或数据分析,在这套系统中主机通过 WiFi Agent 实现数据上传。WiFi Agent 是基于乐鑫 ESP8266 进行单独开发的,这个由专门的嵌入式工程师来负责(它一方面对 8266 的开发方法比较了解,另一方面对 ABC IOT 云平台的数据接入也比较有经验),基本的示意如图 8.20 所示。

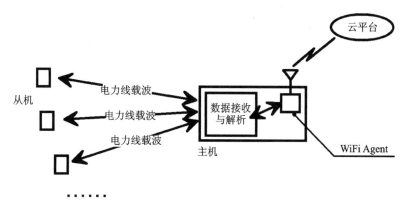

图 8.20　主机接收从机数据解析后通过 WiFi Agent 上传平台

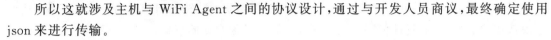

　　所以这就涉及主机与 WiFi Agent 之间的协议设计,通过与开发人员商议,最终确定使用 json 来进行传输。

　　json 来对数据进行编码,我们来举个例子:

```
{
"data":                                //数据
    {
"ems":                                 //外机数据数组
    [
        {                              //外机 0
        "t1":20.1,                     //T1
        "t2":30.3,
        "t3":25.2,
        "t4":27.5,
        "t5":28.3,
        "t6":19.4,
        "i":40.5,                      //电流
        "vc":3.3,                      //CPU 内核电压
        "tc":40.1,                     //CPU 内核温度
        "hr":300,                      //重启次数
        "cr":100,                      //断电次数
        "cq":2,                        //外机 0 电力通信质量 0 - 3
        "fv":1000,                     //外机 0 固件版本
        "ds":"KT"                      //外机 0 描述
        },
        {
        "t1":24.3,
        "t2":32.2,
        "t3":21.1,
        "t4":29.8,
        "t5":27.2,
        "t6":26.1,
        "i":1.0,
        "vc":3.3,
        "tc":40.1,
        "hr":300,
        "cr":100,
        "cq":2,
        "fv":1000,
        "ds":"LS"
        }
    ],
    "minf":                            //主机信息
        {
        "shopid":"1120003459",         //店号
        "shopinf":"JianWaiSOHO",       //店描述
        "mid":"fb89563b98a",           //主机 ID
        "mac":"66:ab:33:44:55:66",     //主机(Agent) MAC
        "upf":30,                      //数据上传频度(秒)
        "nem":2,                       //外机数量
        "hrc":10,                      //复位次数
        "crc":8,                       //断电次数
        "plcq":80,                     //主机端电力通信质量
```

```
        "comq":6                    //网络数据通信质量
        }
    }
}
```

json 实质上是一个字符串,其中包含了各分机的采集、诊断等信息,同时还有主机的相关信息,比如主机所在店的店号,这样将更加方便管理。主机将其通过串口发送给 WiFi Agent,然后它再将其处理为它与云平台之间的格式,进而上传。

8.4　自动化生产与测试

ABC 便利店单单在北京就已经超过 1000 家,全国算下来足有 3000 家左右。这套系统需要在每家店进行部署,而且要赶在 2019 年 5 月份之前完成(这套系统研发完成大约是在 2019 年 3 月),2 个月完成几千家店的部署,先不说安装调试是一个浩大的工程,这首先对代工厂的生产能力就提出了很高的要求,保证在半个月的时间里把几千套冷设监测设备生产制造出来,而且还要做到很高的良品率。这要求代工厂加工设备、人员人力等方面都要跟得上,更重要的是要有一整套非常高效成熟的测试手段。在如何实现自动化生产及测试方面,振南下了大功夫,来一起看看振南是怎样做的。

此时有人可能会问:"说了这么多,我们还没有看到这套冷设监测设备的庐山真面目呢?"好,振南在这里放一些照片,如图 8.21~8.24 所示。

图 8.21　冷设监测设备一主一从通过电力线进行通信

8.4.1　自动化烧录

有过电子产品批量化生产经历的人都会知道,生产过程中的固件烧录是一件耗时费力的工作。如果我们想办法实现自动化烧录,那生产效率将会有很大的飞跃。

图 8.22　冷设监测设备主机

图 8.23　冷设监测设备从机(图中所示为温度探头及互感器接口)

冷设监测整套系统一共包括好几个嵌入式软件,如表 8.1 所列。

表 8.1　整套系统所包含的嵌入式软件

部　件	嵌入式文件	大　小
通用 BL	BL. bin	12K
主机	M. bin	47KB
从机	S. bin	22KB
WiFi Agent	bootloader. binpartitions _ two _ ota. bin-project_template. bin	9KB/3KB/395KB

我们将这些嵌入式文件统一打包成一个大文件,俗称"大 BIN",如图 8.25 所示。

图 8.24　冷设监测设主机安装于室内(直接插在墙插插座上即可与从机通信)

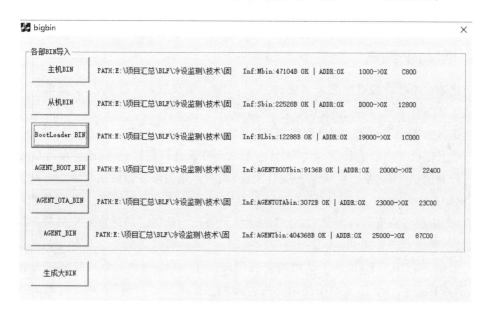

图 8.25　用于将诸多 BIN 打包成一个大 BIN 的软件

最终会生成一个体积为 1 MB 的 out. bin 文件。

我们在进行批量 SMT 焊接之前,将此 out. bin 文件事先烧录到板上的片外 spiFlash 中,还有所有的 STM32 芯片都事先烧录好 BL. bin(即 Bootloader),如图 8.26 所示。

OK,经过 SMT 焊接后的 PCBA 是已经内置了所有嵌入式固件的。上电后,STM32 的 BL 会判断此次启动是否为首次启动,依据是其 APP 区是否为空(擦除或未经编程的内部 Flash 为全 FF)。若为首次启动,BL 将判断此电路是主机还是从机,依据是所插接的模块是 WiFi 模块还是采集模块,然后从片外 spiFlash 中读取相应的嵌入式固件烧录到 APP 区中,再

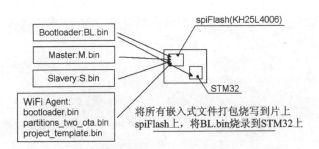

图 8.26　将嵌入式固件事先烧录到片上 spiFlash 与 STM32 中

完成 WiFi Agent 的固件烧录。这样，就实现了自动化烧录。

　　"你说起来倒是轻描淡写，自动化烧录应该没那么简单，比如如何判断插接的是什么模块？再比如 BL 如何烧写 Wifi Agent(ESP8266)，这个烧写协议应该不简单吧？"

　　振南在主板与模块的接口中专门留了一个 I/O 用于模块的识别，不同的模块对此 I/O 进行了上拉或下拉。BL 依此 I/O 的高低电平状态来确认需要烧录哪个固件(关于 BL 更深入的内容请参见"深入浅出话 Bootloader"一章或者振南的《高手 C》课程)。而 ESP8266 的烧写，其实并没有很复杂，感兴趣的读者可以看一下串口 SLIP 协议(ESP8266 的烧写不是本章的重点，故不在这里展开来讲，网上这方面的教程比较多，大家可以自行学习)。

8.4.2　自动化测试

　　自动化测试是依靠测试工装来实现的(关于测试工装我想我不必赘述，有经验的工程师都知道测试工装是什么)。振南还是直接上图吧，如图 8.27 所示。

　　从这张流程图中可以看到，我们需要在 PCBA、工装及上位机之间制定一套协议，以便PCBA 告知上位机其当前的状态，是因为首次上电而准备进行程序烧录，或是即将以主机或从机身份进行自测试，再或是已完成某一项自测试，成功还是失败。自测试项涵盖电路上所有重要功能，比如电力线通信、WiFi 模块工作状态、温度检测、电流检测等等。嵌入式进入自测试程序之后，会依次完成所有自测试项，并将测试结果告知上位机。最终由上位机裁决自测试是否通过，对于测试通过的主机，会直接打印二维码标签(此二维码的意义就是主机的 MAC 地址)，由人工贴于 PCBA 上；而对于从机则会打印接线图，以便指导人员对温度探头和互感器进行安装，这样起到一个简易说明书的作用。如果测试未通过，则将未通过的测试项打印出来，仍然由人工贴在 PCBA 上，以便检修。

　　"打签这个想法确实非常新颖，不错！"为了提高生产和测试，乃至于后期工程安装的效率，我们确实想了很多的办法。大家可以猜一下，那个主机上的二维码贴签有什么作用(可以扫一扫试试)，如图 8.28 所示。在后面要讲到的工程安装中，它将大有用处。

　　有这些自动烧录和自动测试手段的加持，我们在半个月内完成了 9000 套电路的生产(包含 3000 台主机和 6000 台从机)。

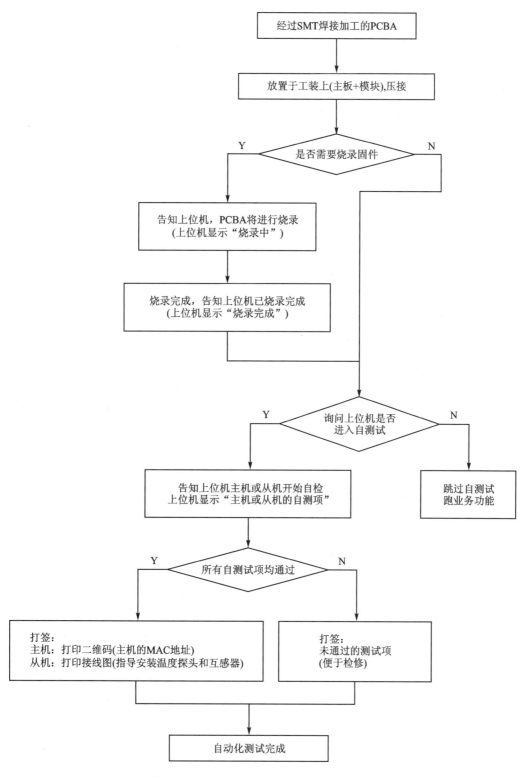

图 8.27　依靠工装及上位机实现自动化测试

图 8.28　主机上贴有用于表达其 MAC 地址与 SN 号的二维码标签

8.5　工程测试与安装

8.5.1　工程测试

所谓工程测试就是由研发人员切身到实际场景下针对冷设监测设备进行测试,以收集安装调试过程中可能出现的问题,最终写入《工程安装指导说明》中,来指导工程队人员的批量化安装。

主机比较好安装,直接在店内找一个插座插上即可,难点在于从机的安装。制冷设备的外机所处的位置大多并没那么理想,某些情况甚至可谓恶劣。它可能在天台的外机群里,可能在地下车库的一个角落里,可能在某一个房子的房顶上,总之千奇百变,要想找到外机在哪,往往没那么容易,如图 8.29 所示。

有些外机所处的位置是非常危险的,比如有些外机在竖井里,它下面就是万丈深渊,要去给它安装冷设监测设备,是需要安全绳的。

我们研发人员作工程测试,当然不会去找位置过于刁钻的外机。我们找了一个在地下的外机,如图 8.30 所示。

图 8.31 中所示的基本就是冷设监测设备的所有研发人员,我们手上抬的是长梯,需要将长梯下放到地下,才能到达外机所在的位置。

在给外机安装完监测设备之后,研发人员需要经常来收集设备的 log 来分析设备是否正常。

"收集 log,需要电脑接上设备的串口,难道每次收集 log 都要抬着梯子,下到地下吗? 那似乎有些艰苦啊!"

图 8.29 位于地下车库的冷设外机

图 8.30 针对一处在地下的外机进行工程测试

作冷设监测确实是一件很艰苦的工作,但是收集 log 振南动了脑筋,绕开了这些麻烦:在电路上加入了蓝牙串口,它有一定的穿透能力和发射距离,基本在 10 米范围之内就可以找到设备了。而且振南在嵌入式上还写了强大的 Shell 系统,使得诸如配置参数、烧录程序等操作都可以通过 Shell 来进行。所以像收集 log 这样的工作,只要研发人员站在外机附近就能完成了。这套蓝牙串口的机制,在振南很多项目中都有使用,加之串口 Shell,可以为我们省去很多麻烦,让一些操作可以远程完成,尤其是难于触摸到设备的场景,可谓非常方便,如图 8.32、8.33 所示。(关于无线隔空调试和烧录,详见"深入浅出 Bootloader"一章)。

图 8.31 研发人员进行工程测试留影

图 8.32 通过手机连接蓝牙串口进行程序烧录

图 8.33　通过电脑连接蓝牙串口收集 log 以及 shell 交互

8.5.2　工程安装

工程安装有别于研发人员的安装,它是由外包工程队来进行的,他们的人员构成基本都是一些工人,并不会带着太多的思考来干活。他们需要的是 SOP 或者标准化的培训。我们团队中的宏涛承担起了编写 SOP 和针对工人进行培训的任务,为了让工人能更好地理解,宏涛实地教学,亲自动手演示,悉心讲解,如图 8.34～图 8.37 所示。

图 8.34　站在高处为工人演示讲解的宏涛(近景)

图 8.35　站在高处为工人演示讲解的宏涛(远景)

图 8.36　初春乍暖还寒时节洪涛为工人演示冷设监测安装

图 8.37　宏涛配合冷设专家为工程队现场培训

ABC 的便利店遍布全国各大一线城市,所以我们在各大城市都找了工程队对工程安装进行了外包。宏涛需要跑遍全国为各地的工人演示培训,这里对宏涛表示敬意,没有他就没有整个冷设监测项目的真正落地。

时间紧任务重,ABC 全国所有门店需要在 5 月初完成冷设监测设备的安装,以应对夏秋季节冷设故障频发期的到来。全国 10 几支工程队同时开工,我们团队每天为他们提供各种技术支持和指导,远程解决各种现场问题,可以说是连轴转,24 小时不间断,但是我们痛并快乐着。因为我们都看向同一个目标:待冷设监测设备全国部署完成,它的真正功效将会凸显,极大降低因冷设故障而造成的巨大损失,让技术发挥其巨大的工程实用价值,同时我们自身的价值也得以体现。

空调冷设安装维修真不是一般人能干的,需要有很多证,比如高空作业证、特种施工证等等。看到工人们各种炫技,我们也是佩服不已。

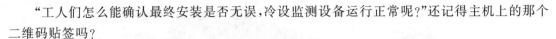

"工人们怎么能确认最终安装是否无误,冷设监测设备运行正常呢?"还记得主机上的那个二维码贴签吗?

我们委托软件部门开发了一款 APP,只需要扫一下主机上的二维码,就可以自动判断是否安装成功。其依据是主机 MAC 地址下,是否可以看到其所挂接的从机数据。

通过这些自动化工程安装手段的辅助,再加上团队的倾力支持,我们完成了这项艰巨的任务,全国 3000 家店都进行冷设监测设备的安装。

8.6 冷设监测数据分析

在工程安装的过程中,我们已经开始对冷设监测的作用进行评估和分析了。我们挑出了北京地区历年冷设故障率较高的 33 家店,来看他们在一个月内的冷设故障率环比是否有明显下降。

我们把外机分为了冷设外机与空调外机,这 33 家店有冷设外机 31 台,空调外机 32 台。

它们的外机报警统计如表 8.2 所列。

表 8.2　冷设故障率较高的北京地区 33 家店冷设外机报警统计表

序　号	已部署门店	冷　设	空　调
1	酒仙桥路某店	报警,严重故障	报警,中度故障
2	酒仙桥路某店	报警,严重故障	运行良好
3	酒仙桥路某店	报警,中度故障	报警,轻度故障
4	酒仙桥路某店	报警,严重故障	
5	新恒基某店	报警,中度故障	报警,轻度故障
6	望京 SOHO 某店	未安装(安装有难度)	报警,轻度故障
7	阜通东大街某店	运行良好	报警,轻度故障
8	阜荣街某店	报警,中度故障	运行良好
9	小营西路某店	报警,轻微故障	未安装(安装有难度)
10	马甸东路某店	报警,轻微故障	运行良好
11	苏州街某店	报警,轻微故障	未安装(安装有难度)
12	北辰西路某店	运行良好	报警,中度故障
13	北辰福第某店	报警,严重故障	报警,轻微故障
14	常利路某店	报警,严重故障	运行良好
15	朝阳北路某店	报警,轻微故障	报警,轻微故障
16	管庄路某店	报警,严重故障	报警,轻微故障
17	朝外南街某店	报警,中度故障	运行良好
18	华远北街某店	报警,严重故障	运行良好
19	银河 SOHO 某店	报警,轻微故障	报警,轻微故障
20	永安里北街某店	运行良好	报警,轻微故障
21	光华路某店	运行良好	报警,轻微故障
22	金汇路某店	运行良好	

续表 8.2

序 号	已部署门店	冷 设	空 调
23	景华北街某店	运行良好	
24	景辉街某店	运行良好	报警,轻微故障
25	大成国际中心某店	报警,轻微故障	未安装(安装有难度)
26	景辉南街某店	报警,中度故障	报警,轻微故障
27	郎家园东路某店	未安装(安装有难度)	报警,轻微故障
28	角门路某店	报警,严重故障	运行良好
29	欣美街某店	运行良好	运行良好
30	农学院北路某店	报警,严重故障	运行良好
31	融泽嘉园某店	运行良好	运行良好
32	黄木厂路某店	运行良好	运行良好
33	北苑东路某店	报警,轻微故障	运行良好

我们对上表的报警信息进行了综合分析,如图 8.38 所示。

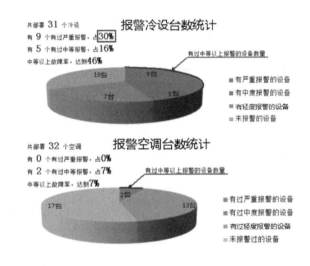

图 8.38 33 门店冷设与空调外机报警综合分析

我们又在北京地区抽取了约 360 家未安装冷设监测设备的门店,拿它们与这 33 家门店的冷设故障率进行比较(两周时间),如表 8.3 所列。

表 8.3 两周冷设故障率对比

是否部署	门店总数	失温次数	故障率(两周)	平均损失时间
否	约 360 家	11	1.5%	14 小时
是	33 家	0	0%	0

注:损失时间的定义是 故障出现到恢复的时间

8.7 冷设监测故障预判作用评估

8.7.1 故障预判时效

故障的预判周期与风险升级,如图 8.39 所示。

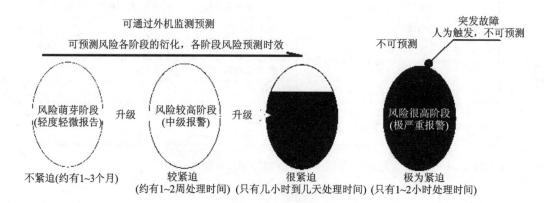

图 8.39 冷设监测的各级故障预判时效

报警提示冷设风险,此时冷设未发生故障而停机,维修是为了清除风险。表 8.4 为风险等级说明。

表 8.4 风险等级说明

风险等级	预判时效	说 明
轻度轻微	1~3 个月	萌芽阶段
中度	1 到 2 周	轻度风险,数月会升级为 中级风险
严重	24 小时	中级报警,在几周内升级为严重报警
极严重(极紧迫)		一些突发故障,不可预测

冷设外机监测安装后,立即就监测到了高危状态,这是因为设备早已处于高危状态。

新建门店短期内出现严重冷设故障实例:3 月份南京有一家店刚装 2 个月压缩机即坏,去年 7 月北京某店开业,9 月压缩机即坏。若安装冷设外机监测,严重故障就不会出现,因为在前期的中度风险时就已被监测到了,并实施维修。

8.7.2 对维修保养的验收指导作用

冷设维修后一段时间内,监测指标数据有明显恢复,如图 8.40 所示。

图 8.40 说明:维修前压缩机温度高达 133 ℃(压缩机处于极高风险),维修后监测数据明显恢复。相反,监测数据若无明显恢复,则说明故障仍然存在,继续维修。维修不到位,就反复修,直到故障报警解除,彻底清除风险。

以下是 5 家门店冷设反复维修过程(以监测数据为维修与验收依据):

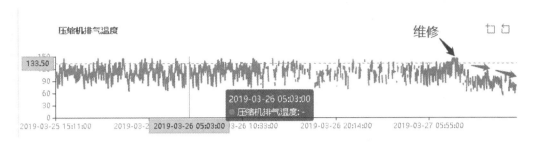

图 8.40　冷设维修后监测数据的变化可为维修结果提供指导作用

序号	门店	维护过程
1	某店	
2	某店	
3	保利某店	（未触发报警，但健康度低）
4	福润某店	
5	农学院某店	

故障报警	故障解除	维修后处于非健康状态，可能再次触发报警

说明：

某店：经历 4 次反复，最终彻底修好（故障未彻底解决，报警持续）。

某店：维修后故障解除。

保利某店：维修后故障解除，但依监测数据分析，仍有故障趋势（可能再次报警）。

福润某店：维修后故障解除。

农学院某店：监测指标随气温变化而间歇性报警（集中在中午），抓好气温升高的时机，维修后彻底解决。

故障预判评估结论：

（1）冷设外机监测针对不同阶段的故障风险，具有足够的预判时效，指导维修提前主动介入，有效避免故障不发生。

（2）冷设外机监测对于维修验收，尤其对于疑难故障反复维修，具有重要的指导和参考意义。

（3）上面的案例是具有代表性的 5 起严重故障。在每起案例中，从故障报警、原因定位、维修结果确认，到反复报警、定位原因、进一步维修，最终彻底排除故障风险，整个过程中，冷设外机监测数据都起到了至关重要的作用。

8.7.3　故障报警受气温的影响

我们发现：冷设报警数量（尤其是严重报警）与气温变化有较高的关联，如图 8.41 所示。严重报警数量随气温上升呈现增长趋势。究其原因主是冷设外机散热性能变差。

结论：

（1）冷设故障具有很强的季节性，与气温有很大关系。

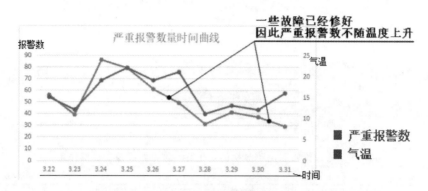

图 8.41　冷设报警数量与气温变化有一定有相关性

（2）冷设外机监测对冷设故障具有很强的预判作用，指导维修提前介入，将可以极大降低冷设发生故障的可能（消除早期风险，不出故障），让营业免受影响，降低损失。

8.8　冷设预警的典型案例

上面所介绍的几起严重故障案例，每一件展开都是维修工程师与冷设故障斗智斗勇的故事，振南挑比较典型的给大家详细进行介绍。

1．申虹路某店

如图 8.42 所示，上海申虹路某店，从 6 月 22 日回气管线呈现持续高温，同时从工作电流可以看出，冷设外机持续工作不停机，这基本已经可以确认缺氟。不出所料，6 月 23 日该家店的冷设宕机。

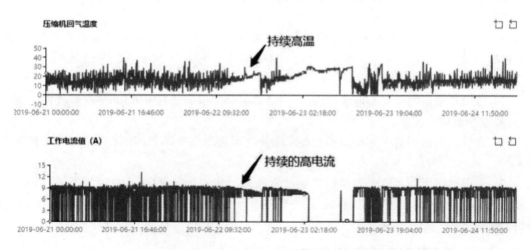

图 8.42　申虹路某店冷设监测曲线（回气与电流）

"你这有纸上谈兵的嫌疑，虽然 6 月 22 日报警了，但是 6 月 23 日不还是宕机了吗？这个预警时效是不是太短了，来不及维修？"

其实不然，对于这种即将宕机的情况能做到提前一天报警，已经很不错了，可以为维修争取 1 天的时间。申虹路这家最终还是宕机的原因是，维修人员对于报警存有怀疑态度，这种还未报修就上门维修的事情他们从没干过,说白了他们怕白跑一趟。但最终的结果让他们信服了。后面的举措可谓是大显身手,拯救了很多冷设,尤其像申虹路这家店类似的情况,基本可以做到一击命中。比这种短时救场更有意义的,其实是排除已经存在的中长期重要隐患(它们不至于让冷设马上宕机,但是会让冷设健康度不断恶化,让微疾逐步成为重患,最终宕机),尤其是针对贵重部件的提前维修保养,比如压缩机,请看下例。

2. 恒通商务园某店

这家店的冷设监测最早在 3 月 6 日发出报警,如图 8.43 所示,排气管线持续处于高温状态。这家园是实验店,由制冷设备专家亲自负责,他认为应该是缺氟缺油了。遂带领维修队进行了维修。维修后监测数据恢复了正常。

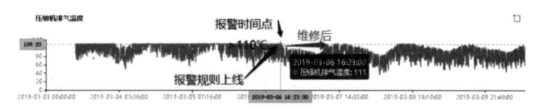

图 8.43　恒通商务园某店冷设监测曲线(排气,首次报警)

但是在 3 月 11 日再次报警,如图 8.44 所示,仍然是排气管线高温,专家怀疑是前一次维修加氟加油加少了。再次加氟加油后,恢复正常。

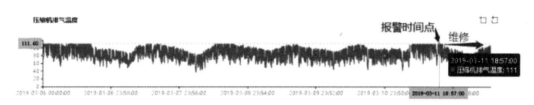

图 8.44　恒通商务园某店冷设监测曲线(排气,再次报警)

3 月 19 日发生第 3 次报警,如图 8.45 所示,依然是排气管线高温,这一次专家开始考虑是不是压力阀问题,调节压力阀后恢复正常。

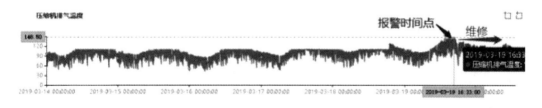

图 8.45　恒通商务园某店冷设监测曲线(排气,第三次报警)

3 月 20 日发生第 4 次报警,如图 8.46 所示,还是排气管线高温,专家经过仔细排查,最终找到了根本原因:风扇风速不足。改换了高速风扇之后,排气彻底恢复了正常。

这家店的冷设外机监测多次报警,经实地核对,报警属实而且及时,维修队组织了多次维修,最终找到了故障原因(故障原因较为复杂),在压缩机严重损坏之前,对其进行了主动预防性的维修。在 4 次维修中,冷设监测报警信息与相关数据起到了重要的作用,指导维修人员最

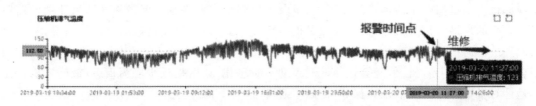

图 8.46　恒通商务园某店冷设监测曲线(排气,第四次报警)

终彻底解决了问题。

像这样的维修例子,在没有冷设监测系统的情况下是不可能做到的。在没有彻底解决冷设问题之前,报警信息将不会解除或者只是暂时解除。

本章花了很大的篇幅介绍了冷设监测项目,这个项目在振南经历中算是比较有规模和典型意义的项目了。

在这个过程中,我结识了很多的朋友,包括冷设专家赵工,包括我的团队成员,包括协助我做 WiFi Agent 固件、工装上位机、安装验收 APP 的各位同事,还包括深知此套监测系统经济价值而投以资金支持的 ABC 高层。

冷设监测项目其实是一种非常具有挑战意义的项目,研发过程、工程测试等各个环节都非常辛苦,但是没人喊累,真可谓是痛并快乐着,大家在为共同的目标而奋斗。

向共同奋斗过的同志们致敬,尤其是我硬件团队里的宏涛,这段经历我将永远不会忘记。同志们,继续加油!

关于本章中所涉及的技术以及相关的源码、电路等资料,大家可以关注振南的公众号并留言获取。

第 **9** 章
我的电动车共享充电柜创业项目纪实

这一章振南要讲一下自己的创业经历,感觉有很多话要说,百感交集,但是又不知道从何说起……

在经过一周的考虑之后,我想我找到了合适的切入口和风格基调,以便大家通过本文的描述融入振南的创业项目之中,如临其境,感同身受,同时在技术和认知上有所收获。如果你也正在创业的道路上,那么希望我的经历成为你的参考。

创业不易,九死一生。也许你认为你已经足够努力,甚至超负荷运转。但是在残酷的大环境下,在泥石俱下的洪流之中,你的努力可能仍然微不足道。

电动车共享充电柜是我在 2017 年之前,为数不多的创业经历中投入精力最大、运作最为正式、距离成功最近的一次。它的概念足够新颖而且迎合时宜;它的市场需求和商业模式被实实在在的用户数据一再验证;它的技术实现非常系统化,涵盖机械控制、CAN 总线、4G 通信、后端和小程序以及数据分析等。

要让市场和技术能力,升华为价值,也许我们还是差了一些。

9.1 关于创业思维

我认为:创业成功者,必然是做了"对"的事情,而且是一系列"对"的事情。这个"对"不是绝"对",它与大环境有关,做得迎合时宜,需而求之,即是"对"。但是我们要做对的事情,首先要有对的思维。思维如建筑,并非几日就能够构建起来。所以需要积累、感悟、养成、修正、迭代(除非你天生就顺应这个社会,或者从小受到相关的熏陶)。这一过程并不是每个人都能做到的,或因愚钝,或因懒惰,或因性格相悖。了解了这个道理,你就明白了为什么非常努力,但是还是会失败。

9.1.1 原始创业思维

一切以盈利为目的的行为都是创业,而创业没有贵贱之分。在这种定义之下,我的创业行为可以追溯到大三。"你不上学吗?还有时间搞别的?"自我评价:我从来不是个安分守己的人,总喜欢搞些什么。这种性格为我带了一些好处。从大二开始我已经觉得上课是在浪费时间,课程内容实用价值很低。于是我开始自学单片机和软件开发,基本每天都泡在实验室和工程训练中心。在此期间我经人推荐认识了郭天祥（他是 8 系信通，我是 6 系计算机，而且他比我大一届），当时他正在筹备中国第一届空中机器人（无人机）大赛。而找我主要是因为我当时自学了 VC＋＋，可以帮他们做地面站软件（向无人机发送指令以及获取它的各种信息，比如位置、速度、轨迹等）。最后，这个比赛获得了全国一等奖。而我们学校（哈尔滨工程大学）有一个政策，获得全国比赛三等奖以上可以直接保送研究生。所以，我从大二开始就已经获得了保研资格（当然这只是资格，最后到大四的时候还是要看成绩的，但是要求没那么高）。有这样的金甲护体，我有了更多的时间来做我自己的事情。当然，郭天祥也已经不用为考研奔波，也是一个自由之身。从那开始，我俩开始承接项目。他主要是外部联络，俗称接活儿，而我还是主要关注技术，做项目技术研发。

我们经历的项目不少，比较大的有某某的一款 HP 油量计算器，还有哈尔滨某公司的电池智能活化仪。你们应该佩服我的脑子，到现在快到 20 年了，我还记得。

这算是我最早的创业行为，构建了原始的创业思维：我要接项目挣钱。除此之外，还没有别的想法。或者说，充其量顶多是一个大学生想打工挣点零花钱。如果您也是创业者，对振南的这些经历感兴趣的话，可以加振南个人微信 ZN_1234，针对创业思维进行探讨。

9.1.2 升华创业思维

我在创业的盈利意识上比较愚钝，更多时候我反而是在享受项目研发过程中的快感，导致很多项目到最后我根本就不提钱的事。从本质上来说，我热衷的是学习和实践技术，并乐此不疲。这样的性格是对的吗？在学生时代，象牙塔内，它似乎是对的，我慢慢成为技术明星，并一度被推到了比较高的位置，还引来了新闻机构的专访。导师也越来越器重我，开始委以重任，代表学校和斯坦福的团队一同参与合作项目。但是尽管这样，我的口袋并没有鼓起来，我还是一个穷学生，或者说是有一些光环的穷学生。这算创业？我觉得顶多算是品学兼优罢了。

不得不承认，郭天祥与我不是同一类人。他有很强的利益意识，一切的付出都要有收益。我开始意识到这个问题，搞技术的目的不是玩和自嗨，而是换取价值，但是在今后的道路上，我发现我的性格与技术有巨大的黏性，意思就是总也放不下技术。一不小心就会陷入追求技术完美的深坑之中，而忘记创业的核心目的是盈利。

2007 年前后，郭天祥围绕 51 单片机的一系列产品，如开发板、视频教程、书籍开始崭露头角，开始被市场所接受，开始大卖。这个时候我才恍然大悟，原来这些基础的东西可以撬动如此大的市场。于是我开始研发我自己的开发板，从天狼星 Sirius 到后来的 ZN－X 模块化多元化开发板，以及相配套的视频教程《C51 单片机 C 语言》、《单片机基础外设九日通》等。

我自认为我做事情是比较认真而且有毅力的，在我手上烂尾的事情并不多。我的这些东西投到市场上，反响也不错，多的时候一天可以出货 50 套，但是我知道与郭天祥相比我还是差得远。因为我很多时候还是在犯老毛病，过度地对技术较真，总是想做新东西，而疏于经营和推广。但是因为思维的转变，我开始有了一些名气。应该说郭天祥对我的影响是比较大的。没有他，我现在也许仍然是一个默默无闻的工程师而已。随着思维方式的不断演化，其实说白了就是在潜移默化之间在效仿郭天祥的做法，并理解他的思维逻辑。我开始和很多的平台合作，比如 elecfans、21ic 等，去推广我的视频和相关产品，当然这过程中也会有不少项目找上门来。我也开始招募小兄弟来一起做。这样，慢慢形成了我的一种模式。

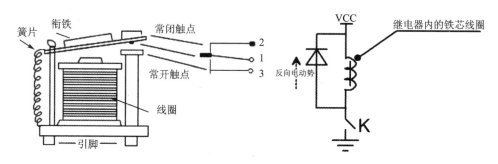

图 9.23　继电器的内部结构和工作原理

有时会产生火花,这就是电弧,如图 9.24 所示。

电弧的产生我认为是因为两个接触点产生机械振动而产生的,它类似于按键的抖动。电弧的危害主要体现在两方面:一是电弧产生的瞬时高压,可能会对电路系统产生冲击和干扰,这也是继电器控制一般都会加光隔离的原因;二是电弧产生的瞬时高温可能会让触点逐渐灼蚀,甚至烧结(两个触点就像是焊在一起一样,再也分不开)。所以,要有相应的保护电路来将电弧吸收掉。

图 9.21 中的 C29 和 R61 的功能就是吸收电弧,其基本原理是触点两端的电压不能突变。

当然这个电容和电阻都需要耐压能力比较高。实际电路中振南选用的是 CBB 电容和水泥电阻(电容主要是吸收积聚能量,电阻则是将能量转化为热量,这仅代表振南个人理解),如图 9.25 所示。

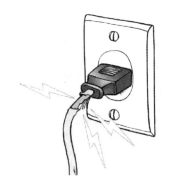

图 9.24　插座插接时产生的电弧

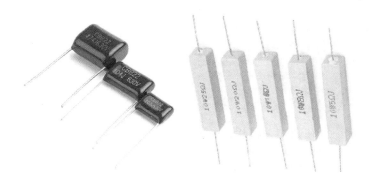

图 9.25　CBB 电容与水泥电阻

除了使用消弧电路,还有没有其他方法可以保护继电器? 有,采用软件方式。软件还能灭弧? 听我来讲。

触点拉弧还有一个重要的原因,就是我们控制触点闭合的时机可能落在了交流波峰的附近,此时能量是比较高的。如果我们能够控制闭合的时机,正好落在零点附近,那么就不会产生电弧了。关于"过零检测"的实现,大家可以百度一下,这里就不再赘述了。

再说一句:关于反向电动势的问题,不光是继电器,所有的感性负载都有这个问题,比如风扇、电磁锁(用于控制柜门开启,见 9.26)。

4. 总体形态

总体形态就是充电柜最终呈现在人们面前的样子。振南直接铺图,如图 9.27~9.29 所示。

别光给我们看设计图啊,有没有实物图,拿出来看看! 当然有,如图 9.30 所示。

柜体的加工自然是委托给专门的工厂的。这个工厂在北京有一个仓库,具体地址是丰台区靛厂路九旭仓库,很多的快递柜都从这里中转发出。老板

图 9.26　电磁门锁(锁头即为其铁芯)

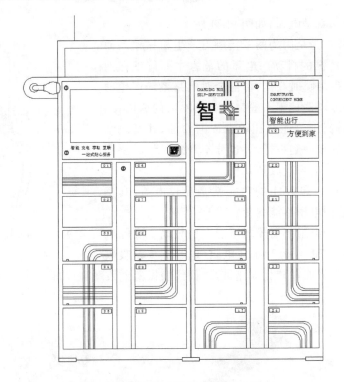

图 9.27　充电柜总体形态设计(主视)

对我们的创业比较支持,在仓库专门开出一块地方给我们用于调试。这就是我们最初的"实验室"或者说"办公地点",如图 9.31 所示。

基于箱柜这种模式的创业者还是挺多的,在这个仓库里我们看到了另外几个创业团队,也在这里调试。我还记得其中一个是用箱柜来做植物培养的,他们要做的好像是要控制箱柜中的光照、温度、湿度等。所以,在这个大"实验室"里,我们并不孤单。至于他们这些创业项目后来发展怎么样,那就不得而知了。

5. 软件总体设计

在这一节振南不会大篇幅地铺代码,那样毫无意义(还不如我把代码上传到 GitHub 供大家来下载,自己研读)。关于软件,最重要的还是理解其设计思想,充分消化后最终为自己所用。(对于产品的嵌入式功能实现,我相信每一个有一定经验的工程师都能搞定,但是你所秉

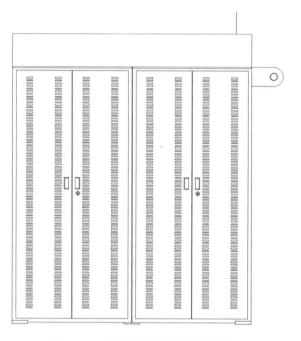

图 9.28　充电柜总体形态设计(后视)

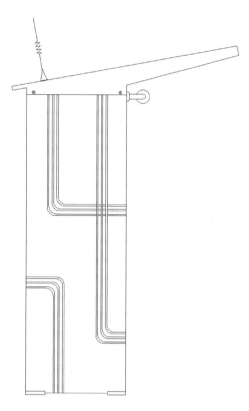

图 9.29　充电柜总体形态设计(侧视)

图 9.30　充电柜总体形态设计(实物)

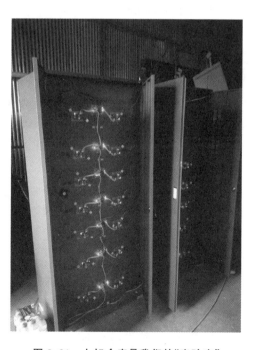

图 9.31　九旭仓库是我们的"实验室"

承的设计理念和思想,则决定了你的产品是否稳定、是否优雅。)

(1) 内部 Flash 的划分

很多人在写嵌入式代码的时候,基本上都是更专注于功能实现和一些技巧的施展,而缺乏在开发之初的全盘思考,美其名曰"架构设计"。实际上这项工作非常重要:

① 谋划好嵌入式的整体框架轮廓,想明白工程里应该包含哪些模块以及模块之间的关系;

② 考虑清楚哪些部分是难点,哪些问题是需要首先解决的;

③ 考虑清楚如何便捷地调试各项功能;

④ 花足够的时间来做嵌入式的推演,写代码前做到整体心中有数。

Flash 其实是单片机中比较宝贵的资源,我们不要滥用。一般来说,我们会对 Flash 进行一个划分。不同的区域有着明确的分工。在充电柜这个项目中,我把 STM32F103C8T6 仅有的 64KB 的 Flash 进行了划分,如图 9.32 所示。

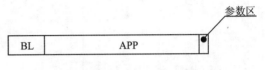

图 9.32　对于 Flash 的区域划分

这样的划分我在"深入浅出话 Bootloader"一章中已经介绍过。唯独不同的是在后面还有一个参数区。振南把很多的参数都集中在这里进行管理。这样做有很多好处:

① 尽可能多地将程序里的一些值,以参数的方式加入参数区中,这样使得程序高度可配置。在后期调试过程中,如果通过修改参数即可解决的问题,那就不需要重新编译烧录了;

② 如果需要批量化的大量修改参数,我们可以以数据块的方式(补丁方式)进行烧录。

(2) 前后台与 Shell

什么是前后台程序? 有一定经验的嵌入式工程师应该都知道。它是区别于嵌入式操作系统来说的(大家可以去看我的《嵌入式操作系统从入门到精通——基于 FreeRTOS》课程)。前后台的程序模式,一般是在 main 中放置一个大循环,在循环中判断一些标志位,从而影响其运行逻辑或分支。有一些比较成型的前后台编程方案,大家可以基于它来开发自己的程序,比如 TI 的 OSAL(很多人管它叫操作系统,但其实它本质上只是一个前后台的管理器)。而这些标志位是由后台的中断服务程序(ISR)来修改或置位的。通过这样的一种方式,来实现最终的整体功能。

我来举个例子:串口接收到一个完整字符串(以\r\n 结尾),然后把这个字符串再发送出去,采用前后台方式的实现方法,如图 9.33 所示。

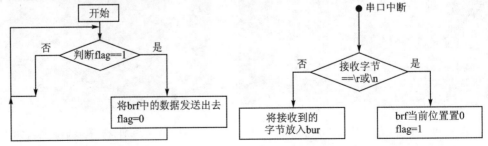

图 9.33　前后台的实现方式

"那使用嵌入式操作系统怎么实现相同的功能呢?"我就知道你要问这个,如图 9.34 所示。

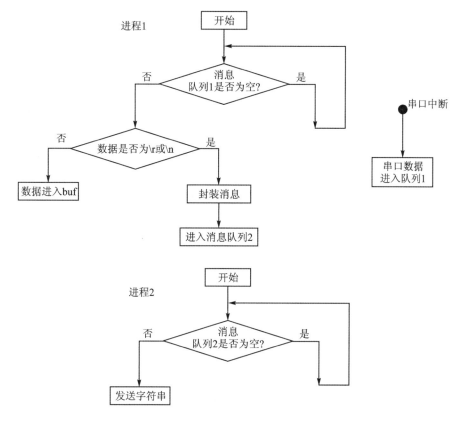

图 9.34　使用嵌入式操作系统的实现方式

振南使用了消息队列,当然还有很多其他实验方式,比如邮箱、信号量等。如果串口数据量比较大,还可以考虑使用 DMA。(还是去看《嵌入式操作系统从入门到精通——基于 Fre-eRTOS》课程吧。)

充电柜项目所有的嵌入式程序我都是采用前后台方式来实现,因为 MCU 的 Flash 实在有限。

Shell 本身并不区分前后台还是使用操作系统,它主要是为了提高我们程序的可交互性。自 2012 年之后,我所开发的嵌入式项目,包括一些 DSP 项目,都一律加入了 Shell。甚至,在 Shell 的开发上所花费的时间占到了总体项目的 1/3。关于 Shell,如图 9.35 所示。

我们可以为 Shell 添加丰富的命令以及灵活的参数,这样可以使我们的程序极为灵活和友好。在现场调试时,只要 Shell 设计得足够强大,我们就可以操纵一切,而只需要一条串口线,如果再加上强大的 BL 和蓝牙串口,那我们基本上可以把电脑和仿真器抛之脑后了。

在充电柜项目中,我设计了非常丰富的

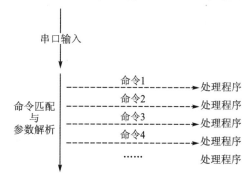

图 9.35　Shell 的工作示意图

命令，如图 9.36 所示。

```
printf("L CMD:\r\n");
printf("  1 smid:S MAID\r\n");
printf("  2 cmid:C MAID\r\n");
printf("  3 smdn:S D N.\r\n");
printf("  4 cmdn:C D N.\r\n");
printf("  5 sfc:S FCOM\r\n");
printf("  6 cfc:C FCOM\r\n");
printf("  7 sa:S Args\r\n");
printf("  8 ea:E Args\r\n");
printf("  9 la:L Args\r\n");
printf("  10 rs:Rs\r\n");
printf("  11 rsim:Rs SIM800\r\n");
printf("  12 sw:C. Work\r\n");
printf("  13 cant:CAN S REQ&CMD\r\n");
printf("  14 sfsi:S CntL\r\n");
printf("  15 cfsi:C CntL\r\n");
printf("  16 sbfd:S BFD\r\n");
printf("  17 cbfd:C BFD\r\n");
printf("  18 sp:S Com Pr.\r\n");
printf("  19 cp:C Com Pr.(\r\n");
printf("  20 stt:S TT\r\n");
printf("  21 ctt:C TT\r\n");
printf("  22 sot:S OT\r\n");
printf("  23 cot:C OT\r\n");
printf("  24 snn:S N_N\r\n");
printf("  25 cnn:C N N\r\n");
printf("  26 ffr:F BF RUN\r\n");
printf("  27 ffs:F BF STOP\r\n");
printf("  28 ffq:R FAN_B CAN\r\n");
printf("  29 sftt:S FAN TT\r\n");
printf("  30 cftt:C FAN TT\r\n");
printf("  31 spon:SIM800 PON\r\n");
printf("  32 spoff:SIM800 POFF\r\n");
printf("  33 srpon:SIM800 RePON\r\n");
printf("  34 td:T D\r\n");
printf("  35 grad:G ADC Data\r\n");
printf("  36 cvip:S&C VIP\r\n");
printf("  37 scid:S C CAN ID CAN\r\n");
printf("  38 rcid:Rs C CAN ID CAN\r\n");
printf("  39 rstc:Rs C\r\n");
printf("  40 d:DL C FW via CAN\r\n");
printf("  41 ccid:R CCID\r\n");
printf("  42 wd:WEBDOWN\r\n");
printf("  43 sdt:S DPSD CT\r\n");
```

图 9.36　充电柜主控的所有 Shell 命令

这些还只是一部分命令，实际比这还要多。有些命令还是非常强大的，比如 wd，它可以从云端拉取最新固件进行升级；cant 可以向任何一个控制板发送 8 字节的 CAN 数据帧。有人可能发现了，为什么这些命令的说明都是缩写，而且缩的这么厉害，甚至已经失去了说明的意义。这是无奈之举！Flash 划分中 APP 区只有 55KB 的空间，而整个主控程序编译后体积超了，只能把一些 log 或帮助信息进行缩写或注释掉。还有控制板的 Shell 命令，如图 9.37所示。

opendoor 就是打开柜门；turnon 就是接通电源；tf 就是测试风扇；s 就是显示在 Flash 参数区中的所有参数，等等。还有 BL 的一些 Shell 命令（BL 的命令甚至可以通过 CAN 总线向

```
printf("List All Command and thus Detail:\r\n");
printf("  1 opendoor:Open Door\r\n");
printf("  2 checkdoor:Check Door Open or Closed\r\n");
printf("  3 turnon:TurnON Power\r\n");
printf("  4 turnoff:TurnOFF Power\r\n");
printf("  5 cant:CAN Transmit Test\r\n");
printf("  6 canr:CAN Receive Test\r\n");
printf("  7 tbui:Sample Temprature Bright U & I\r\n");
printf("  8 rs:Reboot\r\n");
printf("  9 cvip:Caculate U&I and P\r\n");
printf(" 10 suitdrbbcc:Stop Sampling UITDRBBCC[U I T DOOR RPM B BIGDOOR TEMP_CHIP U_CHIP],Manual Se
printf(" 11 sd:Set DEBUGOUT is Disable or Enable\r\n");
printf(" 12 caa:Check All Arguments & Working Status\r\n");
printf(" 13 stt:Set Temp_Threshold\r\n");
printf(" 14 ctt:Check Temp_Threshold\r\n");
printf(" 15 sot:Set Overload_Threshold\r\n");
printf(" 16 cot:Check Overload_Threshold\r\n");
printf(" 17 stts:Set Temp_Threshold_Check Sensitive\r\n");
printf(" 18 ctts:Check Temp_Threshold_Check Sensitive\r\n");
printf(" 19 sots:Set Overload_Threshold_Check Sensitive\r\n");
printf(" 20 cots:Check Overload_Threshold_Check Sensitive\r\n");
printf(" 21 tl:Test LEDs\r\n");
printf(" 21 tf:Test FAN\r\n");
printf(" 22 ff:Force FAN RUN or STOP or EXIT FORCE STATUS\r\n");
printf(" 23 cso:Check POWER(RELAY) should be open or not??\r\n");
printf(" 24 cts:Check TurnON Status\r\n");
printf(" 25 sts:Set TurnON Should Status\r\n");
printf(" 26 scid:Set CAN ID in FLASH\r\n");
printf(" 27 scei:Switch CAN ID config Source(1 for External BOMA Switch,0 for Inner FLASH)\r\n");
printf(" 28 sbd:Set BIGDOOR in FLASH\r\n");
printf(" 29 sbdei:Switch BIGDOOR config Source(1 for External BOMA Switch,0 for Inner FLASH)\r\n");
printf(" 30:slr:Set LR in FLASH\r\n");
printf(" 31:slrei:Switch LR config Source(1 for External BOMA Switch,0 for Inner FLASH)\r\n");
printf(" 32:s:Show Whole Config Arguments in FLASH!\r\n");
printf(" 33:rbi:Read Two Backup Digital Input Channels\r\n");
printf(" 34:sslt:Set Silent Mode\r\n");
printf(" 35:adjrc:Adjust RC TRIM\r\n");
printf(" 36:sdpsd:Show DPSD time\r\n");
```

图 9.37　充电柜控制板的所有 Shell 命令

控制板烧录固件)。通过这近百条 Shell 命令,极大地方便了现场调试。(在整个充电柜项目中,我基本上抛弃了 Jlink,只需要一部手机。)

有人可能会问:"那手机没电了怎么办?如果全靠手机的话!"别忘了我们做的是什么,共享智能充电柜,OK?只要带上充电器,电不是问题。

(3) 设备的自我诊断

我们来看看主控到底都在向云端传哪些数据,先来看一下通信协议,如图 9.38 所示。

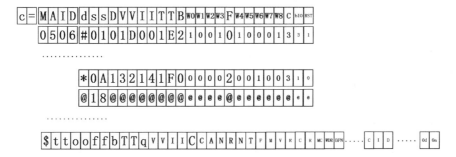

图 9.38　充电柜主控与云端的通信协议

对协议的详细说明如表 9.2 所列。

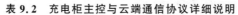

表 9.2　充电柜主控与云端通信协议详细说明

c=	数据帧开始符	
MAID	机器 ID,4 个字符	如 0502　1607
d	大小门标记	♯ 小门,＊ 大门
ss	门号	从 1 开始,最大 99
D	门开关状态	1 为关闭,0 为未关闭
VV	强电电压检测值	HEX 表达　实际电压/4　即单位 4 V
II	强电电流检测值	HEX 表达　实际电流＊10 即单位 百毫安(100 mA 或 0.1 A)
TT	门内温度	HEX 表达　单位 摄氏度
B	门内亮度	0～3
W0	过温阈值与设置值不符	可能出现 FLASHROM 写入故障或通信故障
W1	过流阈值与设置值不符	可能出现 FLASHROM 写入故障或通信故障
W2	因过温电源切断	门内温度持续一定时间均界于过温阈值之上
W3	因过流电源切断	门内强电电源电流过大,持续界于过流阈值之上(可反映某一小段时间内的瞬时功率过大)
F	风扇转速级别	0—3,门内温度到达(过温阈值－20)时,风扇运行
W4	风扇转速低	可能因风扇老化或外力造成低转速
W5	风扇异转	风扇在无驱动状态下,自转达到一定转速,可能因驱动芯片或外力造成其转动
W6	CPU 过压	CPU 内核电压超过 3.6 V,视为 CPU 稳压芯片异常,长期存在烧毁 CPU 风险
W7	CPU 欠压	CPU 内核电压超过 2.6 V,视为 CPU 稳压芯片异常,长期最终导致 CPU 不工作
W8	CPU 过温	CPU 内核温度过超过 35 ℃,视为 CPU 老化或损坏(CPU 电路损坏常伴有芯片温度上升)
C	功率因子	1 位 HEX 表达,0～F,乘以 5.625,结果为角度,此角度的 cos 值,即为功率因子,其参与有效功率计算,P＝V＊I＊C
bIO	备用 IO 数字采集通道	为今后功率扩展预留,可采集两路数字信号,0＝00 1＝01 2＝10 3＝11
RST	控制板复位	1 说明控制板刚刚完成一次自动重启有以下可能造成控制板自动重启 (1)CPU 跑飞死机(如 CPU 受到强电磁干扰等),自恢复机制会在 120s 后,强制 CPU 重启; (2)较长时间无内部数据链路通信,CPU 为排除自身硬件原因,会自重启; (3)CAN 总线通信出现较高错误率,CPU 自重启,试图重新建立稳定的 CAN 通信; …… 一定时间内,控制板复位的次数,一定程度上体现了工作稳定性
	注:若某仓位数据帧因故障无效,则其对应的数据帧内容用@填充(如门号外)	
$	机柜整体信息帧开始符	后面的数据用于描述除柜门之外其他的各项参数
tt	当前机柜中生效的在使用的过温阈值	其应与服务器端下发的过温阈值相符
oo	当前机柜中生效的在使用的过流阈值	其应与服务器端下发的过温阈值相符
ff	当前机柜中生效的在使用的通信频度因子	其应与服务器端下发的过温阈值相符
b	机柜后箱中的亮度	辅助检测后箱门无故打开

续表 9.2

c=	数据帧开始符	
TT	机柜后箱中的温度	辅助检测与评估散热效果
q	网络信号强度,RSSI	HEX 表达,0～F,即 0～15,最高信号越好,稳定的通信,此值应在 8 以上
VV	强电根电压	HEX 表达　实际电压/4　即单位 4 V
II	强电根电流	HEX 表达　实际电流 * 10 即单位百毫安(100 mA 或 0.1 A)
C	强电根功率因子	1 位 HEX 表达,0～F,乘以 5.625,结果为角度,此角度的 cos 值,即为功率因子,其参与有效功率计算,P＝V * I * C
CANRNT	主控对 CAN 总线通信的错误检测,并对 CAN 总线进行干预和维护的次数	此值越大,说明 CAN 通信质量越差,6 位 HEX 表达
FMVR	主控固件版本	如 1000,11ab 等,用于鉴别网络升级固件时的固件标识,升级成功后,则数据帧中的 FMVR 相应改变
CR	主控 CPU 自动重启的次数	可能造成主控 CPU 重启的情况 (1) 网络通信故障,导致主控在一段时间内频繁出现数据收发不畅,CPU 排除自身硬件因素,则自动重启 (2) 主控 CPU 跑飞,因自动复位机制,强行重启 (3) 因各种原因,主控进入死循环,自恢复机制,强行重启 (4) 因网络更新固件,成功后,主控 CPU 重启以使新固件生效 ……
MC	最近一次网络更新固件,向主控下载的固件是主控固件,还是控制板固件	(1) 主控最近一次下载的固件为主控固件 (0) 主控最后一次下载的固件为控制板固件协助区分网络固件更新时的固件类型,可通过主控间接向控制板进一步更新固件
WBDR	最近一次网络更新固件,其下载过程结束后的错误号	1 位 HEX 表达　0～F 0:通过网络更新固件成功 1:因 GPRS 网络离线或掉网造成固件升级失败 2:网络 HTTP 协议承载设置 1 错误 3:网络 HTTP 协议承载设置 2 错误 4:打开 GPRS 协议场景失败 5:场景开启后,IP 未获取成功 6:HTTP 协议初始化成功 7:设置 HTTP 协议参数 1 错误 8:设置 HTTP 协议参数 2 错误 9:访问 WEB 服务器目标文件,即 BIN 文件,失败或超时 A:下载过程中数据接收中断 B:下载后固件数据校验失败(下载数据有错) F:无网络更新固件的操作
BFN	大风扇列数	大风扇装于后箱柜门内侧,每一分机柜装 6 个大风扇,每一个分机柜称为 1 列,BFN 即为列数(BFN 现阶段取 0,即初期暂不使用大风扇)
CID	SIM 卡的 CCID	用此号码用于查询 SIM 卡流量情况

这个协议也不是一蹴而就的,而是在研发过程中不断生长出来的,加入了越来越多的一些考虑。W0～W8 主要是一些异常警告,再加上诸如复位次数、网络更新错误等,可以认为是设

备的自诊断。

设备的自诊断是非常重要的，这是工程师们应该引起重视的，即所谓的"反向设计"。通常来说，设备的正常功能只占研发工作的一半，甚至更少。更多的时间我们在考虑各种异常情况。我们一定要转变对功能设计的认识：功能正常是小概率事件，是脆弱而需要百般呵护的。任何一个异常都可能是灾难性的，直接让设备宕机。我们永远想不到所有的异常情况，但是作为工程师，我们应该尽力而为之。而且我们应该预留足够的调试接口，甚至是 backdoor（后门），最好是远程可干预的，以便在未知异常出现的时候，可以救我们一命。背着电脑经常跑现场解决问题的工程师，看似很辛苦，会受到不明就里之人的赞赏，说他们很勤奋，责任心爆棚。但其实多半是无能之辈，前期设计没有做好。而且费尽周折来到现场，也只是为了烧录个程序或修改个参数，这种事情完全可以远程来做。我知道很多项目，就是因为频繁出差解决问题，而吃掉了本就不多的利润，甚至还要倒贴。

"这样看来技术是很重要的，对创业起到了决定性的作用，你怎么说技术只占 10％呢？"这是一个相辅相成的关系。技术是敲门砖，如果你连这块砖都做不好，脆弱不堪，根本敲不开市场之门，那又何谈成功？当然，就算这块砖你做得坚固无比，轻松敲开了市场之门，在激烈的市场竞争之中，在商业层面上，你是否还能保持坚挺，这就属于那 90％的范畴了。

"项目时间那么紧，哪有时间考虑那么完善？尽快上市，占领先机才是最重要的！"没错，但凡有些运营概念的人，都会秉持市场优先的原则，所以研发周期经常被一压再压，这也就是工程师加班谢顶的根本原因。

（4）协议设计

充电柜的协议分为两大部分：主控与各控制板之间的 CAN 通信协议（还包括通过 CAN 来烧录固件的文件传输协议，这部分请详见"深入浅出话 Bootloader"一章）；主控与云端的通信协议。振南着重说一下后者。有人看到图 9.38 中所示的协议，可能会有些疑问："为什么协议要设计成这样？全部用 ASCII，为什么不用二进制呢，这样不是更节省流量吗？最前面的 c ＝是作什么的？"这主要是考虑后端便于解析，主控与云端采用 HTTP POST 的方式来传输数据（关于 HTTP 协议大家可以百度学习一下，在网络通信这方面还是很有用的）。振南把主控与云端通信的 log 给大家看一下。

```
POST /status.php HTTP/1.1
Host：59.110.127.207
Content－Type：application/x－www－form－urlencoded
Content－Length：214
c＝0a21♯01＠＠＠＠＠＠＠＠＠＠＠♯02＠＠＠＠＠＠＠＠＠＠＠♯03＠＠＠＠＠＠＠＠＠＠＠♯04＠＠
＠＠＠＠＠＠＠＠＠♯05＠＠＠＠＠＠＠＠＠＠＠♯06＠＠＠＠＠＠＠＠＠＠＠♯07＠＠＠＠＠＠＠＠＠＠＠♯08
＠＠＠＠＠＠＠＠＠＠＠♯09＠＠＠＠＠＠＠＠＠＠＠♯10＠＠＠＠＠＠＠＠＠＠＠♯11＠＠＠＠＠＠＠＠＠＠＠
♯12＠＠＠＠＠＠＠＠＠＠＠＊13＠＠＠＠＠＠＠＠＠＠＠＊14＠＠＠＠＠＠＠＠＠＠＠＊15＠＠＠＠＠＠＠＠＠
＠＠＊16＠＠＠＠＠＠＠＠＠＠＠
SEND OK
HTTP/1.1 200 OK
```

云端的 HTTP 服务在收到这个 POST 请求之后，会使用 status.php 这个脚本对其进行处理。在 PHP 中，我们可以简单地通过 $_POST["c"] 来获取到 c 这个参数的值，也就是 c＝后面的那个长长的字符串。而之所以使用 ASCII 传输，一方面是因为 HTTP 是一种文本传输协议，比较适合于传输 ASCII（当然它也是可以传输二进制的，大家可以了解一下 Base64 编码,本书中也有讲解,请见"大话文件传输"一章);另一方面是服务器后端脚本处理字符串比处理二进制要更加方便高效。

(5) CAN ID 的自动分配

既然使用了现场总线的硬件架构,那就躲不开地址或 ID 分配的问题。主控好说,CAN ID 固定为 1,主要是数量众多的控制板。为了解决这一问题,我在控制板上设置了拨码开关,如图 9.39 所示。

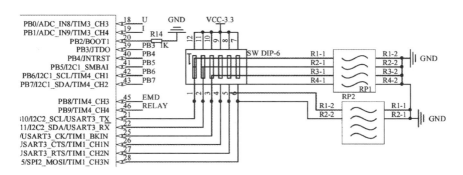

图 9.39　充电柜控制板上的 6 位拨码开关

后来我发现靠拨码开关根本不现实,因为人是会犯错的,尤其还是二进制。所以,我在考虑如何实现 CANID 的自动分配,请看图 9.40。

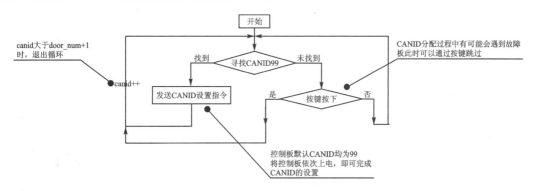

图 9.40　控制板 CANID 的自动分配方法

这样,只需要通过 Shell 命令让主控执行 CANID 自动分配程序,然后再将控制板按编号顺序依次上电,即可实现 CANID 的设置。这种方法极大地提高了后期的出货效率。

关于充电柜技术方面的内容振南就讲这么多,其中的设计思想和方法希望可以对您的项目起到参考作用。

9.4　智能充电柜的市场投放

在经历了两个月的研发之后,样机完成了。

整个项目重心开始向批量部署、市场投放倾斜。此时最重要的资源已不再是研发,而是渠道,需要 WK 的时候到了。

9.4.1 批量装配

一旦开始批量部署，那对于生产装配的压力就大了很多。为了提高装配效率，我采用了以下方法：

（1）对 STM32 进行批量预烧录（直接烧录大 BIN，也就是将 BL＋APP＋参数区融合为一个大的 BIN 文件），然后再上 SMT 焊接；

（2）所有配件，如线缆、接头、护板等，一律做成标准件，易于装配；

（3）所有的 PCB、线缆等全部带有方向标记或防呆设计，减少装配错误；

（4）招聘临时工，编写标准化操作手册（SOP），提高装配并行度和标准化度；

（5）建立库存缓冲，预防安装部署需求和数量激增；

（6）人员全部转向现场推广与技术支持。

此时，箱柜厂在九序仓库的租期到了，新的仓库地址还没有定下来。所以我们不能再在九旭仓库干活了。我们把阵地转移到了北京昌平半截塔村的一处平房，如图 9.41 所示。

从图中可以看到，房子还是很简陋的，当时已经是 11 月中旬了，气温非常低，房子里没有暖气，而且还四面透风，好处是价格非常便宜。条件可谓是非常艰苦，但是为了把事做成这都不算什么，如图 9.42 所示。

图 9.41　充电柜的集中装配地(北京昌平半截塔村某平房)

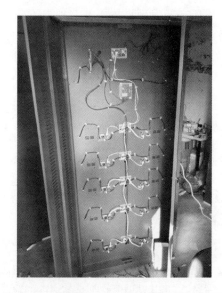

图 9.42　半截塔村的平房中进行充电柜装配

WK 的渠道能力还是可以的，基本上部署位置都是北京市中心的小区、旅游街区等。接下来，就是历时 3 个月的高强度工作了。

9.4.2　角色的频繁转换

临时工不是随时都能招到的，这个时候我和 WK 就要亲自装配，其实就算有临时工，我们也要留一个人来看家，一方面是监督，一方面是解决装配过程中的一些问题。最难的是春节前的一段时间，气温降到了 −10 ℃，而且招不到人，部署量又激增，我和 WK 基本上处于连轴转的状态，每天凌晨 3∶00 开始干，一直到晚上 12∶00。这过程中还要联系货车物流、跟场安装等等。

到了现场,有时候我是弱电工、有时候是硬件工程师、有时候是解说员、有时候……几十个点位的部署安装,我们就是在这样的频繁角色转换中完成的。比起下雨,我们其实更担心的是下雪,尤其是下雪＋刮风。因为雪花会被风侧着吹进柜子后身门扇上的散热排孔里,从而有可能导致电路板短路(虽然散热排孔是采用倒孔设计的)。

安装部署是一个重复性的工作,繁忙而又低级,所以也什么好说的。

9.4.3 现场掠影

还是给大家多放一些现场的照片吧,一图顶千言,如图 9.43～图 9.48 所示。

图 9.43 在某政府大院部署的充电柜

图 9.44 在某小区部署的充电柜(在解决地面不平的问题)

图 9.45　在南锣鼓巷部署的充电柜

图 9.46　WK 在现场为用户亲自讲解和推广

图 9.47　一位大姐正在扫码充电

图 9.48　我们的充电服务微信公众号

9.4.4　用户的诉求

在部署了几十个点位之后,我们收集到了大量的用户反馈意见和建议,同时还有大量的订单数据。

最大的建议是增加拉线充电方式。有很多电动车的电池不易拆卸的,希望能够从仓位中拉出一根延长线,直接插到电动车上进行充电。于是我们就在仓位里放了一根延长线,如图 9.49 所示。

图 9.49　仓位中的充电延长线

用户仍然是将自己的充电器放在仓位之中,然后输出端接上延长线,从柜门中伸出来。所以,我们还要对柜门进行改造,就是在门边上开一个小孔,如图 9.50 和图 9.51 所示。

图 9.50　充电延长线从柜门的小孔中伸出

图 9.51　使用延长线方式对大型电池和电动车进行柜外充电

9.4.5　运营分析

充电柜投放出去之后,我们要密切关注它的使用情况,这作为关键的市场运营数据,直接决定了这种商业模式是否成功,继而决定了后期融资是否顺利。我作为技术入股,虽然不擅市场运营,但是我对于运营情况也是非常关注的,毕竟一荣俱荣。

我没有依赖小贾(软件工程师)去开发什么数据分析之类的功能,我更相信第一手数据。我在嵌入式程序中留了一个后门,如图 9.52 所示。

主控会每隔 fcom 秒(fcom 可配置),向服务器上传一帧数据(同时服务器会以 HTTP 回文方式下发指令)。而当上传次数大于 second_server_cnt(可配置)的时候,就会转而向另一个服务器上传,同时将上传次数清零。通过这种方式我可以从我的私人服务器上得到第一手数据。而我要做的就是使用 PHP 写一个脚本，来解析数据，并直观地呈现出来，如图 9.53 所示。

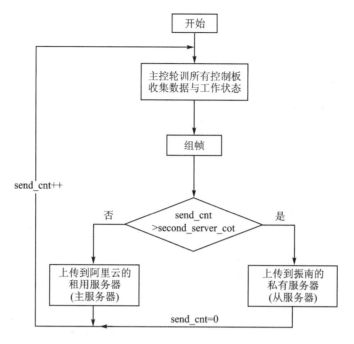

图 9.52　主控嵌入式程序中的后门（定时向从服务器发送一帧数据）

　　从图 9.53 中可以看到，这台充电柜的机器 ID 是 0101，电力线根电流 6.7 A。下面的每一行记录就是每一个仓位的数据。深色的是有订单，灰色是正常等待下单，而白色则表示故障或因各种原因未启用。图中的数据是 2018-3-17 2：07 的数据，可以看到订单覆盖率还是比较高的。这说明电动车共享充电这种模式是成功的，用户的充电需求是比较大的。这一切都是后期融资扩张的基础，会被写入商业计划书中。

9.4.6　奇怪的用户行为

　　在对大量的订单数据进行分析的过程中，我发现有很多订单的行为非常诡异，百思不得其解，迫使我跑到现场去看到底是怎么回事。

　　我说一个最典型的例子：有一个订单，柜门开启了，也关上了，但是插座上并没有任何用电器（插座会检测是否有用电器插入，如果没有它是不会接通的）。在几个小时之后，柜被打开，又关上，订单付款正常结束。这期间没有任何的投诉电话或故障报警。似乎是用户自己很愿意这么干，而且这样的订单还不少，这让我非常疑惑。于是我挑了一个正在进行中的类似订单，跑到现场去看。通过后台的开门指令，打开柜门，让我吃惊的一幕发生了，里面赫然摆放着一杯奶茶。我立即明白了，很多人把充电柜当储物柜来用，这种订单在旅游区比较常见。这又是一个很好的盈利点！

　　其他的奇怪订单还有：为了好玩而下单的体验者；手机没电了用充电柜来充手机；用充电柜烧热水；用充电柜来充暖宝宝……充电柜一跃成了人们的生活必需品。

　　这些意外的应用场景，也只有真正将设备置于市场之中，才能挖掘出来。

14	2018-03-17 02:07:22	下次数 断统计 时间: 2:42:22	CCID: 898602b9101780034394		控制板 切电次 数:1	服务记录表: 8A4A92] 0000000000	坏机记录表: 200008[0000000000																
机器ID	触计数	过温阈值(摄氏度)	过流阈值(安)		通信频度(秒)	主控亮度(级)	主控温度(摄氏度)	信号强度	根电压(伏)	根电流(安)	极功率因子(角度)	主控供电	主控内温	CAN链重启(次)	主控重启(次)	网更主从	网更结果	备用模拟通道(8位)	备用数字通道(1位)	主控版本				
【0101】	473	50	1.3		1	2	12	22	220	6.7	11.25	正常	正常	5064	1	未网更	未网更	7E	·	100h				
门编号	门状态	门电压(伏)	门电流(安)		门功率因子(角度)	门温度(摄氏度)	门亮度(级)	风扇转速(级)	备用数字通道(2位)	重启	温阈未匹	截阈未匹	过温	过流	风扇未转	风扇未停	控制板供电	控制板内温	命令执行	控制板版本				

图 9.53　实际的运营数据

"既然有这么多的盈利点，又这么受人欢迎，那融资一定是非常顺利的吧?"并不是，创业的阴云最终到来了。

9.5　智能充电柜的资金瓶颈

　　和大多数的共享类项目一样,共享充电柜市场投放和用户培养是需要烧钱的,叫得很响但是回本盈利周期比较长。共享单车、共享汽车、共享雨伞等,其实都是共享经济的衍生物或者说是牺牲品,赚人气,但并不赚钱。

　　WK 是一个真正想创业的人。在将近半年的过程中,他的创业之心渗透到了很多细节之中,这也是我在中后期已经不再怀疑他,而把全部精力投进去的原因。说到压力,WK 的压力其实比我更大,因为整个项目都是他出资来支撑的。基本上每天都在支出,研发、物料、招人、物流等。要推动 50 个点位的安装部署,你们可能想不到需要多少资金:一个点位的物业费用要 2 万元,其他还有充电柜本身成本、电费等,总计要 4～5 万元,50 个点位就是 200～250 万元。而且这也仅仅是为了拿到运营数据,并没有利润。以个人之力,要支撑这样的项目是不可想象的,融资压力迫在眉睫。

　　2018 年 2 月中旬。

　　"WK,我一直没问你,最近融资的事情怎么样?"我似乎是在质问 WK。

　　"不太好,现在的融资环境大不如以前了,投资人都很谨慎。这要放以前,一个 PPT 就搞定了。"WK 有点不好意思。

　　沉默……

　　2018 年 2 月下旬。

　　"最近融资怎么样?"

　　"找了深创投,还有几家,还有几个投资人。"WK 说。

　　"他们怎么说?"

　　"说我们的充电柜太重资产了。我再找找,别急。"WK 似乎有点哽咽了。

　　"那你加油,有什么需要我做的尽管说。"

　　"好的,于哥!"

　　2018 年 3 月中旬。

　　"WK,融资怎么样?尽快融资,我们就可以做第二代充电柜了,现在的充电柜还是有一些问题的。"我说。

　　"我正在和海尔谈,他们承诺我们可以在他们的点位上免费入场,但是我这真是没钱了,已经投出去 200 多万了,再等等……"WK 安慰道,但其实他才是压力最大的人。

　　2018 年 3 月底。

　　"南哥,我正在和某集团北京大区总经理在谈,他们有意向。"WK 说。

　　"那好啊,加油!"

　　2018 年 4 月。

　　……

　　随着最终融资的迟迟不到位,WK 的资金逐渐油尽灯枯,无法再支撑日常运营,最终偃旗息鼓。历时半年的电动车共享充电柜项目最终以失败告终。而随之付诸东流的是那 200 多万

的个人资金，还有以我一己之力构建的充电柜产品以及宝贵如金的时光。

在创业的逆流之中，在泥石俱下的大环境当中，我们的付出又算什么？

关于共享充电柜这个创业项目，振南就说这么多。

本章开头振南说百感交集，其实更多的思绪是遗憾。"那电动车共享充电这个概念是否得到了市场的认可呢？"后来我们发现有一些同类品牌开始占据市场，如小绿人等。

也许是我们激活了这个概念，但是资本一直在新概念面前犹豫不定。而资金更加雄厚的公司，在这种刺激之下，开始入场、发展、壮大、稳住资本，继续扩张。这就是生态，在这个生态之中，微小的创业团队，满怀激情的创业者，或者星火燎原，或者就此倒下！

本章相关的技术资料，如源代码、电路图、协议文档等均可在振南网站下载：www.znmcu.com。

在创业的道路上，有一个好的合伙人是极有必要的，可以相互取长补短，各自发挥强项，共同成就事业。WK算是一个比较好的合伙人，有付出、有默契、有资源。振南以前一直认为，一个人就可以顶起一番事业，自认为技术很强，没有什么是解决不了的。但是慢慢地我发现，仅凭个人是很难成功的。其原因在于多方面：个人的认知偏差、性格、精力等。创业就是无数的抉择，往往一旦决策失误，就会落得万劫不复的下场。所以，大多数人都喜欢去追随大佬精英，因为他们往往都是正确的。

有人会问："于老师，您现在在做什么项目？或者在创业吗？"是的，在撰写此书的后期，2022年11月底，我开始全职创业做知识付费，郭天祥老师也回归到这条老路上了，我们计划在这条路了，继续创造辉煌。

十几年前，我们一直都是在单打独斗，甚至是各自为战。十几年后，我们该经历的都经历过了，该醒悟的也都醒悟了。一个人的成功不是成功，让所有人一起实现价值才是最大的成功。

所以，我们发布了"合伙人计划"，面向全社会公开，诚招合伙人，让大家都有机会加入到知识付费这项事业中来！如果您有心、有志向、有意愿，请加我们吧！

想成为合伙人，请加振南个人微信 ZN_1234。

第 **10** 章

我的无人智能便利店项目纪实

2018 年我从一次会议上认识了 ABC 集团(以下简称 ABC)的硬件业务主体 COO(首席运营官)YY。唉? 2018 年你不是还在做充电柜吗? 是的,在融资无望的关头,我开始选择向高端职位跳槽。YY 在听了我的充电柜创业经历后,非常看好这个项目,同时对我的技术能力和创业激情表示赞赏。然后 YY 给你投钱了? 没有。虽然他看好充电柜这个项目,但是这与 ABC 集团的发展方向不符(ABC 集团是做连锁便利店的),所以他并没有考虑这个项目。但是他们正在做无人便利店,希望我能加入,在考虑了几天之后,我答应了。从此我也开始真正意义上开始带团队,奠定了后面的硬件 VP 的基础。

10.1 ABC 背景往事

10.1.1 入局新零售

ABC 的创立:某大型互联网公司的创始人 XX 从 CEO 的位置上卸任,带着 100 亿美元另立门户,也就是 ABC。他的目的是超越诸如 7-11、全时等传统便利店。他认为复杂琐碎的便利店业务仅靠人脑是无法做出高水平的决策的,而这些用计算机和互联网则非常适合。通过高度优化的统筹和算法,可以让很多事情都按照最优化的方案来进行。而且这无形之中减少了人工成本。这就是 XX 所构想的以科技为基础的商业帝国。

10.1.2 新兴冲浪者

2016~2018 年共享经济的浪潮扑面而来,汹涌澎湃。ABC 也成为浪潮之中的冲浪者。它不用担心资金的问题,有大把的筹码去试错。它成立了子公司专门来做共享类产品,涉及的面非常广,有共享晴雨伞、共享单车、共享充电宝、共享打印机等。

2017 年阿里在杭州率先推出了无人智能便利店,随后同类的品牌丛立而起,比如 BingoBox(缤果盒子)、在楼下、云拿科技等。ABC 作为便利店的新进选手,而且还有专门的硬件子公司,当然要在无人便利店这个档口摆它一刀了。于是名为"小小幸福"的无人智能便利店开始在北京开张营业。

无人店理念和意义深远。在无人店验证成功的一些技术,开始出现在门店之中,比如无人收银、无人盘点、商品图像识别等。这进一步降低了门店的人力成本，一店一人，甚至多店一人成为可能。

"唉？振南，我对商品的图像识别挺感兴趣，能详细讲讲吗?"别急，本章将用很大的篇幅来讲解无人店里的这些解决方案和技术。

10.1.3 创业黑历史

ABC 在共享经济之前，其实就已经开始入局无人售货了，那就是它的 X 小柜，即无人货柜。这种东西可以很好地与便利店形成互补，便利店部署不到的地方，无人货柜却可以，比如公司内部、娱乐场所、公园广场等。不要小看无人货柜，它里面包含着很多的技术。

ABC 在 X 小柜初期，并没有想往它上面投入太多的研发资源。因为这毕竟是重资产的项目，控制 X 小柜的成本是最重要的。它把太多的希望寄托在用户的自觉和道德约束上，心存侥幸地认为：人们会拿货付款，这是最基本的品质。于是，向市场投放了 100 万台 X 小柜。

在迅速占领市场的同时，它对人性的高估也最终让他付出了惨重的代价，投放首月的盗损率高于 50%。第一期的 X 小柜以失败和召回告终，如图 10.1 所示。（无人货柜与自助售货机还是有本质区别的，前者能够贩卖的产品种类更丰富，而且不采用掉落方式出货，而是扫码开门自取方式。）

知道了这段历史之后，我明白了：创业面前人人都一样，该犯的错误都会犯，没有人能在一开始规划好一切，计划没有变化快。不

图 10.1　无人货柜

同在于：有更多筹码的人，有更多的试错机会，他们可以大不了从头再来。

10.2　初代无人店

进入 ABC 之后，无人店这方面几乎是从零开始。准确点说，只有一些设计创意和草图。无人店应该叫"集装箱式无人便利店"，它的基本形式或载体是经过改造的集装箱，如图 10.2 所示。

初代无人店相对比较朴素，很多方面考虑都不甚完善。难点主要有两个，这也是一直贯穿始终的难点，同时也是无人便利店这个行业共同的难点：

（1）无人收银（主要是商品识别和结算）；

（2）防盗损（商品非法出店和店内人员行为分析）。

初代的无人收银台在商品识别和结算方面借鉴了 X 小柜后期的升级方案。这里有必要先介绍一下 X 小柜是如何实现商品识别的。

图 10.2　集装箱式无人便利店效果图

1. 基于 RFID 的商品识别

你可能使用过无人货柜,如果你留意过商品外包装的话,就会发现一个类似贴纸的东西(RFID 标签),如图 10.3 所示。

图 10.3　X 小柜中商品上均贴有 RFID 标签

而且 RFID 标签一般都贴在商品靠顶端的位置上,这是为什么？通过图 10.4 大家就明白了。

X 小柜中的层板下方其实是 RFID 读/写器的天线,通过它可以读取这一层的 RFID 标签,如图 10.5 所示。它不会穿透这一层,读到下一层吗? 一般不会。一方面 RFID 天线的功率是经过调节的,使其不会太大;另一方面层板有屏蔽。而且就算读到了其他层的标签,问题也不大,可以通过软件处理。

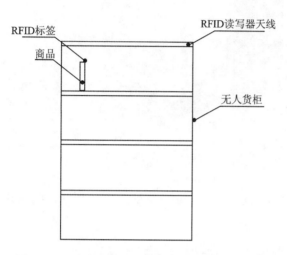

图 10.4　X 小柜中使用 RFID 进行商品识别的原理

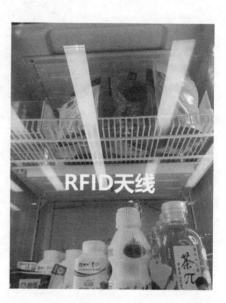

图 10.5　X 小柜层板下方的 RFID 天线

2. 基于 RFID 的无人收银台

基于 RFID 的无人收银台,如图 10.6 所示。

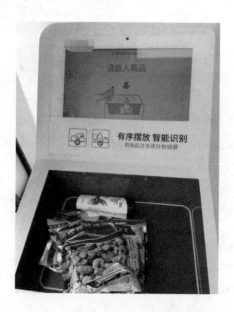

图 10.6　基于 RFID 的无人收银台

无人收银台的商品放置区是一个"方坑",在它的 5 个面上装有 8 个 RFID 天线(一个读/写器是可以带多个天线的,如图 10.7 所示)。顾客在结算时,将贴有 RFID 标签的商品放到"方坑"之中,收银台的屏幕上就会显示出相应的商品列表,然后通过二维码,即可完成扫码付款。

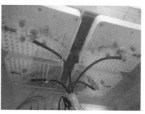

图 10.7   支持多分支天线的 RFID 读写器以及"方坑"下方的 4 个天线

这样看来,顾客体验似乎不错,基本上是无感支付。看似不错,但实际上有很多的问题,有些甚至是致命的。

3. RFID 的弊端

我对 RFID 的优缺点进行了深入的分析(深入分析的目的其实是为了说服 ABC 采用比 RFID 更先进的方案)。

缺点:

(1) 受金属影响大(由于金属的静电屏蔽效应,对射频信号造成了衰减);

(2) 受液体影响大(由于液体对高频电磁波的吸收效应);

(3) 受商品标签摆放位置影响较大,"方坑"存在信号死区;

(4) 识别率与标签在商品包装上粘贴的位置有很大关系,尤其是含液体的商品或有金属包装的商品 ;

(5) 标签批次质量差异性不可靠,有一定标签故障率(死签率);

(6) 受商品表面材质与温湿度影响较大,标签易脱落 ;

(7) RFID 标签本身成本较高(一亿片单片价格也要到 3 毛钱左右);

(8) 打签、贴签以及商品与 RFID 对应关系的维护需要大量人工成本 。

优点就是用户进行商品结算时的人工介入度低,体验比较好。

这些弊端并不是理论上存在的,也不是小概率事情,而是真真切切经常发生在顾客结算过程中的。(无人店运营初期,我们专门雇了一个人在店里为顾客解决各种问题。因为 RFID 标签的识别问题,把他搞得焦头烂额。)因为这些问题,初期无人店的盗损率在 30%~40%,甚至更高。我建议高层放弃 RFID,改用更好的方案。高层的意思是能不能在 RFID 的基础上去改进一下,看来要上新东西,就一定要先让高层死心。

于是,我做了以下的改进:

(1) 采用防金属标签,成本较高,贴签操作的规范性要求更高;

(2) 采用防液体标签,成本较高;

(3) 采用 3D 标签(其信号接收从平面改为多面,感兴趣的可以研究了解一下),改善因为摆放位置造成的信号接收问题,成本较高;

(4) 增大 RFID 发射天线功率,带来信号发散与反射问题,造成附近商品误读;

（5）对 RFID 标签质量进行逐一测试，增加人工成本。

并对改进后的 RFID 方案进行了测试：

（1）无液体无金属商品，规则摆放，识别率 95% 以上；

（2）液体商品，标签可见，识别率 70% 以上；

（3）液体商品，标签压于下方，识别率 20% 左右或更低；

（4）金属包装，标签贴于包装外缘，伸出，识别率 90% 以上；

（5）金属包装，标签贴于包装体表，不露出，识别率 20% 或更低；

（6）多标签重叠，无金属无液体，识别率 80% 以上；

（7）多标签重叠，有金属或液体商品，压于上方或覆盖，识别率 30% 或更低（甚至重叠的多标签均不能读出）。

改进后的效果很显然不尽如人意，而且成本更高。此时，一个质疑就凸显出来了：为什么 X 小柜上使用 RFID 效果很好，而无人收银台却不行？答案很明显，因为 X 小柜中的商品摆放更加规则，而且标签都贴在商品顶端，还有就是标签的主要部分基本都是悬空的，并没有与包装贴合。再仔细看看，如图 10.8 所示。

相比之下，无人收银台中的商品标签就五花八门了，如图 10.9 所示。

图 10.8　X 小柜中的 RFID 标签均是
统一的铺平式摆放（正对天线）

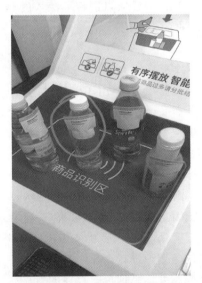

图 10.9　无人收银台中的商品
标签没有规则性

强行要求顾客按某种特定方式去摆放商品？这显然不可行，体验极差。

那能不能把 RFID 天线的功率开得大一些？这样带来的问题更大。因为电磁波遇到金属是会反射的。集装箱整体都是钢结构，墙面是彩钢瓦，墙内壁是保温石棉，如图 10.10 所示。

而且店里的 SKU（最小存货单位，在新零售中一般是指商品品类）非常多，摆货也很密集，如图 10.11 所示。

可想而知，RFID 信号如果非常强，就会在店里来回反射，最终的结果就是在顾客结算的时候商品列表上会显示出很多多余的商品。比如购买一个口香糖，结果结算显示好几千块钱。这对于顾客体验是致命性的，会觉得 ABC 非常不靠谱。最终的结果就是坏事传千里，导致整

图 10.10　ABC 无人便利店整体实物图

图 10.11　无人店里的实际布局(拍摄位置为安全走廊监控)

个无人店项目失败。这种多扫比漏扫的后果要严重得多。

　　我们确实在 RFID 发射功率这方面下过功夫,希望功率足以覆盖到"方坑"中的所有商品,同时又不至于殃及其他周边的商品。我们在墙壁上贴了吸波材料,试图防止反射。但是最终的效果也不理想。

4. 基于 RFID 的安全门

　　安全门的目的是为了解决第二个问题:防盗损。说白了,就是为了防止某些顾客偷盗店里的商品,或者是无意间带走未经结账的商品(比如收银台漏扫等)。安全门实际上是一个出入便利店的走廊,顾客进来的时候不会检查,而出去的时候就会检查其身上是否有夹带商品。这个走廊如图 10.12 所示。

（1）如何判断进门还是出门？

这个问题比较好解决，如图 10.13 所示。

通过判断两个红外接收头被遮挡的顺序，就可以知道顾客是进还是出了。其实这种应用很多被用于人流量检测，比如地铁口、车站、超市等。

（2）如何检测顾客身上有未结算的商品？

我们在走廊的内壁中安装了多个 RFID 天线，如图 10.14 所示。当顾客拎着商品从安全走廊走过时，就会对标签进行识别。那些在收银台上结算过的商品的 RFID，会被标识为已支付，而如果识别到未结算商品的 RFID，则会语音提示"有未结算商品，请重新结算或放回货架"。

当然，RFID 的诸多缺陷同样殃及到了安全门。

金属包装、水等类的商品，依然会被安全门无视。最严重的还不是这个，而是有些标签识别不稳定，在收银台上未被识别（可能是因为商品相互遮挡等原因），但是到了安全门这里却被识别出来了，这样就会导致顾客无法出门，莫名其妙地被锁在店里。所以针对这种情况，我们后来还在店里加装了一键呼救。这样一来，无人店简直成了锁人的魔窟，谁还敢来？

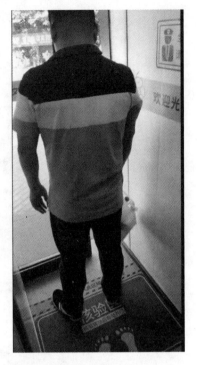

图 10.12　进出无人便利店的走廊（安全门）

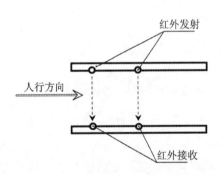

图 10.13　人行方向判断原理示意图

图 10.14　走廊侧壁（木制）安装了多个 RFID 天线

10.3　第二代无人店

RFID 在无人店中的使用被彻底否决。继而我带领团队开始投入新方案的研发，当然核心还是为了解决那两个问题：无人收银和防盗损。

"我觉得你们有一点闭门造车的意思，应该投起头来，看看行业内的同类产品是怎么解决这两个问题的!"没错,是该抬头看看的时候了,以免从一个坑跳到另一个坑里。于是我们参加了 2018 年的上海无人零售展。

10.3.1　上海无人零售展大赏

我们花了两天的时间来参观整个无人零售展,振南把一些主要的见闻给大家分享一下。

1. 总体介绍

上海的无人零售展每年都会举办,我参加的那一年是在新国际博览中心。展会上会涉及无人值守零售终端与相关的技术及产品。(其实这个展会就是行业内各大厂商推广营销的平台,所以他们一定会把最好的东西展现出来,甚至是下一代的概念化的东西。)

(1) 无人值守零售终端

① 无人零售店/便利店、无人娱乐与休闲服务(迷你 KTV、电影院、健身房、球房等)、无人餐饮厅、无人加油站、自助洗衣及相关无人便民服务等;

② 智能售货机(饮料机、综合机、便利柜、咖啡机、售饭机、自助派发机等);

③ 开放货架及办公室零售服务等。

(2) 无人值守零售技术及产品

① 视觉图像识别技术,生物识别技术,目标跟踪技术及相关的 AI 技术,结算意图识别和交易系统,电子标签、射频识别(RFID)技术、自助检测与跟踪系统、商品信息采集技术、二维码、条形码技术,视频安防解决方案等。

② 数字化门店、智能货架、智能柜、智能购物车、智能包装、服务机器人、商品快速装袋设施、出入口设备、集装箱盒子等;

③ 智能收银、自动结算及相关货币解决方案,相关打印技术及耗材;

④ 大数据分析、消费者形象刻画、IOT(物联网)、区块链、语音助理、客户感知技术、商品感知、客流分析等。

2. 掠影与介绍

无人零售展涉及的内容非常多,但是我们主要关注的还是无人便利店。所以,振南仅对无人店进行介绍。

我们所看到的无人店主要有两种形式:无人货柜集成式和集装箱式。

前者简单地对自助贩卖机或无人货柜进行堆拼,美其名曰"无人便利店",混淆视听,如图 10.15 所示。

集装箱式:在箱体结构和外观上各家基本是一样的,不同点在于:商品识别、无人收银以及防盗等方面的技术实现。这也是最大的难点和瓶颈! 让我们来看看各家的无人店是怎么样的。(以下品牌在振南落于笔下之时可能已经消亡或者退圈了,大家不必较真,而且以下内容仅代表振南个人观点。)

(1) 智享易站(见图 10.16)

我们听了享易站 CEO 的现场宣讲,其中有一句:"新零售不只是一个风口,更是一个时代。"我记忆深刻。他还重调了他们的使命是:"以全渠道和泛零售形态更好地满足消费者购物、娱乐、社交多维一体需求的综合零售业态!"我想这也应该是我们的使命。

后来他又提出了"人—货—场"的概念:

图 10.15 堆拼而成的所谓"无人便利店"

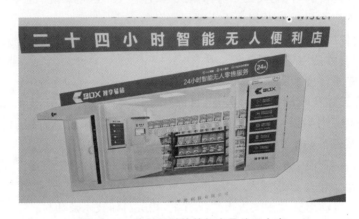

图 10.16 倍便利科技的智享易站无人店

① 零售通路的效率提升，即 AI、数据、供应链、物流的重构与组合应用；

② 新零售的实践在新模式为主、新技术为辅的双重驱动下，对"人－货－场"三要素关系的重塑，而其中最重要的是对于连接人与货的"场"，即零售消费场景的重新定义和探索；

③ 关注"创"和"体验"使得千店千面店铺购买千店一面。

我知道，很多人参加展会的时候并不会仔细关注这些宣讲性的、文字性的东西，但是当你仔细聆听并深入思考之后，你可能会产生认同感并重新认识它。

逛店体验，如图 10.17 所示。

智享易站采用手机扫码或者直接扫脸开门的方式。（这一点我们已经实现了，来看看我们的，如图 10.18 所示。）

店内的商品布局和陈列没什么不同（所有集装箱店内布局都差不多）。我比较关注的是它的商品识别和结算方式，如图 10.19 所示。

它的"方坑"变成了货箱，而商品识别采用纯图像识别方式来实现，摄像头在货箱上方，采用单摄像头。

在结算支付上它比较有特色，除了微信支付，还支持刷眼支付（虹膜识别），如图 10.20 所示。

图 10.17　智享易站的扫码开门

图 10.18　我们的"小小幸福"无人店的扫码开门

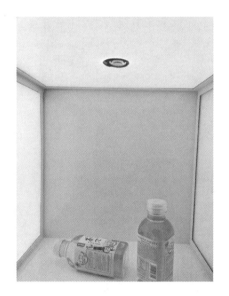

图 10.19　商品识别采用纯图像识别

图 10.20　支付方式采用微信支付与刷眼支付

　　智享易站确实非常有新意,但是实际商品识别准确率如何就不知道了。还有就是它的出门审核(安全门)是如何实现的没有体会到。(似乎出门的时候没有这个环节,那盗损岂不是比较高? 也许它有更高明的方案。)

　　还有一点是很值得学习的,可以说它是解决无人店第二个难题的另一种思路(但它也只是一种思路,实际上并不可行),如图 10.21 所示。

　　无人店,或者是无人货柜,甚至说所有无人值守模式下的产品,其实都是与人性在打擦边球。所有缜密的防护措施都是建立在人心向善的基础上的。如果人可以突道德下限,那一切技术都是徒劳的。

这样的行为有以下几种，只有你想不到，没有他做不到：

① 店内直接偷吃；

② 顾客里应外合（一个人在店内拿商品，另一个人在店外扫码开门，然后将商品扔出去）；

③ 顾客将商品放进金属盒子（因为金属盒子对于电磁波来说就是黑洞）；

④ 无人货柜扫码开门后拿出商品，然后将RFID标签留下；

⑤ 在核验区（安全走廊）直接趴下；

……

当然，其实并没有真正意义上的无人店，店是有监控的，任何顾客的不法行为，最终都会被记录到，进而追查报警，继而付出代价。

图 10.21 店内行为识别（可解决店内偷吃等问题）

(2) 缤果盒子（BingoBox）

缤果盒子可能是所有同类品牌中最有名的一个，它的知名度非常高，它也是一直做到现在，没有退出的少数几个品牌之一（这里算是一个伏笔，大家懂的）。

来看一下缤果盒子，如图 10.22 和 10.23 所示。

图 10.22 缤果盒子无人便利让的外观（左侧）

依然是扫码开门，直接来看它的无人收银和防盗损，如图 10.24 所示。

缤果盒子也是采用货箱内图像识别方式来实现商品识别，而且它是双摄像头，如图 10.25所示。我们考虑这主要是为了解决商品堆叠遮挡的问题。看来图像识别是现在商品识别方面比较主流的方案了。

在防盗方面，它也有安全走廊，人走到这里需要驻足等待检查。它可以检测出未结算的商品，即使是把商品放进包里。它可能用的是 RFID 标签或者其他标签，比如 AM（后面对 AM会进行详细介绍），但是我们并没有在它商品包装上看到贴有标签。我们询问了工作人员，但

图 10.23　缤果盒子无人便利让的外观(右侧)

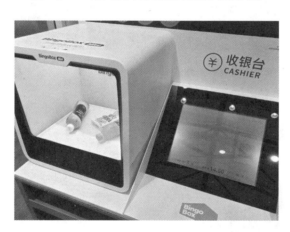

图 10.24　缤果盒子的无人收银方案

是没有得到有价值的答复。所以,最终我们还是没有搞明白它的原理(大家可以研究一下),如图 10.26 所示。

它在安全走廊的侧壁上配有一个显示屏和摄像头。对于没有购物的顾客可以直接扫脸出门。这说明缤果盒子有强大的店内人脸追踪机制,它知道哪些人购买了商品,而哪些人没有购买。

另外值得关注的是它的收银台的整体设计,如图 10.27 所示。

可以看到,收银中上方有一个大屏,播放缤果盒子的宣传视频以及逛店指南。在下面有几排小货架摆放一些小商品。这些是我们可以借鉴的。

"我还是对商品识别比较好奇,它到底效果怎么样呢?"那我们来测评一下,如图 10.28 所示。

水和瓜子识别没问题,我放入了一张宣传册,结果识别成了"丝袜"。图像识别是无人店商品识别的主流方案和发展趋势,但是仍然有技术瓶颈。问题主要集中在:商品识别率与商品遮挡。

（3）苏　猫

图 10.25　缤果盒子采用双摄像头＋称重
方式来实现商品识别

图 10.26　缤果盒子的安全走廊

图 10.27　缤果盒子无人收银台的整体设计

图 10.28　缤果盒子使用图像识别方案的商品识别

我们来看一下苏猫无人店(它的业务流程比较烦琐,给人的体验并不太好),如图 10.29 所示。

图 10.29　苏猫无人店的外观

扫码开门,进门之后首先进入一个感应区,等待里面一道门打开,推门进入店内,如图 10.30 所示。这样的设计我们考虑:

① 检测顾客自带的第三方 RFID 标签,最终可能导致不能出店;

② 检测人体,防止店里顾客从此门出去(也就是说它还有一个专门用于出店的门)。

图 10.30　扫码开门先进感应区再进店

这就是我说它有点烦琐的原因。再来看看它的无人收银方案,如图 10.31 所示。

这采用了 RFID 标签。好吧,毫无新意。再来看看它的防盗损设计,如图 10.32 所示。

从出口出来,先进入 RFID 检测区,通过后,再推一道门出来。总共算下来,它有五道门:两道进门、两道出门、一道紧急出口。流程如此冗长,跟走迷宫一样。不过一家无人店,倒是可以救活一个门窗厂。（以上文字仅代表振南个人观点。）

图 10.31　苏猫无人店的无人收银台　　　　图 10.32　苏猫无人店有专门的出口（RFID 核验区）

（4）云拿无人店

云拿科技（CloudPick）的无人便利店是众多品牌中体验最好的，甚至可以说是优雅。云拿科技本身做 AI 的，在这种技术加持之下，它的无人店实现了全程无感。从进门到选购商品、从支付到出门，整个过程全部采用摄像头图像识别。你所要做的就是进门拿东西走人。它的口号是"以无感支付重塑线下购物体验"，它也确实做到了。

我用云拿科技官网的一些资料来进行介绍，如图 10.33～10.35 所示。

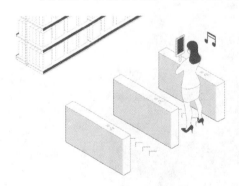

图 10.33　扫码或刷脸进店　　　　　　　图 10.34　随意拿放并支持货物入包

无须排队等候人工收银，无须扫描条码自助结算，AI 摄像头识别，出店直接付款。

进店即会员，100％会员率；结合顾客全生命周期管理，进行个性化、智能化营销；线上线下融合，实现全渠道销售。

无人收银，无人值守，轻松实现 24 小时营业；实时库存，根据销售情况自动下单订货、发送补货提醒。

当然,要实现这种全程机器视觉方案,一定需要比较多的摄像头。我们看向它的天花板,几乎布满了摄像头。还有就是要实现这么多路的实时图像识别,也一定需要极为强大的计算能力。

图 10.35　AI 系统识别出店自动结算

以下是云拿创始人 Alex Ng 的话:"云拿的技术让我们的顾客再也不用排队结算,同时让门店轻松实现了 24 小时运营,再也不需要员工长时间工作或者加班。"

这应该就是无人便利店的最终形态了。

10.3.2　我们的新方案

总结一下我们从展会都学到了什么:基于图像的商品识别、称重和 AM。

ABC 的技术涉足还是非常广的,毕竟老板的设想是用机器来实现便利店的无人化、最优化管理。有一个研发小组是专门做 AI 的,称为 AI 组。所以我们在自己的无人店里实现图像识别是有基础的。随即,我找到 AI 小组的 Leader 跟他说了我的想法,他也觉得可行,可以试试。我们一同去找了 YY 和 ABC 的 CTO 商量这个事情,他们都很支持。OK,那就搞起来。

1. AM(声磁技术)

AM(声磁),可能很多人都不太了解,但是你却在经常用它。声磁可以简单理解为是一种防盗标签,如图 10.36 所示。

对,图 10.36 中的就是声磁标签。"左边那个我见过,买衣服的时候需要让收银员取下来,否则出门会报警。右边那个好像在一些牙膏、沐浴露的包装上见过,具体怎么用不太清楚。"这说明你很擅长观察生活,如图 10.37 所示。

图 10.36　AM(声磁)标签

图 10.37　商品上的声磁标签

声磁标签是一种磁性标签,它的磁性可以被消磁器在一定距离内消除。商场的出口通常都有声磁报警器,如果识别到未消磁的标签,则会报警,如图 10.38 所示。

"声磁"其实并不是真正的"磁"。标签内部是一个线圈,并且它对特定频率的电磁波敏感。当此频率的电磁波功率足够大的时候,标签中的感生电流会将其电路回路中的保险熔断,从而使电路失效(这就是所谓的消磁)。而未消磁的标签在靠近声磁报警器的天线时,报警器可以检测到电磁场的衰减(电磁能转化成了标签上的电能),从而判断是否有未消磁的标签存在。

我们打算使用声磁来实现商品的防盗。声磁比 RFID 到底有哪些优势,来看以下几点:

① 消磁技术成熟,消磁成功率可达到 99% 以上;

② 声磁标签每片 0.05 元,相比 RFID 标签 0.5 元成本大幅降低;

③ 声磁电磁信号频率较低,对金属和液体不敏感,受摆放方式影响不大;

④ 声磁标签技术更成熟,死签率低;

但是声磁标签有一个缺点,就是它只能提供是否消磁这两个状态,即 0 或者 1。所以它并不能标识商品,即类似 RFID 那样给每一个商品一个唯一的 ID。但是用来作防盗却是非常适合的。

2. 新方案无人收银台

"振南,你铺垫的太多了,直接给我们看看你的新无人收银台长什么样?"好吧,如图 10.39 ～10.40 所示。

图 10.38　声磁报警器　　　　图 10.39　新方案无人收银台实物图

新的无人收银台保留了"方坑",5 个面上把 RFID 天线换成了声磁消磁天线(现有的消磁器并不支持多分支天线,所以我们自己造了一个)。商品识别采用扫码＋图像识别方式,可以看到收银台上方有一个弯臂,末端有一个向下的摄像头,直拍"方坑"。同时还增加了一个置物区,方便顾客暂放商品。在收银台前下方增加了小件货架。"方坑"的下底是分离的,直接落在一个称上,如图 10.41 所示。

此时你可能会有一些疑问:"有了图像识别为什么还要扫码识别商品? 商品称重的用意又是什么? 你说声磁消磁天线是你们自己做的,那是怎么做的呢?"OK,就怕你不问,问了振南才好往下写(其实都是振南自问自答,写书从某种意义上来说是挺无聊的)。

完全依赖 AI 和图像识别是不行的,它仍然无法解决商品遮挡和摆放姿态的问题,而且还有一个很现实的问题:商品的外包装可能会不定期地更换。所以还是主要靠扫条码方式来进行商品结算,而图像识别只是作为一个备用方案,只参与结算后期的商品核验与取证环节。等图像识别相对成熟的时候,再把它作为主要方案。

称重用来对商品结算进行检验,基本逻辑是这样的,如图 10.42 所示。

再来说一下消磁天线。我们使用的消磁器就是商场的那种普通的消磁器,但是它只有一个消磁天线。为了能够保证消磁率(如果结算环节消磁失败会导致用户无法出门,因为安全走廊我们也改造成了声磁方案）。图 10.43 是我们对消磁器的改进。

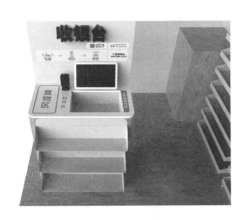

图 10.40　新方案无人收银台效果图（3D 渲染效果）

图 10.41　"方坑"下底分离落于称上

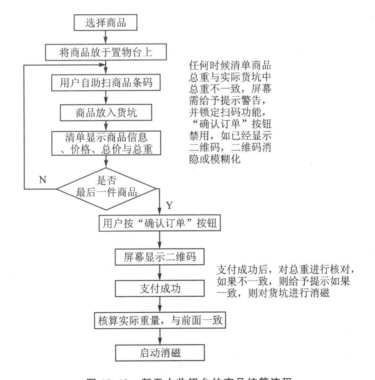

图 10.42　新无人收银台的商品结算流程

图 10.43 是一个极限测试，在"方坑"之中放入了很多瓶水，摆放姿态各异，然后启动消磁（其实消磁就是瞬间发生一个功率较大的特定电磁波），来检验标签的消磁率。即使是这种极限情况，消磁率也是 100％。

经过一段时间的研发（不光是硬件、结构，还有软件的 Android 开发、AI 组的接口开发等），新收银台完成了，如图 10.44 所示。

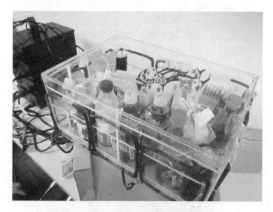

图 10.43　多分支声磁天线对
商品进行全方位消磁

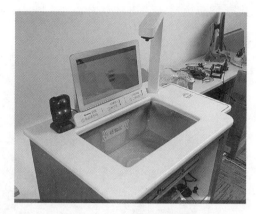

图 10.44　为了营造气氛最后
还在"方坑"内布置了氛围灯

　　为了让消磁环节更有直观感，我们还给"方坑"安装了氛围灯，当顾客点击"确认订单"并且称重检验通过之后，氛围灯就会慢闪两次，然后屏幕提示结算完成。

3. 商品的训练与录入

（1）商品的训练

　　基于 AI 的图像识别是需要数量庞大的图像样本的，理论上讲样本越多，识别率越高。这意味着我们要对众多的商品进行拍照，而且还不止一张，而是各种姿态，包括遮挡的情况。如果一个个商品摆放，一张张照片去拍摄，几万张照片得拍到猴年马月去。

　　所以我们做了这个，如图 10.45 所示，拍照神器，加快训练的速度。

　　首先我们会给商品样品全部标上号码，然后在 APP 上设置商品数量与起止号码区间。APP 会自动生成商品的排列组合以及摆放指导。操作者只需要按指导按部就班地将商品摆放到"方坑"之中，然后拍一个右手边的大按钮，一张照片就生成了，它会被 APP 实时传送到AI 服务器中，如图 10.46 所示。

图 10.45　用于加速商品训练的"拍照神器"

图 10.46　由"拍照神器"拍摄的商品图像样本

　　所有样本拍摄完成之后，需要人工对每张图片中的商品进行标定，并告诉 AI 这是什么商品。这项工作似乎没有捷径，只能靠人工一张一张来处理。我代表团队开始向全公司求援，在YY 的协调之下，我们募集到了几十个人，花了 15 天的时间，终于对几万张照片完成了标定。

　　AI 组的同事基于这些样本对模型进行训练，经过两天的努力，最终验证商品识别达到

99.8％,而且还告诉我们商品只要遮挡不超过 70％ 都可以识别出来。效果比我们预想得要好。(AI 组主要是搞算法,它们依靠的是强大的算力,物理基础就是由多个 GPU 构成的阵列。这个组承担了 ABC 几乎所有的 AI 任务,多年后 ABC 实现了基于 AI 的店内无人化或少人化运营,极大地降低了用人成本。算法才是核心,大家可以了解一下硬件工程师和算法工程师的薪资差距。像特斯拉、高德、百度这样的公司,都是算法人才聚集的地方。)

（2）称重录入

称重核验也是一个问题。每一种商品都要一一称重,并将重量录入数据库。当然,我们也开发了相应的“神器”来提高录入效率。

主要的问题在于商品的重量并不是一定的,而是会有上下浮动。我们发现饮料的重量还是非常一致的,但是袋装食品、罐头等商品重量就轻重不一了。其实也能理解,饮料的灌装基本都是标准化流水线来完成的,它的流量甚至可以控制到滴为单位。所以,我们要为每一个商品设置一个浮动范围。

起初我们想得比较细,每种商品都有它自己的浮动范围,比如饮料是 ±2％、薯片是 ±5％。后来我们发现这种方式太麻烦了,录入工作量比较大。所以就采用了一刀切的办法,一律 ±10％。这样会引发一个新的问题:称重核验条件太宽容。顾客可以利用这个宽容度来夹带小件商品。比如他买了 2 瓶水,夹带两个口香糖。

那可不可以把这个比率放窄一些,比如 ±5％。这样有可能会使商品核验无法通过,如果是重量容差比较大的商品。

但是很多时候,我们明知道会有漏洞,还是会使用这一方案,因为我们认为大多数顾客还是善良的,而且他不太可能对我们的逻辑那么了解。就算他核验的时候,夹带了商品,收银台上面的摄像头以及店里的监控也会记录下证据。如果性质比较恶劣的,比如多次钻空子卡 bug,那么就会封掉他的账号,并拒绝他再进店。

最后我们来看一下使用新方案的“小小幸福”无人便利店,如图 10.47 所示。

“感觉是不是这一章要结束了? 先等一下,图 10.46 我仔细看了一下,‘方块’底下那个圆形的条纹是干什么的?”你确实比较心细。那个条纹是我们精心设计的,为的是防止饮料瓶直放。因为摄像头在正上方,如果饮料直放的话,就只能拍到一个顶,无法很好地进行商品识别。

还有没有问题? 没有问题本章就到这里了。“等等,你们使用声磁标签,如果万一有没有消磁的,顾客被困在店里怎么办?”这种问题应该会比较少,但是确实有可能会发生。比如声磁标签正好在消磁电磁场的死区。这种情况,顾客可以直接一键呼叫客服,由客服远程开门。但是这样的体验毕竟是不好的,所以我们想到了一个办法,即“明门”机制。在商品正常结算完之后(只是最后的消磁出现纰漏),这个时候收银台会启动一个 30 秒的定时器,在这段时间内,安全走廊将一直处于无条件放行状态(明门)。而如果最近一个订单结算异常则不会开放这个“明门”。这样,即使消磁失败,只要顾客结算是正常的(也就是确实付了钱,并且称重审核通过),那么他就大概率能出店。

“这种明门的机制好吗? 如果用户利用这个机制来逃单怎么办?”还是那个问题,我们明知道某些机制有漏洞,但是我们还是会使用,因为顾客的体验是最重要的。而且,顾客为什么会如此了解我们的内部机制? 除非他是内鬼,并且他是核心研发组的人员。

还有问题吗? ……

OK,最后我要感谢当年在无人便利店项目上做出贡献的人们,张宏涛(是不是有点耳熟,

图 10.47 使用新方案的无人便利店

对,"冷设历险记"那一章也有他,一直是我这里的主力选手)、赵建鹏(做称重录入神器)、王鑫(ABC 第一个无人店与我一同奋斗两天两宿,直到落地的兄弟)、王磊(做商品训练神器)等,包括运营团队、供应链、AI 组,当然还有 YY,如图 10.48 和 10.49 所示。(本章所有人员姓名均为化名,请大家切勿人肉。)

图 10.48 ABC 无人便利店设备调试

图 10.49　去集装箱厂进行调研(张宏涛)

最后致敬一下,我们的"小小幸福"无人便利店的建店落地,那是在 2018 年 5 月 14 日(我们的 deadline 是 5 月 15 日完成无人店的落地,在廊坊),如图 10.50～10.53 所示。

那些岁月,值得纪念。故人已辞,我心犹在。

图 10.50　卡车从天津港口将集装箱运至部署点位

"振南,你光顾着感慨了!说说最后无人店发展怎么样?"其实前面我已经埋下伏笔,还记得吗?2018 年下半年,正当我们在筹划下一代无人店的时候,还盘算着一年能铺多少家店。这个时候,ABC 高层决策砍掉周边的重资产项目,全力发展门店业务,包括共享单车、共享雨伞等,全部下马。ABC 的硬件业务部门自然不好过,YY 也因为某些原因离职了,这应该是我见过的离职人员中最高级别的了。随之,我的团队开始并入 ABC 的门店主线业务部门,痛定思痛之后,开始了新的征程——冷设监测项目。

永远记住,决策才是最重要的!

注:此文能提到的技术资料,设计方案以及 RFID 相关设计供应渠道,您如果有需要,请联系振南个人微信:ZN_1234。

图 10.51　起重机对集装箱进行吊装

图 10.52　刚刚落地的无人便利店等待设备和货架进场（图中间为王鑫）

图 10.53　ABC 首个无人便利店落成

第 **11** 章

硬件研发半个月出产品，我做到了！

很多人在问："程序员与架构师有什么区别?"其实不太好定义。

那几年，我是硬件研发 VP，但我仍然坚守在研发一线。我是技术管理者，是嵌入式程序员，更是架构师。也许我有资格来回答这个问题。

OK，那振南就用这一章来给大家讲讲我曾经在架构层面上做的一些事情。

研发的速度到底能有多快? 多快算快? 工程师与 Leader 之间、Leader 与老板之间关于研发周期的争论永无休止。

"这个项目我需要 3 个月。"

"你给我解释一下为什么要 3 个月，压到 1 个月!"

解释是徒劳的，反问一下自己"1 个月真的做不到吗?"也许我们要更多地从公司运营的角度去考虑问题，宽松的研发周期与管理策略，也许是很多公司最终难以为继的根本原因。其实这是一个矛盾:研发周期过紧，研发工程师不开心;研发周期过松，老板不开心。这似乎是永远无法调和的，那有没有办法鱼与熊掌兼得呢?

作为 XYZ 公司大硬件主管，我创造了一整套的硬件研发体系，人们称它为"硬件矩阵架构"。它让公司的硬件研发速度开挂，一款产品的研发周期从 1 年直接缩短到 3 个月，甚至更短。如何做到的? 这就是本章要回答的问题。

注意:本章内容需要一定的 RTOS(嵌入式实时操作系统)的基础。有了 RTOS 我们才能构建更加宏大的软件架构，同时开发效率也会更高，它与裸机开发的模式完全不同，建议大家先看一下振南的《嵌入式操作系统从入门到精通——基于 FreeRTOS》这套课程打下一个坚实的基础。

11.1 研发低效的症候

2019 年 7 月，我因为比较丰富的项目经验，还有带团队的经历，开始就职于某创业公司 XYZ，担任硬件部主管。首先要解决的一个问题就是:提高公司硬件产品的整体研发效率，缩短立项到项目应用的周期。

11.1.1 XYZ 公司始末

早在 2010 年，中国 X 实验室与美国 Z 大学一同研发了一个自组网的智能无线传感器网络

（WSN），名为 Xstack（其实 WSN 的概念在当时已不算新了，相关的标准 IEEE802.15.4 已经发布）。主要实现了零配置的传感器灵活组网、无线数据路由（多跳）以及时间同步、超低功耗等特性。这些特性放到现在仍然是非常热门的。可见当时的这项研究是极具前瞻性的，如图 11.1 所示。

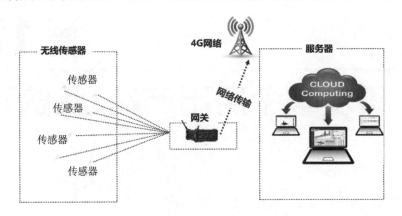

图 11.1　无线传感器网络（WSN）的基本拓扑

2013 年前后，基于 802.15.4 的无线传感器网络（WSN）开始兴起，诸如 Zigbee、Mesh 等方案日渐发展。在这样的机遇下，实验室的核心成员抢占先机，带着实验室的研究成果 Xstack 方案成立了一家物联网公司，主要业务就是基于 Xstack 来研发智能传感器，包括静态与动态数据采集、前端智能、超低功耗等。

11.1.2　难得的机遇

如同所有的通用技术一样，Xstack 一定要依托于某个行业才能体现其价值。就像电子技术之于航空航天，物联网之于智能家居，或者电池技术之于新能源汽车。XYZ 公司的创始人因为有丰富的土木工程，尤其是桥梁方面的渠道资源，所以公司的主营方向就是桥梁和建筑。无线传感器网络与桥梁监测是绝配，请看图 11.2。

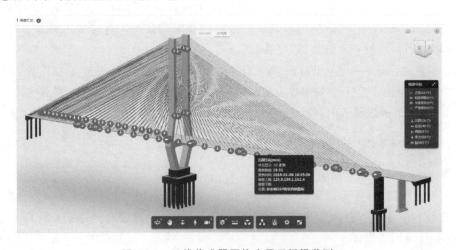

图 11.2　无线传感器网络应用于桥梁监测

传感器网络的组网范围一般是半径 1 km，这个距离基本可以覆盖常见的中小型桥梁。所以说，它与桥梁监测是绝配。

"我觉得 WSN 的应用场景很广啊，不光桥梁，还有很多。"是的，还有建筑物，比如古文物，如图 11.3 所示。

图 11.3　无线传感器网络应用于古建筑

凡是限定在一定区域内的应用场景，WSN 基本都是适用的。"如果范围比较大的话，那可以建立多个 WSN 啊！"确实，但是这会导致成本过高，违背了 WSN 低成本的初衷。最为典型的就是铁路或输电线路沿线的监测，如图 11.4 所示。

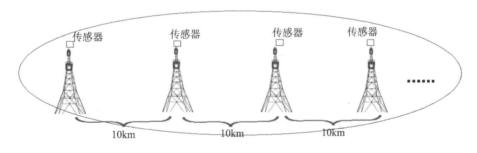

图 11.4　输电线路的基本走线方式

可以看到类似这种沿线监测的项目，是呈直线分布的，WSN 最多只能覆盖一个电塔。如果每一个电塔部署一个 WSN 的话，那网关（即 WSN 的数据汇聚节点）的数量就会非常多，而网关的成本几乎是传感器的十几倍。所以，对于这种项目，WSN 显然不是一个好的方案。

紧握 Xstack，2018 年一个近 8000 万元的项目（某市的桥群）砸到了 XYZ 的头上。这如同中了头彩一般，全公司从上到下所有人草木皆兵，奔赴现场参与设备安装调试。一顿操作猛如虎，一夜赚到腰包鼓。这算是公司成立以来承接的最大项目了，所谓的"第一桶金"。有了这样的项目经历，就会受到资金的追捧。2018 年底公司完成了 A 轮 6000 万元融资，从此走上了快车道。不再只关注于桥梁、建筑这些传统行业，开始积极拓展更多的行业机会。

11.1.3 研发速度瓶颈

在创立初期的时候，公司能拿得出手的产品（主要是基于 Xstack 的相关产品）基本上都是出于几位主力工程师之手，研发周期都在 1 年以上。这一阶段因为订单平平（当时公司更像是一个大的实验室，大家都是从实验室出来的，专注于技术而不重销售。2018 年的大项目其实是一个销售拉来的机会，后来这个销售成为公司副总），所以工程师在没有较大的市场压力的情况下，就拥有了相对充足的研发时间。这样催生出一些问题，这也是众多初创公司所共有的问题：

(1) 代码几乎由某个工程师全部独自完成，代码充满着个人风格，不易维护；

(2) 没有统一的编码规范，使得代码的可读性较差；

(3) 没有良好的整体架构设计（代码复用），每人各自为战，做了很多重复劳动；

……

老板回想当时的研究状况，可以用"小团队精兵作战"来形容，其实说得不好听点就是"小作坊"。但是这也无可厚非，在整体规模没有达到一定体量之前（当时公司可能只有 20～30 人），生存是最大的问题，没有必要搞"架构""研发流程体系""统一框架"这些所谓"花里胡哨"的东西。

但是这一切从 A 轮融资之后，都变了。公司组建了行业经理和销售团队，而且花费很大的资金和精力来打磨这两个团队。随之而来的是公司业务和产品向各大行业的渗透和推广，市场的反馈就是大量的项目订单纷至沓来。

但是，销售的反噬效应也很快凸显。

销售作为需求链条的上游，他们会无限放大产品的功能和适用场景。在他们嘴里我们的产品"无所不能"，标志着最先进的技术，是行业的领航者，殊不知我们可能才刚刚入行。很多并不适用于 WSN 的项目需求被传递到了产品经理和研发人员。这对于研发人员来说，是碾压性的。公司的思维逻辑是涉及体量较大的项目不能因为技术研发问题而推掉，现在不是挑活的时候。

于是，公司的硬件产品开始突破 WSN 这一死守的阵地，发展出多条产品线：NB、Cat1、Sub1G、485、以太网、光纤等，来满足来自四面八方的需求。

很多时候，需求都是一闪而过，稍纵即逝的，谁能够先亮出产品，谁可能就占领了先机，哪怕产品还有很多不足，哪怕它还仅仅是一个 Demo。所以，研发速度就成了公司这一阶段的最大瓶颈。销售拿着产品去谈，和空手去，结果可能是完全不同的。

所以，创造一个适合于短平快的硬件开发模式、技术架构或者说研发体系，就成了重中之重，能够帮助公司在市场洪流之中，逆流崛起。

11.2 关于资源复用

如何才能让效率有质的飞跃？这似乎是一个深邃而又系统性的问题，不是三言两语就能回答的。我认为其核心要义在于：复用和标准化。为什么现在的自动化生产线可以达到极高的效率，比如平均 5 min 就可以生产一辆汽车；而每 1 s 就可以生产一台笔记本电脑。高效率的背后就是高度复用以及标准化。它不光体现在高度可复用的零部件，还体现在被数以亿计次执行的标准化的操作程序。

11.2.1　硬件复用

硬件复用是广大硬件和嵌入式工程师普遍正在使用的提高硬件设计效率的方法。它通常的体现形式是一些通用的电路模块，可以插接或者表贴，如图 11.5 和 11.6 所示。

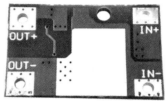

图 11.5　某 DC5V/3A 升压模块（标贴）

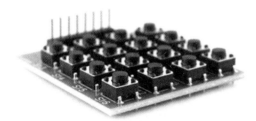

图 11.6　4x4 扫描按键模块与超声测距模块（直插）

当然也不光是电路实物，很多人习惯于将一些常用的原理图也做成模块，方便粘贴复制，如图 11.7 所示。

在硬件方面，模块化已经成为基础的思想，因为这种模块化的设计是看得见，摸得着的。其实芯片就是最好的硬件模块化的例子：在约定了接口的电气特性和信号时序标准之后，很多电路功能都可以解耦开了，从而形成了芯片。

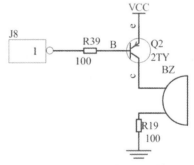

图 11.7　蜂鸣器电路原理图模块

11.2.2　嵌入式软件复用

1. 函数复用

函数复用是最浅层面的软件复用，也是最直接的方式。有函数复用意识的工程师在平时的工作过程中，会有意地将一些使用频度比较高的函数收集整理起来，形成一个公用函数库。使用的时候我们可以从函数库中找到相应的函数粘贴到工作代码之中，或者是直接将整个函数库 include 进来。（比如把函数的实现放在 myfun.c 中，然后将各个函数的声明放到 myfun.h

中,使用时直接♯include"myfun.h"。)但是要注意的是那些没有用到的函数,可能也会参与编译,最终占用较多的 Flash 空间。有些人的做法是将每一个函数都进行宏控制,通过打开或注释宏来决定相应函数是否加入编译。请看如下代码。

```
myfun.c
/********************************************************
    - 功能描述:延时函数
    - 隶属模块:公用函数模块
    - 函数属性:外部,用户可调用
    - 参数说明:time:time 值决定了延时的时间长短
    - 返回说明:无
    - 注:.....
 ********************************************************/
    ♯ifdef FUN_DELAY
    void delay(unsigned int time)
    {
        while(time - - );
    }
    ♯endif

myfun.h
    //♯define FUN_DELAY
    ♯ifdef FUN_DELAY
    void delay(unsigned int time);
    ♯endif
```

但是可复用的函数其实并不多,基本都是诸如延时、字符串处理、数制转换、常用算法这一类的与业务功能无关的所谓工具函数。实际的嵌入式开发中,95%以上都是与项目相关的代码,可复用的通用代码并不多。所以一般来说,函级复用对项目的加速效果不大。

2. 模块复用

模块复用是更大粒度的软件复用。我们可以将一个器件驱动、一个软件功能、一个通信协议包装为一个软件模块,如图 11.8 所示。

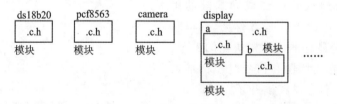

图 11.8　软件模块示意图(模块可以很单一,也可能很复杂)

通常每一个模块会包括至少一对.c.h,.c 用于代码逻辑的实现,.h 则用于声明,包括函数、结构等类型的声明。

我们要做到软件模块高解耦,低依赖。让模块可以方便地加入我们的代码工程中来。其实这种.c.h 配对的方式,是广大嵌入式工程师普遍使用的代码组织方式和开发方法。它有很多的好处:

(1) 方便代码的封装和积累(有经验的工程师会积累大量的.c.h,并用这些代码快速构建起一个复杂的工程);

　　（2）方便错误的定义和追踪（很多的 log 方案，比如 ulog，在输出 log 的同时也可以输出其所在的 . c 文件，甚至具体到行号）；

　　（3）方便进行代码的保密（我们可以将 . c 编译为 . lib 或 . a，而使用者只需要 include . h 即可调用其中的函数）。

　　来看一个振南实际的代码工程，因为有丰富的 . c.h 积累，构建如此复杂的工程，只花了 10 min，如图 11.9 所示。

　　"一个工程怎么会用到这么多的模块，你这程序是干什么用的？"这是我在售的 ZN‐X 开发板的整板测试程序（alltest）。可以通过一个个 shell 命令来测试各项功能，也可以直接一个 alltest 命令自动测试全部功能，最终生成整体测试报告。

3. 方案复用

　　如果软件模块体量比较大，大到成为一种解决方案，那么我们就称之为"方案复用"（所谓解决方案就是不光解决一个问题，而是解决一系列的相关问题，而且相对比较复杂和专业）。很多的开源软件都是解决方案，比如最常用的 zlib、FATFS、znFAT、LWIP 等。这些方案在全球范围内被广泛复用，我们可以通过 github 或者其官网来获取源码，并很方便地加入自己的工程中。

　　方案复用，可以使我们的代码瞬间拥有强大的功能，而且这些功能绝对专业。正是有了那么多优秀的开源软件方案，才使得我们现在的产品功能日益丰富，同时可靠性和性能都更高了。这是因为这些软件都是久经考验的，大坑小坑都被踩平，通过无数工程师的实战应用，使其日臻完善。可以说，我们是站在巨人的肩膀上在开发。

　　GitHub、Gitee 等代码托管网站，就是我们取之不竭、用之不尽的庞大的"方案代码库"。

　　另外，大家应该意识到了：越是复用度高的代码，它的质量往往是比较高的。这是因为代码的使用度越高，其迭代演化的机会也就越多。所以我们应该尽量从自己的代码中提取出可复用的部分，并分享给更多人去用，这样可以使自己的代码不断进化。（当然，前提是你的代码不能太烂，否则人们会抛而弃之，并甩一句"这什么垃圾代码？"）

4. 二进制复用

　　所谓"二进制复用"是指复用的代码可以不经过重新编译，而可以直接使用。. a . lib 等二进制的链接库，可以与我们的代码直接链接，形成可执行文件。这也是工程师们司空见惯的开发方式。其实这是一种静态链接方式，编译器在链接阶段就要求 . a . lib 文件存在，最终 . a . lib 被一同包含进了可执行文件之中。可以说静态链接对于二进制的复用是在编译阶段的。那我们设想一下，如果这些二进制的库文件，是在软件运行时动态连接加载的，那是不是我们在开

图 11.9　基于代码模块构建的复杂工程

发软件的时候就可以脱离这些库文件了？这就是二进制软件模块的动态加载,这一机制的意义极为重大,如图 11.10 所示。这种方式我们也经常见到,只是嵌入式程序中似乎不多,那就是 DLL(Windows 下的动态链接库)或 SO(Linux 下的共享模块)。

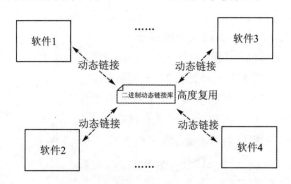

图 11.10　二进制动态链接库的高度复用性

　　软件的这种开发方法(或者叫软件架构),真正实现了模块之间的高度解耦。在良好的管理策略的协调和约束之下(也就是规范研发行为和保证模块间接口的标准化),一个软件可以按业务功能划分为若干个动态链接模块(链接库)。而这些模块因为解耦,所以相互独立。从而,可以分配给多个工程师同时进行开发,最终完成总体联调。这就是"分而治之"的软件开发策略。同时,这些动态链接模块,可以直接用于其他软件,如果它也需要类似功能模块的话。

　　二进制动态链接模块,是实现高效开发的绝佳方案,是最高层次的软件复用技术。

　　本章后面要讲到的振南所创造的"硬件矩阵架构"就是深深启发于此。请继续往下看。

11.3　硬件矩阵架构

　　"振南,现在硬件研发晚拿出东西一天,市场那边就可能多一分压力。所以,请想办法提高研发速度!"老板跳过 CTO,直接拉我到身边语重心长地说。

　　经过仔细的设计规划,我正式提出了"硬件矩阵架构"。

11.3.1　产品的维度

　　XYZ 公司的产品大多是智能传感器,我们对这些产品进行高层抽象之后,就会发现其实它们在模式上一样的,可以划分为 3 个基本维度,如图 11.11 所示。

　　我们把这 3 个维度画在坐标系上,如图 11.12 所示。

　　一条轴是采集,一条轴是通信,而第三条轴为业务,在空间中的黑点即为产品。这是不是很像一个矩阵？采集＋通信＋业务逻辑,就可以定义一款硬件产品。

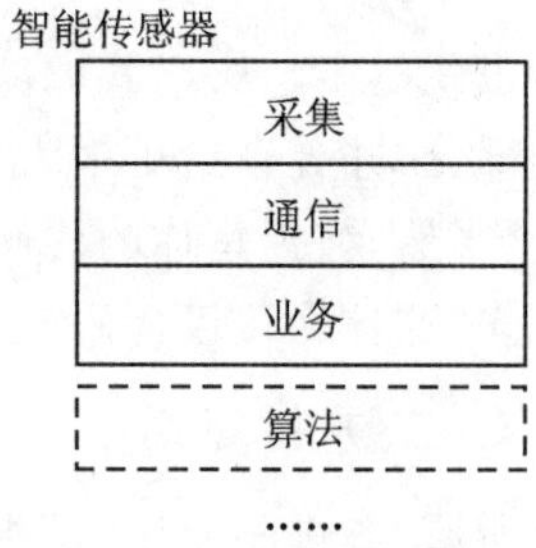

智能传感器

| 采集 |
| 通信 |
| 业务 |
| 算法 |

......

图 11.11　3 个基本维度

11.3.2　矩阵架构的思想

　　图 11.12 的三个轴是正交的,也就是说它们之间是解耦的,在开发上可以相互无依赖。如果我们将采集、通信和业务都做成独立的模块,那么模块之间的拼接组合就可以构成产品。模

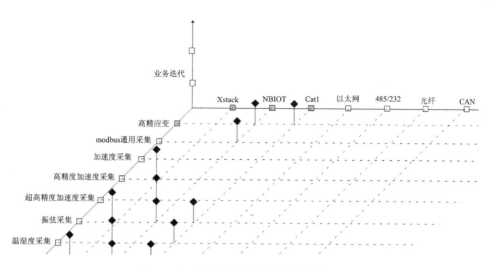

图 11.12　智能传感器的产品维度空间

块化是矩阵架构的主要思想，模块化的目的是为了高度复用。

1. 硬件模块化

直接上图，如图 11.13 所示。

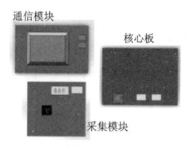

图 11.13　通信模块、采集模块与核心板

核心板上有主 MCU、电源电路、外扩 RAM 和 Flash 等，同时它将 MCU 主要的通信接口、板上电源、天线等都进行了引出，并形成标准接口，如图 11.14 所示。

图 11.14　核心板实物图

核心板正反面的标准接口，用于焊接与接口兼容的通信模块与采集模块，如图11.15所示。

图11.15 通信与采集模块焊接于核心板上

"那个邮票孔的接口，应该会有冗余吧，不同的采集模块或通信模块，所使用的接口都可能不一样，有些是 SPI、有些是 I^2C，还有些是串口。你全部引出，那一定会有冗余。"是的，要通用就必然带来冗余。我们一般将这种冗余称为"预留"。

"其实，你这种硬件模块化的做法，毫无新意，就是搭积木，这种方式很多公司早就在使用了。还美其名曰'矩阵架构'，你有点沽名钓誉之嫌！"如果仅仅是几个硬件模块那确实是毫无意义。但是振南真正要讲的，只能算是刚刚铺垫完。

2. 嵌入式模块化

如何让嵌入式也能够高度模块化和可复用？来看一下振南的总体构想，如图11.16所示。

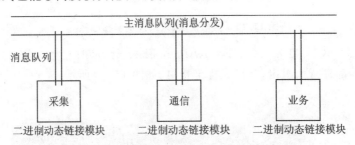

图11.16 "微总线"嵌入式软件架构的主要思想

采集、通信和业务都是可被动态加载的二进制的嵌入式软件模块（比如 dll 或者 so，加载之后，其中的函数就可得以运行）。这些模块都是可以单独开发编译的。它们内部实现了各自的逻辑功能，比如采集模块实现了 ADC 的读取和数据处理，通信模块实现了 AT 指令或通信协议，而业务模块实现了产品的顶层业务逻辑。如果各模块之间可以高效地传递指令和数据，那么整个架构就"流动"起来了。

我们定义一个标准统一的消息格式，其中包含了消息的源头、目的地、指令码和数据等信息。某一个模块想要将自己的信息传递给其他模块，那么它就把信息封装为消息，然后扔到主消息队列中，主消息队列的消息分发机制会将消息转发到目标模块的消息队列中。目标模块从自己的消息队列中拿到消息，经过解析即可完成相应的操作，并最终将操作结果同步或异步地（关于同步异步、消息定义与封装，振南会在本文后面用较大篇幅进行介绍）告知源模块。我们称这样的机制为"消息驱动"。为了便于大家更好地理解后面内容，建议大家先看一下振南的《嵌入式操作系统从入门到精通——基于 FreeRTOS》视频课程。

很显然，在这样的消息架构中，整个嵌入式软件顶层功能的实现，是由业务模块通过有序合理的消息收发来完成的。这样的业务功能的实现方式，就是"业务消息流"。

这就是振南所构想的嵌入式软件架构，我称之为"Microbus"。这个名字我自认为比较形象：消息的分发与接收，就如同小汽车在各个站点间拉货卸货一样。所以，我起初把这些模块称为 Station，即车站的意思。后来 Microbus 架构在公司内开始流行，并升级为公司的战略性技术架构。深受其益的硬件团队，简称其为 MB；基于这一架构开发的系列产品，称为 MB 产品；老板也给 Microbus 起了一个中文名，叫"微总线"。

构想很美好，但是要构建它，实现它却并不容易。

11.4　Microbus 嵌入式架构

Microbus 是宏大、巧妙而优雅的，它是硬件团队所有人的共同成果。

所有参与研发的兄弟都应该被记住：刘德大、王伟男、邹宇等。

11.4.1　动态加载的实现

整个架构都是基于动态加载的，所以我们要首先实现动态加载（DL）。

在嵌入式软件中实现动态加载是有一定难度的。起初我打算自己动手实现，在这方面进行了较长时间的研究。主要是针对 Linux 平台下的 ELF 文件格式和 so 的动态加载过程，因为 Linux 下很多功能实现都有开放源码。总体来说，动态加载是比较复杂的。MB 的初衷是为了加速整个硬件研发，它本身也不能花费太多时间，否则它将失去战略意义。它应该在合适的时机快速装备研发团队。

我需要一个 ELF Loader，它可以帮我分析 ELF 文件（其实.so 就是 ELF 文件），将其装入内存，并找到其中的函数地址，继而调用。现成的 ELF Loader 我没有找到比较成熟的。最终，我发现 RT - Thread 自带了一个叫动态模块（dlmodule）的组件，它可以实现.so 文件的动态加载。

1. RT - Thread 的 dlmodule

"dlmodule 实质上是一个 ELF 格式加载器，把单独编译的 ELF 文件的代码段、数据段加载到内存中，并对其中的符号进行解析，绑定到内核导出的 API 地址上。"这段话是 RT - Thread 官网对 dlmodule 的介绍。更通俗的说明如图 11.17 所示。

对 dlmodule 感兴趣的读者可以登录 RT - Thread 官网的文档中心去深入了解一下。也可以下载 RT - Thread 的源代码研读一下，dlmodule 的具体位置如图 11.18 所示。

2. 对 dlmodule 的改良

我了解到，RT - Thread 其实在 10 年前就有计划实现动态加载。但是在 2018 年才发布了 dlmodule，而且离实用水平还有差距。我感觉很多人并不了解动态加载，实际应用的也很

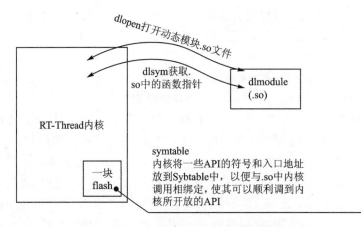

图 11.17　dlmodule 的工作原理示意

```
∨ rt-thread \ compone...    ●    23   int dlmodule_relocate(struct rt_dlmodule *module,
  > at                           24   rt_err_t dlmodule_load_shared_object(struct rt_dl
  > CmBacktrace                   25
  > dfs                          26   rt_err_t dlmodule_load_shared_object(struct rt_dl
  > drivers                      27   {
  > finsh                        28       rt_bool_t linked    = RT_FALSE;
  > libc                         29       rt_uint32_t index, module_size = 0;
  ∨ libdl                        30       Elf32_Addr vstart_addr, vend_addr;
    ∨ arch    dlmodule           31       rt_bool_t has_vstart;
      C arm.c                    32
      C dlclose.c                33       if (rt_memcmp(elf_module->e_ident, RTMMAG, SE
      C dlelf.c           4      34       {
      C dlelf.h                  35           /* rtmlinker finished */
      C dlerror.c                36           linked = RT_TRUE;
      C dlfcn.h                  37       }
      C dlmodule.c               38
      C dlmodule.h               39       /* get the ELF image size */
      C dlopen.c                 40       has_vstart = RT_FALSE;
      C dlsym.c                  41       vstart_addr = vend_addr = RT_NULL;
      ✦ SConscript               42       for (index = 0; index < elf_module->e_phnum;
                                 43       {
                                 44           lseek(fd,elf_module->e_phoff+index*sizeof
                                 45           read(fd,buf_phdr,sizeof(Elf32_Phdr)); //r
```

图 11.18　dlmodule 在 RT‑Thread 源码中的位置

少，可能是因为嵌入式开发一般还是以静态链接而主的原因。还有一个原因可能是 MCU 资源不足（ELF 的动态加载是运行在内存中的）。

　　RT‑Thread 原生的 dlmodule 应该是面向资源较为丰富的高端 MCU 或处理器的。它对于 ELF 的解析，是完全在内存里完成的。也就是说我们在 dlopen so 文件时，它会先将整个 so 文件全部复制到内存，然后再进行解析。这样非常占用内存，从而导致一些中低端的 MCU 无法使用 dlmodule。

　　我对 dlmodule 进行了改良：将所有的下标寻址都替换为 fseek 操作，即直接在文件中进行解析。这样它对内存的需求骤减，实用性有了很大提升。（初期我们的核心板上使用的 MCU 是 STM32L452，它有 512 KB Flash、160 KB RAM，资源相对有些拮据，但是够用，动态加载也能正常的跑起来，同时加载 3—4 个 so 不是问题。后来，我们将核心板的 MCU 升级为 STM32L4P5，它拥有 OCTOSPI，可以扩展 1 MB 的串行 SRAM，我们对 dlmodule 也依然沿用自己改良的版本，虽然它加载 so 文件速度会慢一些，会使整个嵌入式进入正常功能的时间长一些，但是我们对此并不敏感。）

11.4.2 模块的自动注册（消息分发的实现）

现在我们已经可以让模块动态加载跑起来了。接下来就是消息分发的实现。首先我们先定义一下消息的标准结构。

```
typedef struct                          //消息回应体
{
    unsigned char r_src;
    unsigned char r_res;
} __attribute__((packed)) RESP_STRU;

typedef struct                          //消息命令体
{
    unsigned char is_src_cmd : 1;
    unsigned char cmd : 7;
} D_CMD_STRU;

typedef struct                          //通用消息体
{
    D_CMD_STRU d_cmd;                   //命令
    unsigned char d_src;               //源 CPID
    unsigned char d_des;               //目的 CPID
    void * d_p;                         //数据指针
    unsigned short d_dl;               //数据长度
    rt_sem_t psem;                      //用于消息同步的信号量
    RESP_STRU * r_p;                   //消息回应体
} __attribute__((packed)) GMS_STRU;
```

这个定义中有一些东西似乎还不太理解，没关系，后面都会详细讲解。（实际应用中的消息需要考虑很多方面的问题。）

GMS_STRU 中有 d_cmd、d_src、d_des、* d_p 和 d_dl，这些是消息的核心。主消息队列相关的处理逻辑负责将消息转发到目的的模块。所以，我们需要给每一个模块一个独立的编号，即 CPID(Component ID，组件 ID)。光有 CPID 还不行，主消息队列的处理程序还需要知道每一个 CPID 所对应的组件的入口消息队列的地址（为了更准确地描述这些可动态加载的、由消息驱动的模块，以下我们称之为组件），以便组件可以从各自的消息队列中获取属于自己的消息。所以，主消息队列的处理程序要维护一张消息转发表，其结构定义如下：

```
typedef struct
{
    unsigned short station;                 //组件的编号
    rt_mq_t p_mq;                           //消息队列指针
} __attribute__((packed)) MP_TRANS_TABLE_STRU;   //消息转发表的一个表项

MP_TRANS_TABLE_STRU Trs_Tbl[TRS_TBL_SIZE];       //消息转发表
```

以下是消息转发的具体实现：

```
void mainpipe_msg_pro_entry(void * p)
```

```
{
    unsigned char i = 0, index = 0, j = 0;
    LOG_D("mainpipe msg pro thread start");
    while (1)
    {
        if (rt_mq_recv(&main_pipe, &tmp_gms, sizeof(GMS_STRU),
                                            RT_WAITING_FOREVER) == RT_EOK)
        {
            LOG_D("from:% dto% d", tmp_gms.d_src, tmp_gms.d_des);
            if (0X00 == (tmp_gms.d_cmd.cmd))break;     //已经达到转发表的末尾
            if (0XFF == tmp_gms.d_des)                 //广播指令
            {
                for (j = 0; j < n; j++)
                {
                    rt_mq_send(Trs_Tbl[j].p_mq, &(tmp_gms),
                                    sizeof(GMS_STRU));  //消息转发至目的组件
                }
            }
            else
            {
                index = search_trs_tbl(tmp_gms.d_des);
                                          //查找目的组件对应的转发表项
                if (0XFF !  = index)
                    rt_mq_send(Trs_Tbl[index].p_mq, &(tmp_gms[i]),
                                    sizeof(GMS_STRU)); //消息转发至目的组件
            }
        }
    }
}
```

大家有没有意识到，我们似乎忽略了一个问题：转发表是如何生成的？"这应该很简单吧！将各组件内定义的消息队列指针及其 CPID 填入转发表就行了。"

如果组件和内核是一起编译的（即同一个代码工程），那我们可以使用 extern 直接去获取各组件定义的消息队列的地址。但是 Microbus 中的组件都是脱离于内核独立编译的。是不是有点犯难？别着急，消息机制从现在起就开始起作用了。来看下图 11.19。

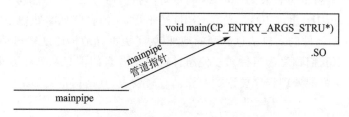

图 11.19　内核主消息队列处理程序向动态加载的 so 中的 main 函数传参

我们约定，每个人开发的 .so 中一定要有一个 main 函数，它是 .so 的入口。当内核中的动态加载程序调用了这个 main 函数之后，可以从 main 的形参传进去一个结构指针，即图中的 CP_ENTRY_ARGS_STRU *。它的具体定义如下：

```
typedef struct //组件入口参数体
{
    struct rt_messagequeue * p_mq; //用于装入 mainpipe 的地址
```

```
    //.....
} __attribute__((packed)) CP_ENTRY_ARGS_STRU;
```

　　这样,组件就知道了内核中主消息队列(下面简称 mainpipe 或 mp,即主管道)的地址。接下来组件会将自己的一些信息封装为标准消息发送到 mainpipe,这些信息的定义如下:

```
typedef struct //组件注册体
{
    struct rt_messagequeue * p_pipe; //组件分管道的地址
    unsigned char cpid; //组件自身的 CPID
} __attribute__((packed)) CP_REG_STRU;
```

　　实际内核的动态加载器有可能会同时加载多个.so,并且调用它们各自的 main,此时 mainpipe 中会收到多个注册消息(我们把组件将自身信息向内核 mainpipe 进行汇报的过程,称为注册,汇报所用的消息即为注册消息,CP_REG),如图 11.20 所示。

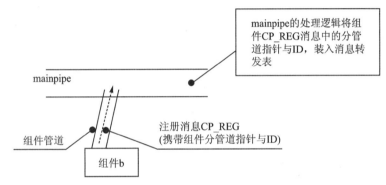

图 11.20　组件向 mainpipe 发送 CP_REG(注册消息)

代码如下:

```
void modules_registration()
{
    unsigned char cpreg_ot_cnt = 0;
    unsigned char n = 0;
    LOG_D("CP REG...");
    while (1) //接收各组件发到 mainpipe 中的注册消息
    {
        if (rt_mq_recv(&main_pipe, &tmp_gms, sizeof(GMS_STRU),
                        MAINPIPE_CP_REG_WAIT_TIME) == RT_EOK) //等待组件的注册消息
        {
            unsigned short i = 0, j = 0;
            LOG_D("from: % d", tmp_gms.d_src);
            if (MAINPIPE_CMD_CPREG == tmp_gms.d_cmd.cmd)
                                                    //接收到组件的注册消息
            {
                CP_REG_STRU * p_reg = (CP_REG_STRU * )tmp_gms.gms.d_p;
                                        //取出消息中的注册信息:CPID 与管道指针
                Trs_Tbl[n].statn = p_reg->cpid; //放入转发表
                Trs_Tbl[n].p_mq = p_reg->p_pipe;
                n++;
            }
        }
        else //如果等待组件注册消息超时
        {
```

```
            break;
        }
    }
}
```

这样一来整个消息架构就基本上跑起来了。

"振南，经过你的讲解，我基本已经明白了，Microbus 确实比较巧妙。RT‐Thread 内核这边问题不大，主要是动态模块，也就是组件 so 是怎么独立开发编译的？"关于这方面，基本就是一些工程性的操作，大家可以去仔细看了下 RT‐Thread 官方的文档和例子。有一点需要说明，so 的编译是需要编译器支持的，ARMCC 不支持，而 GCC 支持，所以官方的实例都是在 GCC 下编译的。（你可能需要安装 Windows 下的 GCC 编译器，或者直接转移到 Linux 下来开发。这也可能是 RT‐Thread 的 dlmodule 用的人比较少的原因吧，毕竟用 Windows 下 MDK 环境的人很多。）

通过上面的介绍，大家应该基本上了解了 Microbus 嵌入式架构的基本设计方法了。

11.5 Microbus 比你认为的更巧妙

前面所介绍的，其实只是 Microbus 消息驱动嵌入式架构比较底层（不能说最底层，因为最底层是 RT‐Thread）、比较基础的内容。Microbus 在实际项目应用过程中，得到了深度迭代，日渐庞杂，不断壮大。

11.5.1 消息的同步问题

我们做的是软件架构，团队中的所有人都会基于它来进行开发。所以架构本身必须要稳定，而且要考虑好各种细节，并提供方便、可靠、灵活的调用接口。我想谁也不想程序写到一半，最后被底层架构的一些硬伤和 bug 卡死吧。

Microbus 架构以消息传递作为基础。与消息相关的诸多细节我们要想好，就算有些细节暂时不能解决，也一定要明确地知道问题的存在，以便告知开发者规避这些问题。

最典型的问题就是：消息同步（它的目的是保证数据在传递过程中的正确性和安全性，解决收发双方的等待锁死等问题）。我们直接来看图 11.21。

图 11.21 所示是 Microbus 中的消息同步机制。在源组件（组件 1）封装 GMS 时，向其装入一个信号量和一个 r_p 指针（可以回去看一下消息结构的定义），消息发送出去之后，它开始等待信号量。目的组件（组件 2）接收到 mainpipe 转发而来的 GMS 时，对 GMS 进行解析处理，向 r_p 中填入消息的处理结果，随即释放 psem。此时，源组件即可知晓消息已处理完成。这种机制是跨组件的信号量同步，通过它可实现消息的可靠传递。当然，如果某些消息我们根据不关心它是否被处理（是否被目的组件接收到），则源组件在封装 GMS 时，不向其装入 psem 和 r_p（即装入 NULL），则目的组件就不会去释放信号量，源组件也自然不必去等待这个信号量。这里涉及队列和信号量等内容，是 RTOS 基础中的基础，是入门 RTOS 的关键，大家如果有相关问题可以加振南个人微信 ZN_1234，进一步沟通。

11.5.2 基于消息的数据传递

数据传递时，我们只需将数据的首地址和长度传递给目的组件即可。但是实际情况下，数

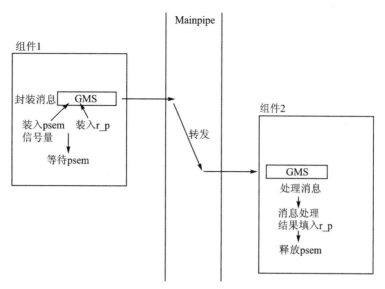

图 11. 21 消息转发中的同步机制示意

据传递的方向可能是相反的：源组件需要主动向目的组件要数据。所以，消息要提供灵活高效的数据传递机制。振南主要设计了三种方式，如图 11.22～11.24 所示。

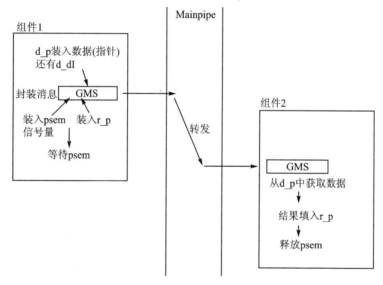

图 11. 22 源组件主动向目的组件传递数据

基于组件间消息同步，可实现数据的单向、反向、双向传递。

（1）组件需要向其他组件传递数据时，需要将要传递的数据装入 d_p 中；

（2）组件需要索取其他组件的数据时，需要将用于装载其他组件数据的指针装入 d_p，待其他组件将数据放到 d_p，同时释放信号量，即可拿到数据；

（3）组件需要进行双向数据传递时，即需要传递数据给其他组件，同时又需要从其他组件索取数据。需要将要传递的数据装入 d_p，其他组件从 d_p 获取数据，同时又将其数据装入 d_p，释放信号量，完成双向传递。

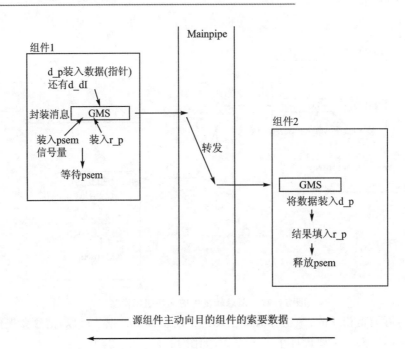

图 11.23　源组件主动向目的组件索要数据

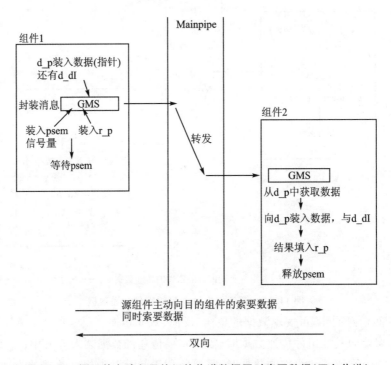

图 11.24　源组件主动向目的组件传递数据同时索要数据(双向传递)

　　讲到这里,如果是以前的我一定会把更深层的问题刨出来,掰开了揉碎了给大家深入讲解。但是后来我发现这完全是一种"自嗨"的行为,不管读者能不能跟得上,能不能看懂就一股脑地把高深的问题摆出来,炫技。又没有能力把这些问题绝对的通俗化,让读者望书却步。最后,我还自诩为"高手"。这种做法真的很失败！所以,振南关于架构的讲述就此打住,后面多介绍一些有意思的内容。(很多读者其实看这一章的时候,我估计都是云里雾里的感觉,似懂非懂,似是而非,硬着头皮在看。)

11.5.3　自测试

自测试是很多工程师在嵌入式开发的时候经常忽视的问题。直到产品要产量了,需要进行批量的生产测试了,这个时候才意识到要加自测试代码,或者直接放弃自测试,一切都指望生产工装。甚至还要再花时间和精力去开发一套测试系统,简直就是画蛇添足。

我们应该在架构层面直接解决自测试的问题,并将其标准化,最好是一键全自动化测试。如图 11.25 所示,这是振南的设计思想。

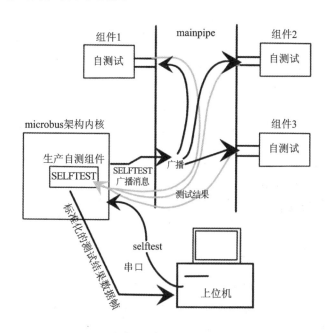

图 11.25　振南设计的基于消息的自测试方案

我们约定每一个组件必须实现自测试功能以及相关消息接口(这一点由研发制度来约束和保证)。我们向 MSH(RT - Thread 的 Shell,用于人机命令交互)输入 selftest 命令,内核将会封装一个 SELF_TEST 广播消息(我们定义消息的目的地址如果为 0XFF 则为广播消息)放入 mainpipe,mainpipe 会将此消息转发至已经注册的所有组件中去。各个组件各自完成自己的自测试,将测试结果封装为消息,目的地址一律填写 SELFTEST 组件的 CPID。(SELF-TEST 与其他组件并无差别,只是它没有单独编译为 so,而是与内核一同编译,采用静态注册的方式,即直接将它的消息队列地址和 CPID 填入转发表。把 SELFTEST 组件放在内核里的根本原因是:节省宝贵的内存资源;基本每一款产品都需要自测试功能,所以 SELFTEST 是必需的。振南把这种直接放到内核中的组件,称为"内核组件",这样的组件还有不少,后面会讲到。)

SELFTEST 组件在收到各个组件的自测试结果消息之后,对其进行解析,使用与上位机约定好的协议重新对自测试结果进行封装,最终发送给上位机。上位机通过专门开发的软件

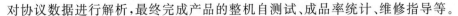

对协议数据进行解析,最终完成产品的整机自测试、成品率统计、维修指导等。

组件是可以高度复用的,在做其他产品的时候可以直接拿来就用。而自测试是组件原生支持的,所以基于 Microbus 架构的硬件产品,都直接支持自测试。

是不是还算巧妙?

11.5.4　架构总览

我一直说 Microbus 是宏大的,那我们必须要站在上帝视角才能有深切的感受,如图 11.26 所示。

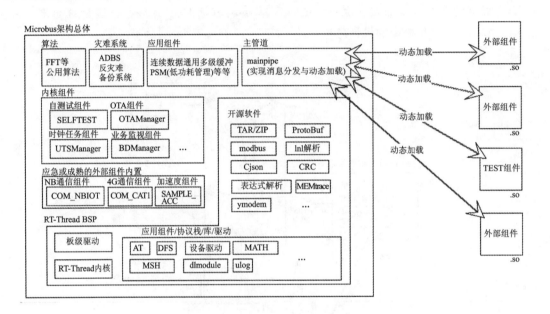

图 11.26　Microbus 架构总体框图

如果你觉得这还不够宏大,那说明你是个见过世面的人。这里面有些内容我已经在本章中讲过了,当然还有更多是没讲到的。我不会把所有东西都铺开,一样样以同样的深度和篇幅去讲,那样本章将变得索然无味。这里振南仅对一些主要内容进行浅谈,然后就开始我们的工程项目实践环节(大家还是对实际项目更感兴趣)。

OTAManager:用于管理远程固件升级的内核组件,主要是实现固件文件的分片数据请求、续传、校验、固件管理等功能。它本身是通用的,它与外部的接口仅为消息(通过消息请求固件数据,也通过消息来接收固件数据)。那谁来接收它的消息或者给他发送固件数据消息呢?通信组件! OTAM 本身并不关心采用哪种通信方式,也就是它与通信是高度解耦的。具体的通信组件可以是 NBIOT、可以是 CAT1、可以是 Xstack、可以是 485/232/以太网等。这就是消息驱动带来的巨大好处,模块组件之间完全隔离解耦。

UTCManager:用于管理定时任务的内核组件,主要是基于 RTC Alarm 实现多个定时器,在预设的时间到达时,此组件将自动产生一个消息,并由 mainpipe 转发给某个组件,默认是业务组件。智能传感器经常会有几时几分几秒采集一次数据进行上传的需求,我们称为"常规需求"。UTCM 就是用来满足这种功能需求的。实际上 UTCM 比你想象的更加强大,比如它可以通过配置实现从几时几分几秒开始每隔多长时间发送几次消息。

BDManager：用于管理产品业务逻辑运行中的健康度。它主要监视业务组件的数据流，如果长时间没有发现业务数据，则说明业务功能是有问题的，从而向业务组件发送警告消息，让其主动恢复。如果多次警告后，仍然未有改观，则会直接重启。（重启之后，如果发现异常，比如 .so 文件损坏或配置文件丢失等，都会触发反灾难系统 ADBS，对文件进行恢复，继而进行重拾正常的业务功能。）

应急或成熟的外部组件内置：组件可以 .so 文件的方式，存放在 Flash 上（可以用 FAT32 等文件系统。如果对嵌入式 FAT32 文件系统感兴趣，可以看看本书的"振南 znFAT 硬刚日本 FATFS"一章。振南网站上也有 FAT32 相关的课程，还有书籍），由内核来进行动态加载。但是从客观来说，这种方式是不够可靠的，虽然 95％以上的情况下都不会有问题。如果 .so 被损坏（可能是 Flash 硬件故障，也可能是文件系统的 bug 或操作文件的疏漏，总之我一直认为没有完美的设计，一切产品从开机那一刻起就在走向宕机，只是时间问题），而且反灾难系统已无力挽救，此时可能只有内核是活着的（内核是直接烧录在 STM32L452 的内置 Flash 上的），只要 MCU 芯片是正常的，那我们就只能把希望全部寄托在内核上了。我们将一个相对精简的通信组件内置于内核之中，在喊天天不应，叫地地不灵的情况下，内核自动挂载这个精简的通信组件，从而恢复基本通信。通信一旦打通，那一切都好办了。我们可以查看故障日志，借助于 OTAM 重新下载固件，甚至是借助于强大的 BL 来重新烧录整个内核固件。这就是应急组件内置的重大意义。其次，当某些外部组件已经历久弥坚时，而且是经常用到的组件（比如公司很多智能传感器都是基于加速度振动的），那我们就把此组件直接放入内核，这样可以节省内存（留出更多内存给算法或业务逻辑）。

算法：我们将经常用到的算法，比如 FFT、数字滤波等，都放进内核，开发者可以直接调用。这是一种函数复用。总之，Microbus 的主要思想就是加速研发，高度复用。

应用组件：内核还提供了一些应用组件（非动态模块组件，这些应用组件是用于解决某一问题的方案），比如环形缓冲机制、用于高速数据的消息传递的连续数据通用多级缓冲机制、用于降低整体功耗和处理休眠状态的 PSM 组件等。大家感兴趣的话，可以去看一下 Microbus 架构的源码，在振南网站（www. znmcu. com）相应版块可以免费下载。

Microbus 不是一蹴而就的，谁也无法牛到一开始就考虑到所有问题，它汇聚了硬件团队所有人的智慧，比如组件自动注册启发于王伟男的提议，自测试启发于刘德大的想法并由他主导实现，ADBS 始于邹宇的建议并由他实现。Microbus 是生长出来的，每一个枝丫都闪耀着创新的光芒。甚至这种创新最终势如破竹，导致 STM32L452 芯片的 Flash 都开始不够用了。这逼我们走上了两条技术道路：内核的高度可裁剪（通过宏编译控制来决定内核功能的去留）；将 MCU 换为 ST 最新的 STM32L4P5（但是因为后期芯片市场缺货的影响，这颗新料并不好采购，所以放弃了第二条道路。其实 STM32L452 到后期也不好买了，几个大的项目完全依靠公司早前供应链的存货。）

"我看到外部组件中有一个'TEST 组件'，这个是做什么的？"你确实比较细心。来看图 11.27。

本章看到这里，不知道大家有没有产生一个疑问："基于消息的组件，应该如何进行测试？我要写一个专门的程序来生成消息，然后由 mainpipe 转发到待测组件吗？"是的，随 Microbus 技术架构一同建立起来的还有一套技术管理规范，它规定所有组件的开发者，必须随之开发一个 TEST 组件，此组件一边是友好的 Shell 命令接口，而另一端是与 mainpipe 相接驳的消息接口（比如你输入一个 4gsendtest 命令，TEST 组件就会封装一个发送命令消息，转发给 4G 通

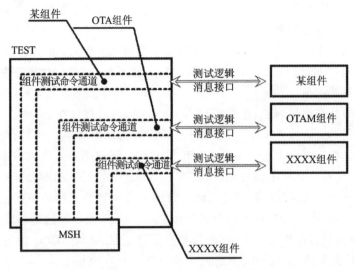

图 11.27　TEST 组件工作示意

信组件，然后根据发送是否成功，打印相应的结果）。TEST 组件主要是针对某一个消息接口或功能的测试逻辑的实现（即实现一些测试用例），这样通过 TEST 组件就可以对待测组件进行非常方便的测试了，甚至配合上位机的测试脚本，可以实现全自动化测试。

关于 Microbus 架构，我就讲这么多，是不是有点烧脑?! 下面来讲一些实际的项目。

11.6　硬件矩阵架构应用实例

东西到底好不好，拿出来用用就知道了，俗话说："是骡子是马，拉出来遛遛。"下面是两个项目实例。

11.6.1　Q 公司管线监测项目

2020 年年底公司从销售渠道得到一个城市地下供水管线泄露监测的项目。当然，我们并没有现成的产品可以直接满足需求，这是一个定制项目。

先来说一下项目的背景和主要功能需求，如图 11.28 所示。

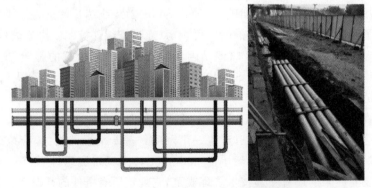

图 11.28　城市地下铺设着复杂的管线网络

我们所居住的这座城市的地下，铺设着错综复杂的管线网络，来保证我们每天正常的用水用气需求。但是管线会被腐蚀，会有它固有的使用寿命，也可能会被人为损坏。所以一个问题就凸显出来：如何快速准确定位泄露的位置。传统的方式是依靠人的经验来定位。通过报修的居民位置来划定基本的管线区域，然后再找有经验的师傅对多个点位的管线水流声进行综合判断，最终确定泄露的具体位置。这种方式的缺点显而易见，过于依赖人的经验，无法保证泄露点定位的准确性和时效，尤其是人工听声定位产生巨大分歧的时候，可能会更麻烦。

Q 公司提出了一种新的方法，它通过在管线上吸附振动传感器（采用 IEPE）来连续采集其振动信号，并实时进行高速的数据上传。最终由云端算法通过对诸多测点的数据进行分析，来定位泄露的具体位置。

我们并不负责算法和云端的开发，我们要做的就是开发一款智能振动传感器，来支撑 Q 公司整个方案的实现（因为它本身没有硬件研发团队，所以外包给我们来做）。硬件上的需求比较明确：IEPE 振动传感器采集（采用高速高分辨率的差分 ADC）、4G 通信。

2020 年底硬件矩阵架构和 Microbus 嵌入式架构已经发展到了一定的水平，相对比较成熟，而且硬件团队的工程师们也已经习惯了这种开发方式。内核、OTAM、SELFTEST、UTCM 等功能模块已经经历了严格的测试，比较稳定。外部组件也已经积累了一些，比如NBIOT、CAT1、485 采集、加速度采集等。所以，这个项目来得正是时候。

我作为大硬件主管，对此项目总体负责，我在硬件矩阵架构的技术背景下，对研发工作进行了整体规划，如图 11.29 所示。

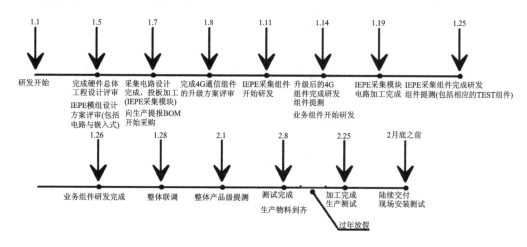

图 11.29　地下管线泄露监测传感器硬件研发规划

这个项目的研发共有 4 位工程师参与，分别负责：

（1）对现有的 4G 通信组件稍作升级，基本是复用的（改动不大，主要是针对高速连续数据进行效能优化，本来我们也在做这件事情）；

（2）对 IEPE 采集模块电路进行设计（接口当然要兼容核心板的邮票孔）以及对相应的组件进行开发，当然还有 TEST 组件，所以这个组件的开发是可以脱离其他部分独立进行的；

（3）业务组件的开发（为了方便业务组件的开发，我让负责采集组件的工程师先做了一个符合消息接口设计规范的"假组件"，对外输出正弦假数据）；

（4）内核维护与配合。

这些工作基本上是完全并行的，相互不影响，当然前提是消息接口先要定下来，这也是研发启动前几天先写文档评审的原因。

在 2 月初的时候，Q 公司提出一个需求（客户临时提出新需求是很常见的事情），是否可以配合他们的工程师到现场采集一些实际的管线上的振动数据，以便他们对算法进行验证，同时看一下我们传感器采集的效果。我们的回答是："没有问题！"因为我们已经完成了 IEPE 采集模块和组件了，而配套的 TEST 组件的一个最主要的测试项就是以设定的采样率采集一段时间的振动数据存到文件中。可以说，负责采集组件的工程师的成果已经可以拿出来单独使用了。

于是，这位工程师拿着"半成品"和 Q 公司的人一同来到了现场，采集到了实际的数据，并使用 ymodem 将数据文件直接导出，交给了他们，如图 11.30~11.31 所示。

图 11.30　实地安装的智能管线振动传感器

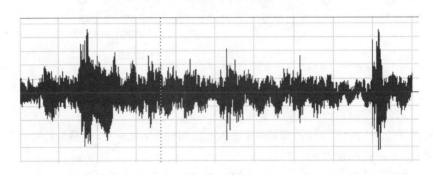

图 11.31　实测的地下管线的振动信号（其实类似于声波）

后来，Q 公司对数据非常满意，而且对我们的研发速度，以及中间产品能演示到这种程度表示钦佩和赞赏。当然，项目的合作进行得很顺利，年后完成了所有设备的交付任务。也从这个项目开始，Q 公司与我们展开了更多的合作。

11. 6. 2　某省地质灾害监测项目

公司进军地质灾害监测行业的最大项目——某省地灾监测项目于 2021 年 3 月正式完成合同签署，随之而来的就是履约设备进场。这个时候产生了一个问题：地质行业其实我们并没有太多经验，有一种赶鸭子上架的意思。Xstack 产品是不适用的，因为地质灾害监测多以面域监测（就是对一块方圆几百米的地域进行整体监测，主要是监测其滑坡位移等参数），监测的方法有很多种，比如 GNSS、深度测斜、静力水准、倾斜传感器等。其中倾斜传感器用量是最大的，因为它安装部署简单、操作方便，而且成本较低。整个项目大约至少需要用到 2000 个倾斜传感器（想详细了解倾斜传感器的读者，可以详见"倾斜传感器"这一章），因为这个项目涉及某省多个县市，覆盖面积比较广。项目是在南方某省，每值雨季就会发生严重的滑坡、坍塌等地质灾害，造成较大的人员伤亡和财产损失，所以该省非常重视地质防灾工作，这才有了这个项目。地质灾害监测示意图如图 11. 32 所示。

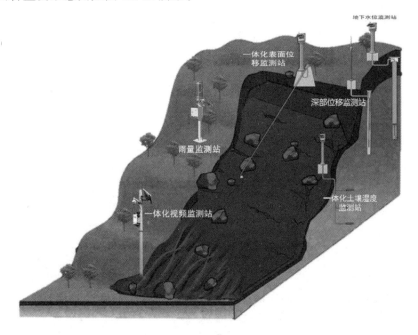

图 11. 32　地质灾害监测示意图

我们没有非常合适的产品，这样的话，有两种方案可以选择：自研新产品或者采购市面上的 NBIOT 或低功耗 4G 的倾斜传感器。前者时间非常紧，而且风险极大（风险主要还是时间上，抛开硬件研发不说，后期的批量化生产也是需要时间的，尤其在芯片短缺的这个档口）；后者成本必定是比较高的，计算下来后者会比前者多花费将近 100 万的成本，用老板的话说："把这钱省下来，给你们发奖金，它不香吗？"

为了确定用哪种方案，我们专门开了一个会，在会上我直接拍桌子说："不用考虑了，省钱才是真的，我们累一些没关系。两周时间，我们完成低功耗 4G 倾斜传感器的提测。项目这边……"我看向项目总监，"麻烦你们在项目上多拖一拖，争取一些时间，拜托！"我又看向 W 哥（生产总监），"W 哥，拜托提前开始备料吧，核心板、4G 模块和加速度模块先开始生产吧！谢了。"

大家达成了一致。我夸下如此海口，是基于对硬件矩阵和 Microbus 嵌入式架构的绝对自信。测试总监揪住我说："你今天有点冒进了，到时候做不出来怎么办，这么大项目耽误了那可不是闹着玩儿的！""没问题的。"

内核、低功耗 4G 通信组件和倾斜采集组件，早就已经列在组件开发的计划之中了，并且很早就已经完成了。（矩阵架构的核心思想就是模块和嵌入式组件复用，但是这也是基于强大的模组库的基础上的，否则也是巧妇难为无米之炊。）我们需要开发的只是业务组件，因为每一个产品的业务需求都有不同，很难做到统一化。所以针对一款新产品，通常我们需要开发一个新的业务组件。

好的架构一定要有好的研发策略，否则好架构的技术优势也会大打折扣。从地下管线监测项目不知道大家有没有看出来，组件的开发我是分配给不同的工程师来做的，而且这种分配是相对固定的。也就是某人一直做采集组件、某人一直做通信组件、某人一直做业务组件，这样可以实现经验复用。正所谓"能者多劳，专人专用"，这样的用人策略能使研发效率进一步提升。

5 天后，业务组件完成，这也就意味着整个产品的研发基本完工了。因为所涉及的模块组件都是经过严格测试过的，所以，测试工作也非常顺利。（基本上问题都出现在业务功能层面上，底层问题比较少。）后面的批量生产，现场安装就不再赘述了。结果不好，我也不会把它当作实例拿出来说。

硬件矩阵架构和 Microbus 嵌入式架构（微总线架构）已经不再仅限于研发人员知道，它被列为公司战略性技术，并对外称之为"硬件中台战略"，如图 11.33 所示。

图 11.33　矩阵架构和 Microbus 被列为公司战略性核心技术能力

后来，这整套技术架构得到了更深层的演化迭代，硬件模块和组件库进一步扩充，还发展出了一系列的硬件产品，我们称这些产品为"MB 产品"。

模块和组件复用思想继续对公司产生着极其深远的影响。

"能说说具体如何演化的吗？我觉得这套架构已经足够全面和优秀了，还有什么需要改进的吗？"

因为架构的优势已经很明显，一位从美国回国的博士加入到架构的研发之中。他引入了"业务微架构"的概念，深度提炼抽象产品业务功能上的共性，比如永远都是从采集拿数据再给通信，再比如永远都是休眠的时间远大于工作的时间，又比如永远都是到达某个时间去做几次某件事情。最终，我们开发了一个通用业务框架，把业务功能上的差异归结为 4 个函数，只要开发者实现这 4 个函数，即可完成一款新产品的开发。

关于我的这些架构层面的东西就介绍这些。也许你不会去设计一个宏大的技术架构，但是我们应该有一种站在顶端俯视全局的意识和思维；应该有一种敢于定义新概念去打破现有的、陈旧的技术研发模式的实力和气魄。如果你有这些想法，那恭喜你，也许你有成为架构师的潜质。

有人问我："于老师，我学习了 C 语言、单片机、STM32……还学习了 RTOS，还有 Linux，那下一步还要学什么呢？"

这是很多人存在的一个困惑：学了 RTOS 之后，还学什么呢？

更高级的，我认为就是基于这所有知识的架构层面的设计了，一种更全局的、更完整的、更体系化的架构设计。不管是软件还是硬件，它是创造性的，前瞻性的，独一无二的，它可以影响到整个研发工作的格局。它不光是面向产品功能的，更多是面向人的、行业的，甚至它会影响一代人的技术开发模式。我想，这应该是我们最终登峰造极的最高水平了。

"于老师，你说的太高深抽象了！"

"好吧，好吧，慢慢悟，下一章，下一章！"

《振南共勉》

技术无止境，愿君肯登攀。世上无愚人，只是心未尽。

心志始无竭，终有出头日。定信念，勿相忘，做出骇绩警世人。

第 12 章

那些欲哭无泪的奇葩外包项目

原来在看张俊的《匠人手记》的时候,书中专门有一节是讲"网赚"的。所谓"网赚"的意思我理解是通过网络手段进行盈利的一种行为方式。那么通过某个网络平台来接项目,这应该也属于"网赚"。这样的平台有很多,诸如猪八戒、程序员客栈等。这种赚钱方式看起来似乎很好,可以让自己多余的精力转化为价值。但是网上还有一句话:

"接到了项目,也要保持好的心态。需求方就像盒子里的巧克力,你永远不知道下一颗是白巧克力,还是老鼠屎。"

在我早些年为数不多的几次接项目"网赚"的经历中,就遇到过一些让人欲哭无泪的崩溃项目。本章,振南就带大家来细细品尝一下那些如老鼠屎一般的外包项目。

12.1 项目承接与需求落定

12.1.1 项目承接

2015 年 1 月底,天津某公司找到我,希望我给他们研制一款"信号延时器"。这东西乍看起来,似乎挺简单,从字面上的意思来说就是把一个数字信号延时一定时间原样输出,如图 12.1 所示。

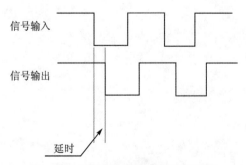

图 12.1　信号延时器需求的初步理解

12.1.2　需求落定

看似简单的项目,以我经验来说,肯定没有那么简单。如果简单,人家也不可能拿出来花钱找人做。所以当务之急就是,详细了解项目需求,把要做的工作搞清楚,明确项目到底要实现什么功能。在真正开始操刀之前,先要把需求一条条地在纸上定下来。90%的项目,在开发过程中,需求都会被项目方或多或少地进行修改。这种修改源于几个原因:

(1) 项目方一开始对自己所需要的东西就没考虑清楚;

(2) 项目方想加功能,可能是一些小功能,希望开发者顺便做一下;

(3) 开发者对需求理解不透,甚至曲解,导致实际与需求不符,双方商讨修改需求。

需求定下来之后,我会问项目方:你仔细看看,是不是就这些功能,请确认! 一旦确认之后,需求生效,以后就不能随意改动或增加功能。如果后期对需求产生异议,则会以当时经过确认的需求文档为依据来说事。让项目方明白:修改需求或增加功能,是要付出额外代价的,如果执意要做,一要加长项目研发周期,二要支付更多项目酬劳。

经过几天的讨论,最终我们把这个"信号延时器"项目的需求定了下来。确实没那么简单,在我不断追问下,项目方又说出了更多的需求,具体如下:

1. 总体描述

此设备用于对输入信号(较低频)进行延时输出(两路输出,延时不同),延时可设置(通过液晶触摸设置);另有第二种模式,不检测输入信号,自行产生两路方波信号,周期可调,两路方波信号有延时差,可调。

2. 详细描述

(1) 输入信号(24 V)最小脉冲宽度位 2 ms,对其延时 n 个 20 μs(20 μs 是最小延时单位)输出,另延时 m 个 20 μs 输出,此为第二路。n 和 m 可通过液晶触摸设置;

(2) 有 5 个按钮,最小延时单位被放大 1~5 倍,相应的两路输出信号之间的延时差被拉长;

(3) 以上为模式 1,模式 2 不对输入信号进行检测,而自行产生两路方波信号,信号间有延时差,可设置;

(4) 参数可保存,开机可调取;

(5) 样机可使用开发板制作,定型批量后订制开发 PCB;

(6) 两路输出信号 5 V 即可。

为了便于大家理解这些需求,我画了一个需求示意图,如图 12.2 所示。

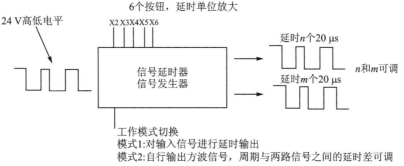

图 12.2　信号延时器确定需求的示意图

12.1.3 刨根问底

信号延时,通常来说,只是改变输入波形的延迟时间,专业一点说就是改变"相位",输出端输出的波形要与输入波形保持一致,原样输出。细想起来,这个功能使用单片机其实不太好实现,尤其是 n 和 m 延时都非常大的时候,比如延时几秒,甚至几分钟。

难点在于:

(1) 时间的精准控制;

(2) 延时过程中对中间波形的处理和存储,以便在延时之后将中间波形复原;

(3) 对输入波形脉宽的精确测量。

我把这些问题反馈给了项目方,项目方说:"不需要这么麻烦!输入信号,低电平到来后,延时若干个时间单位后输出低电平,延时过程中的输入波形全部忽略掉。输出低电平的宽度可以固定,不必与输入信号等宽!"(这些话是我现在总结出来的,当时项目方似乎根本不懂技术,全用大白话描述的,非常不专业,沟通了许久才明白他的意思。最终还被对方抱怨说我理解能力有问题!)

这进一步的需求确认和追问是多么重要,直接拉低了项目的研发难度。这根本就不是一个真正的"信号延时器",而只是要实现一个"下降沿延时响应"的功能,而且延时期间还不响应信号。我真不知道项目方这样的功能需求到底有什么实际意义,后来听他说是用在色标检测上,所谓色标检测,就是在流水线上对产品上特定颜色的标签进行识别,检测到标签时输入信号将变成低电平,而延时器要做的就是把这个低电平信号经过延时 n 和 m 个时间单位后产生两路低电平输出。

需求修正后的延时功能如图 12.3 所示。

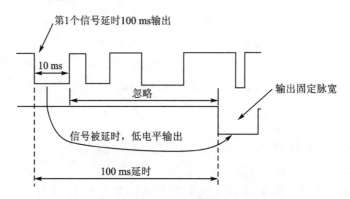

图 12.3 需求修正后的延时功能(下降沿延时响应)

12.1.4 变本加厉

在需求确定几天后,项目方又试图修改需求和增加功能,经过协商,我同意了加入一些新的功能(这本身是违背项目需求原则的,但是协商之后我给予了通融)。

这个新的功能是:模式 1,增加一个按钮,按下后不再对输入信号进行响应,如图 12.4 所示。

另外我再一次确认了输入是否是 24 V 高低电平,也就是高电平为 24 V,低电平为 0 V。

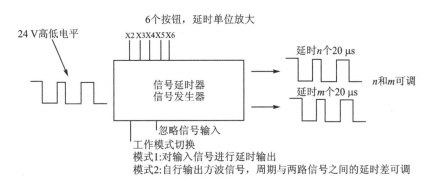

图 12.4　增加信号忽略功能的需求示意图

　　这个问题很重要,涉及是否需要在信号输入前级做一个分压电路,否则可能会烧毁单片机(但后来经过多次核实,输入信号根本不是 24 V)。

12.2　项目动工了

12.2.1　基本功能的实现

　　项目需求基本已经定下来了,项目方也支付了项目费用。

　　我开始真正干起来。技术上的具体细节、实现方法和技巧,振南在后面会详细讲到。在 2 月 5 日,基本完成了延时功能,样机界面如图 12.5 所示。

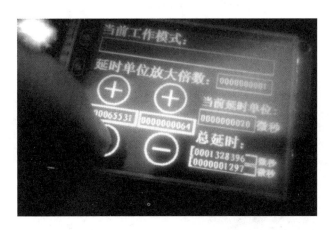

图 12.5　基本完成延时功能的样机界面

　　这个样机用于测试需求中所提到的那些功能。

　　随样机还有一些图示说明,来告诉项目方如何接线、如何操作,如图 12.6 和 12.7 所示。这个开发板大家应该不会陌生,对,就是我的 ZN－X 开发板。(为了加速样机研发速度,我就直接在开发板上来实现了。)

12.2.2　老鼠屎的显露

　　前级的 24 V 信号分压电路因为时间原因我没有焊,而是给出了电路原理图由项目方来焊

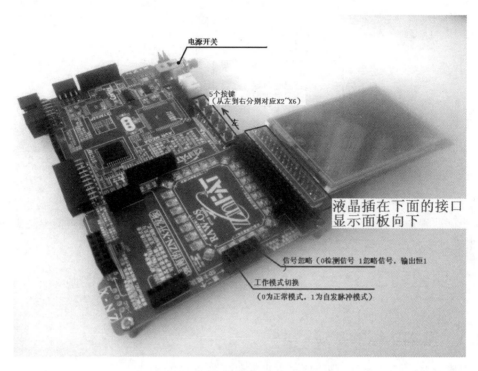

图 12.6　样机主要接口定义的说明

图 12.7　样机主要接口定义的说明

接。电路如图 12.8 所示。

这个分压电路很简单,它将 24 V 信号分压为 5 V 信号。

　　但是项目方焊了一天,竟然都没有成功,并且质疑这个分压电路有问题。争吵了很久,最后终于找到了问题的所在。他们输入的信号根本就不是 24 V 高低电平,而是"开漏"信号。

　　他们所使用的色标传感器是"三线 NPN 接口",如图 12.9 所示。

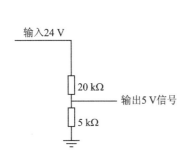

图 12.8　前级 24 V 信号分压电路　　　　图 12.9　三线 NPN 接口的色标传感器

　　这种色标传感器接口有三根线,棕蓝白三色,棕线接电源 12 V～24 V,蓝线接地,白线为信号输出。当传感器检测到特定颜色时,白线输出稳定的 0 V,当传感器未检测到特定颜色时,白线输出为悬空。(这类似于 51 的 P0,开漏输出。)

　　这根本就不是 24 V 高低电平信号!

　　项目方一直褒贬我给他们的分压电路有问题,说:"你这电路根本就是狗屁不通!"

　　最后,我拿出原始项目需求,让他看,他无言以对!

　　后来,他们问我,传感器的信号怎么与单片机的输入连接,我说:"不需要任何电路,直接连!"(浮空状态将被单片机 I/O 内部上拉为 5 V,而 0 V 将把 I/O 拉到低电平)他们这才恍然大悟!

　　项目需求中的描述经常会有项目方想当然的成分,他们的过错或错误描述有时候是开发者的噩梦! 尤其对于不懂技术或不明就里的项目方,则认为这是你的问题!

12.3　讲些技术干货

　　振南开设这一章,并不是想抱怨那些外包项目有多么无语,只是想通过我的经历来告诉大家:接项目并不是不可以,我知道有很多公司就是专门外接项目,做得也很好。但是我们要尽量选择那些高质量的项目,而不要陷入无尽的扯皮之中。费时费力动气伤身,实在得不偿失。

　　这个"信号延时器"项目抛开那些糟烂的需求,在技术上还是有得可说的。

12.3.1　良好的设计模式

　　这个项目所要实现的功能,总体来说主要分为两个部分:

　　(1) 人机界面:参数的显示以及触摸设置延时参数;

　　(2) 精确延时与信号输出。

延时的精度在任何情况下都不可以受到影响,精度要控制在 $1\,\mu s$ 以内。但是同时单片机还要负责刷液晶屏,响应触摸等工作。因此我们需要一个良好的设计模式,如图 12.10 所示。

振南采用了前后台分工的低耦合设计模式。外部信号的响应、定时、波形的产生,全部采用中断驱动;而液晶刷屏、检测触摸等工作则放入 main 大循环中。此项目选用 STC15L2K60S2,它有很多路外部中断以及定时器中断,振南最大化地充分使用了这些硬件资源。每一路输出单独占用一套定时器,这使得两路信号输出之间互不影响,如图 12.11 所示。

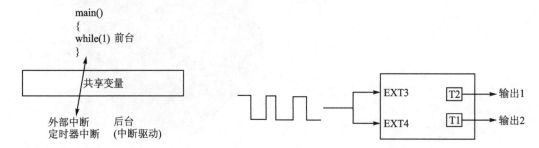

图 12.10　前后台的单片机设计模式　　　图 12.11　信号检测与延时输出的实现示意

STC15L2K60S2 有 5 个外部中断(INT0～INT4),3 个定时器(T0～T2)。

项目中振南使用了 INT3 – T2 与 INT4 – T1,各自检测各自的信号输入(即检测下降沿),各自计算各自的延时,产生各自的输出。

延时输出功能我一开始是交给另一个人来做的,他的做法,如图 12.12 所示。

这种做法也是一种前后台的开发方式,但是它的实现效果并不理想。他设计在定时中断中通过 cnt++ 来记录定时器中断的次数,从而实现较长时间延时。但是它对 cnt 的判断是放在主循环中来做的。这会导致一个问题:主循环的实时性并不是很好,它循环一次,可能会做很多事情。等到真正运行到判断 cnt 的时候,原来所需要延时的时间可能已经过去了。尤其是,我们如果不断地向主循环中加入大量其他的业务功能代码,就会导致延时功能极不精准。

要让 cnt 到时立即产生输出信号,我们必须把对它的判断和处理都直接放在中断函数里面,如图 12.3 所示。

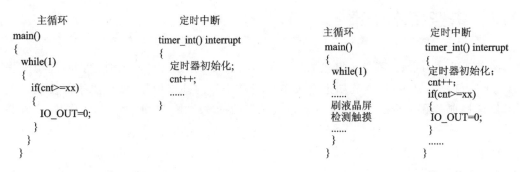

图 12.12　延时输出功能的实现(不理想)　　　图 12.13　延时输出功能的最终实现

这样,只要定时器中断能够精准地被触发,信号的延时精度就能得到极大的保障。主循环中的代码不管有多么拖沓,多么复杂,一次循环不管需要多长时间,都不会影响到信号检测与延时输出的精度。

12.3.2　模块化编程

接下来要说的就是代码工程的模块化设计,振南不管在硬件设计还是软件设计上都一直秉承着尽可能模块化的思想,这一点从振南的 ZN‐X 模块化开发板的设计理念上就能看出来。

这个项目的代码简洁不拖沓,整洁而条理清晰,如图 12.14 所示。

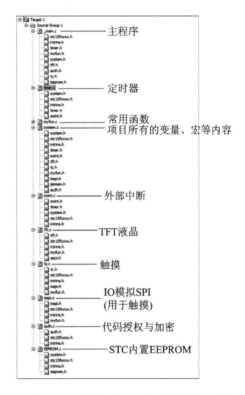

图 12.14　单片机代码工程的模块化设计

模块化开发有百益而无一害:

(1) 条理清晰,定位错误非常快;

(2) 便于团队协同开发,各负责各自的程序模块;

(3) 代码模块可单独保存,以便其他项目直接使用;

(4) 低耦合度的开发,对其他代码模块影响甚小,这使得代码替换和升级很方便。

"哎？振南,你上图中那个'代码授权与加密'是怎么实现的？能讲一下吗?"别着急,本章的后面会专门讲一下这个问题。

12.4　项目后期的继续扯皮

项目进行到后期,基本的功能都已经差不多了。项目方开始动手测试信号延时器的功能和精度。但是很快他们就发现了问题,模式 2,也就是自发信号模式,与他们预想的不一样。

再次翻出原始需求:

模式 2,信号延时器自行输出两路方波信号,两路信号之间的延时差(即相位差)和频率(周期)均可设置。

图 12.15 是对此条需求的理解:

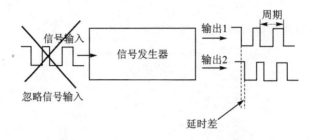

图 12.15　模式 2 功能需求的理解示意图

12.4.1　突破认知底线

所谓方波,就是占空比为 50% 的脉冲信号,即一个周期内高电平与低电平时间相等。

项目方看到这个之后,表示很无语,我也表示莫名其妙。按照需求就是这样的信号。

项目方最后啰嗦了半天,也没有说明白到底输出信号是怎样的。我让他画个图给我看,如图 12.16 所示。

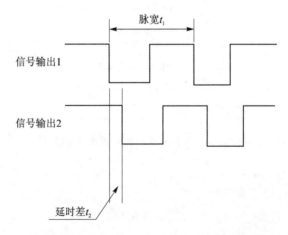

图 12.16　项目方针对模式 2 所画的示意图(经过我整理,原来是手绘)

我说没错啊,图中的 t_1 就是脉宽,它影响了周期,t_2 是两路信号输出之间的延时差,也就是相位差。

然后他的回答突破我的认知底线:"什么脉宽,相位! 这些我都听不懂,我的需求就是要 t_1 和 t_2 可以调!"

看到这样的描述,我根本不懂他在说什么。经过许久的交流,我终于明白了他的意思,如图 12.17 所示。

我说:"你直接说一个周期内低电平宽度可调,高电平宽度固定,不就行了?"他说:"别跟我

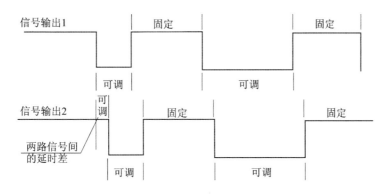

图 12.17　最终达成一致的模式 2 功能示意图

说那些专业词,不懂!"

后来我打听一下,一直跟我交流的这个项目方的人,已经快 70 岁了,而且不是电子专业,很多基础的东西都不明白。但是从项目一开始,他就自称"对传感器、电路等都很熟悉!"

12.4.2　忍无可忍

在理解了他所谓的"需求"之后,我很快对程序进行了修改,做出了他所需要的功能。

此时,他开始提出附加的功能需求,他说:"我问我们工程师了,信号输出 5 V 不行,需要输出 24 V!"

我说,请看当初的需求。

他无话可说,改口说:"你能不能帮我做一下这个 5 V 转 24 V 的电路!"。我说这个很简单:"我告诉你电路,你自己或你们的工程师焊一下就行了!"他说:"好!"

我给出的电路是这样的,如图 12.18 所示。

采用光耦电路可以很简单地把 5 V 信号转为 24 V 信号。信号输出接图中的 I/O 端,为低电平时,光耦内部导通,OUT 端输出 0 V(由于光电三极管有很小的导通电阻,所以 OUT 不会是绝对的 0 V,但足以被数字电路识别为逻辑 0);为高电平时,光耦内部截止,OUT 端的输出是 24 V 串 5 kΩ 电阻,电平输出为 24 V,电流可达到大约 5 mA。

他说:"我试试吧!"结果搞了一天没结果! 说:"你帮我搞吧! 谢谢!"

这原本不是需求中的内容,但是既然他这么说了,我也就帮他做了。

接着他提出进一步的要求:"24 V 5 mA 电流不够!"

我说:"你这个 24 V 输出要用来干什么? 是要接 PLC 吗?(有些可编程控制器的高电平是 24 V。)"

他说:"是,但还要去驱动 10 个光耦!"

我说:"你要用这个 24 V 信号,直接去接这 10 个光耦吗?"

他说:"是的! 我需要这个 24 V 信号,电流起码要 50 mA。"(10 个光耦,每个光耦点亮导通需要 5 mA 电流,一共是 50 mA。)

我说:"没你这么玩的! 一次不说清楚。"

最后我给了他一个电路,如图 12.19 所示。

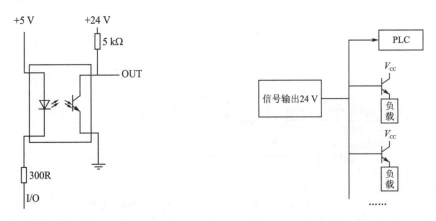

图 12.18　附加的 5 V 转 24 V 信号电路(用光耦实现)　　　图 12.19　通过 24 V 信号驱动多个负载

不管是光耦,还是其他什么负载,是不可能指望直接由信号来带动的,可以给他们每个加上三极管。

他说:"哦,那我试试!"

我意识到,我这不是在做项目,而是在给小学生辅导功课!

12.4.3　交付项目

最终,我给他焊接了一个 5 V 转 24 V 的模块,如图 12.20 所示。

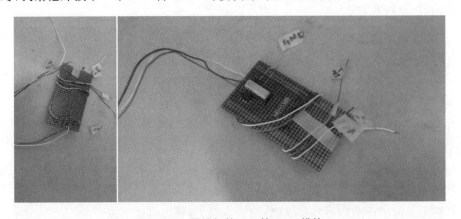

图 12.20　焊接好的 5 V 转 24 V 模块

虽然这是附加的工作,但我还是很认真地进行了测试,保证 5 V 到 24 V 的转换是正常的,如图 12.21 和 12.22 所示。

我寄给了他,还给了他一些三极管,让他去测试驱动他的光耦。

更多的麻烦还在后面,根本问题源于:我不该把一些我认为很简单的工作交给项目方去做,比如接线和装配等。

12.4.4　放开那个傻子让我来

当项目基本完成的时候,此时要把成品交付给项目方进行测试和验收。有时开发者不能亲临现场。那我们可以写一个操作说明书,告诉项目方如何操作。但是很多时候我们会发现

图 12.21　用 5 V 与 24 V 对模块供电

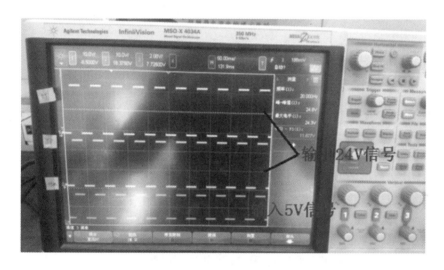

图 12.22　验证 5 V 转 24 V 模块功能

已经调好的功能出不来,甚至直接把电路烧了。经验告诉我:项目方,你住手,你是傻子让我来!

信号延时器的样机,根本没有时间专门画 PCB,而是先在开发板上完成功能。这必然导致要有很多的飞线。我以为项目方也会有有一定经验的工程师,接线应该不是问题。而且,配合我详细的说明,应该是可以把功能复现出来的。

项目方接线测试了好几天,一直发现当传感器的输出接到板子的信号输入上时,单片机的外部中断总是会被无故地频繁触发,似乎像是有干扰。但是在我手上,也是用同样的传感器,效果却很好。我早就知道可能会出这种幺蛾子,所以事先录下了视频。为了证明信号延时器功能正常,我把视频给了项目方。

他们只能继续检查,继续测试,但始终现象依然,无法解决。

我最后一怒之下,说:"你们也别查了,也别测了,你们把那板子给我扔了!我重新给你弄一套,线全部接好,传感器也接好,电源也弄好,你们只需要插上电源,其他一切不用你们插手!

如果功能再有问题,那就是我的问题!"

于是我又做了一套样机,接好线、装配好,原封不动地寄了过去。他们收到之后,拉出电源线和传感器,接通电源之后,一切正常,信号延时器不再乱跳了。

项目方不得不承认是自己接线有问题,最后仔细检查,分析可能是两个原因:

(1) 共地的问题;

(2) 糊涂地直接把 24 V 电源接到了信号输入上,导致单片机 I/O 烧坏。

这种问题其实经常发生:我们买来芯片,焊接调试,有的人很顺利就调通了,因为他焊接、制板以及研发水平都比较高;但是有人调一个月都没结果,原因要么是虚焊、要么是画的 PCB 有问题、要么是程序有问题……而最终往往怀疑芯片有问题。

所以,很多厂家随芯片会一起发布一个 DEMO 板,一方面是为了加快用户研发进度;另一方面我认为就是为了尽量减少扯皮的现象。你说芯片有问题,厂家说没问题,谁是谁非?拿 DEMO 板来验证,事实胜于雄辩。

我认为,多数情况下,调试未果,功能出不来,都是用户自己的问题所导致的!

我们要把用户当傻子,产品要做得面面俱到,傻瓜化!最好一个按钮就能搞定,不要让用户多插手!

12.5 想破解我的程序,没门

有人对图 12.14 中的"代码授权与加密"产生了兴趣,OK,那振南就详细来讲一下。

12.5.1 关于芯片破解

还是拿本章中所讲的"信号延时器"项目来说事,在最终交付样品的时候,我在想:"这项目硬件很简单,随便找个技术员都能做出来,它值钱的其实是程序。如果样品被对方破解了,直接复制,那后面的生意也就没得做了。我得想办法对代码进行加密!"

常用的代码加密方案我认为有两种:

(1) 通过某种硬件手段防止单片机 ROM 中的代码被读出;

(2) 就算代码能被读出来,把它烧到另一个单片机芯片中,也无法运行(与特定芯片紧绑定)。

前一种我认为不够安全,不论如何提防,似乎总有人都能把程序读出来。就连号称绝不可能被解密的 XXX(它根本就不提供读取程序的命令接口),也有人成功破解了,如图 12.23 所示。(此图引用于网络,仅用于说明相关技术,振南本人反对芯片破解。)

12.5.2 芯片终极破解方法——ROM 染色

芯片破解有很多方法,感兴趣的可以百度一下。振南在这里只说一下最终极的解密方法,即直接对芯片 ROM 进行染色,具体做法如下:(以下内容摘自网络,仅讨论半导体染色的相关工艺方法。)

(1) 芯片开盖:开盖以化学法或特殊封装类型开盖,处理金线取出晶粒;

(2) 层次去除:以蚀刻方式去除层次,包括去除保护层 polyimide(聚酰亚胺)、氧化层、纯化层、金属层等;

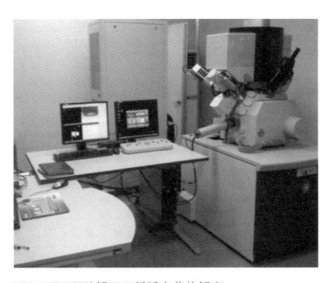

波解　　新版本芯片解密

Posted on 一月 23, 2016

片机出厂的时候就已经完全加密，用户程序是ISP/IAP机制，编程的时候是一边校验一边写，无法读出命令，又小增加了解密难度，家欲欲无法解密，系列单片机芯片现已可以解密，打破长期密价格高昂的格局，快速解片。

图 12.23　网传 XXX 系列单片机已被解密

（3）芯片染色：通过染色以便于识别，主要有金属层加亮，不同类型阱区染色，ROM 码点染色；

（4）芯片拍照：通过扫描电子显微镜（SEM）对芯片进行拍摄；

（5）图像拼接：将拍摄的区域图像进行拼接（包括软件拼接和照片冲洗后手工拼接）；

（6）电路分析：能够提取芯片中的数字电路和模拟电路，并将其整理成易于理解的层次化电路图，以书面报告和电子数据的形式发布给客户。

更加形象的描述请看图 12.24。

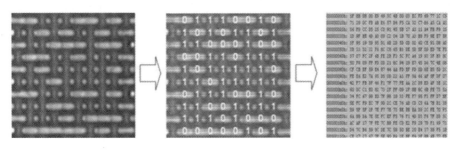

图 12.24　ROM 染色读取数据的实际过程

看来想用硬件手段阻止代码被读出是徒劳的。所以我打算采用第二种方法：就算你有天大的本事把程序二进制读出来，烧到另一个同型号的单片机里，也无法运行！要实现这一目的，首先我们要有一个与单片机唯一绑定的东西，比如 STC15 单片机或 STM32 中的唯一 ID，每一片芯片 ID 都不相同，并且全世界只此一片。

12.5.3 基于唯一 ID 的保密机制

直接放流程图，如图 12.25 所示。

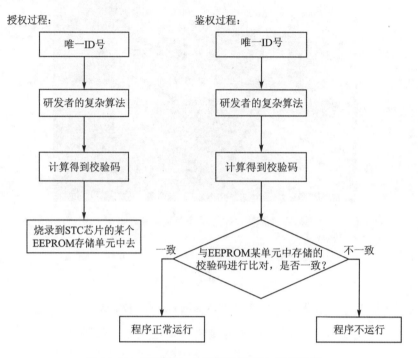

图 12.25 基于唯一 ID 的代码授权与鉴权过程

授权由开发者（此项目中也就是我）由唯一 ID 计算得到校验码，向使用者下发。使用者可将此码通过专用烧写器写入单片机芯片的 EEPROM 中。

在代码中，在多处对 EEPROM 中的校验码进行比对，一致则正常运行，否则停止工作。多处是指在哪里？一般在程序的最前面，如果鉴权失败则向用户显示"无权限"等信息；或者是在程序中比较关键的条件分支中。如果程序被人破译，比如反汇编，想要通过修改一些条件判断，来强行绕过鉴权逻辑。因为程序中鉴权的地方很多，这势必会让破解者大费一番周折！

所谓的"复杂算法"，则比较开放。可以是由唯一 ID 经过各种位计算、变换、加减等种种操作而得到的相应的数值。至于我在"信号延时器"项目中所使用的算法，则无法奉告！因为这个算法对加密来说，至关重要！

STC15 单片机或 STM32 的唯一 ID 存在哪里呢？这个请详细研读 STC15 单片机和 STM32 的芯片手册。

图 12.26 和 12.27 是振南项目中实际代码加密的效果图。

当我把这些所谓"奇葩外包项目"说给别人听的时候，很多人的反应是："我们应该感谢他们，让我们知道了市场险恶。林子大了什么鸟都有，世界大了什么样的傻子都有。我们只能奉劝他们，药别停！"

在后来的经历中，我基本很少再外接项目，就算是接也会对项目进行深入的分析，并定下严格的原则，比如低于 XX 项目金额水平一律不考虑；频繁修改增加需求的项目直接拒绝或止损等。

图 12.26　已授权的正常运行效果

图 12.27　鉴权失败的运行效果

希望大家也要有所提防。外接项目本身是一件好事,但是作为一个好的项目承接人只会技术是远远不够的。

注:看完了本章,大家不要误会,振南团队是接外部项目的。此文中描述的是振南创业初期的经历。我们衷心欢迎您的优质项目合作。详情请见振南网站(www.znmcu.com)项目承接专区。

第 **13** 章

颠覆认知的"工业之眼"——毫米波雷达

毫米波？也许你只在网上或新闻里有所耳闻，知道华为的 5G 基站使用了毫米波，或者知道特斯拉的自动驾驶有 MMWR。其实前者是毫米波的通信应用，它使得通信带宽得到质的飞跃，为所谓的"大上行业务"应用提供了支撑（实时机器视觉就是最典型的"大上行"应用）。不过，本章并不讲毫米波的这种通信应用，而是侧重于后者，即在雷达方面的应用。

2021 年前后，我的硬件团队一直在研发一个神奇的东西，就是太赫兹 MMWR（THz MM-WR）。应该说这项工作还是极具挑战的。我团队里有从英国名校留学回来的硬件工程师（他现在也有了自己的个人 IP，名叫宝马，大家可以关注一下），精通高频模拟电路设计和无线系统仿真；另有工程师，包括我在内精通数字信号处理和嵌入式；这期间甚至还有位高权重的大佬（不便透露实名）参与关键部分的研发。即使这样，我们仍然感觉到了巨大的研发阻力。

太赫兹毫米波雷达其实是 MMWR 的一个前沿分支，或者说是新兴概念，它象征着最激进的 MMWR 技术。太赫兹 MMWR 的诸多优异特性使其成为相关行业的聚焦点。

什么？MMWR 到底是什么？它到底有多神奇？振南不再啰嗦，直接来看本章的内容。

13.1 初探 MMWR 的神奇

我所带领的硬件团队主要是研发各种传感器，比如振动传感器、位移传感器等。可以说，这些传感器基本上都没有什么难度。主要是实现基本的采集和算法应用，我们的主要精力还是放在业务功能层面的实现，以及整个硬件产品的统一化、标准化，还有硬件技术架构的建立（矩阵硬件和 Microbus 嵌入式架构就是在这期间搞出来的）。说实话，这些产品都算不上有多高门槛的产品，基本上有一定规模的硬件团队都能做得出来。当然 Xstack 和个别产品的高精度、高性能是我们看家的东西。但是我们仍然缺少能够主导市场的"独角兽"产品。

13.1.1 那场突破认知的交流会

那是一次技术交流会，更准确地说是产品推销会，主角是北京 ZGZL（它是专做 MMWR 的一家公司），好像名不见经传，但其实是一家高技术企业，我了解到他们人数并不算多，但是人才层次很高。主讲人先介绍了一些应用场景（基本都集中在测距、位移测量和多目标这些方面）。

1. 桥梁纵向位移测量

2020 年的"虎门大桥事件",估计很多人仍然记忆犹新。其根本原因是所谓的"卡门涡街效应"(吊桥共振)。来看一下图 13.1。

图 13.1 卡门涡街造成的桥梁灾害(左为虎门大桥,右为塔科马海峡吊桥)

所以,桥梁的纵向位移(土木工程称之为"挠度")测量历来都是重中之重。人们也想了很多办法来实现测量,比如 GNSS(通过 GPS 卫星数据来解算空间位移)、静力水准(通过连通管原理来测量)、动态激光测距等。而 MMWR 则开辟了新的思路,如图 13.2 和 13.3 所示。

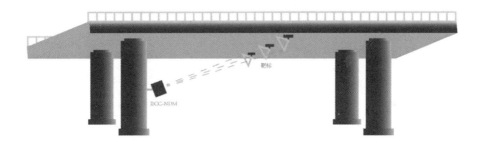

图 13.2 MMWR 对桥梁挠度进行多点测量

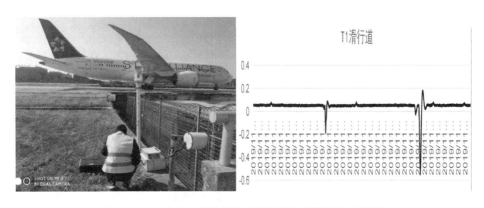

图 13.3 MMWR 对某机场跑道跨线桥的挠度进行测量

MMWR 具有同时测量多个目标的能力,所以用它来检测桥梁挠度成本会更低。看到它的这些特性,你是不是也有点动心了?

2. 钢索拉力测量

很多时候我们都需要去测量一根钢索或金属丝上的拉力，如图 13.4 所示。大家可以想想都有哪些方法。

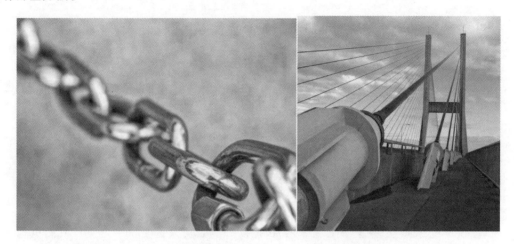

图 13.4　测量钢索上的拉力（右为桥梁拉索）

（1）拉力传感器直接测量

最直接的是使用拉力传感器，如图 13.5 所示。

图 13.5　工业拉力压力传感器

这些传感器需要事先安装在钢索上，而很多时候这可能并不现实。比如桥梁上的拉索，或者是已经固定好的钢缆，几乎不可能为了安装传感器而返工。那有没有更好的方法？

（2）振动法测拉力

我们基本上有一个宏观的认知：一根被绷紧的琴弦，它绷得越紧在拨弄时所发出的声音越尖锐，而越松则发出的声音越低沉。从频域的角度去解释就是，前者振动基频高而后者低。我们把钢索比作琴弦，如果我们可以采集到它微弱的振动信号，然后通过 FFT 计算其基频，是不是就可以知道它的松紧程度了？所以，市面上有了很多基于此原理的振动式拉力计（你可能搜不到，但其实已经有很多场景在应用了）。

在使用这类传感器的时候，我们需要将其安装在钢索上，并确保其刚性连接，以便振动的良好传递。然后通过电激励或者自然风（比如桥梁拉索）产生振动，继而计算其拉力，如图 13.6 所示。

认真的读者，从图 13.6 中可能会发现一些问题：在拉索建成之后，会在外面套一层保护

图 13.6　南浦大桥斜拉索上安装的振动拉力计

套,所以振动索力计最终是安装在保护套上的,而非直接安装于拉索的金属表面,这样会导致振动传导出现问题。但是这种方法已经算是比较先进的了。

(3) MMWR 测拉力

毫米波有一个重要的特性就是有较好的穿透性。只要 MMWR 的测量精度足够高,能够分辨微小的位移变化,那我们就可以用它透过保护套,直接去测量钢索的微小位移(其实振动本质上就是微小位移),只要采样率足够高(根据著名的信息论香农定理,也称奈奎斯特采样定理,采样率至少是基频的 2 倍),我们就可以采集到连续的振动信号,从而提取基频,计算拉力。

这种方法,不用接触钢索(隔空测量),而且多根钢索只要是在雷达视域之内,都可以同时测量。是不是感觉,MMWR 是位移测量的终极解决方案。

其他更多的应用场景就比较专业了,振南仅举以上两个应用实例。

13.1.2　令人咋舌的测量精度

主讲人继续介绍:"我们的 MMWR 采用微波干涉测量原理,位移测量精度最差 0.1 mm,量程 ±100 mm,采样率可以达到 20 Hz,距离可以达到 50 m,而且同时可以测量 5 个目标。"并带来了一些测试照片,振南给大家看一下。

千分表对比测试,如图 13.7 所示。

此实验的结果如图 13.8 所示。(摘自 ZGZL 官方数据。)

可以看到,MMWR 对于位移测量的精度偏差在 0.03 mm 以内。

这是什么概念? 相当于这套东西在几十米外,就可以准确检测到目标幅度为 0.1 mm 的位置移动。"哇! 我浅浅地呼吸一下,前胸起伏的幅度都比这个位移要大!"对,它可以在几十米开外,判断一个人是否还有呼吸(这是 MMWR 最典型的医疗应用,非接触式呼吸检测)。

也许是我们比较孤陋寡闻,但是对于这样的测量精度,我们一是吃惊,二是怀疑。这样的精度指标到底是如何实现的?(其实在后期深入地了解了 MMWR 的原理之后,我们发现实现这些指标并不是特别困难。)

图 13.7 雷达测量与千分表测量结果对比实验

千分表测量 5次测量均 值(mm)	雷达监测 仪测量5 次测量均 值(mm)	雷达测量值 和千分表值 偏差(mm)
-0.5018	-0.516	-0.0142
-0.995	-1.01	-0.015
-1.5088	-1.512	-0.0032
-2.0362	-2.034	0.0022
-2.447	-2.474	-0.027

图 13.8 对比实验的实验结果

13.2 MMWR 的背景

振南本来想直接开讲原理,但是感觉还是先介绍一下毫米波的背景会更好。毕竟写书还是需要比较系统化的,而不同于普通的网文。

三个阅读前提:

(1) 最基本的原理:雷达是通过发射和接收电磁波来工作的;

(2) Radar 是 RAdio Detection And Ranging 的首字母缩写,意即无线电探测与测距;

(3) MMWR 最大的作用就是测距,因为具有很好的穿透性,同时还有防干扰和测量精确的特性,所以自始至终它最大的应用是在汽车、船舶和飞机上(自动驾驶)。

13.2.1 MMWR 的发展历史

1. 早期(雷达诞生的故事)

既然雷达是无线电的应用,那一开始自然与无线电(电磁波)有关。事实上,在 1897 年,无线电的先驱马可尼和波波夫在海上一艘船上做实验时发现,当一艘船向另一艘船发射无线电信号时,另一艘船上的接收装置居然能收到了信号。这在今天看来自然是显而易见的,没啥好大惊小怪的,可在还没有手机的当时这可是黑科技,居然能够凭空不用线就能互相联系,这太神奇了。随后沿着这棵科技树又产生了诸如电报、电话、电视、收音机、手机等一众发明。当时在马可尼的实验过程中,不经意间一艘船挡在了发射机和接收机之间以导致接收机没能接收到信号,这一点令人们颇为懊恼,不过他们完全没有意识到这一小点中潜藏着巨大的价值。

我们都知道能量不会无缘无故消失,既然电磁波没有被另一艘船上的接收机收到,那它一定是反射去了其他地方。那如果我在发射机这一侧也安装一个接收机,说不定就能收到反弹回来的信号。沿着这个思路,1904 年德国科学家 Christian Huelsmeyer 发明了雷达的雏形,用于大雾天气船只之间的检测和避免碰撞。可以这么说,现在应用最广泛的车载雷达系统(比如倒车雷达、防碰撞和巡航雷达等)最重要的使命在其诞生之初便已被赋予。不过可惜的是,由于理论知识的缺乏,当时的人们并不知道回收的雷达信号能干什么用,这就有点像当前阶段的自动驾驶,收集了海量数据但不知如何提取有效信息。

2. 商业化迸发的苗头

时间来到一战二战。

人们常说"大炮一响,黄金万两",实际上万两的可不止黄金,还有技术。一战二战直接催生了雷达技术突飞猛进,尤其是二战时德国人的死对头大英帝国,把德国人发明的雷达用到了登峰造极的地步,可以实现在超视距的距离上提前发现德军的飞机,如图 13.9 所示。最终直接保卫了英伦三岛本土,这就是著名的"不列颠空战"。如今,雷达在军事上的应用现在已经远远突破了当年的限制,以至于现在搞自动驾驶车载雷达很多人都是有军用雷达背景的,当然这都是后话了。

图 13.9　德国发明的机载线性调频脉冲雷达

一战二战之后的很长一段时间,由于技术上的困难,MMWR 的发展一度受到限制。这些技术上的困难主要是:随着工作频率的提高(频率越高,天线体积可以越小,测量精度可以更高,在后面的原理讲解中会详细解释),现有的功率器件输出功率和效率已经无法满足要求,接收机混频器(什么是混频,振南也会在后面通俗化地跟大家解释)和传输线损失增大。

直到 20 世纪 70 年代中期,MMWR 技术有了很大的进展,研制成功一些较好的功率器件：固态器件，如雪崩二极管、肖特基二极管和耿氏振荡器；热离子器件，如磁控管、行波管、速调管、扩展的相互作用振荡器、返波管振荡器和回旋管等。这些基础器件的出现，为 MMWR 的继续发展奠定了基础。

此外，在高增益天线、集成电路和鳍线波导等方面的技术也有所发展。70 年代后期以来，MMWR 已经应用于许多重要的军用系统中，如近程高分辨力防空系统、导弹制导系统等。

MMWR 除了军事应用，商业化也初见端倪。在二战中被英国人搞得灰头土脸的德国人决定在战后发展中扳回一局。汽车工业上他们一骑绝尘，并尝试将 MMWR 应用在汽车上，这成为推动 MMWR 商业化的最大推手（但是德国人有一大堆的问题需要解决，比如雷达体积问题、成本问题等，这些原来在军事应用上都不是问题）。

3. MMWR 的爆发

20 年后，直到 90 年代，MMWR 汽车防撞技术逐渐成熟，成本也逐渐降低，MMWR 也逐渐被应用在汽车领域。1999 年，德国奔驰汽车公司率先将 77 GHz MMWR 应用于汽车自主巡航控制系统（基本是配备在一些比较高端的车型上），如图 13.10 所示。

图 13.10　MMWR 在汽车防碰撞和自主巡航的应用

2012 年，这一年芯片行业发生了一次重大革新。半导体巨头英飞凌和飞思卡尔成功推出芯片级别的毫米波射频芯片，降低了 MMWR 的技术门槛，同时降低其制造成本，推动 MM-WR 在各领域的应用。由此，MMWR 才迎来了真正的爆发（同时因为 AI 的崛起，ADAS 自动驾驶之火开始点燃）。

上面这段对于 MMWR 发展历史的描述，可能已经有些人看得有点吃力了（其实振南已经尽量故事化和通俗化了）。因为其中有一些雷达方面的专业名词，大家不用太在意。我知道大家更喜欢看有趣的、通俗的而有新意的东西。但是现实是：有些东西确实是比较高端，有门槛的，这也正是我们提升水平的机会。你天天都在搞流水灯、学 C 语言，说实话能有什么出息。基础固然重要，但是我们也要抓住一切可能拔高我们水平的机会，虽然很多时候这是痛苦的。硬着头皮上吧，兄弟！

13.2.2　头部玩家

上面我们提到了英飞凌和飞思卡尔，但是归根结底它们只是芯片供应商（并不仅专注于 MMWR 这一方向，不是深层玩家），在当今毫米波解决方案级的市场玩家中仍然排不上号。

目前,全球前四大的 MMWR 供应商,被称为"ABCD",即 Autoliv(美安)、Bosch(博世)、Continental(大陆)和 Delphi(德尔福)。这几家年出货量总和达到千万级别,且价格相对合理。

虽然老牌劲旅已经在 MMWR 市场量产、销售多年,但是面向更为广阔的 ADAS,以及新兴的全自动驾驶市场,MMWR 行业的新兴势力也在不断冒头。他们带来的是更为先进的雷达技术以及更加适应于未来汽车行业发展的 MMWR 产品。

有人会问:"国内的 MMWR 发展得怎么样?"振南认为基本是后者居上,很多厂商还是停留在应用层面上,他们广泛使用了 TI、Infineon 等半导体厂商的芯片级解决方案,然后去开发特定的产品,比如毫米波液位计、流速流量计等(基本都是一些测距、测速的应用)。当然,近几年国内在毫米波射频芯片、专用信号处理芯片等核心部件上发展很快,毕竟国产化是主旋律。振南整理了一些国内 MMWR 供应商和应用的资料,给大家看一下。

1. 隔空科技

公司在上海,它专注于高性能无线射频技术、微波毫米波技术、雷达传感器技术、低功耗 MCU 技术及 SoC 技术,提供高性价比的芯片、算法、软件及模组全套解决方案。它的主要产品系列如图 13.11 所示。

雷达芯片	雷达模组参考设计	LNB射频芯片	呼吸探测芯片
5.8GHz系列	5.8GHz系列	AT7WHPxx	5.8GHz系列
10.525GHz系列	10.525GHz系列		10.525GHz系列
24GHz系列	24GHz系列		24GHz系列

图 13.11　上海隔空科技的毫米波及射频相关产品

2. 矽典微

矽典微致力于实现射频技术的智能化,专注于研发高性能无线技术相关芯片,产品广泛适用于毫米波传感器、下一代移动通信、卫星通信等无线领域。

它的产品应用广泛,如图 13.12 和 13.13 所示。

据统计,截至 2022 年 9 月底,国内注册的 MMWR 企业共有 234 家。其中本土企业 216 家,占比 92.3%,外资企业 18 家,占 7.7%;从产业链环节来看,雷达芯片企业有 45 家,占比 19.2%,雷达模块和整机方案企业 183 家,占比 78.2%,独立式雷达终端企业 6 家,占比 2.6%。

随着国内玩家的不断入场,MMWR 更多的应用场景也被不断挖掘,请看图 13.14,是一些新兴的、比较有前途的应用方向。

有没有感觉到,MMWR 是一个万金油,能做很多事情,我们可以毫不夸张地称之为"工业之眼"。所以,了解一些 MMWR 的知识,对我们的知识水平和阅历见识的提升是有很大好处的。

13.2.3　最前沿的雷达成像

有人可能会问:"用毫米波来成像,我觉得没有必要吧。直接用摄像头就好了。"没错。摄像头是最接近人眼的传感器,有着丰富的语义信息,在传感器中具有不可替代的作用,比如颜

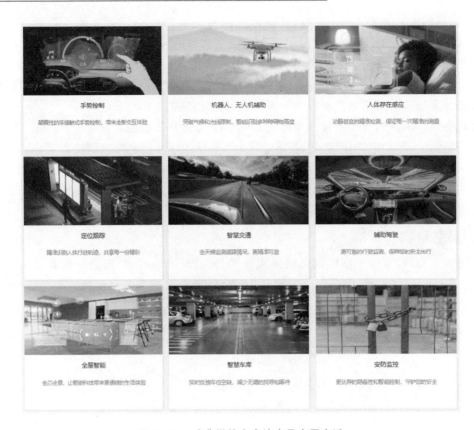

图 13.12　矽典微的毫米波产品应用广泛

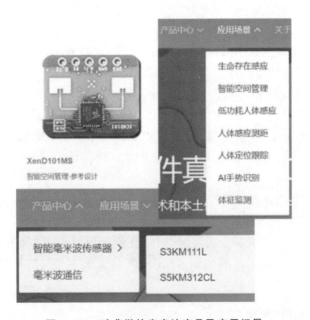

图 13.13　矽典微的毫米波产品及应用场景

色识别、目标识别等应用，都离不开摄像头的信息。但是它有一个最大的缺点就是容易受到恶劣天气的影响，比如雨雪、光照等。而毫米波却不存在这些问题（毫米波波长在 4 mm 左右，而

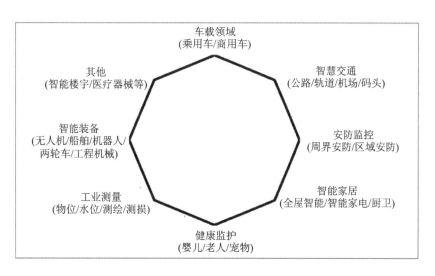

图 13.14　MMWR 更多的应用场景

自然雨滴的直径约为 $1\sim 4$ mm,所以毫米波可以很轻松地绕射过去,而且对于灰尘、油污等也都可以穿透,所以就形成了所谓的"全天候工作"能力)。

　　当然毫米波的成像并不能真的像摄像头一样很写实地拍出物体的轮廓、颜色、细节,它其实反应的是一定角度分辨率下的物体深度信息。

　　雷达成像基本原理是:基于多发多收天线(MIMO),我们可以得到比单发单收更为丰富的回波信号。通过对它进行解算,不光可以得到物体表面各点的测距值,还可以得到一定精度的角度分辨率。这样我们就在空间中构建了一个立体极坐标系,从而就可以描述物体的立体表面形态了。其实就是所谓的"深度信息",与之相应的典型应用是"3D 机器视觉"。是不是已经有点科幻了,其实并不科幻,这些都已经实现了,如图 13.15 所示。

图 13.15　基于 MIMO 毫米波的深度成像

　　其实这还不是最前沿的,现在最火热的是"4D 成像"。它在 3D 的基础上增加了一维速度。这样就可以精确描述一个正在运动的物体了。这也是未来 L3、L4 高阶全自动驾驶的终极利器。如图 13.16 所示,是 TI 的 4D 成像雷达的主控板。

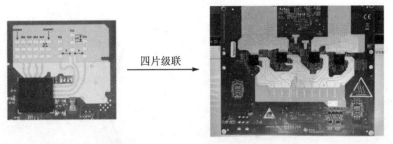

单芯片三发四收雷达系统,虚拟通道数12　　四片级联4D成像雷达系统,虚拟通道数192

图 13.16　TI 的 4D 成像雷达系统

13.3　MMWR 原理真巧妙

前面的历史和应用就花费了很大的篇幅,是时候展现真正的硬货了。

1. 测距原理

MMWR 最基本的功能就是测距。很多的应用场景其实都是由测距引申出来的。有一定研发工程经验的人就会知道,测距并不简单,高精度测距就更难。常见的测距方案有超声测距、激光测距,还有现在比较火的射频测距,比如 UWB 和 BT5.0(它们都是基于 TOF 方法)。UWB 是什么？超带宽,不要跑题。会有专门的章节去详细讲解 UWB。

振南先给出雷达系统的基本工作原理图,如图 13.17 所示。

图 13.17　雷达系统的基本工作原理图

雷达有发射天线和接收天线,它们分别负责电磁波的发射与接收。很多人可能会认为一发一收,那就是计算一下收发延时,乘以光速就行了。你说的这个是新兴的射频测距的原理,但并不是雷达的测距原理。

(1) FMCW(调频连续波)

FMCW,是指频率随着时间而连续变化的电磁波信号,如图 13.18 和 13.19 所示。

(2) IF(中频信号)

我们设想一下,如果雷达以这种波形发射信号,然后信号遇到障碍物也会以这个波形反射回来,不同在于这一去一回的两个信号有一定的延时差,如图 13.20 所示。

此时,我们会发现因为这个延时差非常非常小(毫米波传播速度是光速),所以这两个信号会有一个重叠区域,即图 13.20 中虚线画出的部分。如果我们尝试对这两个信号做减法,我们

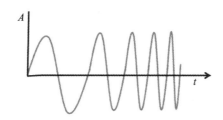

图 13.18　FMCW(调频连续波)波形示意

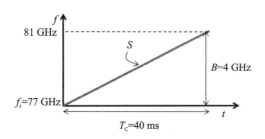

图 13.19　线性调频脉冲信号(以 77GHz 毫米波信号为例,带宽是 4GHz)

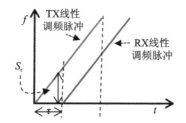

图 13.20　线性调频脉冲发射与接收信号

会发现一个神奇的现象,如图 13.21 所示。

　　对,我们会得到一个特定单一频率的信号,我们称之为 IF,即中频信号。我们进一步来想:这个 IF 信号的频率是由什么决定的? 没错,两个信号的延时差。而延时差是由什么决定的? 聪明,毫米波发射天线与目标物体的距离。这样是不是只要知道了 IF 信号的频率,也就知道了其所对应的距离了?

　　如果你能够理解这个,那恭喜你,你已经消化了 MMWR 的最基本原理。

　　"那 IF 信号应该是一个标准的正弦信号吧?"不是,实际的中频信号比较复杂,振南翻出了一个实际的中频信号给大家看一下,如图 13.22 所示。

　　实际情况下,目标不可能只有一个,而且还有各种噪声,芯片内部信号泄露(和工艺相关),综合各种因素最终得到这个 IF 信号。

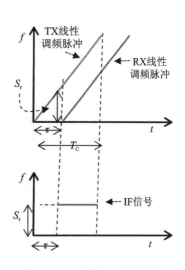

图 13.21　中频 IF 信号的产生

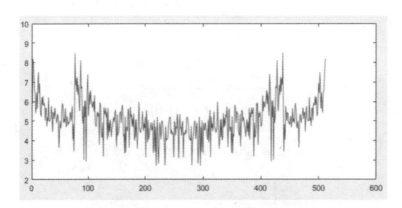

图 13.22 实际采集到的 IF 信号波形

"IF 信号是两个信号重叠部分的差值,那我在电路上用运算搭一个差分电路就行了?"当然不是,如图 13.23 所示。

FMCW 信号有一个专门的名称叫 Chirp,很多时候人们把他翻译成啁啾。Chirp 信号及其回波通过混频器,得到中频信号。

从 IF 中提取频率的方法,就不用多说了吧。大家都知道,额!还有人不知道,FFT(快速傅里叶变换)学习一下。

(3) 实战测距

"振南,你到底有没有真正实现过毫米波测距,别光讲原理,拿出东西来给大家看看!"似乎有点不太友好哈,别着急,有货!

振南专治各种不服,下面是振南基于瑞典的某 MMWR 品牌的芯片做的一些实验。模块实物如图 13.24 所示。

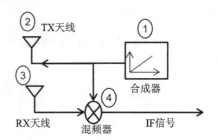

图 13.23 MMWR 信号处理框图

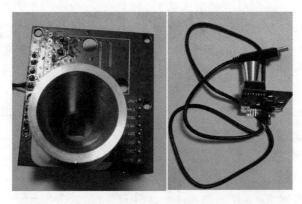

图 13.24 瑞典某品牌的 MMWR 模块实物(带波导)

实验如图 13.25~13.28 所示。

很明显,距离的远近造成了频率的变化。

图 13.25　单目标测距实验(距离近)

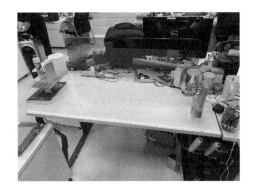

图 13.26　单目标测距实验(下距离远)

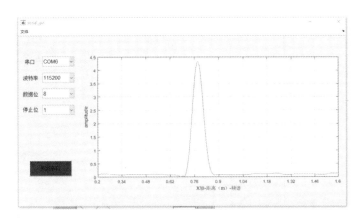

图 13.27　单目标测距实验(距离近)对应 FFT 频谱

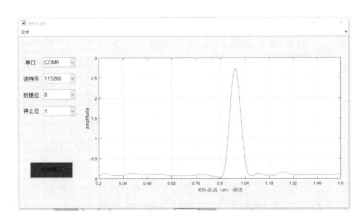

图 13.28　单目标测距实验(距离远)对应 FFT 频谱

有人会问:"那测距的最大距离有多远? 10 米、50 米、100 米? 还有精度是多少? 10mm?"这些与 MMWR 的一些关键参数相关。振南给大家仔细说一下。

2. 测距的主要指标

(1) 最大测距范围

要详细地计算 MMWR 的测距范围其实是一件比较复杂的事情。跟很多因素有关,振南

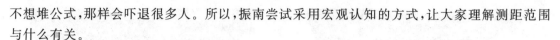

不想堆公式,那样会吓退很多人。所以,振南尝试采用宏观认知的方式,让大家理解测距范围与什么有关。

首先,发射功率是一个重要因素。很显然,发射功率越大,毫米波传播的距离越远。

但是我们可以试想一下,传播越远,那么回波的延时也就越大。但是 Chirp 有一定的宽度,如果回波延时过大,可能导致其与 Chirp 信号没有重叠区(实际上不太可能没有重叠区,因为光速实在是太快了,而 Chirp 信号的宽度基本在微秒级,而 MMWR 一般的测距距离也就最多几千米,所以一定会有重叠区),或者是重叠区宽度比较短(它导致 IF 信号比较短,这个问题是可能出现的),从而使得 IF 信号的采集比较困难,如图 13.29 所示。

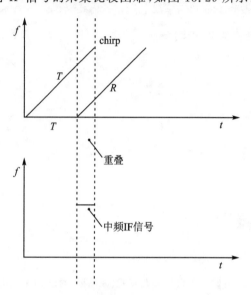

图 13.29　回波延时过大导致 IF 信号过短

IF 信号短了,但是我们还需要采集到足够的采样点去做 FFT,那就要求 ADC 的采样率要足够高。另一方面,IF 信号不光短了,它的频率还更高了。根据奈奎斯特采样定理 ADC 采样率要高于待检频率的 2 倍。你一定要明白,Chirp 信号的频率可是高达几十 GHz,甚至上百GHz(太赫兹)。IF 信号的频率少说也有几 MHz,ADC 的采样率需要多高,就不言而喻了吧!

振南在实际调试过程中,测量距离 30 m 左右,毫米波频率是 122 GHz,中频 IF 信号的频率大约在几百 kHz 到几 MHz。使用 STM32F303 的片上差分 ADC 进行采集,采样率 5MHz,最终效果是不错的,如图 13.30～13.32 所示。

“这个抛物面天线挺高端啊,能不能详细讲讲?”别着急,不是不讲,时候未到。

那有没有办法扩大测距范围的同时,又不会对 ADC 提出太高的要求。毕竟我们还是要考虑成本的。大家可以想想……OK,恭喜振南再次成为“冷场王”。(可能大家发现了,振南的写书风格是力求通俗、诙谐幽默、有种网文的感觉,同时又喜欢自问自答,创造一种“假互动”的效果,这可能与我多年从事教程创作和讲课有很大关系,只要你觉得易于接受、开心快乐就好。)

“是不是可以把 Chirp 拉长一些,这样 IF 信号也许能长一些,同时频率也能低一些。”没错,我们可以减小 Chirp 的斜率,也就是频率随时间变化慢一些,如图 13.33 所示。

有一得必有一失!万事都是这个道理。这样做的代价是什么?对,降低了采样率,也就是测量一次距离需要更多的时间。

图 13.30　MMWR 测距实验(左为实时 FFT)

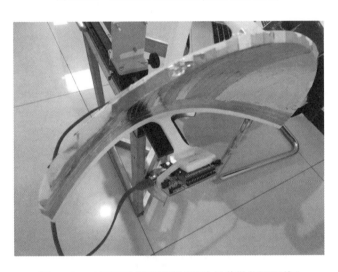

图 13.31　MMWR 测距实验(雷达加装抛物面天线)

　　所以,决定 MMWR 测距范围的因素有:发射功率;ADC 的采样率;Chirp 信号的斜率。但是这是一种感官意识上的理解。"大家是否同意我放出计算公式?"……又是一阵冷场。那我就当是默认了,公式,上!

$$F_s > 2f_{\text{IFmax}} = 2\frac{S2d_{\max}}{c}$$

$$d_{\max} = \frac{F_s c}{4S}$$

　　上式中 F_s 是 ADC 的采样率, c 是光速, S 是 Chirp 斜率。所以,最大测量距离与 ADC 采样率成正比,而与 Chirp 斜率成反比。(上式的解释: $2d_{\max}$ 是毫米波一去一回的路程,它除以光速即为回波延时,回波延时乘以斜率便是中频 IF 信号的频率,而 ADC 采样率要大于 2 倍的信号频率。)所以,公式计算结果与我们的宏观认知是一致的。

　　"那毫米波测距的精度怎么样? 这个又与什么有关?"精度与分辨率有关(精度和分辨率不

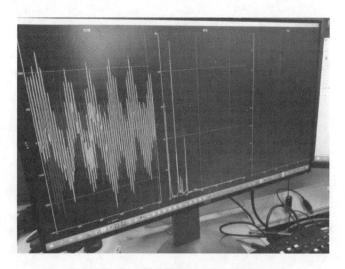

图 13.32 MMWR 测距实验(实时中频信号与 FFT)

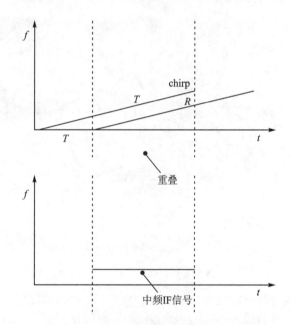

图 13.33 将 Chirp 斜率减小 IF 信号长度增加同时频率降低

是一个概念,一般来说精度是低于分辨率的)。

(2) 距离分辨率

通俗来说,我们将两个物体放在一起,它们之间的距离多远的时候,MMWR 可以分辨出它是两个物体。此时的这个距离就是分辨率。

我们仍然从宏观意识上来理解这个东西。MMWR 测距本质上是频率到距离的一个对应关系。IF 信号频谱上的一个尖峰就代表相应的位置上有一个物体,如图 13.34 所示。

顺便说一下,通过图 13.34,大家应该也就明白了,MMWR 可以同时探测多个物体的原因了(中频 IF 是可能包含多个频率成分的)。这就是 MMWR 的"多目标"特性。我们知道 FFT 计算输出的频谱频点是离散的,比如我们经常做的 1024 点或 2048 点的 FFT,最终输出的是 0

～511Hz 或 0～1023Hz 各个整数频点的功率谱。

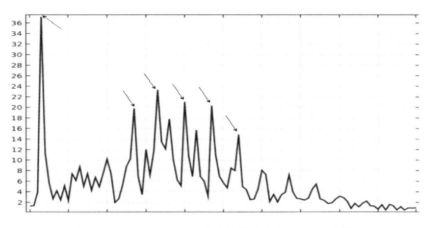

图 13.34　IF 信号频谱上的尖峰均代表相应位置有物体

　　细心的读者可能已经意识到一个问题了："如果我把物体正好放在两个频点之间的位置上,那频谱上这个物体会落在哪个频点上呢?"答案是都有可能。我们发现,当一个物体在某一个频点所对应的距离位置附近移动的时候,它在频谱上的频点并没有变化。换句话说,如果两个物体的距离小于两个相临频点所对应的距离之差,那么我们在频谱上是无法分辨出它们两个的。(实际情况是,它们在频谱上是同一个频点,只不过这个频点的功率值会高一些,因为它俩被看作同一个物体,表面积大了,回波强了。)

　　请尽力理解上面的这段话。所以,MMWR 测距的分辨率就是两个频点所对应的距离之差。这个距离之差,也就是可分辨的最小距离,有一个专门的名称,叫 Rangebin。比如最大测量测量距离是 10 m,采用 2048 点的 FFT,那么它的 Rangebin 就是 $10/1024 \approx 9.765$ mm,这就是所谓的测距精度。

　　"但是 ZGZL 的 MMWR 测量精度能达到 0.01 mm? 这到底是怎么做到的?"要揭秘这个问题,请继续往下看。

　　那距离分辨率与什么因素有关?"FFT 的点数,更多点数的 FFT 可以把频谱划分得更细"没错。实际上我们会使用 4096 或 8192,甚至更多点的 FFT,当然这对 ADC 采样率与 DSP 都提出了很高的要求(要对不长的 IF 信号采集足够多的点,然后以足够快的速度计算 FFT)。但是只提升 FFT 是不够的(FFT 只是一个频率分析工具),IF 信号里要有足够丰富、足够细粒度的频率成分。说白了,IF 里都没有这个频率成分,你还搞啥呢?

　　所以,我们要让 IF 信号可以容纳更多的频率(频率容量,更准确地说叫"带宽")。但是 IF 信号是由 Chirp 与回波信号通过减法而生成的,因此扩大 IF 信号带宽,根本上就是要扩大 Chirp 信号带宽,如图 13.35 所示。

　　我们平时说的 24 GHz、77 GHz、122 GHz 毫米波,其实这些频率都是它的 FMCW 开始频率。它们的带宽一般是开始频率的 1%～5%,比如 24 GHz 的带宽是 250 MHz、77 GHz 是 4 GHz,而 122 GHz 是 7 GHz。(122 GHz 是现在比较先进的,被称为太赫兹 THz,但是它还不是频率最高的,最高的可以达到 300 GHz,带宽为 40 GHz。)

　　带宽越大,IF 信号中的频率成分越丰富,我们使用更多点的 FFT 就可以提取出更细的频率,这样使得 Rangebin 不断缩小,最终距离分辨率得以大幅提高。距离分辨率提高的意义是

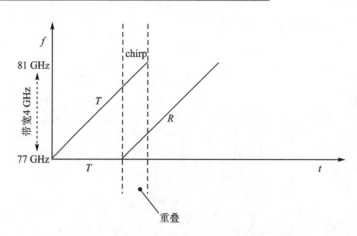

图 13.35 Chip 的带宽(以 TI 的 77 GHz 毫米波为例)

巨大的，它是精确测量与雷达成像的重要基础。欧洲一些先进的毫米波厂商已经推出了 300 GHz 的 RFE 芯片(雷达前端，它主要的作用是产生 Chirp，输出中频)。来看看 300 GHz 的 RFE 芯片什么样子，如图 13.36 所示。

图 13.36 欧洲某公司的 300 GHz MMWR Demo 板

"那个小喇叭是干啥的?"振南一开始也叫它"小喇叭"，后来被专业人士笑话，说那叫"波导"。因为太赫兹，尤其是频率高达 300GHz 的毫米波，很多特性已经接近光了。但是它却拥有光所不具备的穿透和全天候能力。

关于测距的指标，除了最大距离和分辨率之外，还有开放角、采样率。这些振南就不讲了。毫米波其实是一个博大精深的东西，真要展开讲的话，能专门出一本书。这里仅介绍一些最基本的原理和常见的应用。

13.4 十步以外检测风吹草动

13.4.1 速度测量

前面振南向大家介绍了 MMWR 测距的原理。现在又有人提问了："物体不可能不动，那 MMWR 能测速吗?"来看一个东西，如图 13.37 所示。

这就是毫米波测速仪。那就是说毫米波是可以用来测速的。其实原理很简单，速度就是位移除以时间。我们对物体测量两次距离，然后用距离差除以采样时间，就是速度。

图 13.37 毫米波测速仪

在这样一个测速方法的设定下,就会出现一些问题:两次测距之间的间隔时间如何把握?太长可能会错过物体,比如物体以非常快速度移动;太短可能根本测不出来速度,即速度为 0,因为同一个 Rangebin 下的位移将会被无视(上面讲过了,它们在频谱上是同一个频点)。最困难的情况是一个物体以极快的速度移动了很小的距离。这个时候,MMWR 基本上就变成了"睁眼瞎"。

那该如何是好?我提示一下:FFT 在分析频率成分的时候,在结果中会输出各频点的功率,还有各频点的相位!相位!相位!重要的事情说三遍。MMWR 真正的高端应用基本上都是基于相位来实现的。相位可以为我们提供更多的有用信息。

我们以很小的间隔去进行两次测距,也就是说依次发送两个 Chirp,如图 13.38 所示。

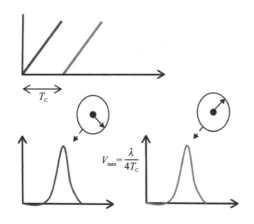

图 13.38 双线性调频脉冲速度测量

当然,这两次测距都会落在同一个 Rangebin 上(也就是同一个频点),但是它们的相位不同。我们通过相位的变化来计算这微小的位移。明白了吗?这还不明白?那 0.01mm 的位移测试精度是怎么实现的?

相位的玄机已道破,一切好像都不需要讲了。

13.4.2　微位移检测

大距离用 Rangebin，小位移用相位。什么是小位移？生活中有哪些小位移？其实非常多，应该说满目皆是。被风吹动的树叶，跺一脚地面的颤悠，还有前面提到过的呼吸时的前胸起伏，这些都是微位移。为什么说满目皆是呢，一切的振动都是微位移，而世界的本原就是振动和弦（参见加来道雄的《弦理论》）。

我直接上实际的实验，请看图 13.39。

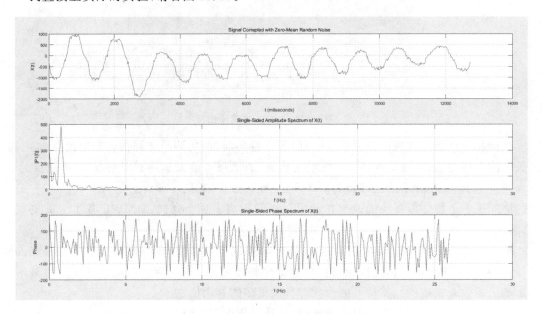

图 13.39　振动检测并作基频提取

我们对一个进行简谐运动的物体进行连续的相位采集，然后通过相位计算得到一段段的微小位移，再将这些位移进行拼接处理，最终就可以还原出振动物体的轨迹。我们再对轨迹进行 FFT，就可以计算得到它的基频。通过这种方法，我们也可以做到几十米之外，无接触的测量钢索的振动和拉力了。

振南说得很简单，但实际上会比较复杂。很多细节是需要考虑和处理的，比如相位混叠（就是微位移超出了一个相位的范围）、Rangebin 跨域（振动正好发生在某一个 Rangebin 临界点上）等。

MMWR 的根本是数学和算法 。

关于毫米波更高阶的知识和原理，振南就不再讲了。再往深里写，估计就要吓退更多人了。适可而止！关于毫米波更多的应用，大家可以自行百度，比如毫米波液位计、压力测量、温度测量、膜厚测量、材料检测等。

13.5　做出自己的 MMWR 产品

自从听了那次技术交流会之后，我们被 MMWR 的优异性能和巨大优势深深吸引了。在考虑了一段时间之后，我们决定将 MMWR 纳入到产品战略规划中去。随后我们就挑选精锐开始投入到 MMWR 的深入研究和产品设计研发之中。

其实一开始我们都是门外汉,完全没有接触过 MMWR,甚至连基本的雷达相关知识都没有。振南在本章中所介绍的相关知识基本耗费了 3 个月的时间来学习和消化,很多资料都是晦涩难懂(所以大家应该珍惜这一章的内容,振南是尽最大努力把它通俗化,把消化好的知识直接喂给大家)。

我们先后调研了很多的芯片方案,比如 TI、AD、Infineon 等,走了很多弯路。最后我们选用了德国 SiliconRadar 公司(简称 SiR)的芯片,它只提供 RFE 芯片,即雷达模拟前端,而DSP、相关的电路(比如锁相环、信号调理等)都需要自己来提供和设计。选择它的主要原因是因为该公司强大的背景和先进的技术。

13.5.1　SiR 简介

很多人可能不知道 SiR 这个公司,其实它是一个超级牛的公司。

在全球范围内,毫米波雷达芯片核心厂商主要包括 Infineon、NXP、TI、SiR 等。2021 年,全球第一梯队厂商主要有 Infineon、NXP、TI 和 SiR,第一梯队占有大约 70% 的市场份额。其中 SiR 是专门做 MMWR 的,它的技术积累极为雄厚(因为专所以精)。它总部位于德国法兰克福,一直在为各种雷达市场领域开发标准化的芯片产品和针对客户的解决方案。它参与欧洲的很多智能交通相关研发项目,它的产品基本上代表了 MMWR 这方面的最先进水平。

千字不如一图,来看一下 SiR 的东西,如图 13.40 所示。

图 13.40　**Silicon Radar 的毫米波雷达套件**(左为 **24 GHz** 右为 **122 GHz**)

看到上图,是不是又明白了为什么频率越高越好(其实也不能这么说,主要是看适用场景)。频率越低,所需要的天线体积就越大,频率越高,天线就可以做得比较小,甚至直接集成到芯片里(主要是高频毫米波的波长更短),上图右边的芯片就是采用了 AiP 工艺(Antena in Package)把天线封装到了芯片之中。

"122 GHz 那个塑料罩是什么?"那个是透镜,也是一种波导,主要是用来收窄波束用的,这样测量距离就可以更远。(透镜的形状和材料都是有严格要求的,通常是抛物面,材料是PTFE,即聚四氟乙烯,这种材料对电磁波的衰减比较小。)

13.5.2　与德国 Silicon Radar 的论战

我们了解到很多做 MMWR 的公司都有专门的团队来专门从事这方面的研发,而且有的团队规模还不小。像前面给我们做交流会的 ZGZL,他们有 10 人的研发团队,而且 40% 是雷达专业的博士;Silicon Radar 的研发团队实力就更加雄厚了,包括雷达系统、硬件设计、射频设计、测试等人数超过 40 人,其中有 15~20 人是行业专家。再回过头来看看我们,我们只有 3

个人，还有一个是上位机软件工程师，其他两个是做嵌入式和电路设计，而且起初完全没有 MMWR 的基础。但是产品一定是要做的，怎么办？这就是我这个研发总监要考虑的事情了。以下是我起初为 MMWR 研发而考虑的一些解决方案。

（1）招毫米波相关的人才。针对这个问题我向高层申请，并解释了很多次，但是都没有得到批准。老板的话是：毫米波这个东西没那么难，硬件部现有的这些人难道搞不定吗？这就是典型的让驴拉磨又不给驴吃饱。一气之下："不招了，我们自己搞！"

（2）寻找技术支持来指导研发。本来我考虑可以通过渠道找到一些雷达方面的专家来进行请教，或者在研发关键点上给予指导，甚至是代调。公司背后是有高校资源的，但是我发现这些高校的老师很多是学院派，在实际工程方面并给不了什么有价值的建议。还得欠人情，说好话，流于虚套。

（3）寻求 SiR 官方的技术支持。考虑 SiR 为了推广芯片，会向用户提供必要的技术支持。但是后来我发现，SiR 根本不关心我们这样的小规模应用。它有限的技术支持是留给头部大客户的。他们推荐了一种可行的方案，即委托开发。

"你具体要做一个什么样的产品？"

"毫米波物位计。（其实就是测距仪。）"

"具体指标需求？"

"50 m 测量范围，0.01 mm 的测量精度。"

"你这个需求还是比较高的，委托开发的话，我给你拟一个报价。"

后来 SiR 发来了委托开发报价，这也不是什么机密，报价单如图 13.41 所示。

委托开发的价格已经近百万了，这肯定有敲竹杠的意思。下面就是论战的开始。

"你这价格也太高了，超出我们的预算！"

"这个研发投入还是很大的，不是那么简单的东西！"

"你们做的话，多长时间能看到东西？"

SiR 的人小声讨论了一下，应该是在问研发的负责人。"半年，我们做的话最快也得半年！"

其实我们已经打消了委托开发的念头，这个价格就算砍掉一半老板也是不可能同意的。而且，说实话，这个委托开发可能还是个坑，如果花了钱最终还没有做好，或者被他们牵制后期小钱不断，我们就掉进无底洞了。到时候，老板可不会对你那么客气。

"别犹豫了，你们自己做不出来的！你们就没有做雷达这块的人，自己研究的话，没有意义！"

我还不敢把关系搞得太僵："这样，我们先做着看，如果有不能攻克的问题，我们再向您有偿请教。"

然后，就没有然后了。

13.5.3　自研 MMWR

后来，我们对毫米波物位计项目进行了内部立项，确定走完全自研的路线。我所带领的硬件团队也抽调了近半数人员参与了这个项目。包括电路设计、天线仿真、结构设计、嵌入式、上位机开发以及硬件测试。甚至把一些其他项目停掉来为这个项目让路。

以下是一些工程技术干货，有些是我们具体的一些研发成果。

经甲乙双方友好协商,现由甲方委托乙方开发 120GHZ 雷达物位计设备。为规范双方合法权利和义务,使项目及时有效的进行,签订本协议。

1. 开发项目一内容:设计并交付雷达传感器原理图及 PCB 源文件,其中 PCB 源文件中体现相关原始设计,绘制软件 Altium Designer;PCB 加工指导及加工要求文件明细,文本文件; 设计时间 20 天。

2. 开发项目二内容:设计开发透镜部分,要求实现透镜 1°波束角,设计时间 10 天。

3. 开发项目三内容:120G 雷达物位计软硬件全套开发,电路板样品交付(详见附件一),结构部分设计加工由甲方负责,雷达前端处理电路设计,天线透镜仿真设计,DSP 处理部分硬件设计,调试由乙方负责。乙方负责设计图、型号及提供采购渠道,开发周期为 75 工作日

4. 项目一开发费用价款及需求:经甲乙双方协商项目一开发费用为人民币:壹拾捌万元整(¥: 180000)此价款包含 PCB 设计及无限期使用费,包含增值税费用( ),不包括含加工费用。

5. 项目二开发费用价款及需求:经甲乙双方协商项目一开发费用为人民币:叁万元整(¥: 30000)此价款包含透镜设计费、协助开发费,包含增值税费用( ),不包括含加工费用

6. 项目三开发费用价款及需求:经甲乙双方协商项目三开发费用为人民币:叁拾伍万元整(¥:350000)此价款包含硬件设计费、软件开发费,包含增值税费用( ),不包括含加工费用,制板费用,出差费用。

7. 项目一费用支付方式:甲乙双方签订本协议后,甲方 5 日内支付项目一60%,壹拾万元整,(¥:100000)用于乙方资料准备、设计开发、等工作。等设计完成,PCB 样品完成,原理图交付前,项目一的余款捌万元(80000 元整) 必须结清。

8. 项目二费用支付方式:甲乙双方签订本协议后,甲方 5 日内支付项目二50%,壹万伍仟元整,(¥: 15000)用于乙方资料准备、设计开发、等工作,等项目三结束,支付余款。

9. 项目三费用支付方式,在项目一结束的同时,支付项目三开发费用 20%柒万元整(¥:70000),乙方生产出产品样品,产品达到技术要求,开发文档符合规范要求(包括但不限于:产品需求规格书、技术标准、设计图纸、BOM 表、产品使用说明书、产品检验手册等)软件系统符合技术条件详见《附件一》产品测试合格后甲方 5 日内支付 50%,壹拾柒万伍仟元整,(¥:175000)。乙方辅助指导甲方完成试生产成品设备后甲方支付 5 日内支付 30%,壹拾万伍仟元整,(¥:105000)。

图 13.41 毫米波物位计委托开发协议书

9. 项目三费用支付方式,在项目一结束的同时,支付项目三开发费用20% 柒万元整（￥:70000 ）,乙方生产出产品样品,产品达到技术要求, 开发文档符合规范要求（包括但不限于:产品需求规格书、技术标准、 设计图纸、BOM 表、产品使用说明书、产品检验手册等）软件系统符合技 术条件详见《附件一》产品测试合格后甲方5日内支付50%,壹拾柒万伍 仟元整,（￥:175000 ）。乙方辅助指导甲方完成试生产成品设备后甲 方支付5日内支付30%,壹拾万伍仟元整,（￥:105000 ）。

10. 项目三技术支持:乙方提供   个月技术支持,包括程序死机,出错, 失效等BUG 修改,不包括程序升级,功能增加。

11. 技术成果归属:所有关于此设备开发的硬件、软件、文档资料归乙方 所有,甲方拥有使用权及修改权,后续的产品升级或改进经双方友好协 商。硬件功能修改及软件功能修改由双方协商决定。

12. 争议的解决办法:因履行本合同发生的争议,由当事人协商解决,协 商不成的,依法向人民法院起诉。

13. 其它约定:双方确定,在发生不可抗力的情形下,致使本合同的履行 成为不必要或不可能的,可以解除本合同。在项目实施过程中,如遇项 目开发内容或技术条件发生变化的另行签订补充协议,补充协议与本协 议具有同等的法律效率。

图 13.41　毫米波物位计委托开发协议书(续)

关于毫米波雷达的技术细节,尤其是电路设计这方面的内容我请爱将马崇琦(号称宝马)来给大家亲自执笔,本人如图 13.42 所示。

1. SiR 毫米波芯片剖析

自研 120 GHz 毫米波射频前端这个工作估计可以培养好几位博士了,我们显然没有这样的实力和时间,经过了前期大量的调研工作,最后决定直接使用 SiR 的射频前端芯片,好处是可以直接跳过射频部分,把更多的精力放在应用上。

SiR 芯片内置片上天线,可以自己产生 119 GHz～125 GHz 的毫米波信号,以完成发射、接收和混频的功能。此芯片直接输出中频信号,滤波后的中频信号的频率等于发射以及接收信号的频率差。下面我们拆开芯片,看一看它的内部究竟有什么样的结构。

图 13.42　爱将马崇琦

我们当时使用的 SiR 芯片从外部可以直接看到天线,这款芯片的焊接可是难坏了我们的工程师。因为天线附着的白色基底无法承受高温,天线会直接翘起来。后来在损失了几个芯片之后才摸索出了快速有效的焊接方法。

图 13.43 中的天线一个用来发送毫米波,另一个用来接收。后来 SiR 又出了一款天线内

置在硅片上的版本,无法直接观察到天线,应该容易焊接一些。这两个芯片的辐射方向有一些差异,天线可见的芯片发射角度要更小一些。

SiR 芯片的内部主要是压控振荡器(VCO:Voltage-Controlled Oscillator)、功率放大器(PA:Power Amplifier)、混频器、低噪声放大器(LNA:Low Noise Amplifier)等。

VCO 根据输入电压可以产生两路成倍数关系的振荡信号,比如,一路 60 GHz 和一路 120 GHz。120 GHz 的信号经过缓冲器、放大器和天线被发射到了空间中;反射回来的信号则被天线接收,通过 LNA 放大之后,与此时正在发射的信号进行混频;另一路 60G Hz 信号,经过 32 分频后输出至外部,用于形成频率控制环。频率控制环需要外部的分频和鉴频电路参与,共同形成 PLL 回路,如图 13.44 所示。

图 13.43　SiR 毫米波芯片外观

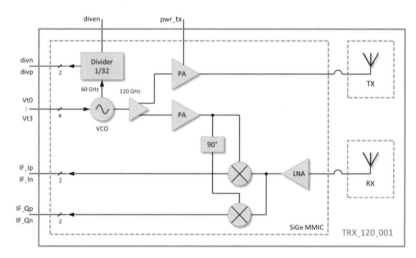

图 13.44　SiR 毫米波芯片内部结构

SiR 毫米波芯片的输出信号,则是一对 IQ 信号。距离测量的场景下,只需要解析其中一路的频率和相位即可。一般输出的信号需要经过阻抗变换,滤波和放大之后才能被 ADC 采集。

至此,可以绘制出毫米波物位计大概的整体结构了,如图 13.45 所示。需要说明的是我们研发的毫米波物位计一般用来测量移动速度较慢的物体,否则多普勒效应就需要增加额外的信号处理了。

2. "啁啾"——chirp 信号的产生

射频信号的收发,少不了类似于分频器、PLL、鉴频鉴相器等部件对信号进行调制。一方面要维持频率的稳定性,否则信号就会"跑调";另外还需要对载波的频率或者相位进行调制,这样才能传递信息。

那么 PLL 是如何实现频率的稳定呢? 请看图 13.46,一个典型的 PLL 环路由 VCO、分频器、鉴频鉴相器以及参考频率信号构成。参考频率信号一般是稳定性较高的固定频率时钟源,

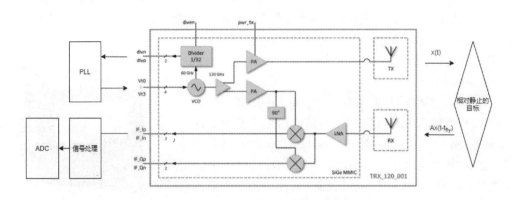

图 13.45　毫米波物位计总体结构

比如晶体振荡器。鉴频鉴相器类似于一种差分放大器,当其输入的两个频率有差异时,它会输出一个和差异信号成比例的电压。VCO 则是执行器,负责把电压转换为目标频率。然而有时目标频率会非常高,或者不容易找到匹配的晶振作为参考频率信号,这时候就需要分频器把 VCO 的输出进行降频。

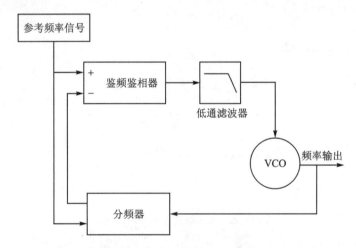

图 13.46　一个典型的 PLL 环路

这个环路可以很好地解决 VCO 的各种漂移问题,并且能使用一个比较容易实现的低频电路,搭配一个高频的 VCO 实现稳定的高频信号。

那么如何对信号进行调制呢?参考频率信号肯定是不能动的,鉴频鉴相器的"增益"也不容易随意改变,那么只能改变分频器的分频倍数,也只有分频器可以做成纯数字电路。

问题就出在分频器这里。一般分频就是直接 2 分频、4 分频、8 分频等,分频系数为 2 的指数倍。如果只产生一个固定的频率输出,可能整数分频还好使,但是如果想要产生一个连续调频波,难度就会很大。因为一般调制带宽相对于载波频率会小得多。如果一会使用 2 分频,发射了 2 GHz 的信号,一会又改成了 4 分频发射 1 GHz 的信号,那岂不是浪费了大量带宽?

那么如何产生 2 GHz 和 2.1 GHz 呢?

相信很多人应该听说过微积分,也一定听老师说过数学不仅仅是如何计算而是学会数学的思想。使用数学的思想去解决问题。那么分频器里面也是利用了微积分的思想。

分频器内部有一个控制器,会以参考频率信号作为工作时钟,根据用户对寄存器的设置,控制整数分频的分频数,比如可以控制第一秒进行 N 分频,第二秒进行 $N+1$ 分频。灵活控制两个不同分频数的占比,可以使鉴频鉴相器输出类似于 PWM 波的信号,经过低通滤波器处理形成电压信号,最终控制 VCO。

　　有些锁相环芯片具有内部控制器,可以根据用户的设置自动控制分频器的分频比,实现控制 VCO 输出调制信号的目的。小数 N 分频里的控制器是核心部件之一,直接关系到 VCO 输出频率的稳定性和噪声水平。

　　我们团队使用了 ADF4159 构成锁相环。该芯片内部集成了斜坡发生器,可以控制 VCO 产生连续调频波,连续调频波的频域图形就是锯齿形,或者三角波。ADF4159 还附带有一系列的控制信号,来触发 chirp 信号和指示信号的结束。利用这些控制信号,可以和 ADC 联动进行采样等操作。关于这个芯片的具体信息,可以去参考芯片的手册,有时候仔细研究手册也可以学到很多的知识。

　　图 13.47 为 ADF4159 手册里的一个典型锯齿斜坡,横坐标是时间,纵坐标为频率。锯齿斜坡代表一个个持续时间为 $50~\mu s$ 的连续调频波,调频波的频率从 12 GHz 至 12.05 GHz。这个锯齿斜坡可以由 ADF4159 自动循环产生。通过设置每一个循环的步长以及每一步之间的时间间隔,可以实现改变斜坡的时长(即斜率)。

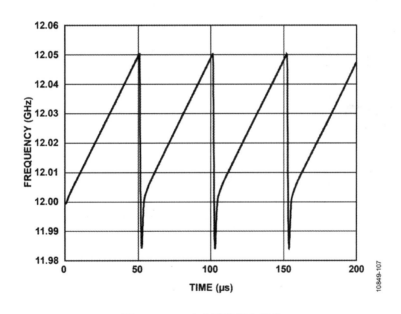

图 13.47　一个典型的锯齿斜坡

　　学习了 ADF4159 之后,便可以灵活地控制 chirp 信号的带宽和长度了。那么到底该多长呢?我们在做设计的时候使用了 SiR 芯片的全部带宽,以获取足够多的采样点数。但是斜坡的斜率到底应该是多少呢?

　　通过前面的章节可以知道,如果目标距离越远,回波和发射波之间的频率差就越大,从而使得中频信号频率更高,重叠区域更短,那么如果 ADC 的采样频率有限,就无法正常测量远距离的物体。这个时候就需要改变斜坡的斜率,控制发射波的频率增速。反之,如果目标距离太近,频率差太小的时候可能信噪比会不够理想,无法正常解析有用信号。

3. 从中频获取距离

SiR 芯片输出的中频信号,需要经过阻抗变换、滤波和放大才能被 ADC 采集。也可以把阻抗变换和低通滤波器集成在一起。

中频信号的带宽可以达到几百兆赫兹,而对于我们当时的项目来说实际可以使用的只有前面的几兆赫兹,这时候就需要低通滤波器把高频信号滤掉。同时,低通滤波器的截止频率还应该兼顾 ADC 的采样频率或者 ADC 的架构。Σ—△架构的 ADC 自带过采样属性,有一定的抗混叠能力。不过还是建议把滤波器截止频率设计为符合奈奎斯特采样定理。工程上,采样频率一般为截止频率的 3~4 倍。

一般低通滤波器设计为单位增益,不过为了提高集成度减轻后级放大压力,也可以根据选用的运放适当设计几倍的增益。关于先放大还是先滤波,会有一些争议,在本项目的应用中,中频信号并不是一个非常小的信号,另外中频信号中可用的频带确实比较窄,所以最后选择了使用两倍增益的低通滤波器。

低通滤波器有很多种可以选择,但是需要知道中频信号的哪个参数对我们是最重要的。幅值信号只需要在 ADC 的动态范围内即可。最终的还是频率和相位信号。滤波器对不同频率的信号具有不同的移相特性,需要明确所设计滤波器的相移特性或者直接设计在通带内相移特性平坦的滤波器。

图 13.48 为一个典型的信号调理电路。

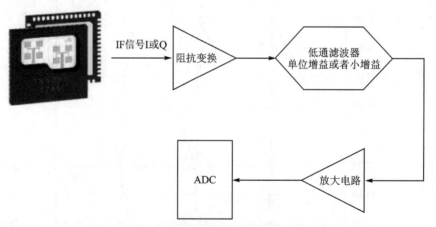

图 13.48 一个典型的信号调理电路

选择 ADC 的时候需要综合考虑很多因素。首先是具体的研发指标,相同的信号,采样频率越高,在做 FFT 时频率分辨率就越高,同时造价也就越贵。高速率的采样不仅会导致 ADC 价格增高,数据处理和传输的复杂度都会增高。

图 13.49 为处理器内部各模块结构。

我们团队选用 FFT 作为核心算法,来获得中频信号的频率和相位信息。ARM 官方有 FFT 库可以直接调用,如果选用的处理器带有浮点乘法加速器(FPU),可以很快速地完成 FFT 的计算。我们当时使用的库最多只支持到 4096 点,后期做算法需要插值运算,最多要处理 8192 点,后来又基于原库的算法,进行了升级。有些处理器带有 cache 和 SRAM 组成的多级缓存,FFT 的数据可以分级存放,把需要频繁存取的数据放入 cache 中。而有些处理器

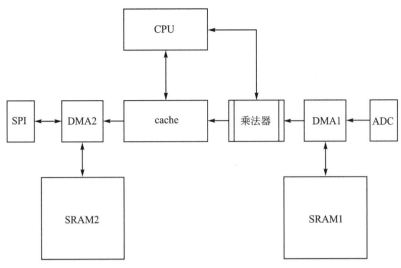

图 13.49　处理器内部各模块结构

cache 比较少,需要一定的策略去完成数据的调用。

我们当时充分使用了 DMA 控制器实现并行处理。首先使用 DMA 将 ADC 的原始数据搬入 SRAM,同时内核在进行 FFT 运算。一次采样结束之后,FFT 也基本上已经完成了处理(这里的逻辑启发于振南的并行思想,详见"CPU,你省省心吧"这一章),然后对 ADC 数据进行转换防止做 FFT 时溢出,转换的结果直接存入 cache,然后开始后续的 FFT 运算,同时开始采样。

整个负责数据处理的部分没有使用操作系统,而是充分发挥处理器的 DMA 和硬件总线的性能。另外硬件上还设计了一个处理器专门用于处理数据发送,云端指令等业务逻辑。它们之间通过共享 RAM 的方式实现数据和指令交互。

4. 巧妙的机动雷达测距

之前提到使用 FFT 对中频信号的频率和相位进行解算,获得中频信号的频率之后就可以知道频率差,以此推算时间差,获得飞行时间之后就可以知道距离。

但是 FFT,或者说我们的这套处理系统有一个致命缺陷。FFT 是离散傅里叶变换,但是我们的宏观世界,距离变化是连续的。所以这一套系统必然会因为 FFT 的频率分辨率而存在一个距离分辨率。

同时,如果距离变化在一个波长以内,中频信号只会表现为相位的变化。

为了解决这个问题,有很多思路。我们当时提出了一个非常大胆而又有效的思路,使用内置机械结构(电机)在一个确定范围内移动测距仪,使 FFT 的频点跳动一格,同时解算和记录相位。当频点发生跳动时,意味着我们跨越了一格;只需要记录起始的机械位移就可以把频点及相位与真实的距离对应上。类似于进行一次对焦,焦点处的图像最清晰,而且可以根据镜头的参数获得焦点的准确距离,之后可以推算出被测物理距离焦点的位置,实现精确测距。

如图 13.50 所示,雷达在导轨的初始位置,只能"看到"一个模糊的粗影。这时这个粗影可能在 FFT 刻度的左边,也可能在右边(未聚焦)。这时候雷达在电机的作用下往右侧开始移动,假设移动了 15 mm,粗影突然在 FFT 的某一个刻度上出现,这个时候我们终于看清楚了,模糊的粗影变成了一个清晰的人影。因为雷达对于外壳测距基准点的位置是已知的,这时候人影的位置也可以直接计算出来。值得一提的是,传统透镜的焦点也许只有一个,而毫米波雷达"焦点"实际上是 FFT 频谱上的每一个刻度。所以,雷达只需要向一个方向运动即可。(这种方法,我们称之为机动毫米波雷达)

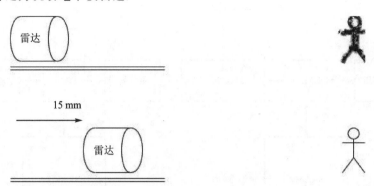

图 13.50 使用机械"对焦"的毫米波雷达

另外还有一些人在研究 FFT 的频率估计算法,以求获得高于 FFT 频率分辨率的测量精度。但是这些算法大部分计算比较复杂,难以实现快速计算。另外受制于项目周期,还有一些优秀的算法我们没有来得及进行测试。

另外通过完整利用 IQ 信号是否可以获得更多的信息,我们也没有再去深入研究。

5. 那些"天坑"

搞射频离不开天线。官方给的 DEMO 使用了一个透镜天线。我们后来为了设计辐射窗口,分别测试了高密度聚乙烯(HDPE)、聚四氟乙烯(PTFE)、尼龙、聚醚醚酮和玻璃纤维等很多材料的透射率。这些材料的可见光透射率比较低,但是对于 120 GHz 的毫米波来说,有些材料透射率非常高,比如聚四氟乙烯板基本上不会产生明显损耗,而且它的密封性能和加工性能都很优秀。

透镜天线则是一种类似于凸透镜的天线,毫米波在材料中会发生折射,根据折射率不同可以制成不同的透镜天线。透镜天线具有很好的方向性,对于其他方向入射的杂波也具有很好的抑制作用,而且制造精度要求不高,易于批量。

但是我们当时苦于没有找到很好的透镜天线设计人员,转而设计了抛物面天线(如卡萨格伦天线,如图 13.51 所示)。后来为了提高电路的集成度,改成了偏心抛物面天线,如图 13.31 所示。整体使用铝合金制作,反射面上打磨光滑,电路板安装在偏心位置。调试的时候在目标

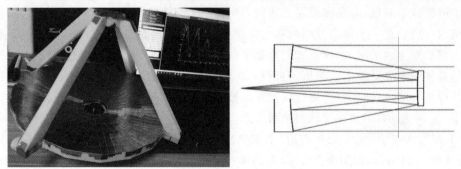

图 13.51 毫米波雷达抛物面+双曲面天线(卡萨格伦天线)与原理

位置放一个明亮的光源,可以很明显地看到光线经过反射之后汇聚到了毫米波芯片的内置天线位置上。

中频信号处理也是一个大坑。尤其对于这个应用来说,中频信号并不是连续的,而且还会受到各种环境干扰。搞毫米波一定要在专业的环境中,否则各种空间噪声还有看不见的电磁波会让人觉得在一个充满量子幽灵的玄学世界。另外,调模电一定要有专业的仪器和专业的模拟电路工程师,如果连运放最基本的参数都看不懂,那还是先把基础知识学好吧。否则,肯定会觉得这个世界上没有几家靠谱的芯片公司,会觉得 ADI 的芯片都有问题。

总而言之,可以很大胆地去规划一个产品,但是在研发过程中一定要对技术保持敬畏。

谢谢我的海归宝贝工程师(马崇琦)的亲自讲解。可能有些内容说得有点专业。正所谓高处不胜寒,水平越高,说话越接近天书。

"马工,介绍给你一个电影《天书奇谭》,看一下!"

"南哥,别开玩笑了。这个讲通俗不容易的。"

宝马,本名马崇琦,英国留学 EEE 硕士,是我创业阶段团队内得力的硬件工程师。他不光有很强的电路设计技术能力,同时做事情有一股韧劲,能够把一件事情认真地一直做下去。这是难能可贵的!尤其是疫情三年,团队人员大量离职,他是少数坚持到最后的人。最困难的时候,一个人包揽了所有项目的电路设计工作。

我很认可他的品性,鉴于他个人的努力和意愿,我将宝马加入到了我的写书计划中,负责一部分书稿的撰写(这就是本书我为他在封面上署名的原因,天道酬勤,我们应该鼓励更多人像宝马一样肯拼肯奋斗)。

2023 年 7 月,宝马录制发布了《AD20 电路设计——0 基础到画板高手》视频课程,如图 13.52 所示。从英国电气工程教育和多年工作实战的独特角度重新阐述了如何进行电路设计。我将他和他的课程推荐给了郭天祥,引发了强烈共鸣(郭天祥其实是一个要求比较高的人,他对课程的选择几乎是严苛的),这套课程在 PN 学堂首发当晚就创造了高达 20 万的销售额。是的,宝马坚持下来了,最终实现了自我价值,而且还在不断筹备新的课程。

图 13.52　宝马(马崇琦)的 AD 视频教程(0 基础到画板高手)

"如果有人错过机会,多半不是机会没有到来,而是因为等待机会没有看见机会到来,而且机会过来时,没有一伸手抓住它。"

——罗曼·罗兰

"一个人若具备许多细小的优良素质，最终都可能成为带来幸运的机会。"

——弗兰西斯·培根

说了这么多，来看看我们最终的产品吧，如图 13.53 和 13.54 所示。

毫米波雷达(MMWR)，一个如此高难的东西，他会，你会，有人会，直接拿来？OK，但是要付出巨大的代价。在"拿来主义"面前，伸手党你们有没有问过自己："我存在的意义是什么？我创造了什么？我贡献了什么？"从某种意义上来说，人就是为了解决困难而生的。有的人遇难则退，而有的人迎难而上，这就是造就不同人的不同命运的根本所在。

很多事情最终失败的原因是：你并没有真正花心思去做！

图 13.53 太赫兹毫米波雷达(非接触测量桥梁钢索拉力)

图 13.54 太赫兹毫米波雷达(非接触测量桥梁钢索拉力)

第 **14** 章

信不信？你的 DNA 会发光！——
核酸检测中的光电技术

本章并不是单纯地讲生物和基因技术，振南在作了足够的铺垫之后，最终还是会回归到本专业（电子、嵌入式与机电自动化）。看看如何在单片机的控制下，实现核酸检测！

万物之主，掌控着人类的命运，秉持着灾难与病痛之杯，也许在我们毫无察觉之隙，默撒人间！人类，一直想要摆脱这一切，成千年，上万年。

直到某天，我们的智者发现了那本该只有神才能触及的生物本原，从此纪元被永远划分。Gene（基因），一切生物的终极密码。上帝，你应该后悔赋予人类智慧！我们终将可以与你抗衡。

"振南，你是不是写书写魔怔了？开始研究神学了？听说你开始涉足生物行业了？"是的。生物技术与生命科学将会是未来几十年的热点。如果说 21 世纪的主要科技支柱是相对论、量子力学的话，那么现在还要再加上"基因科学"。

本章的开篇似乎有些悲情和感慨，而且似乎还有一丝宏大。无论如何，任何事情都不能改变振南幽默诙谐的乐观写作风格。本章，振南对基因核酸检测相关技术进行讲解。这些技术并不是空洞的，赶快进到本章里来！来看看振南那些设计巧妙的核酸检测系列产品吧，如图 14.1 所示。

图 14.1　qPCR 核酸检测仪、全自动核酸检测分析系统及 PCR 模块

14.1　核酸检测技术

核酸检测，可以迅速识别病毒携带者，从而及早对其施行管控，封堵传播途径。可以说，核酸检测技术可以让病毒无处遁形，活生生地被憋死在局域空间里。

曾经每天都在做的免费的核酸检测，给我们一个错觉：核酸检测很简单，甚至比输液打针还简单。基本上3至4个小时就能出结果。我可以很肯定地告诉你：

核酸检测并不简单，今天我们所享用的便捷简单准确高效的核酸检测技术是由无数生物与基因学先驱用呕心沥血的研究和实践换来的，甚至是毕生精力。

14.1.1　PCR(聚合酶链式反应法)简介

在30年之前，核酸检测完全是另外一番景象，低效费时，不能定量只能定性等等，这一度严重阻碍了生物化学、分子生物学等多个学科领域的发展。而在1993年，在基因领域一个重要的技术被发明，这标志着整个生物学从这一年被划分开来。对，这一发明就是著名的PCR(聚合酶链式反应)。

"我听说过，好像发现PCR的人还获得了诺贝尔奖。"

是的，他就是卡里·穆利斯(2019年8月7日，他因肺炎去世，享年74岁)，如图14.2所示。

图14.2　诺贝尔奖得主卡里·穆利斯(Kary Mullis)

PCR的应用和影响远比你想像的要广得多，深得多。

PCR不仅使警方能够更好地利用DNA证据来对付罪犯，还激发了电影《侏罗纪公园》中利用化石DNA克隆恐龙的灵感。

后来，人们踩在卡里·穆利斯肩膀上，又进一步发明了qPCR技术(快速PCR？是的，真正实现核酸检测的其实是qPCR，后面会对qPCR进行详尽的讲解)。

在医学诊断中，qPCR技术使直接从很小的遗传物质样本中识别细菌或病毒感染的病原体成为可能；它还被用于筛查镰状细胞性贫血和亨廷顿舞蹈症等遗传病患者；进化生物学家可利用该技术研究从远古物种化石残骸中提取出微量DNA；法医学家则利用PCR技术从犯罪现场遗留的血迹、精液或发丝中识别犯罪嫌疑人或受害者。

如今这项技术变得更加廉价，更加自动化。这彻底改变了生物化学、分子生物学、遗传学、医学和法医学等各个领域，并最终使人类基因组图谱得以绘制出来。

"介绍了这么多，PCR法测核酸的原理是啥？"别着急，我先不告诉你，时候未到。

14.1.2　核酸检测的关键——DNA 扩增技术

我们在做核酸检测之前，一个必要的步骤是样本采集，针对"新冠"就是口咽拭子，俗称"捅嗓子"，如图 14.3 所示。其实这样采集到的病毒载量是比较少的，你有没有考虑过一个问题："轻轻捅一下，这么少的病毒能准确检测出来吗？最后健康码的可信度有多少？"

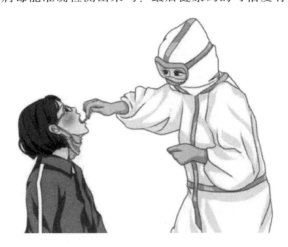

图 14.3　口咽拭子示意图

应该说，现在还没有任何常规技术可以对如此少量的 DNA 进行检测。我们必须想办法把它的数量扩增到一定水平，才能被有效地检测到。

其实这个问题在 20 世纪 50 年代 DNA 的双螺旋结构被发现之后，就已经被提出来了，并成为长期限制分子生物学发展的主要障碍。人们很早就知道 DNA 是一种能够自我复制的大分子。但是它在什么条件下会自我复制？这是 DNA 扩增的核心。

1956 年 Kornberg 在试管中第一次实现了 DNA 复制，这是一个具有巨大意义的、跨时代的实验。这奠定了此后几十年的核酸检测的技术基础。

他复制 DNA 的基本原理如图 14.4 所示。

问大家一个问题："你知道 DNA 是由 AGTC 4 种碱基构成的吗？"

"寒碜谁呢？谁还没上过初中啊！肯定知道啊！"

OK，知道最好。4 种碱基之间的排列组合形成了双螺旋结构，谱写了生命的乐章。而且 A 永远与 T 结合，G 永远与 C 结合（如果不出差错的话），如图 14.5 所示。

生化学家们早就发现 DNA 双链在 94 ℃高温下，会裂解为两条单链。但如何让这两条单链各自补齐成两条双链 DNA，一切的工作也就止步于此。Kornberg 之所以实现了 DNA 复制，是因为他发现了一种酶，称为 DNA 聚合酶。在这种酶的作用下，单链可以完成"修补复制"。这样 DNA 数量就扩大了 1 倍。

很容易想到，不断重复这样的操作，DNA 数量将以 2^n 指数级增长。在重复 30 次之后，DNA 数量可以增长 1 亿倍。

这就是最原始的 DNA 扩增方法。当然发明这一方法的 Kornberg 也已位列仙班，在 1959 年获得了诺贝尔生理医学奖。这种方法，虽然低效，但是它一直被沿用了多年。

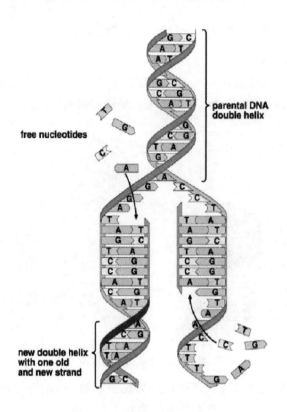

图 14.4　DNA 复制的基本原理

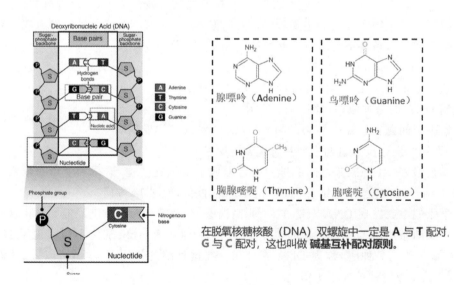

在脱氧核糖核酸（DNA）双螺旋中一定是 **A** 与 **T** 配对，**G** 与 **C** 配对，这也叫做 **碱基互补配对原则**。

图 14.5　DNA 的基本结构与构成

14.1.3　耐高温 DNA 聚合酶

　　说这种方法低效，其实是受限于一个步骤：每进行一次复制，都要向其重新添加富有活力的聚合酶。根本原因是这种聚合酶无法承受 94 ℃ 的高温。所以要想让 DNA 扩增实现高效的自动化,最重要的是找到一种可耐高温的聚合酶。

这种酶当然被找到了,否则也不会有我们今天的 3 小时出核酸结果了。这背后是一段奇遇故事。

托马斯·布洛克是美国印第安纳大学的一名细菌学教授。1964 年,38 岁的布洛克开车带着家人来到黄石国家公园游览。在地标景点——彩色热泉大家看到了神奇的一幕,那里的泉水竟然泛着绚丽斑斓的色彩。

作为生物研究人员,布洛克觉得热泉的色彩多半是带色素的微生物造成的。那么是什么微生物? 它们又怎么能在这么高温(约 70 ℃)的水中生存呢? 普通细菌无法承受超过 55 ℃ 的高温。

布洛克将问题带回实验室,但没有找到答案。后来,他多次带学生弗立兹来到彩色热泉,对里面的细菌进行取样。经过反复实验、分析、研究,他最终分离出一种粉橙色细菌。这种细菌因为具有水生和嗜热两个特性,故被命名为“水生嗜热菌”(学名 Taq)。

布洛克和弗立兹经过多年研究发现,水生嗜热菌之所以耐受高温,主要是因为它们本身带有耐热的醛缩酶,这是一种抗高温的蛋白质,可以耐受 90 ℃ 以上的高温而不失活;而且,这种酶竟然在 95 ℃ 时活性最高。

布洛克的发现为后来的研究打开了一扇门。在此基础上,又有科学家从水生嗜热菌里分离出了 DNA 连接酶、转录酶、NADH 氧化酶、Taq DNA 聚合酶等。至此,DNA 扩增技术具备了自动化工程应用的基础。

最终推动此项技术走向商业的,是上文提到的卡里·穆利斯。他在 1985 年秋季成功从水生嗜热菌中纯化出真正可以工业应用的稳定性 Taq 聚合酶。随后,卡里·穆利斯所在的公司获得了巨大的商业成功。这家公司就是现在的生物仪器巨头 PE。

这项 DNA 扩增技术,就是 PCR(聚合酶链式反应法)。

我已经了解什么是 PCR 了,DNA 数量,说得专业一点“载量”在短时间内可以被巨量扩增。但是你还是没有告诉我:核酸是如何检测的,或者说“新冠”病毒是如何被检测的?

关于这个问题,我曾经深入地思考过,并问过一个生物医学专家一个问题:“新冠有很多的亚型,比如德尔塔、奥密克戎等,核酸检测如何能识别这么多的类型?”

“我们不在乎它有多少个亚型,我们只识别它们的共性部分!”

“是它们都有的 DNA 上的一段有特定特征的片段吗?”

“是的,DNA 片段。”

所以,核酸检测的实质是:检测 DNA 链上的一段特定序列的片段。

14.1.4　在 DNA 上挑刺(qPCR)

想一想如何检测特定的一段 DNA 片段,也就是基因,如图 14.6 所示。

PCR 技术只能使 DNA 数量增加,但要准确识别某种病毒,比如“新冠病毒”。对! 是“新冠病毒”,而不是什么别的病毒,就要用到 qPCR 了。通过一系列手段在基因扩增的同时实现特定基因片段的检测识别。振南下面要讲的内容,基本都是围绕 qPCR 来进行的。

接下来振南所要讲的,将会是核酸检测技术的灵魂,看完之后你会感叹它的神奇和巧妙。

首先我先把几个概念放在这,然后再开始炫技。

模板 DNA、探针、引物、缓冲液。

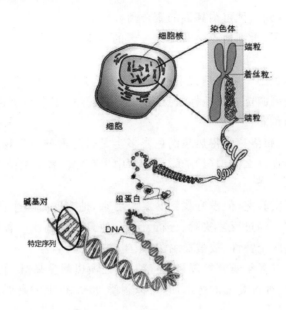

图 14.6　检测 DNA 上的特定片段

1. 样本清洗与提纯

首先通过咽拭子所采集的原始样本，并不能直接使用，需要进行清洗。

2. 探针与引物

振南先给出一张总图，如图 14.7 所示。

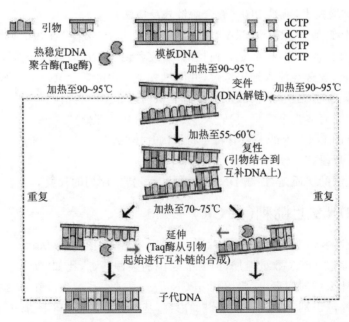

图 14.7　加入引物的 DNA 扩增过程

我们知道 2019 年 12 月 26 日"新冠"患者首次被发现，但是在 2020 年 1 月 5 日，"新冠"病

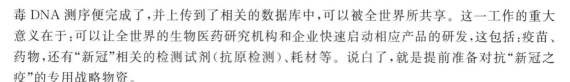

第 14 章　信不信？你的 DNA 会发光！——核酸检测中的光电技术

毒 DNA 测序便完成了，并上传到了相关的数据库中，可以被全世界所共享。这一工作的重大意义在于：可以让全世界的生物医药研究机构和企业快速启动相应产品的研发，这包括：疫苗、药物，还有"新冠"相关的检测试剂（抗原检测）、耗材等。说白了，就是提前准备对抗"新冠之疫"的专用战略物资。

在这些"物资"之中，就有引物和探针，它们对后面的数量庞大的核酸检测至关重要。

引物：参考病毒基因序列相关资料，由人工合成的可以与特定基因序列互补结合的单链基因片段。当我们将双链 DNA 在 94℃ 的高温下裂解成两条单链之后（变性），引物可以在特定的条件下，与其特定的片段位置进行结合（复性）。

"引物是人工合成的？"

"是的！"

"也就是说基因序列是可以人工合成的？"

"是的！用 AGTC 4 个碱基就可以合成任何基因片段。不光可以合成，还可以编辑。"我说过，如今的生物与基因技术比我们想象的更加发达。

探针：一种可以在特定的 DNA 片段"附近位置"上附着的荧光分子。这一句话远远不足以说明探针的重大意义和巧妙设计。振南来着重对其进行一些介绍。（其实探针是一种挺复杂的东西，会涉及很多比较专业的名词，要不我说几个，看看大家能不能接受？还是算了。振南用最直白的语言让大家看到探针的神奇之处。）

探针首先是一种荧光分子，它的大体结构如图 14.8 所示。

可以看到它有一个 R 和一个 Q，分别处于它分子结构的两端。"R 和 Q 是啥？"你就理解 R 和 Q 是两个小的分子结构。探针也是由人工合成的，它可以附着于特定序列的"单链"基因片段"附近"。（它的合成与引物一样也是需要参考目标病毒的特定基因片段序列的。）

图 14.8　taqman 探针分子结构示意

记住，探针只能附着在单链 DNA 上，如图 14.9 所示。

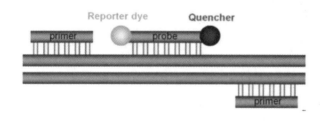

图 14.9　探针附着于单链 DNA 特定序列附近（前面的 primer 是引物）

我们总体可以理解为：引物是可以与目标基因片段相结合的一段人造基因，而探针是可以附着在这段基因附近的荧光分子，它的两端分别为 R 和 Q。

接下来，单链 DNA 会在聚合酶的作用下，将除了引物这一段基因之外的其他基因补齐。而探针有一个特性，就是它一旦遇到聚合酶就会从单链 DNA 上脱落下来，给基因补齐让位。在脱落下来的同时，R 会被切断，如图 14.10 所示。

但是探针又有一个神奇的特性，当 R 与 Q 健全的时候，它本身没有荧光效应。如果 R 被切掉，它不再完整的时候，这就会发出荧光，如图 14.11 所示。

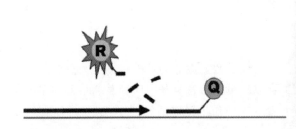

图 14.10　遇到 DNA 聚合酶后探针分子中的 R 被切断　　　　**图 14.11　探针的 R 切断后将产生荧光**

讲到这里,聪明的读者应该已经明白核酸到底是怎么检测和量化的了吧。那你可以直接跳过下面的内容,直接去看振南的 PCR 仪和一体化核酸检测工作站。

14.1.5　从咽拭子到健康码全过程

振南总体描述一下我们做核酸检测的全过程:

(1) 咽拭子采样:用棉签头得到咽部分泌物,并用保存液封存;

(2) 核酸提取:咽拭子样本进核酸提取仪,与提取试剂结合发生反应,释放核酸;

(3) 裂解:分离病毒核酸与其他生物大分子;("新冠"病毒是 RNA,所以除了要去除蛋白、多糖等之外,还要去除可能存在的一些 DNA,比如源于人基因的 DNA 等。)

(4) 逆转录:qPCR 并不能对 RNA 直接扩增,而只针对 DNA,所以需要将 RNA 通过逆转录技术,转为 DNA;(为每一个单链的 RNA,补上它所对应的互补链,形成双链结构。)

(5) 洗涤与洗脱:对上面所得到的样本中的杂质,比如试剂残留、反应产生物等进行清除,并最终得到纯化核酸;

(6) 加样:对纯度较高的 DNA 样本以及各种试剂按特定比例加入到试管中;(这些试剂对于后面的 PCR 扩增都是必需的。)

(7) 荧光定量 PCR:

① 温度调至 94℃,每个双链 DNA 变性,形成两个单链 DNA;(AGTC4 个碱基被暴露出来。)

② 温度调至特定温度,引物与单链 DNA 特定序列结合;(不同的引物结合温度也不同。)

③ 在上一步进行的同时,探针在引物所结合的基因片段附近附着;

④ 温度调至特定温度,在 DNA 聚合酶作用下,单链 DNA 剩余部分被补齐,形成完整的双链 DNA。此时 DNA 总量被扩增 1 倍;

⑤ 在上一步进行的过程中,探针脱落,同时 R 被切掉,发出荧光;

⑥ 以上过程重复大约 40 次,每次所花费的时间在 40 s 左右(振南的 qPCR 仪最快可以在十几秒完成一次循环,40 次循环大约可以在 30 min 以内完成);

⑦ 整个过程中,实时检测荧光的强弱,并把光强绘制为曲线;(PCR 1→4 的过程如图 14.12 所示。)

(8) 结果导出:光强曲线产生指数上升的拐点处,所对应的循环次数这个循环数就是专家经常说的 CT 值,如果大于 30,则判定为阳性,如图 14.13 所示;

（9）上传报告到健康宝；

（10）健康宝赋码。

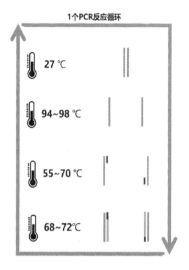

图 14.12　一个 PCR 反应循环的示意图

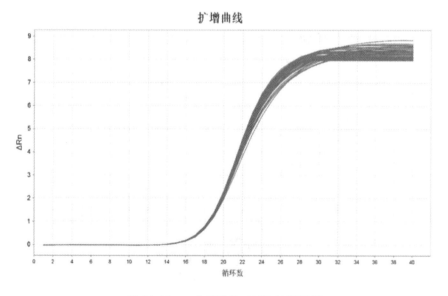

图 14.13　一个成功的 qPCR 扩增案例

所以，对于核酸的检测最终转化为了对于光信号的采集，一切回归到了电子、机械和嵌入式，还有光学。

这整个过程被称为"荧光定量 PCR"，这是当今最流行、应用最为广泛的核酸检测方法。

在振南的 PCR 仪产品中，又对这一方法进行了深入的优化，使其扩增与采集效率有了大的提升，即"时分荧光定量 PCR"，感兴趣？那来看看振南的 PCR 产品吧，会有原理的详细讲解。先在这里放一些产品的靓照和介绍，如图 14.14～14.19 所示。

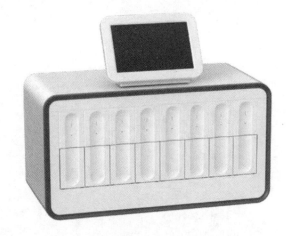

图 14.14　全自动核酸检测分析系统

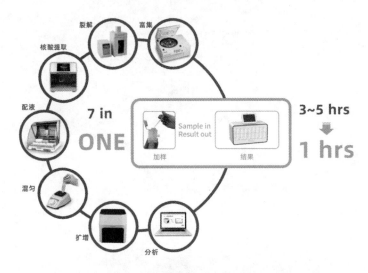

图 14.15　7 合 1 全自动全集成标准化的核酸检测分析系统

图 14.16　医用荧光定量 PCR 仪

图 14.17　mini 型医用荧光定量 PCR 仪

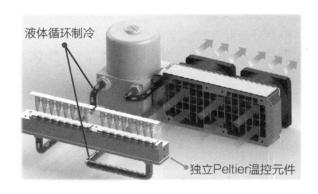

图 14.18　mini 型 qPCR 仪(液冷系统 它使升降温速度达到 8℃/s)

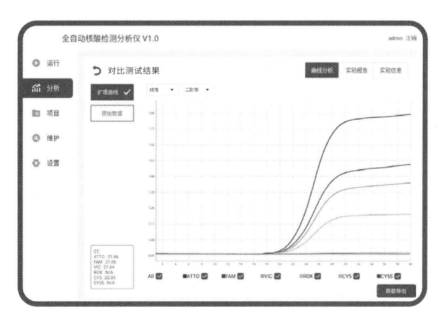

图 14.19　仪器配套采集与分析软件

14.1.6　揭示"新冠"检测"内幕"

振南这里玩了一回"标题党",其实没有什么内幕。所谓内幕就是振南向大家介绍一下实际情况下,如何断定一个人"新冠"为阳性、弱阳性、阴性?

首先解释一个概念:CT 值,如图 14.20 所示。

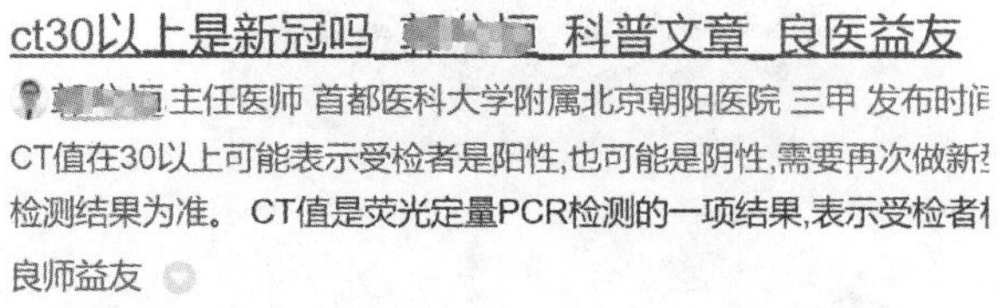

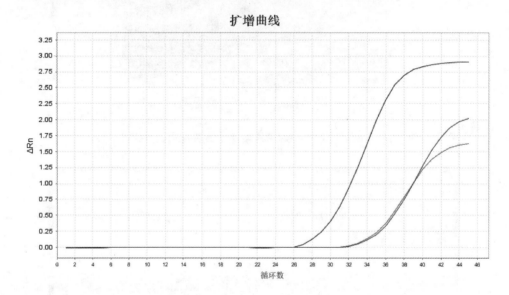

ct30以上是新冠吗_韩△恒_科普文章_良医益友

韩△恒 主任医师 首都医科大学附属北京朝阳医院 三甲 发布时间

CT值在30以上可能表示受检者是阳性,也可能是阴性,需要再次做新

检测结果为准。 CT值是荧光定量PCR检测的一项结果,表示受检者

良师益友

图 14.20　网上关于 CT 值的一些疑问

CT 值的准确定义是:新冠检测循环数阈值,可以用来判断人体是否感染了新冠病毒。核酸检测 CT 值越高,样本中新冠病毒含量就越少。

我从基因专家那里要到了一个真实的"新冠"qPCR 曲线,如图 14.21 所示。

扩增曲线

■内标 ■N基因 ■ORF1ab

图 14.21　一个真实的"新冠"qPCR 案例

N 基因和 ORF1ab 是"新冠"病毒的两个特征基因序列,也就是我们要检测的目标"靶标"。(实际上为了确定某一种病毒,qPCR 多采用"多靶标"方式,也就是同时扩增和检测多个特定序列。)

"那内标是啥?"

"内标是人的基因。"

"要人的基因作啥呢? 难道检测病毒,还要搭配一个人的基因?"

从某种意义上来说,是的。

先问大家一个问题:"N 基因与 ORF1ab 扩增曲线如果是一条水平线,就一定表示它是'新冠'阴性吗?"如图 14.22 所示。

答案是:不一定! 因为首先要排除 qPCR 失败的可能。对,内标就是用来干这个的。如果

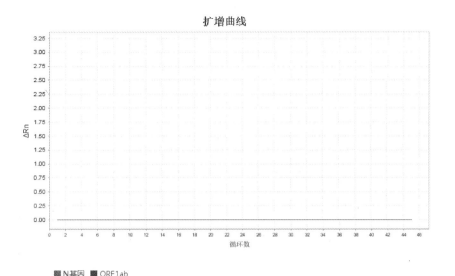

图 14.22　N 基因与 ORF1ab 均表现为直线（无内标）

内标扩增是成功的，也就是可以看到明显的上扬趋势，此时 N 基因与 ORF1ab 的曲线才有意义。所以，图 14.21 是一个成功的案例，而图 14.22 则无意义。

你说了这么多，CT 值呢？大家可以看到扩增曲线的横轴是"循环数"，如果扩增曲线的拐点所在的循环数小于某个值，则可以确定其为"阳性"。

"那这'某个值'是怎么确定的呢？电视上天天说 CT 值小于 30，这个 30 是怎么来的？"

是根据相关的病毒诊断和治疗指南中的规定和建议来定的。

比如在最新版本的新型冠状病毒诊断和治疗指南中，解除隔离管理和出院标准被定义为新冠病毒核酸连续两次检测（间隔 24 小时），N 基因和 ORF1ab 基因的 CT 值需不小于 35。

14.2　核酸检测仪器的技术精华

我们已经基本了解了核酸检测的原理和方法。但是知道了原理，还要能把仪器造出来。就像写着 $E＝MC^2$ 的草纸本身并不会核爆一样。接下来振南来讲讲实际产品中的那些技术精华。

我先问问大家："基于你现在对核酸检测的理解，如果让你去研发一个核酸检测仪，你大体能想到它有几个比较关键的技术？"光强信号的采集、温度控制。就这两项？其实有很多，比如结构设计、光路设计、采集相关的电路设计、电机控制等。

"你能不能把你的 PCR 仪打开让我们看看它内部？"这估计可能不太行，因为它涉及一些技术专利和行业竞争。但是有一些相对开放的图可以贴出来，如图 14.23～14.25 所示。

振南只能放图到这个层面了，希望这些图对后面的讲解有所帮助。

我先来讲一下光路设计，因为很多人对这部分比较感兴趣。（我只是现学现卖，班门弄斧，很多知识是我向光学专家请教的。）

图 14.23　医用荧光定量 PCR 仪开仓图

图 14.24　医用荧光定量 PCR 仪模型效果图

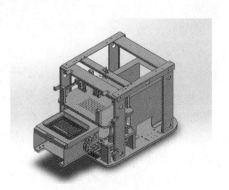

图 14.25　医用荧光定量 PCR 仪内部结构图

14.2.1　光路设计

我们做过很多电路设计,对于光路设计,可能有些人听说过,但是没有真正见过。那振南先贴出一张图,如图 14.26 所示。

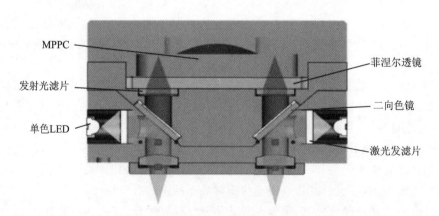

图 14.26　核酸检测仪的光路系统(双通道光头部件)

首先我们要知道一个前提:被切掉 R 的探针只有在被激发后,才会发出荧光。(激发是指被特定波长的光照射。所有的荧光材料都是需要激发的,这与我们的生活常识是吻合的。)

整个光路的原理是这样的:

(1) 光头部件在电机传动下定位于某个反应孔位,如图 14.27 所示。

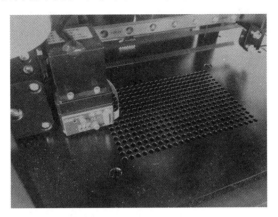

图 14.27　光头运动到反应孔位阵列中的某个孔位

(2) 单色 LED 点亮发光,经过"激发光滤片",照射于"二向色镜"上。"激发光滤片"可以仅让特定波长的光透过。(前面说了,荧光分子需要特定波长的光来进行激发。)而"二向色镜"一方面可以全反射特定波长的光,另一方面对其他波长的光全吸收。这样,保证了特定波长的光(图 14.26 中的浅色光)照射在反应孔位中,从而使脱落的切 R 探针被激发。

(3) 从反应孔位中发射出来的荧光透过"二向色镜"。(激发光波长与荧光波长是不同的,"二向色镜"是被光学厂家精心设计出来的,它对于激发光全反射,而对于荧光却可以全透射。)

(4) 透射过来的荧光(图 14.26 中深色光)经过发射光滤片,使得只有特定波长的荧光被通过。它再经过菲涅尔透镜,最终汇聚于 MPPC 上(硅光电倍增管)。

关于光头部件实际的内部结构不易拍摄,因为它比较精密,所以大家也就只能看看外观了。

14.2.2　MPPC(硅光电倍增管)

在荧光感光元件上,我们采用了 MPPC,如图 14.28 所示,而没有用其他方案,比如 PMT、APD 等。

硅光电倍增管,根据其原理被称为 MPPC(multi-pixel photon counter)。它是一种新型的光电探测器件,由工作在盖革模式的雪崩光电二极管阵列组成,具有增益高、灵敏度高、偏置电压低、对磁场不敏感、结构紧凑等特点。它发明于 20 世纪 90 年代末,广泛应用于高能物理及核医学(PET)等领域,最近几年来在核医学领域发展迅速,被广泛认为是未来可以实现极微弱光探测的发展方向。

当 MPPC 中的一个像素接收到一个入射光子时,就会输出一个幅度一定的脉冲,多个像素如果都接收到入射的光子,那么每一个像素都会输出一个脉冲,这几个脉冲最终会叠加在一起,由一个公共输出端输出。例如,如果三个光子同时入射在不同的像素上并在同一时间被检测到,硅光电倍增管会输出一个信号,其幅度等于三个脉冲叠加的高度,如图 14.29 所示。

可以看到,MPPC 可以对单个光子进行检测,这是普通的感光元件所无法企及的,比如光敏三极管等。它可以检测到非常微弱的光强，这对于 PCR 反应实时检测具有重要意义。（qPCR 要求对微弱荧光变化要有比较高的灵敏度，这对感光元件的分辨力有较高的要求。）

图 14.28　MPPC（硅光电倍增管）实物图

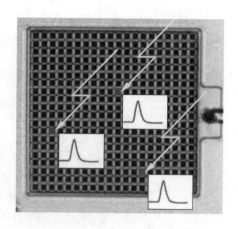

图 14.29　三个光子入射到不同像素后
分别形成一个脉冲

14.2.3　温控 PID 与精妙的结构设计

我们在产品相关的效果图中可以看到（图 14.14～14.18），实际上为了提高效率会一次性对多管核酸进行扩增。这就需要一个托盘，而托盘上有纵横排列的多个检测孔位。每个孔位可放置一个反应器，反应器中装的就是加样后的高纯度核酸样本，这个托盘我们称之为 Block，如图 14.30 所示。

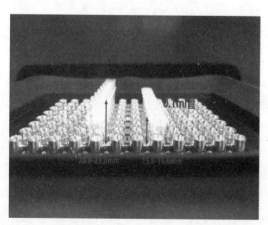

图 14.30　PCR 仪上阵列式的反应孔位（96 孔铝制）

在 Block 的下方贴有 TEC（也称 Peltier，帕尔贴），TEC 的下方是巨大的散热翅片，如图 14.31 所示。

这个模块是 PCR 仪比较核心的部分，我拿出来展示给大家。这个模块在技术上有一个最大的问题：如何做到多个反应孔的温度均匀，以及快速控温。（每一个 PCR 循环只有短短的几十秒时间，振南的 qPCR 仪可以达到最快十几秒一次循环。所以这对于控温速度是有较高要求的,同时还要保证控温精度,不能低于±0.2℃。)

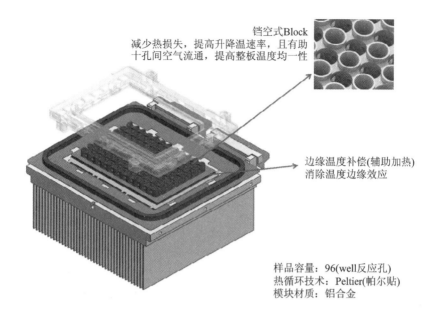

铠空式Block
减少热损失，提高升降温速率，且有助
于孔间空气流通，提高整板温度均一性

边缘温度补偿(辅助加热)
消除温度边缘效应

样品容量：96(well反应孔)
热循环技术：Peltier(帕尔贴)
模块材质：铝合金

图 14.31　PCR 仪中的温控模块

这不单单是控制算法的事情,很大程度上与结构和材料有关。

Block 的结构如图 14.32 所示。

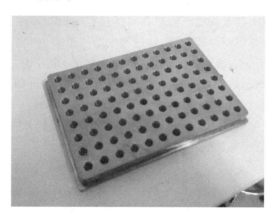

图 14.32　反应孔阵列托盘实物图

"你所说的这个 Block 我看也没什么难度啊,直接铝 CNC 加工就行了。"

"你小看它了!"

"有什么秘密? 能不能来一个横截面,让我们看看内部结构?"

"呵呵……往下看。"

Block 内部是镂空的,而不是实心的。这一方面可以减少热损失,提高升降温速率,另一方面有助于孔间空气流通,提高整板温度均一性。(对机械比较了解的读者应该能感觉到这个 Block 在加工工艺上是不容易的。)

做过温控的人都知道,热均匀性比较难处理的是"温度边缘效应"。所以,我们又在 Block

的周围加上了一圈辅助加热，以实现边缘温度补偿。

至于温控 PID 算法，振南就不在这里赘述了，网上相关讲解很多。这里振南贴一张实际温控的效果图，如图 14.33 所示。

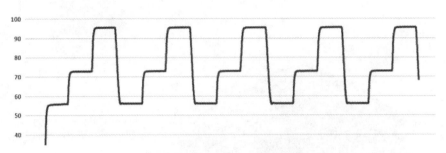

图 14.33　采用 PID 算法实现的快速温控实际效果

图 14.33 中一共是 5 个 PCR 循环，每个循环有 3 个温度阶梯，分别为 94 ℃、58 ℃和 73 ℃。(仔细看了前文的读者就知道，这 3 个温度分别对应于变性、引物与探针结合以及聚合酶作用下的 DNA 生成。)可以看到，每一个温度阶梯基本上都是直线到达的，速率非常快。

除了上面所重点描述的这些技术点之外，其实还有很多其他技术细节，比如为了驱动光头精确定位而设计的电机控制相关电路和方法、MPPC 输出的信号调理电路等。本章主要是讲基因相关知识和重要的技术实现，而不是产品技术说明书，所以更多的常规技术内容振南就不赘述了。

在写这一章之前，我就有很大的顾虑：这一章跨界跨得有点大，弄不好会把大胯劈了。就是说电子专业的同行们能不能看得懂。所以在写的过程中，我不断把稿子给身边的人看，再问他们是否可以看懂。他们都说基本能看懂，这让我安心了很多。

但是突然有一天，我那正在读博士的妻妹(俗称小姨子)跟我说："我能看懂并不代表别人能看懂啊。"这让我心凉半截，后来我又找了一些"正常人"来看，也都说能看懂，我这才最终放心了。

"哈哈！但是说实话，如果能把你这套温控和 PCR 仪做成模块的话，我觉得会更有意义，方便集成。"这一点，振南已经考虑到了，如图 14.34 和 14.35 所示。

图 14.34　qPCR 核酸扩增模块(左为模块，右为电源)

这个模块留出了以太网口(支持 TCP 以及专用的 SiLA2 协议，这是一种医疗行业通信组网的国际标准协议，因为振南的产品还要打入国际市场)，只需要通过上位机对它发送命令，比如开仓、关仓、温控开始等，它就会实现相应的功能。

图 14.35　qPCR 核酸扩增模块(模块开仓)

本章所涉及的生物与基因技术，只不过是皮毛中的皮毛。就如我们电子、机械、嵌入式、软件专业一样，生物工程也是一个完整而深邃的伟大学科。很多人为之奉献终生，自然也不乏专家和高手。诸如克隆、基因编辑、基因合成等技术，看似玄乎，但其实早已实现，只不过受到伦理道德层面的限制。

普罗米修斯在创造人类的同时，也创造了恶魔异形。生物工程与基因技术是一种双刃剑，可以让人类创造神迹，也可以让人类误入歧途。从来都是，一切取决于人类自己的选择！

"新冠"的鲲鹏时代已经过去，人类世界再一次复苏，开始渐渐呈现出 3 年前的繁荣影像。也许，人类就是在一个个的循环之中慢慢进化的。

我相信人类的未来是无亮光明的！

就像《三体》中说的："人类从石器时代到铁器时代，从火器时代到蒸汽时代，用了近 2000 年时间，从电气时代到信息时代，只是 100 年到 20 年的突变，每一个时代到另一个时代的时间在缩短。"这就是人类伟大之处。现实中，并没有"质子"和"三体世界"，人类发展的道路上毫无阻碍，我无法想象下一个百年人类会达到怎样的文明水平，甚至是下一个十年！

第15章

卫星、地球到星际怎么传图片？大话文件传输！

在不限于嵌入式的很多工业应用场合，文件传输是非常常见的需求。小到上位机与单片机之间的固件传输过程，大到互联网中从服务器下载文件，再大到地面站到卫星，甚至深空探测器之间的资料传输，比如珍贵的火星照片。文件传输的根本是协议的设计与实现。而设计一个稳定、可靠、高效、鲁棒的文件传输协议，是需要一些技巧和智慧的。本章将详细介绍一些传输协议，最终大家会发现其实它们的基本思想是一样的。

15.1 Xmodem 协议族

说到文件传输协议，就必须要说 Xmodem，它是所有文件传输协议的鼻祖。1978 年，一位 IBM 的工程师尝试使用调制解调器来进行文件数据传输，并使其有一定的纠错能力，从而创建了一套协议，命名为 Xmodem。其基本思想是：发送大小为 128 字节的数据包，如果包成功接收，接收方会返回一个肯定应答信号（ACK）；如果发现错误，则返回一个否定应答信号（NAK）并重新发送数据包。Xmodem 最初使用奇偶校验作为查错控制的方法。

15.1.1 Xmodem 的传输过程

其实 Xmodem 的逻辑很简单，如图 15.1 所示。

文件数据的传输过程其实就是收发双方交互协商的过程。既然是协商就会有双方遵循的约定，即所谓的协议。

首先是控制字的定义：

```
<SOH> 01H
<EOT> 04H
<ACK> 06H
<NAK> 15H
<CAN> 18H
```

图 15.1 中已经涉及了 ACK、NAK 和 EOT，不再赘述。关于 CAN 的作用是这样的：当接收方发送 CAN 表示无条件结束本次传输过程，发送方收到 CAN 后，无须发送 EOT 来确认，直接停止数据的发送。

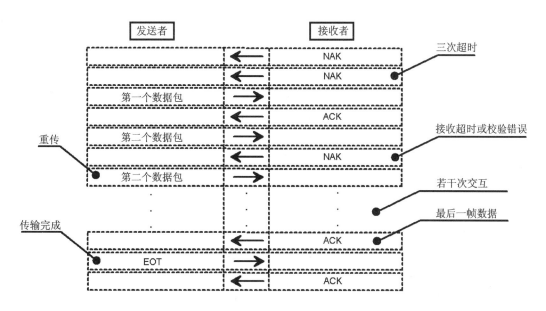

图 15.1 Xmodem 的文件传输过程示意

然后就是数据包的定义：

SOH	包号	包号(反码)	128字节数据	校验和

SOH(Start of Heading)，即包头开始字符。随后第 2 个字节是包号，它在传输中是依次递增的，需要注意的是，第一包数据的包号从 1 开始，然后 255→0 循环往复；第 3 个字节是包号的按位取反；4～131 字节是 128 字节的文件分片数据；最后 1 个字节是校验和，即 128 字节数据按字节连加之和。

可以看到，Xmodem 每一帧数据都有独立的数据校验，加之它对重传的支持，使得文件传输的正确性得以保障。一般来说，只要通过 Xmodem 传输成功的文件，数据上是不会出现差错的，也就不需要单独再进行额外的文件校验。（但是实际上我们还是会对接收到的文件整体进行检查，比如通过文件自身的校验码，因为除了传输，差错还可能出现在其他方面，比如存储）。

以上所介绍的内容其实是 Xmodem 最原始的形态，在此基础上它又有所改进，甚至衍生出一套协议族。

最直接的一个改进，就是将其数据包的校验和，改为了双字节的 CRC，实际上是换汤不换药，但是它的传输交互过程有一些变化，如图 15.2 所示。

可以看到，Xmodem 如果使用 CRC 的话，在传输之初接收者是使用字符′C′来进行握手的，而校验和方式下，则是 NAK，即 0X15。Xmodem 的这一改进，并不是对原来校验和方式的取代，而是补充。也就是说，现行实际 Xmodem 发送者有可能是采用 CRC 的，也可能是校验和，或者是两者都支持。

这样问题就来了：接收者是用′C′来握手，还是用 NAK 呢？它决定了数据包的校验方式。

接收者一般是设备端，为了使其更加通用（不挑协议），通常我们会兼顾校验和与 CRC 两种方式，具体实现方法如图 15.3 所示。

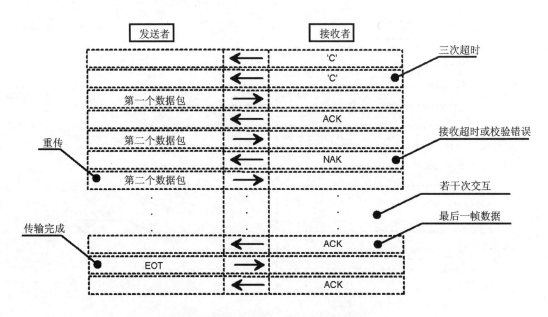

图 15.2　Xmodem(CRC)的文件传输过程示意

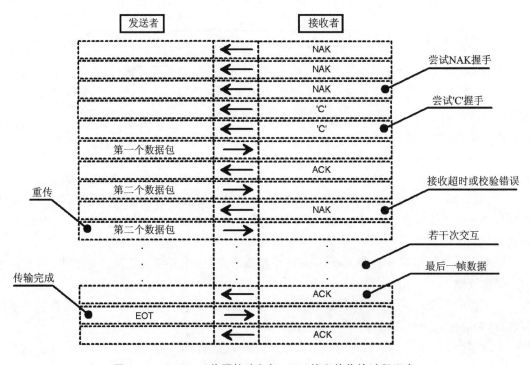

图 15.3　Xmodem(兼顾校验和与 CRC)的文件传输过程示意

除了 Xmodem(CRC)，Xmodem 的改进还有 Xmodem－1K，顾名思义，它的数据包中分片数据长度为 1KB，目的是提高传输效率。

15.1.2　Ymodem 的传输过程

几经改进的 Xmodem，人们给了它一个新的名字，Ymodem。它更加完备而高效，传输过程如图 15.4 所示。

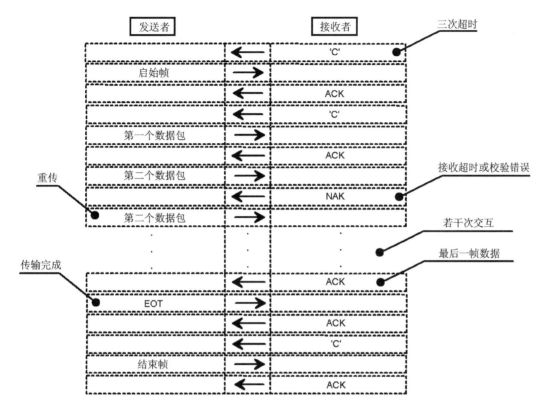

图 15.4　Ymodem 的文件传输过程示意

可以看到，Ymodem 的传输过程略显复杂，它最显著的特性是增加了启始帧和结束帧，两者的定义如图 15.5 所示。

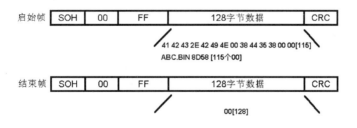

图 15.5　Ymodem 的启始帧与结束帧

数据包中分片数据长度为 1KB，其格式定义与 Xmodem 不同，如图 15.6 所示，它引入了一个新的控制字，即 STX，它是数据包的开始字符，值为 0X02。

所以，Ymodem 中有两种不同长度的数据帧，以 SOH 开头的数据帧数据长度为 128 字节，以 STX 开头的数据帧数据长度为 1024 字节。其中启始帧描述了更多的文件信息，包括文

数据帧	STX	包号	包号反码	1024字节数据	CRC

图 15.6　Ymodem 的数据帧定义

件名与文件大小。这一点是比 Xmodem 要完善的。同时，我们注意到 Ymodem 是只支持 CRC 校验的，这比 Xmodem 更标准更统一。

Ymodem 是现行 Xmodem 协议族中最流行的版本，在很多的 Bootloader、OTA 等嵌入式方案中都有所应用，比如 RT - Thread 中就用 Ymodem 来实现上位机向其 DFS(设备文件系统)的文件传输。

正所谓改进之心永不死，人们对 Ymodem 也不乏改进，衍生出了 Ymodem－G 版本，它去掉了 CRC 校验，当然这样就不能保证文件传输的正确性了。我也不知道这样算是"改进"还是"改退"，也许它有特定的应用场景吧。

15.1.3　关于 Zmodem

前面介绍了 Xmodem 与 Ymodem，它们有一定的继承性，但是 Zmodem 与它们相比完全不是一个量级的东西，要复杂得多。它不是基于发送与应答的机制，而是类似流式传输的一种协议。关于 Zmodem 我也没有找到比较明确的协议资料，所以并没有深入去研究它。这里我作了一个实验，抓取 Zmodem 实际传输过程中的收发双方的原始串口数据，贴在下面，您若有兴趣可以自行研究一下，如图 15.7 所示。

说明：使用 Xshell 打开两个串口(这两个串口收发相连)，使用其中一个串口通过 Zmodem 发送文件 aaaa.txt(此文件内容是 123456789)，另一个串口接收文件。此过程中，使用串口监控软件记录其原始数据，以待分析。

"Xshell 是什么？串口监控软件是哪个？"关于这些工具软件，振南专门安排了一章来进行集中讲解，请关注相应章节。

15.1.4　AVRUBD 的传输过程

看过"深入浅出 Bootloader"这一章的读者就会知道，AVRUBD 是网友 shaoziyang 在实现 AVR 单片机的通用 Bootloader 时所使用的文件传输协议。严格来说，AVRUBD 并不能算是 Xmodem 协议族中的一员，它只是对 Xmodem 的应用，只不过有些改进，请看图 15.8。

可以看到，AVRUBD 的主要改进点有：

(1) 增加了密码联机的机制；

(2) 数据包中的数据长度可配置，不再局限于 128B 或 1KB，而可以更灵活地配置。

这些改进点都是为单片机烧录程序服务的：

(1) 防止随意烧录，相当于增加了权限控制；

(2) 考虑单片机实际内存容量和烧录效率，可以灵活配置数据长度。

关于 AVRUBD 的更多内容在"深入浅出 Bootloader"一章中已经有详细描述，包括上位机软件、蓝牙隔空文件传输等，这里不再赘述。

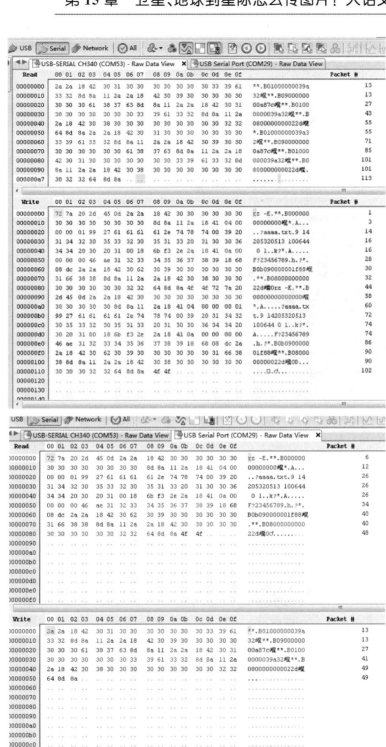

图 15.7　Zmodem 文件传输收发双方原始串口数据(上发下收)

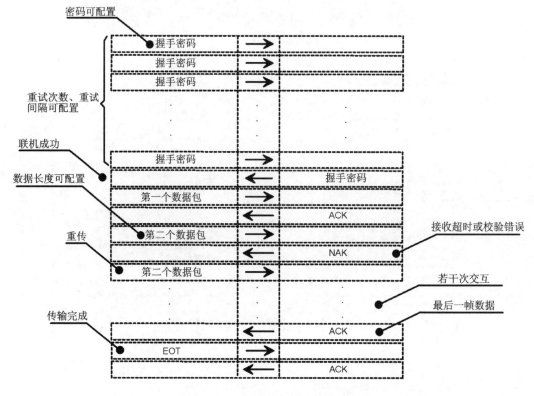

图 15.8 AVRUBD 传输文件的过程

15.2 更多的文件传输协议

Xmodem 协议族通常都是通过串口来进行较近距离的文件传输,但实际上很多文件传输的需求远比这要复杂,需要我们灵活地针对特定场景设计通信协议来实现更加多样化的文件传输。

15.2.1 振南的 CAN 文件传输

通过 CAN 来进行文件传输源自于我的"电动车共享充电柜"项目(这是我的一个创业项目,会有专门的章节进行详细介绍),如图 15.9 所示。

如图 15.10 所示,它包括一个主控和若干个从机,它们之间通过 CAN 总线连接以实现通信。主控具有 4G 通信功能,可接收云端下发的命令,比如打开柜、开始充电、结束充电等,也可以向云端上传状态信息,如柜门开关状态、电流功率等。

对于主控及从机的固件升级,也都实现了远程更新。主控我们暂且不提,先来说一下从机的固件烧录:主控从云端下载或者从上位机获取从机固件文件,然后通过 CAN 总线将此固件再进一步传给某个从机(通过 CAN ID 进行区分),最终通过从机的 Bootloader 完成烧录。

在这个过程中,CAN 文件传输协议是关键,如图 15.11 所示。

其实 CAN 总线并不适合于批量的数据传输,它每一帧数据仅能传输 8 个字节。但为了实现高度自动化的批量烧录,我还是基于 CAN 总线实现了文件传输(这实在是有点为难自己

图 15.9　共享充电柜实物外观及内部电路

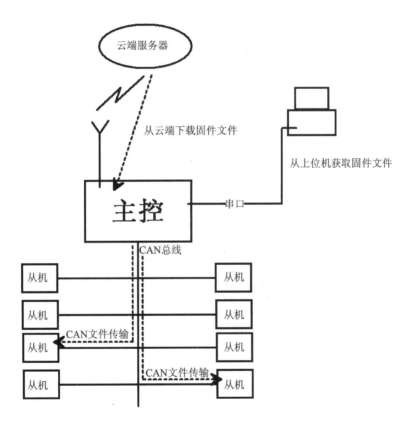

图 15.10　共享充电箱的整体示意图

的感觉）。仔细看图 15.11 中的传输过程，你就会发现它与 Xmodem 其实大同小异，实现思路是一样的。

　　"相比于 CAN 文件传输，我更想知道你这个主控是如何实现从云端下载固件的，也就是嵌入式网络文件传输是如何实现的？"别急，下一节就会涉及这方面的内容。我上面以"智能充电柜"这个项目为例，也是为了引出这个问题。

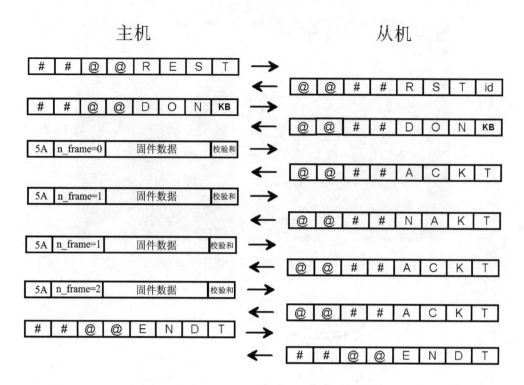

图 15.11　通过 CAN 进行文件传输的协议示意

15.2.2　通过 HTTP 下载文件

振南在项目中使用的是 SIM800 模块，如图 15.12 所示。

图 15.12　"智能充电柜"项目实际主控板和 SIM800 模块

它本身内置了 HTTP 协议，所以就可以直接向服务器 GET 固件数据了。具体的实现代码如下：

```
int WEBDOWN(void)
{
    char bin_name[30];
    if(SIM800_Check_GPRS())
    {
        return 1; //无网络
    }
    if(SIM800_Config_Bearer1()){return 2;} //设置网络参数失败
```

```
    if(SIM800_Config_Bearer2()){return 3;} //设置网络参数失败
    if(SIM800_Open_GPRS_Context()){return 4;} //打开 GPRS 场景
    if(SIM800_Query_GPRS_Context()){return 5;} //索取 GPRS 场景信息
    if(SIM800_HTTP_INIT()){return 6;} //初始化 HTTP 协议失败
    if(SIM800_HTTP_SET_PARA1()){return 7;} //设置 HTTP 参数 1
    strcpy(bin_name,"master.bin");
    if(SIM800_HTTP_SET_PARA2("www.znmcu.com",bin_name)){return 8;};
                                                           //设置 HTTP 参数 2
    if(SIM800_HTTP_GET()){return 9;}; //GET 方法,可获取要下载文件的大小
    {
        unsigned int temp = (web_download_file_len/1024);
        unsigned int i = 0,prog_addr = 0;
        unsigned char total_chksum = 0;
        unsigned char * p;
        DEBUG_OUT("T Ts:% d\r\n",temp);
        for(i = 0;i < temp;i ++ )
        {
            SIM800_HTTP_READDATA(i * 1024L,1024);
        }
        if(web_download_file_len % 1024)
        {
            SIM800_HTTP_READDATA(i * 1024L,(web_download_file_len % 1024));
            i ++ ;
        }
    }
    //对固件进行校验、重启后 BL 将固件烧写到 APP 区
}
```

实际的代码非常冗长,很多无关的东西。上面的代码是我精简之后的,主要用于说明 HTTP 从服务器上拉取固件文件的主要过程。如果您需要这方面的源代码,可以联系振南,或者登录我的网站 www.znmcu.com。

15.2.3　Json 传输文件(选读)

有经验的嵌入式工程师对 Json 并不陌生,我们可以用它来实现不同平台之间的结构化数据的交换。所以,在有些应用中 Json 会被用来进行文件数据的传输,比如我曾经研发过的一些 WiFi 设备,如图 15.13 所示。

我们知道 Json 本身是一个字符串,所以它是不能直接传输二进制数据的,那固件的二进制数据如何通过 Json 来传输呢？这不光是 Json 的问题,也是所有文本协议所面临的问题,比如我们经常使用的电子邮件 E-mail 的通信协议,再比如我们最常用的 Http 协议(Http 本身就是超文本传输协议,其实它只传文本,也就是 ASCII,但是我们上网的时候经常会使用 Http 来下载文件,那它的二进制数据是怎么传的呢？ 不知道大家有没有考虑过这个问题)。

为了解决这个问题,人们提出了 Base64 编码,请看图 15.14,希望大家可以体会到它的巧妙。

Base64 的基本思想是:将数据的二进制序列按 6 位进行分隔,然后用 64 个可打印字符进行表达。所以,每 3 个字节可以转化为 4 个字符。如果不足 3 个字节,则用 = 来进行占位。

本章介绍了一些文件传输的相关协议,并结合振南的几个项目对其进行了发挥拓展。这里所涉及的内容,在实际应用时可能会有更大的外延,比如 Xmodem 协议经过改良,可用于卫

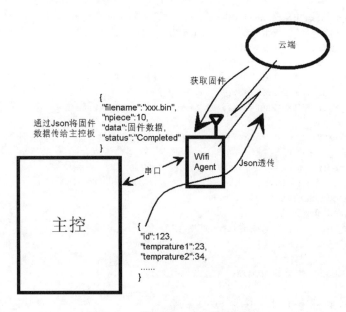

图 15.13　通过 Json 传输固件数据

索引	对应字符	索引	对应字符	索引	对应字符	索引	对应字符
0	A	17	R	34	i	51	z
1	B	18	S	35	j	52	0
2	C	19	T	36	k	53	1
3	D	20	U	37	l	54	2
4	E	21	V	38	m	55	3
5	F	22	W	39	n	56	4
6	G	23	X	40	o	57	5
7	H	24	Y	41	p	58	6
8	I	25	Z	42	q	59	7
9	J	26	a	43	r	60	8
10	K	27	b	44	s	61	9
11	L	28	c	45	t	62	+
12	M	29	d	46	u	63	/
13	N	30	e	47	v		
14	O	31	f	48	w		
15	P	32	g	49	x		
16	Q	33	h	50	y		

```
 0X12       0X34       0X56        0X78
00010010 00110100 01010110 01111000 00000000 00000000
  E    j    R    W    e    A    =    =
```

图 15.14　通过 Base64 编码来表达二进制数据

星数据传输。再复杂的技术也是由简单的元素构成的,了解和掌握了基础,才能让我们在技术上走得更远。希望大家从本章内容能够得到启发,并最终应用到自己的实际开发之中,让知识产生价值。

第 16 章

比萨斜塔要倒了,倾斜传感器快来!

从事电子这一行很多年,有两三年的时间接触传感器比较多,包括各种传感器,比如温湿度、应变、拉力等,会涉及传感器的应用,也会有研发。我发现在诸多传感器中,有一种传感器需求量很大,而且要求很高,它就是倾斜传感器。顾名思义,它是用来测量物体的倾斜角度的,功能很单一,但是要把它做好却并非易事。我足足花费了近两年时间来研究它,最终称得上小有成果。本章,振南就对倾斜传感器及其研发历程进行详细的介绍。

16.1 倾斜传感器的那些基础干货

很多行业都会有倾斜测量的需求,很多人也都在研发倾斜传感器。振南开宗明义,先把我所了解的一些基础的内容告诉大家。

16.1.1 典型应用场景

基本上所有直接或间接对倾斜敏感的监测场景都是适用的。比如危楼、桥梁、水平结构、边坡、地基、古建筑、风电塔筒等,如图 16.1 所示。我们可以理解为:任何物体姿态的变化,一

图 16.1　倾斜传感器的一些典型应用场景

定会引起其位置角度的变化,从这种意义上说,倾斜传感器的需求空间是巨大的。

16.1.2 倾斜传感器的原理

倾斜测量有很多种实现原理,比如摆式、滚珠式、加速度式等。其中最常见的是滚珠式和加速度式,后者又可分为单轴、双轴,同时基于加速度计算倾角可以实现大量程、高精度和高可靠性,所以在很多要求较高的场合,加速度倾斜传感器基本都是首选。

1. 滚珠式倾斜开关

很多时候我们也许并不需要知道物体倾斜的确切度数,而只是想知道它是否发生过位移。比如桌子上的箱子是否有人抱走,或者下水道井盖是否被人撬开。此时使用倾斜开关是比较合适的方案,成本低,应用简单。

倾斜开关的原理非常简单,如图 16.2 所示。

图 16.2 水银式与滚珠式倾斜开关

当倾斜开关倾斜到一定角度时,其内部的水银产生流动或金属滚珠发生滚动,将两个电极接通,开关即闭合。根据不同的倾角阈值,倾斜开关可分为不同的规格,如 5°、10°、20°等。

2. 加速度式倾斜传感器

这类传感器较倾斜开关要复杂,它们的基本原理是对倾斜过程中重力在其各个轴上的分量进行计算,进而得到单轴或双轴的精确倾斜角度。

(1) 直接输出倾角

有一些 MEMS 芯片内部已经完成了加速度到倾角的计算,它们会通过数字或模拟接口直接输出倾角结果,这使我们的开发变得比较简单,经典的芯片如图 16.3 所示(希望能为大家芯片选型提供参考)。

(2) 加速度计算倾角

相较于上面介绍的直接输出倾角的几款芯片,3 轴加速度计更加流行,选型空间更大,各大芯片厂商基本上都推出了自己的 MEMS 芯片,比如 ADI 的 ADXL345、ST 的 LIS3DHH、村田的 SCA3300、飞思卡尔的 MMA8451 等。这样,开发者可以根据自己产品的精度和成本,选择合适的芯片。

3 轴加速度计可以感知 XYZ 3 轴上的加速度,当其静止时,3 个轴的加速度矢量和即为重力加速度 g。基于这样的一个基本原理,我们可以通过 3 轴加速度计算倾角,再加上一些更深层的算法、数据处理和校准方法,就可以让倾角达到很高的精度。这些就是本章着重要讲的内容。

图 16.3　直接输出倾角的传感器芯片(SCA103、SCA3300 与 SCA60C)

那到底如何来计算倾角呢?其实在写这一节之前,振南考虑了很久,如何将计算倾角的方法讲得足够通俗。我看了很多网文,讲得很专业,什么归一化、单位向量、参考向量,一下把我们拉回到了线性代数的年代,但是不够接地气。我试图用我酝酿已久的方式给大家讲解,如图 16.4 所示。

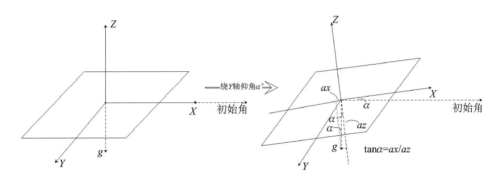

图 16.4　传感器绕 Y 轴倾斜一定角度

首先传感器水平放置,此时 Z 轴的加速度 $az=g$。随后我们将其绕 Y 轴倾斜一定角度 α,此时 g 将在 X 轴上产生分量 ax,当然 az 也会随之变化。很明显 Y 轴上不会有分量,所以 $ay=0$,因为传感器未绕 X 轴产生倾斜,则

$$ax=g\sin\alpha \quad az=g\cos\alpha,则 \rightarrow ax/az=\tan\alpha \quad \alpha=\arctan(ax/az)$$

同理,如果绕 X 轴倾斜一定角度 β,则

$$ay=g\sin\beta \quad az=g\cos\beta \rightarrow ay/az=\tan\beta \quad \beta=\arctan(ay/az)$$

α 和 β 就是由 3 轴加速度计算得到的双轴倾角。

但上面所说的只是特例,即传感器仅绕着 X 或 Y 来倾斜。如果是同时绕着 X 和 Y 倾斜呢?此时,上面的式子就需要推广了。

我们可以这样理解:传感器水平放置,先绕着 Y 轴倾斜了 α,即 $\alpha=\arctan(ax/az')$;然后又绕着 X 轴倾斜了 β,相当于将式中的 az' 又进一步在另一个方向上进行了分解,即 $az'=sqrt(ay*ay+az*az)$。

所以 $\alpha = \arctan(ax/\mathrm{sqrt}(ay*ay+az*az))$

同理 $\beta = \arctan(ay/\mathrm{sqrt}(ax*ax+az*az))$

这就是 3 轴加速度计算双轴倾角的最终的公式了，希望这种讲解方式，能够有助于大家的理解。（好吧，可能大家还是没有看懂。那我教你一个好办法，那就是再看一遍。）

(3) 倾角精度的提高

倾角精度的提高其实是一个系统工程，这里先从数据采集方面讲一下如何提高倾角精度。

倾角计算依赖于 3 轴加速度，因此传感器芯片的优劣直接影响倾角精度。开发者要根据精度需求，比如±0.1°或±0.01°，来选择不同等级的芯片，当然这也意味着不同的成本投入。有人会问不同的芯片到底差别在哪？从我的经验来说，噪声密度是一个重要指标，从宏观上可以认为它是芯片输出加速度数据的波动性或不稳定性。我们当然希望噪声密度越低越好。

通常我们并不会用单点瞬时的加速度去直接计算倾角，而是会采集一段数据，经过一些滤波算法的处理，以使数据更加稳定，最常用的就是均值滤波。振南实际用的是基于预排序的均值算法，如图 16.5 所示。

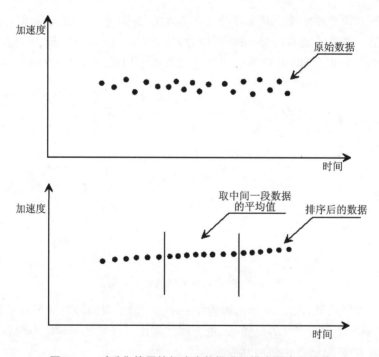

图 16.5 对采集的原始加速度数据进行排序取中段均值

到这里，关于倾斜传感器的基础知识就讲得差不多了。基于这些知识，我们起码可以研制出一个可用的传感器产品了。但是真正的挑战远不止于此，请继续往下看。

16.2 倾斜传感器温漂校准的基础知识

16.2.1 温漂产生的根源

我们知道任何物体都会或多或少的受到温度变化的影响，比如最普遍的热胀冷缩。传感

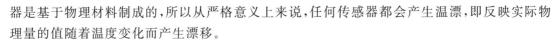

器是基于物理材料制成的,所以从严格意义上来说,任何传感器都会产生温漂,即反映实际物理量的值随着温度变化而产生漂移。

关于传感器的温漂,我曾经做过一个讲座,名为《大话温补与温控》,算是把"温漂"比较通俗地进行了阐述,下面是讲座的一些核心内容。

一个例子:《调皮的尺子》。

我们用尺子去测量长度,你量得准或是不准,真值就在那里,不长不短。但是在不同的温度下,尺子的示数可能是不同的,因为尺子会热胀冷缩,如图16.6所示。

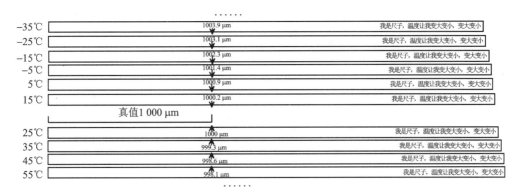

图 16.6 温度的变化使得尺子对长度测不准

也许你会说,这点温漂几乎可以忽略不计吧。确实,如果你的精度要求不高,温漂是可以无视的。但是很多应用场合下,较得就是这个真儿,差一丝都不行。比如建筑物或边坡的倾斜,其实它们的倾斜量都是非常微小的,1年顶多倾斜0.1°,但是如果倾斜传感器的温漂误差就有0.几°,那基本上就把真值淹没了。

既然有温漂的存在,那我们如何能把物理量采准呢?

"调皮的尺子"有它的规律:每当−25℃时,我们用它去测量1000 μm的距离一定会示数1 003.1 μm。所以,当我们看到1 003.1 μm时,我们就知道实际是1 000 μm(−25℃)了。

那就出现一个问题:−25℃时,测量2 000 μm的距离,它会示数多少?2 003.1 μm?2 006.2 μm?都不是!因为在此温度下尺子的刻度变化可能是非线性的,不能依比例推算。那怎么办呢?

最笨的方法:在某一个温度下,我们记录下每个距离和与之对应的尺子示数,形成表格。以后测量的时候,拿着当前温度和尺子示数,去表里查它所对应的实际值是多少,如图16.7所示。

@5℃

实际值	0 μm	1 μm	2 μm	3 μm	...	...	...	...	...
示数	0.12 μm	1.23 μm	2.43 μm	3.56 μm	...	...	...	...	...
实际值	500 μm	501 μm							
示数	509.34 μm	509.76 μm							

@25℃

实际值	0 μm	1 μm	2 μm	3 μm	...	...	...	...	...
示数	0.14 μm	1.34 μm	2.45 μm	3.67 μm	...	...	...	...	...
实际值	500 μm	501 μm	502 μm	...					
示数	509.34 μm	...	...						

图 16.7 各温度下示数与实际值的对应表

方法很简单，但是要编制这个表却不容易。

16.2.2　温漂的真实例子

当时，讲座讲到这里，有人问了一个问题："就说倾斜传感器，温漂能对它产生多大的影响？举实际例子说一下。"我现场登录公司的 IoT 平台，找了几个实际项目在用的倾斜传感器，如图 16.8 所示。

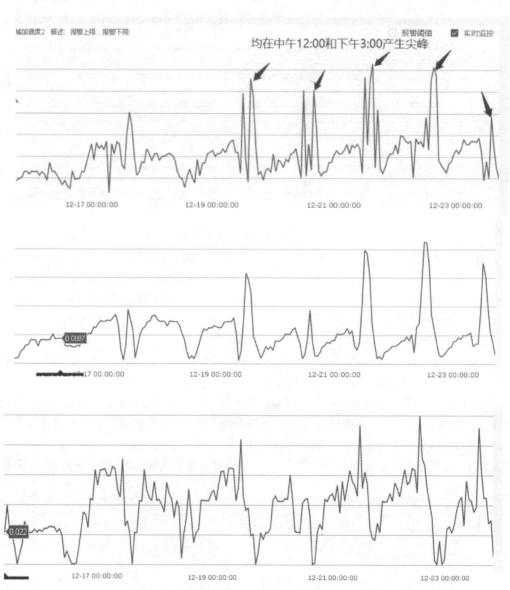

图 16.8　倾斜传感器在每天特定时间段产生尖峰

上图中的 3 个倾斜传感器都是实际安装在平地上的，用于监测边坡地灾。每天在中午都会产生尖峰，这个波动范围大约是 0.0 几°。难道说每天一到中午平地就会有微震？这显然是不符合逻辑的，其根本原因就是温漂。

现场有人进行了反驳,从 IoT 平台上找到了几个中午时段没有尖峰的例子。

　　"请给我解释一下?"

　　"这些传感器应该没有被太阳直晒吧? 有树荫遮着?"

　　项目总监此时说:"确实,这几处传感器都在林子里,上面有波动的传感器是直晒的。"

　　这下大家信服了。

　　项目上使用的倾斜传感器很明显是没有经过温漂校准的(也叫温度补偿,简称温补)。我们多么希望传感器不受温度等外界因素的影响,而直接输出稳定、可信、真实的示数啊! 这就是我们追求的"理想传感器"。谁的产品越接近理想传感器,谁就越具有竞争力。

　　我们将上面所说的这张表内置到传感器中,使其输出依温度与原始示数查表之后的值。传感器即向所谓的"理想传感器"迈进了一大步。

　　这张表是很庞大的,靠人工编制效率极低。我们要寻求更高效的方案,最好是无人参与的、全自动化的,如图 16.9 所示。

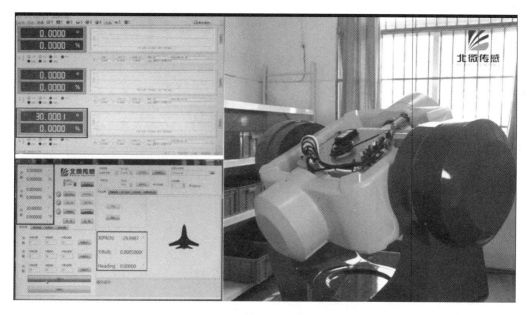

图 16.9　北微倾斜传感器的自动化校准装置

　　北微传感的这套倾角自动化校准装置是委托中航工业研制的,用我们项目总监的话说"高品质产品的背后一定需要有雄厚的工业基础,我们简直就是小米加步枪。"

　　OK,终于引出了"倾角自动化校准装置",振南研究倾斜传感器的近 1 年的时间,其实主要精力就在这套东西上,它是倾斜传感器达到真正意义上的高精度的核心。

16.3　静态温控与温补装置

　　倾斜传感器温补校准的基本过程:将温度划分为若干区段,比如将 $-20℃ \sim +60℃$ 每 $10℃$ 划分一个区段: $-20 \sim -11 ℃$ 、 $-10 \sim -1 ℃$ 、 $0 \sim 9 ℃$ ……通过温度控制依次将传感器温度稳到相应区段,然后将传感器从开始角以一定的步进角速度转至结束角,过程中记录下每一个角度以及传感器的示数,形成对应关系。依此对应关系,构建各个温度区段下倾角采集值与实际真值之间的对应表，并将此对应表固化于传感器硬件之中。这就基本实现了温补校准，如图 16.10 所示。

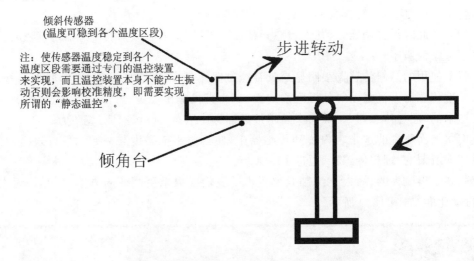

图 16.10　倾斜传感器温漂校准装置示意图

是不是已经感觉到这套东西有一些难度了。抛开步进转动产生各个角度的具体实现方法不提，我们先来说一下温度控制。

有人会说："温度控制有必要自己作吗？你把它整体放到高低温箱里不就行了？不要重复造轮子。"从事电子行业的工程师应该对高低温箱都不陌生，我们经常用它做一些高低温的老化实验，确实很方便。但是我们应该注意到一般的高低温箱在工作的时候自身的震动是大的，在这样的环境中要校准高精度倾角是不可能的。所以振南强调"静态温控"。

16.3.1　制冷原理

"高低温箱为什么震动那么大？静态温控很难实现吗？"我们先来了解一下高低温箱的制冷原理，其实这也是我们家里冰箱空调的工作原理，如图 16.11 所示。

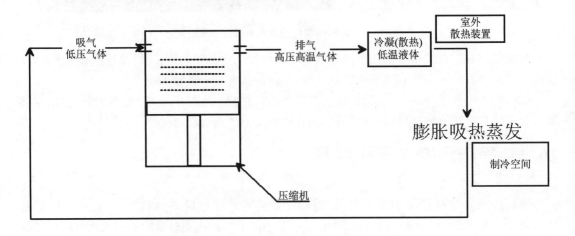

图 16.11　基于压缩机的制冷设备的工作原理

从图 16.11 中我们可以看到,压缩机是一个大家伙,它工作时动静不小,"咣咣咣"地对制冷剂做功。正是因为它这样的工作性质,我们一般把它放在室外,称为"外机"。

16.3.2　静态温度控制

其实有专门的静态高低温箱,但是价格昂贵而且有效制冷空间比较小,不适宜做批量传感器校准,如图 16.12 所示。

也许真得要靠我们自己来实现静态制冷,为我们的传感器量身定做校准系统,这并不是重新造轮子,而是一件非常有挑战和创造性的工作。那如何在不产生震动的前提下,又可以实现制冷呢?

1. TEC 制冷

我们来了解 TEC,即:半导体制冷器(Thermo Electric Cooler)是利用半导体材料的珀尔帖效应制成的。所谓珀尔帖效应,是指当直流电流通过两种半导体材料组成的电偶时,其一端吸热,一端放热的现象。高浓度的 N 型和 P 型的碲化铋主要用作 TEC 的半导体材料,碲化铋元件采用电串联,并且是并行发热。TEC 包括一些 P 型和 N 型对(组),它们通过电极连在一起,并且夹在两个陶瓷电极之间;当有电流从 TEC 流过时,电流产生的热量会从 TEC 的一侧传到另一侧,在 TEC 上产生"热"侧和"冷"侧,这就是 TEC 的加热与制冷原理。

图 16.13 为 TEC 半导体制冷片。

图 16.12　静态高低温箱

图 16.13　TEC 半导体制冷片

TEC 的主要特点:冷热面温差是一定的(温差是 TEC 的重要参数指标)。热面如果能有较好的散热(把热面降温),那么冷面就能更冷。所以,TEC 高效制冷的根本在于热面的散热。

2. 散热方案

要达到比较好的散热效果,有两种途径:增加散热面积;增加热量传递效率。

前者我们可以使用散热片,如图 16.14 所示。

要注意的是 TEC 热面与散热片的贴合度,可以使用导热硅胶,如图 16.15 所示。

后者可以使用水冷。水冷本质上还是散热片,不同在于上面所说的散热片是靠空气热交换,而水冷散热片则是靠流水或防冻液将热量带走,图 16.16 是水冷系统的主要组成和原理。

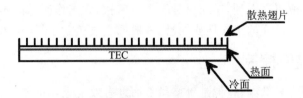

图 16.14　使用散热片增加散热面积

图 16.15　导热硅胶可提高 TEC 热面与散热片的贴合度

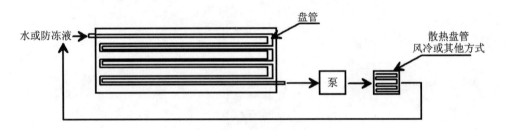

图 16.16　水冷系统的主要组成和原理

水冷可以有效提高热交换效率。实际应用中,TEC＋水冷也是绝配,很多人用它给 CPU 散热,网上也有很多此类的套件,有兴趣可以淘来玩一下,更有甚者有人用它来做空调扇,如图 16.17 所示。

3.　倾角温补校准装置设计方案

那我们就把 TEC＋水冷应用到倾角校准之中,如图 16.18 所示。

使用图 16.18 中的方案,实际我发现保温罩里的温度似乎并没有降低多少,最低也就到＋10℃左右(室温 25℃)。但是我去摸 TEC 的冷面,却发现已经冰冷了,起码有－10℃。

这个问题让人陷入沉思:是哪的问题?

后来我发现了问题:不能用大保温罩子,里面的空气太多,而这些都是热负载。想要将空气整体拉到低温,这是比较困难的。

我做了一些改进,如图 16.19 所示。

效果有所改善,每个独立小保温罩中的温度最低可以达到＋5℃左右,但仍然不够理想。我们的目标是低至－20℃。

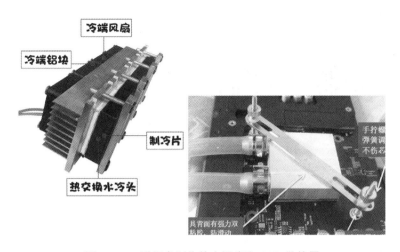

图 16.17　爱好者制作的空调扇和 CPU 散热器

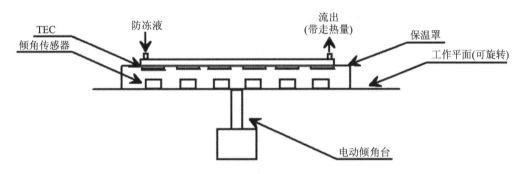

图 16.18　使用 TEC＋水冷作为制冷方案的倾角温补校准装置示意图(整体保温罩)

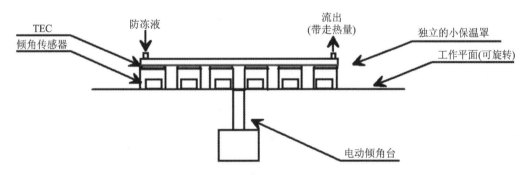

图 16.19　使用 TEC＋水冷作为制冷方案的倾角温补校准装置示意图(分立保温罩)

　　我左思右想,考虑是哪的问题? 也许是导热系数在作怪? 空气阻隔了 TEC 冷面与倾角传感器之间的热量传递。(空气的导热系数是 $0.026W/(m \cdot K)$。)

　　考虑到这一点后,我又对方案进行了改进,如图 16.20 所示。

　　效果很明显,每个独立小保温罩中的温度最低可以达到 $-5℃$ 左右,离我们的目标还有一段距离。

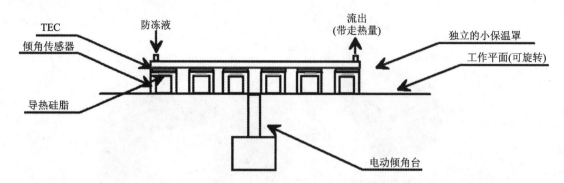

图 16.20　使用 TEC+水冷作为制冷方案的倾角温补校准装置示意图(冷面增加导热硅脂)

4. 多级 TEC 制冷

经过进一步的研究,我又发现了 TEC 的高阶用法——叠罗汉(多层 TEC),如图 16.21 所示。

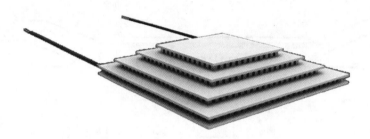

图 16.21　多级 TEC 半导体制冷模组

原理似乎也很简单:用一片更大的 TEC 来为一片小 TEC 的热面散热,依此堆叠。最终达到的效果是最小冷面与最大热面之间的温差能达到 110℃。如果大热面的散热处理好,冷面的温度可以达到−40℃。

我把倾角温补校准装置的 TEC 换成 4 级 TEC,效果很明显,每个独立小保温罩中的温度最低可以达到−20℃左右,达到了目标。

到这里,倾角温补校准装置已经有了一个阶段性的成果,但是它真的实用吗?

生产总监提出了质疑:"你这套装置是不是略显复杂了? 通常我们的硬件产品都是有交付压力的,这对生产效率有较高的要求。生产设备都要设计得尽量易用。不要校准一分钟,准备 3 小时,当然这有点夸张,但是我觉得你这套装置操作起来还是太麻烦了,比如那套水冷,还有保温罩应该都不好拆装。而且有些步骤很难做到一致性,比如导热硅脂的涂抹。基于非常精细的准备工作,才能完成的生产任务,一定会出各种问题。"确实,但是有什么更简单直接的静态制冷的方法呢?

5. 物理制冷

围绕"静态制冷,还要简单"这一问题,我想到了干冰。

干冰是固态的二氧化碳。把二氧化碳液化成无色的液体,再在低压下迅速凝固而得到,熔点能达到−57 ℃。现在干冰已经广泛应用到了许多领域。也许,我们可以把干冰应用到倾斜传感器温补校准中。

我一开始能想到的就是把柱状干冰直接放到小保温罩里,如图 16.22 所示。

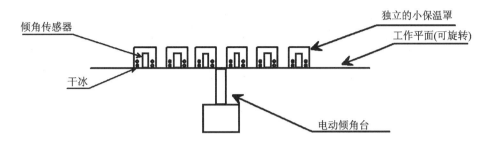

图 16.22　使用柱状干冰进行制冷的原始方案

效果还可以,温度最低到达−15℃,但是似乎干冰还有巨大的潜力,不要忘了它的熔点可是−57 ℃啊! 也许还是空气隔绝了干冰与传感器之间的热量传递。

我设计了这样的结构,如图 16.23 所示。

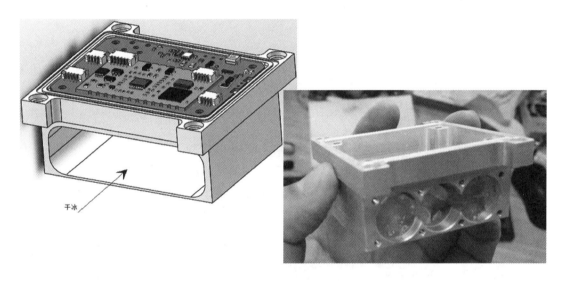

图 16.23　为了提高热量传递效率而设计的铝制结构

铝的导热系数是 230,是空气的 10 000 倍。它形同一个铝锅,只是底下灶台填入的不是柴火,而是干冰,我称之为“冷灶”。铝作为良好的导热介质,基本可以实现干冰直接对传感器降温。这种方式,温度最低可达到−40℃!

基于这样的结构设计,倾角校准装置有了如下改进,如图 16.24 所示。

这种方式去掉了水冷等一系列部件,也许是最简洁的方案。但是干冰并不易控制,我们要让它慢慢地维持制冷过程,而不是一下子把温度拉到很低,但是不能持久。图 16.25 是我实际采到的和期望的温度曲线。

我发现将干冰放入铝制结构,很快它就会消失,同时伴随的是保温罩内的温度会降到最低点,随后就是很快的升温过程。跨越低温区每个温度段的时间太短,不足以进行倾角校准。影响温度上升速度的因素有哪些? 我能想到的是保温罩的材料和结构,它是阻隔内部与外部环境之间进行热量传递的屏障。

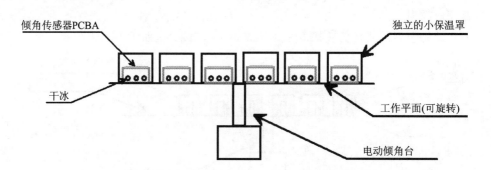

图 16.24　基于铝制结构的倾角校准装置的改进

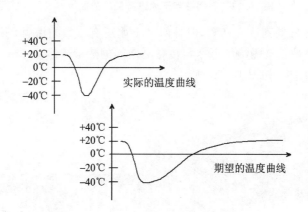

图 16.25　实际的与期望的温度曲线

我所使用的保温材料是 XPS,即压缩聚苯板,相关的一些选型如表 16.1 所列。

表 16.1　保温材料的选型

材料名称	导热系数	问　题
EPP 聚苯板（常见泡沫）	0.039	使用非常广泛,成本低,耐磨性不高,容易损耗,长期影响保温性能
XPS 压缩聚苯板	0.028	刚度大,抗压性能好,易于成型加工
橡塑保温材料	0.041	柔性材料,强度不高,主要用于管道包裹
纤维增强复合材料	0.063	该材料成本较高
复合硅酸镁铝绝热材料	0.045	市场上这类产品的应用不多
玻璃棉板 岩棉板	0.042	柔性材料,强度不高,主要用于管道包裹
酚醛板	0.032	存在着易粉化,机械强度低,脆性,无延伸性和吸水率高等弱点
无机质高分子保温	0.03	成本高
发泡聚氨酯	0.024	易粉化,尺寸稳定性较差,易磨损
气凝胶	0.02	成本高,它应该是已知导热系数第二低的材料,可用于及苛刻的隔热场景
真空绝热板	0.008	已知导热系数最低的材料,成本过高

XPS 是比较理想的材料,而且我还专门设计了配套的结构,以保证良好的保温效果,如图 16.26 所示。

在保温方面应该没有太大的优化空间了。而且,想要完全阻隔内部与外部的热量交换是

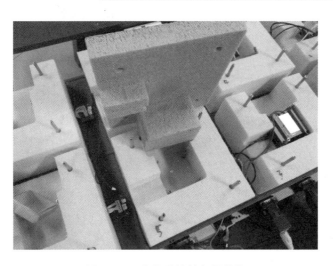

图 16.26　专门设计的保温结构

不可能的,也就是没有绝对的保温。

在干冰消耗殆尽之后,与外界进行热量交换的主要是铝制结构。此时我想到了材料的比热容。单位重量下,不同材料比热容大的,在它升高 1℃时,所吸收的热量更多。

这样的话,我把干冰改为铝块,把塞入铝块的铝制结构一起冷冻到−50℃,然后再放到保温结构中,它的升温过程是不是会变慢? 如图 16.27 所示。

图 16.27　填入铝块的铝制结构

果然,升温变得缓慢了很多,如图 16.28 所示。

要把塞入铝块的"冷灶"整体冻到−50℃,我使用的方法是将其埋到干冰堆中,静置半个小时。每次做实验之前,我都需要现订干冰,可以说干冰是耗材。这也许对于批量化、大规模校准是一个瓶颈。其实使用铝块之后,冷冻已经成为一个预置的步骤,完全可以脱离干冰,而使用超低温箱,如图 16.29 所示。

6. 半导体制热

上面我们使用铝块实现了低温区(室温以下)各温段的稳定维持,可以说这种方法是一种

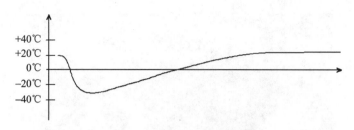

图 16.28　使用铝块后的升温曲线

奇思妙想。接下来我们需要考虑高温区,即加热升温的实现,这个过程同样也是需要静态的。

有一种东西很有趣,我们给他通电,他就会发热,并自动恒定到一个温度,即一直维持某个温度,这就是 PTC(热敏电阻)。其实我们每天都在用 PTC,只是我们自己不知道,如图 16.30 所示。

图 16.29　使用超低温箱来对铝块进行冷冻

图 16.30　饮水机中的加热设备即为 PTC

我给"冷灶"加了一个盖,把 PTC 放在了盖上,如图 16.31 所示。

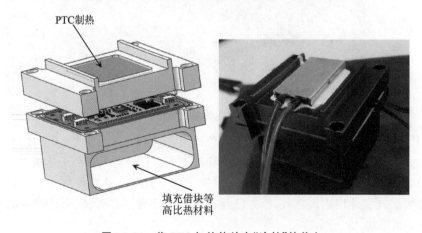

PTC制热

填充借块等
高比热材料

图 16.31　将 PTC 加热片放在"冷灶"的盖上

这样,在低于室温的低温段,我们让温度在被冻透的铝块的作用下自然缓慢上升,而从室温往上的高温段,我们通过控制算法适时地打开和关闭加热来主动地将温度稳定到目标范围内,整个的温度曲线如图 16.32 所示。

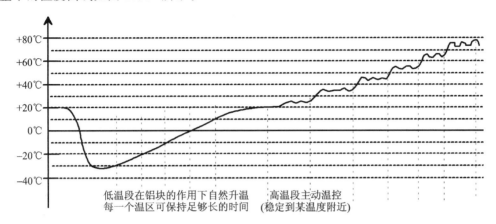

图 16.32　全温段温度曲线

7. 温控策略

有人问:"你用的温度控制算法是什么? PID 吗? 我看上图中在温区内温度波动还是挺大的,是否可以把温度控制做得更稳,精度更高?"实际上我并没有使用 PID 算法,因为我最多要同时控制 16 路温度,而且我对温控的速度有一定要求,即到达目标温区的速度一定要快,否则会影响批量校准的效率。其次,对于温控的精度要求并不高,目标温度上下 3℃都可以接受。我使用了一种类似 PWM 的温控方法。

我们拿某个温区的温控来举例说明,如图 16.33 所示。

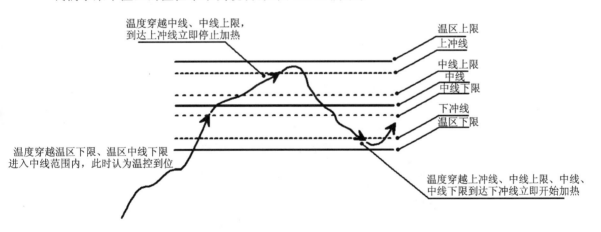

图 16.33　温控算法示意图

可以看到我们为温区划定了几条线,分别是:温区上限、上冲线、中线上限、中线、中线下限、下冲线和温区下限。当温度从其他温区升温到目标温区的中线范围内时,则认为温控到位,温控从"温度跃迁"进入"区内保温"状态。因为温度的升温是有一定惯性的,当其进入中线范围后,PTC 立即关闭,此时温度上升并不会立即停止,而是可能会穿越中线、中线上限,甚至是上冲线,最终在某个较高的位置上停止升温(这个位置我们当然希望不要超过温区上限,否则就是失温），开始下落。等其下落至下冲线时，PTC 立即开启，温度在经历一个较短的惯性下冲之后（这个惯性下冲我们当然也是希望不要超过温区下限），开始回升。这种控制方式最终的效果就是温度在某一个区间上下震荡，而震荡的幅度就与上冲量和下冲量有关，我们要做的就是控制这个冲量。

通过对 PTC 进行脉冲宽度调制来使温控更加细腻，如图 16.34 所示。

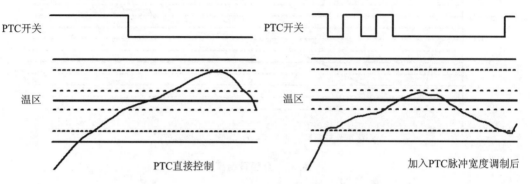

图 16.34　PTC 加入脉冲宽度调制前后效果对比

关于 PWM 大家可以参见专门的章节。总体来说，PTC 直接控制更像是在温度没有达到中线下限之前，一律火力全开，而一旦达到中线下限，立即踩急刹车。此时产生的惯性很可能让温度过冲到很高的位置，甚至超出温区上限，造成失温。而加入脉冲宽度调制后，就如同小火慢攻，再辅以一定的算法，比如当前温度若距离目标线较远时，脉宽比就大一些，甚至全开；而当温度快要接近目标线时，脉宽比逐渐减小，甚至全闭。后者会让温控变得更加细腻，收放自如，避免产生较大的过冲。其实，后者也是 PID 的核心思想。

对于每一个温区，这些线的设置、脉宽的精细调节等环节是实现温控的重点。以上控制策略主要应用于高温区，低温区基本不涉及控制。

8. 多路温度的同步控制

到现在，我们已经解决了温控的问题，但上面所说的一切都是针对一个温控单元来说的。而实际上为了批量化校准效率是不可能一次只校准一个传感器的，而是一次校准多个，也就是说我们同时要对多个温控单元进行控制，比如 16 路（见图 16.35），而且，要保证温度的一致性。

图 16.35　振南的可支持 16 个传感器同时校准的校准装置

各路温度变化的同步性(主要是低温段)主要是靠人员的操作规程来保证的:铝制结构的冷冻程度要一致,即最终的冷冻温度要齐平;安装放置完毕后保温结构闭盖时间的一致性。但尽管做到了这两个一致性,我们仍然会发现在低温段各个温控单元内的温度变化也是不同步的,因为还有一些因素我们控制不了,比如各保温结构的保温性能等。这个时候我们就需要对低温区进行同步性控制了,如图 16.36 所示。

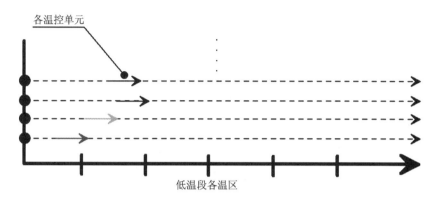

图 16.36　多路温度同步性控制基本思想

基本思想是由某路温控与目标温区的距离计算一个脉宽值,来控制 PTC 对此路温控进行加热。这样最终的效果就是各路温控会齐头并进的进入目标温区。但是这个控制要非常精细,因为在低温区一旦使用了火力,可能会造成温控升温过快或过冲太猛,最终造成失温或者在温段内经历的时间过短,导致校准失败。为了解决这一问题,我在结构上做了改进,如图 16.37 所示。

"冷灶"与铝盖之间垫了层阻热材料
增加冷热界面之间的热阻
使冷灶铝制结构加热时不
至于温度上升过猛

图 16.37　在"冷灶"铝制结构与上盖之间增加一层阻热材料

这样的改进是以失败为基础的。其实在做全温段温控以及整个倾角校准装置的过程中,处处充满了失败。但是这套东西还是非常有创新意义的,所以我在一直坚持直到做完。

原来是上盖与"冷灶"结构直接接触,我发现上盖哪怕加热一点点,下面的铝块温度也会变化很大,根本无法控制。后来我在上下之间增加了一层树脂材料(导热系数 0.02,基本与空气持平),才解决了这个问题。究其原因应该是上面的热量直接进入到了下面铝块之中。增加阻热之后热量需要通过空气和阻热材料缓缓地进入铝块中,使得温度上升平缓了很多。

有人说"为什么用树脂材料？而且既然与空气的导热系数相同,为什么不直接留出一条缝呢?"因为树脂便于作 3D 打印。不能留空气缝,因为空气中的水蒸气会进入内部,造成 PCBA 上冷凝结露,导致短路。

16.4 倾角校准与数据拟合

16.4.1 倾角校准装置的构成

先来看一下整套校准装置的总体框图,如图 16.38 所示。

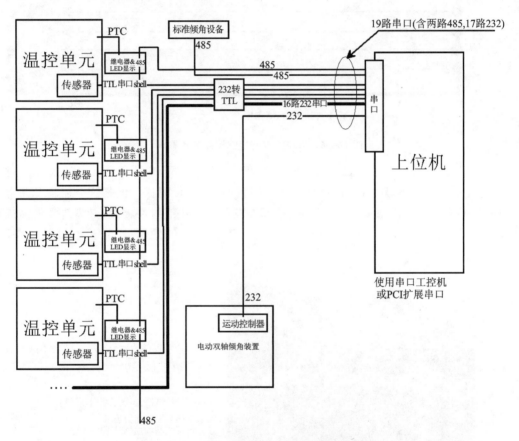

图 16.38 自动化倾角温补校准装置总体框图

图 16.38 中所包含的内容比较多,我们来梳理一下,如表 16.2 所列。

表 16.2 自动化倾角温补校准装置构成表

构成部件	说　明
上位机	运行上位机软件,配备不少于 19 路 232 串口
标准倾角设备	为校准提供倾角真值
运动控制器	控制双轴电动倾角台
温控单元	包括保温结构、铝制结构、PTC、继电器等部件的控制单元可容纳一个传感器进行校准操作

整套装置线缆比较多，从图 16.35 就可见一斑。

整个温控及校准操作都由上位机完成，振南开发的上位机软件如图 16.39 所示。

图 16.39　自动化倾角温补校准装置上位机软件

16.4.2　倾角温补校准与数据拟合

倾角温补校准的前提是先将每一个温区内的标准倾角与原始倾角的一系列的双轴倾角值采集到，具体流程如图 16.40 所示。

我们采集到的数据如图 16.41 所示（单独某个轴的数据）。

可以看到传感器的原始倾角值与标准倾角是一一对应的。在本章最前面振南讲过，校准的实质就是建立一张对应表固化到传感器中，这张表是很大的，所以我们才花了如此大的力气来做自动化温补校准装置。

有人可能会有一个疑问："一个温度段对应于一张表，我采到一个原始倾角，就从表里查找相应的标准倾角，如图 16.42 所示。我采到的这个原始倾角应该不会正好落在表中的原始倾角上，那么它对应的标准倾角应该怎么取呢？按比例线性的取吗？"

按比例线性取值是不合适的，更好的办法是对这些数据进行多项式拟合，这样可以构造出两点之间的数据趋势，依趋势取数将会使结果更接近于真值。

多项式我们选用 4 阶多项式，形如下式：

$$I_{校准} = aI_{原始}^4 + bI_{原始}^3 + cI_{原始}^2 + dI_{原始} + e$$

到这里，有很多人都问过一个问题："为什么要用 4 阶多项式来进行拟合？是不是阶数越高，拟合精度越高呢？"答案是否定的，我试用过 5 阶，甚至更高阶多项式去拟合，结果反而是错误的，也许这就是所谓的过拟合。

其实多项式拟合，就是确定多项式的系数，使得倾角采样点在多项式曲线上的均方差最小。这样一个温度段的倾角对应表，就可以仅仅使用 5 个系数来表达了，这也非常适合于单片机的存储。实际计算校正后倾角的过程是：先采集温度，确定使用哪一个多项式，然后将采到的原始倾角代入到多项式中，最终得到校准后的倾角。这个倾角值应该是高精度的，而且比较稳定，不会随着温度变化而产生漂移。

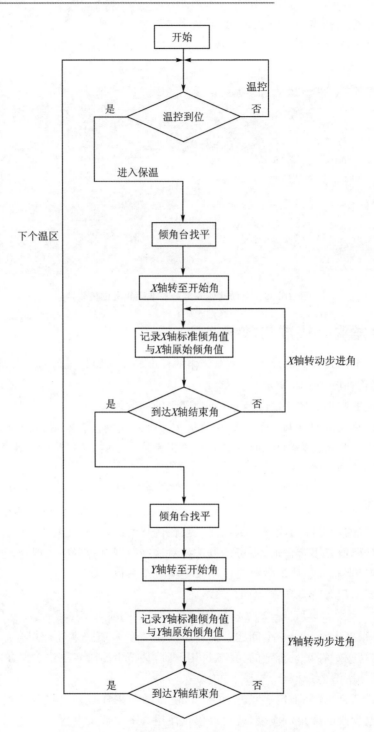

图 16.40　双轴倾角温补校准数据采集过程

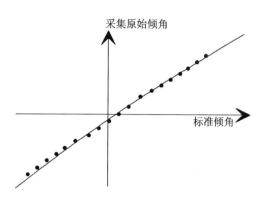

图 16.41 单独某轴的标准倾角与原始倾角值

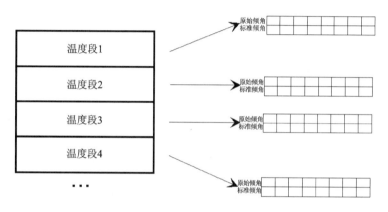

图 16.42 单独某轴的标

16.4.3 分段校准的质疑

以上所描述的其实是传感器的分段校准,是行业内普遍使用的方法。它在同一个温度段内,使用固定的一个多项式来计算。

对于这种方法我们的一个博士提出了质疑:"一个温度段都只用一个固定的多项式来计算,那在这个温度区间内还是消除不了温漂,最明显的就是在两个温区接缝的地方会产生跳跃!"

我说:"确实,其实这种方法是一种工程近似,只要这个接缝处的跳跃不大,我们姑且还是可以接受的。"

跳跃大不大,那得用数据来说话,所以我做了如下的实验,如图 16.43 所示。

请看下面的曲线,如图 16.44 所示。

博士是对的,我也承认,在各温区的交界处确实会产生温度跳跃。但是这个跳跃的幅度在 $\pm 0.02°$ 以内,对于一般的高精度需求是满足的。但是如果非要较这个真儿,非要求精度为 $\pm 0.01°$,甚至 $\pm 0.005°$ 或 $\pm 0.002°$,这就不行了。

我们需要为每一个温度点构造相应的拟合多项式,但这实际上是不现实的。就算我们的温控可以精确控制在每一个温度点上,整体的校准效率也难以忍受。切实可行的做法是,从每个温区固定系数的多项式衍生出每一个温度点的多项式。应该说这种方法一定是可行的,但

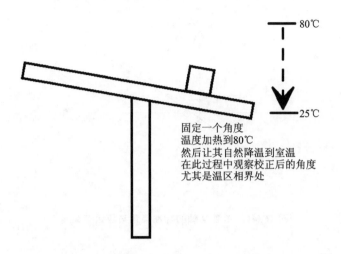

图 16.43　固定角度全温段角度采集实验

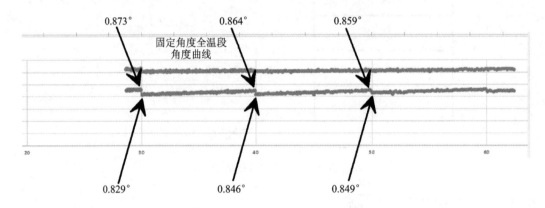

图 16.44　固定角度全温角度曲线

是这种衍生系数的算法我还没有深入研究。

博士也认为这是可行的，只是有一定的难度。他开始联合算法部的工程师在解决这个问题。

16.5　其他细节

上面振南所说的只是一些大体的原理与方法，实际上这套自动化倾角校准装置开发过程中有很多的边角细节，它们对最后的校准效果、易用性及稳定性都是至关重要的，正所谓成败在于细节。

16.5.1　真值的读取

校准过程中的真值，也就是标准倾角值是非常重要的。所有的采集值最终都要校准到标准倾角值上。一开始我打算用电动倾角台自身回读的角度，它是运动控制器基于电机控制相关参数计算得到的值。为了得到更高的精度，我在采购电动倾角台的时候，把步进电机换成了伺服电机，机械精度可以达到±0.01°（步进电机的话是±0.05°）。

伺服电机的价格是比较昂贵的，而且靠倾角台自身回读角度会有机械累计误差的问题。所以我想到一个办法：用一个经过严格校准的高精度双轴倾角传感器作为标准倾角，而且它并不需要进行温补（它将被放置于保温结构之外，仅工作在室温），如图 16.45 所示。

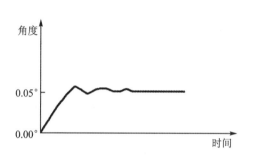

图 16.45　放置于保温结构之外的标准倾角传感器

16.5.2　规避震动干扰

在一个温度段中，倾角台按步进角遍历各个角度，在转动到位之后，我们读取标准倾角值和各个传感器的原始倾角值，进而作拟合。但是实际我发现拟合结果非常差，同时采到的倾角值也很不稳定。为什么明明转动到位了，但是却采不准呢？后来我才明白怎么回事：在转动到位之后，不能马上读取倾角值，而要等几秒钟。为什么？请看图 16.46。

图 16.46　步进角度停止时产生的振动

16.5.3　克服地面不平问题

首先我们要知道这世界上没有绝对水平的平面，实际倾角校准的场地极有可能并不水平，我们不能苛求校准工作平面的水平度，而是要容忍地面不平的情况。

校准其实是对传感器的原始倾角进行校准，仔细想想，我们就会明白只需要电动倾角台预留一定的量程余量，即可容忍一定的地面不平问题。

假设当前电动倾角台的实际量程为±38°，对于量程为±30°的倾角传感器来说，校准工作平面有约±5°的水平误差容忍度（理论上是±8°，主要考虑留出富余量），如图 16.47 所示。

16.5.4　减震设计

我知道一些专业的传感器厂家，为了校准他们的 MEMS 芯片，都有专门的场地。这些场地都是单独打的地基，更有甚者把场地设在山里，远离闹市。可见对于 MEMS 相关这类传感器，比如倾角、加速度，校准时的外界震动对最终效果的影响之大。

我们不可能为倾角校准专门打地基，场地的震动条件是无法严格保障的。我们的场地大多是办公楼，可能在高层，可能紧邻道路。所以我们要想办法过滤掉这些外界震动，使其不至于太影响到校准的效果。严格来说，在这样的场地中，是不可能校准出非常高精度的倾角传感器的，我们只不过是在寻求一个折中的方案。在现有的环境下，尽可能地让校准效果更好。

要减震，校准装置一定要有一个非常重的基座，如图 16.48 所示。

整个基座部分重约 100 kg，再加上底座是专业的减震装置，使得这套装置在一般的办公环境下最佳校准精度也能达到±0.005°。

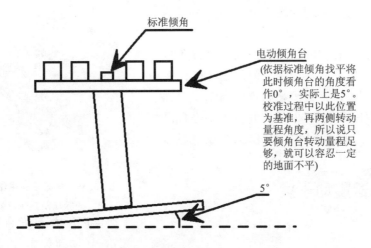

图 16.47　倾角校准时地面不平的情况

"你图中那个最底下的减震底座有更清晰的图吗？"OK，如图 16.49 所示。

图 16.48　减震底座及全钢制的架高结构

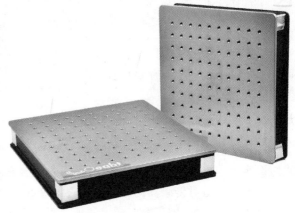

图 16.49　隔振阻尼平台

以上介绍的是一些主要而且关键的细节，其实还有很多细枝末节，比如标准倾角要与倾角台轴向尽可能重合，这需要专门的结构设计来实现；再比如整套装置工作平台的托盘式设计以方便扩展，等等。

这一章内容比较多，也比较专，基本上一章等于其他两章的篇幅，其背后是振南将近两年的研发工作经验，希望本章所述能对大家有用，对各位的研发工作产生启发。大家应该发现了，对于倾角校准的工作其实还没有完成，振南还会继续改进，欢迎大家一起来讨论和关注。

第 **17** 章

FFT 你知道？那数字相敏检波 DPSD 呢？

我是在 2012 年开始接触数字相敏检波算法的（DPSD），对它进行了深入的研究。DPSD 在工程上有很大的实用意义，其主要作用是从原始信号中提取出特定频率的信号，包括它的实部、虚部、模值以及与参考信号之间的相位差。

它属于是数字信号处理范畴内的一种交流信号处理方法。关于数字信号处理大家更多用到的是 FFT（快速傅立叶变换）。其实除了 FFT，还有很多，包括各种数据变换、滤波等。

这一章振南主要介绍数字相敏检波，请看正文。

17.1 DPSD 的基础知识

17.1.1 应用模型

基本的应用模型如图 17.1 所示。

我们经常会有这样的需求：向被测对象发射一段信号，然后接收其经过被测对象之后的返回信号。通过对返回信号与发射信号的比较，来推算被测对象的物理性质，比如电阻率、容性或阻性负载等等。

只是被测对象的性质可能会比较复杂，它会对信号产生衰减、相移、噪声掺杂等作用，使得接收到的信号面目全非，有用的信号被完全淹没了。为了解决这一问题，通常对发射信号以特定频率进行调制，然后到接收信号中去找这个特定频率的信号分量，我们比较关注的是信号的等效幅值以及与发射信号的相位差。

实际的应用情况可能更复杂一些，如图 17.2 所示。

为了获取被测对象更多信息，我们可能并不只给他发射单一频率的信号，而是多种频率。这些信号在被测对象中混频，夹杂着衰减、相移和噪声一同回到接收端。我们需要把各个频率的信号分量从接收信号中检测出来。

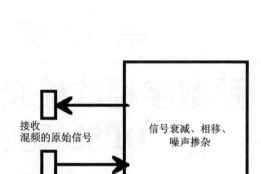

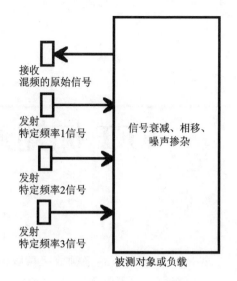

图 17.1　DPSD 的基本应用模型　　　　图 17.2　DPSD 的复杂应用模型

17.1.2　原理推导

我知道大家看书最烦的就是公示罗列,我也很反感这样的书籍。但是很多技术的根源从本质上说是数学,有时一些逻辑清晰的数学推导,可以为我们揭示更深层的原理,提升我们的认知。关于 DPSD,当时我公司的一位资深专家,留美的博士给出了它的数学推导,奠定了数字相敏检波应用的基础(这一算法有一定的专利性质)。数学推导如下,我保证所有人都能接受。

假设待测量的信号,即接收信号中的特定频率分量 $d(t)$ 为

$$d(t) = D\cos(\omega t - \varphi) = D\cos\varphi\cos\omega t + D\sin\varphi\sin\omega t$$

式中,D 为待测量信号幅度;ω 为待测信号与参数信号的频率;φ 为待测信号与参考信号之间的相位差。我们将 $D\cos(\varphi)$ 记为 D_R,$D\sin\varphi$ 记为 D_X。它们分别为待测信号幅值的实部与虚部。

设

$$R' = \int_0^T d(t)\cos\omega t\,dt$$
$$= \int_0^T D\cos(\omega t - \varphi)\cos\omega t\,dt$$
$$= \int_0^T \frac{D}{2}\big[\cos(2\omega t - \varphi) + \cos\varphi\big]dt$$
$$= \frac{TD}{2}\cos\varphi = \frac{T}{2}D_R$$

即

$$D_R = \frac{2}{T}R'$$

同理

$$X' = \frac{TD}{2}\sin\varphi = \frac{T}{2}D_X$$

$$D_X = \frac{2}{T}X'$$

推导就此打住，我们从宏观认知上来解释一下推导的结果。$D_R = \frac{2}{T}R'$ 的意思是待测的特定频率信号分量的幅值实部是接收信号与特定频率标准参考信号的乘积的积分的均值的2倍。

17.1.3　硬件 PSD

基于数学原理的 DPSD 的实现必然需要高性能的 DSP 和高速 ADC，这限制了 DPSD 的工程应用，尤其是比较老的产品中。那它们是如何实现相敏检波的呢？工程师们使用纯硬件电路来实现相应的功能（PSD 电路的相关原理和实现细节，大家可以百度一下，这里不再赘述），但是精度和稳定性并不理想，尤其是在一些极端的工业场合，比如石油勘探（地下每深入30 m 温度上升 1 ℃）、极寒环境、超长期工作等，主要是因为电子元件的温漂时漂等物理特性而导致的。

但是随着半导体技术的飞速发展，芯片的性能和价格趋于平衡，使得产品的外围电路得以精简，原来的电路功能更多被纯数字方式和信号处理算法替代。从某种意义上来说，传统电路工程师的地位在下降，而对嵌入式软件和算法工程师的要求在不断提高。传统的嵌入式软件工程师，更多的工作集中在业务逻辑、用户界面、数据采集存储等方面，现在则需要更多的技能，比如数字信号处理、数据前端处理等等，以及随之而来的算法仿真与验证。

17.2　DPSD 的典型应用

现在我们知道了 DPSD 可以实现精确的选频，以及两个同频信号之间相位差的计算，这使得它有着非常广泛的应用。我们不说那些高大上的应用，只就几个实用而又不失趣味性的应用来进行介绍。

17.2.1　石油测井仪器

2011～2017 年我在中国石油任职，主要负责测井仪器中的嵌入式软件开发。

说些题外话，测井仪器可能是一个不被大家所熟知的行业。有人曾经问过我一个问题：“上天难，还是入地难？”应该说都很难，但如果非要比较一下，那我说是入地难。

人类的太空探索已经超出太阳系，但是到目前为止钻到的最大深度也只有 12263 m，而且花了 30 年的时间（大家可以去了解一下苏联的“科拉深孔”，还有同名的电影）。如前面所说，地下每深 30 m，温度上升 1 ℃（这只是估算，实际情况可能更甚），可想而知下面几千米的深度，钻头就已经变成面条了。这对于电子元件和仪器材料都提出了非常高的要求，甚至是十分苛刻的。我们知道一般的电子元件的标准工业温度范围是 −20～＋85℃，军品是 −40～＋125℃，哪怕是航天级也只不过是 −55～＋150℃。大家可以想象一下研发测井仪器到底有多难。有一部电影叫《地心末日》，其想象力比太空题材要丰富得多，大家可以看一下。

　　回到正题。测井仪器中大量使用了 DPSD,可以说这是一种基础性的方法,大家请看图 17.3。

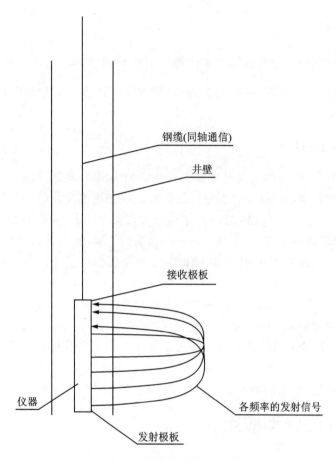

图 17.3　侧向测井仪器基本工作原理

　　图 17.3 描述了侧向测井仪器的基本工作原理。此类仪器主要的功能是用于地层电阻率的测量。它通过发射极板向地层中注入大功率的特定频率的电流,电流流经地层,产生相移与衰减,最终进入接收极板。很显然接收极板上接收到的信号是混合频率的,我们需要将各个频率提取出来,计算其幅值与相位变化。发射通道可能会有很多,即接收信号会有很多种频率成分。通常这些通道的处理是同时的(各通道的检波结果会被代入电阻率计算公式),因此我们需要完成多路信号的同步采样以及计算,这需要高性能的 ADC 和 DSP。当时我主要负责的就是这部分,数据采集中大量使用了 DMA,数据处理则不断精简优化算法,最终榨干 DSP 的所有性能。

　　说到这,可能会有人问:"石油深深地埋在地下,到底是怎样找到的?"没从事过石油行业的人可能对石油勘探不甚了解。石油人首先会去确定油气藏的大致区域,主要靠地表地形来进行初步的判断。一般呈凹陷形态的区域储油的可能性比较大,比如盆地。然后是验证,通常采用地震法,就是在确定的区域人为制造一场小地震,通过分析地震波来进一步定位油气藏的具体位置。接下来会在确定区域,钻很多的深井,将测井仪器放下去,从而探明实际油气藏所在的深度和范围,并评估储量。所以,测井这个环节是非常重要的。有很多作测井仪器的公司,它们研发仪器并对外提供测井技术服务。就像计算机行业有巨头 Intel、AMD、ARM 一样，测井行业也有几大巨头，比如斯伦贝谢、哈里伯顿、贝克休斯等等。（中东这些国家石油储量非常大，占全球储量的 60％以上，但是他们本身技术水平并不发达，所以要依靠相关的石油技术服务公司来进行勘探、测井、培训和采油作业，所以石油技术服务这方面也是市场巨大的，而且是暴利。）

什么？有人调皮地问："南哥，那你当时在哪个公司？"你猜！

再多说一些。测井仪器相关产品也是类型繁多。单从测井方法上说就有侧向、中子密度、自然电位、超声成像，还有近些年比较流行的核测井。对这个行业感兴趣的同学，可以找相关资料看一下，还是很有前瞻性的。

17.2.2　功率检测

2016～2017 年，我一直处于创业的状态。经朋友介绍，我认识了一个善于市场运作的哥们，他很有创业的热情。我以前也一直有创业的想法，自己在搞产品，甚至在作一些风口上的东西，比如共享充电宝等。但是并没有什么大的起色和成果，究其原因还是我把技术看得太重，或者说我更擅长技术研发，而并不擅长市场推广和销售，把技术转为价值。

认识了这哥们之后，我觉得我俩能整出点动静来。而且，他的想法当时来看确实很有前瞻性和市场潜力，电动车共享充电柜。关于这一项目详细内容我们还是放到专门的章节去，不在这里赘述，我只介绍一下 DPSD 在其中的应用。

共享充电柜是按充电电量来收费的，它提供了一个可远程控制的 220 V 插座，我通过采集等效电压与电流来计算电量，请看图 17.4。

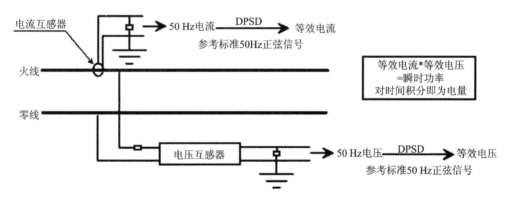

图 17.4　DPSD 在交流电量统计中的应用

我们使用单片机或 DSP，对互感器产生的 50Hz 交流电压和电流进行相敏检波，从而得到其等效值以及相位差，进而可以计算视在、有功和无功功率。

可能你会问："有专门的电力计量芯片，何必自己搞？"主要还是成本考虑。现成的芯片，比如 ATT7022，价格基本在 10 元左右，而且互感器这些周边器件也不能少。其实我们对电量计算的精度要求并不高，因此使用软件算法来实现，可以使产品成本大幅下降。而且还可以简化电路，提高产品稳定性。

我想，现在很多工业和消费电子产品的功能越来越多，电路规模越来越大。这也许是各大芯片厂商不断提高采集器件和处理器性能的一个原因。把更多的功能交由处理器以数字方式来实现,比如滤波、信号提取等等。另一方面芯片的集成度越来越高,一颗芯片集成了 ADC、通信接口等,还有多核,甚至是异构多核(芯片中集成几种不同类型的处理器内核,如常见的 ARM+DSP、DSP+FPGA 等)。可以设想,以后电子产品基本上都会使用单芯片方案。实际上,现在很多产品已经向这个方向发展了,比如电视、机顶盒。

整体方案数字化是以后的大趋势,所以建议广大电子行业从业者学习一些编译、算法、数字信号处理方面的知识,这样才会更有发展。

17.2.3 电池内阻测量

2019～2022 年,我供职于清华的一家创业公司,主要做低功耗智能传感器。很多产品都是电池供电的,很长一段时间都在研究如何评估电池剩余电量。"什么电池?如果是锂电池那很好办,测量电池电压就行了。"确实,如果是锂离子电池的话,是这样的,网上有一张电池电压与剩余电量的对照表,如表 17.1 所列。

表 17.1　锂离子电池电压与电量对照表

电压/V	剩余容量	备注说明	电压/V	剩余容量	备注说明
4.16～4.22	100%		3.77	45%	
4.15	99%		3.76	42%	持久电压点
4.14	97%		3.76	40%	
4.12	95%		3.74	35%	
4.10	92%		3.73	30%	
4.08	90%		3.72	25%	
4.05	87%		3.71	20%	持久电压点
4.03	85%		3.69	15%	
3.97	80%		3.66	12%	
3.93	75%		3.65	10%	
3.90	70%		3.64	8%	
3.87	65%		3.63	5%	
3.84	60%		3.61	3%	
3.81	55%		3.59	1%	
3.79	50%		3.58	0%	一般手机等设备此时会自动关机

但是很多一次性电池,比如磷酸铁锂电池,它们的电压与电量之间并没有明显的对应关系。剩余电量在 20% 以上时,电池电压几乎没有什么变化。拿两串的电池来说,电压基本都在 7.0～7.2 V。当电量到达一定水平时,电压会发生骤降。那到底如何评估电量呢?电池内阻。

严格意义上来说,电池内阻与电量并没有直接关系。电池内阻是由其材料特性决定的。但是电池电阻可以反映电池放电的能力,由此我们可以大体估计其电量水平。

1．直流检测

基本原理如图 17.5 所示。

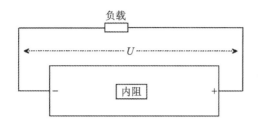

图 17.5　直流检测电池内阻的基本原理

我们在电池两端接入放电负载，在不同电流下，U 会有不同的电压值，由以下公式可以计算内阻：

$$r = \frac{U_1 - U_2}{I_2 - I_1}$$

但实际上电池的内阻都很小，在一定电流下的电压变化并不大，要准确测量并不容易。而且测量是在电池放电过程中进行的，这就使得测量更加不准。所以，实际上这种方法测内阻的重复性很差，结果可信度较低。

2．交流方法

基本原理如图 17.6 所示。

馈入交流信号　　　　　　　　　　　　　输出信号衰减

图 17.6　直流检测电池内阻的基本原理

向电池馈入一个交流电流信号，测量由此信号产生的电压变化即可测得电池的内阻。在实际使用中，由于馈入信号的幅值有限，而电池的内阻在微欧或毫欧级，所以产生的电压变化也在微伏级，信号很容易受到干扰，直接去采集如此小的交流信号（比如使用传统的过零或峰值检测方法）比较困难。此时，我们使用 DPSD 就可以很好地解决这个问题。因为 DPSD 有很强的选频特性，可以将干扰过滤掉。如果在信号前端再加上滤波器（可以是硬件或数字的），那效果就会更好。

17.2.4　风速风向检测

如果说前面的这几个应用，都算是比较传统的话，那这里要介绍的风速风向检测就是 DPSD 比较妖魔化的应用了，其背后是一种被称为声共振的技术，应该很多人都不了解，振南着重说一下，来满足一下大家的好奇心。

先说说传统的风速风向检测技术，这样在比较之下，大家才能认识到声共振技术的先进之处。

1. 风杯式(旋转式)

这种风速风向仪应该是大家最常见的了,如图 17.7 所示。

这种就不用多说了,原理一看就明白。什么?没见过?抬头看一下电线杆子上那个旋转的半球。有人说那是赶鸟用的,那个半球是小镜子,想象力也是挺丰富的。(以上文字仅代表振南本人观点,不一定对,网上有关于这方面的讨论,大家可以搜索看一下。)

很明显这种风速风向仪是靠机械转动来实现测量的,其缺点就显而易见了:故障率高、易老化,受天气影响较大等。尤其在结冰条件下,它基本形同虚设。

2. 超声波风速风向

这种的原理也很简单,如图 17.8 所示。

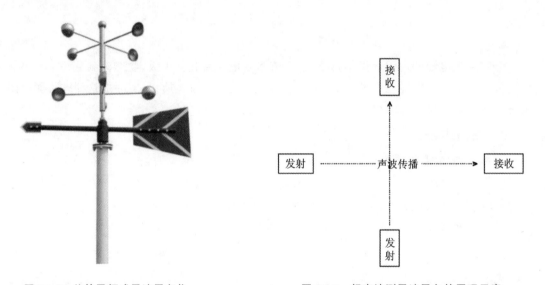

图 17.7　旋转风杯式风速风向仪　　　　图 17.8　超声波测风速风向的原理示意

我们知道声波在静止空气中的传播速率是 340m/s(15℃)。所以,如果两点之间距离固定,那声波传播所需要的时间就是一定的。风的本质是空气的流动,顺风助力声波传播,逆风则阻碍传播。基于这样的特性,我们可以通过精确测量超声发射头与接收头之间的时间来评估风速(这种用到达时间来测速或测距的方法被称为 TOF,即飞行时间,又称时差法,这种方法应用甚广,比如现在很流行的 UWB、激光测距等,大家感兴趣可以深入了解一下)。两个正交方向上的风速作矢量和即可得到风向。这类风速风向仪看似高端,但实际上有一个很大的弊端,别忘了声速与海拔是有很大关系的。

说了这么多风速风向的测量方法,DPSD 的应用在哪里?振南老师你是不是写书写嗨了,跑题了!

别着急,马上就到 DPSD 了。

3. 声共振风速风向

声共振技术,英文是 Acu-Res,是由英国 FT Technologies 发明的,依靠这一技术 FT(国内称风拓)已经成为全球最大的中高端风速风向仪研发和制造商,真可谓是一招鲜吃遍天。

引用 FT 官网的一些内容,如图 17.9 所示。

Acu-Res® Technology is what makes us unique

Acu-Res ®

Acu-Res® is our unique acoustic resonance measurement system which differentiates our wind sensors from any other ultrasonic.

Who we are

FT Technologies is run from Sunbury, UK by a team including the original inventor of Acu-Res®.

How it works

FT sensors measure the phase change of acoustic waves resonating inside a small cavity to calculate wind speed, direction and temperature.

图 17.9　FT 官方对 Acu – Res 的介绍

大意是声共振技术是一项独立而又不同于其他传统超声波风速风向的技术。它源自于英国山伯利团队的一项发明。它基本的原理是测量超声波在一个狭小腔体中的相位变化,从而计算风速风向和温度。

图 17.10 为 FT 风速风向仪产品效果图。

官方不会深入去介绍,毕竟这是它的核心技术。振南的团队为了验证这一技术,做了一些原型,如图 17.11 和 17.12 所示。

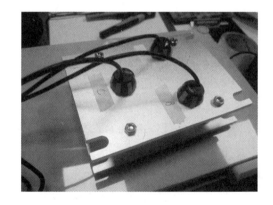

图 17.10　FT 风速风向仪产品效果图　　图 17.11　振南团队对于声共振技术的验证原型(俯视)

我们使用两片平行的铝板形成腔体(声波会在两种密度相差较大的材料界面上发生反射)。在上面的铝板上安装有 3 个呈等边放置的超声收发一体化探头(是从汽车倒车雷达上拆的)。我们拿出其中的两个,一发一收,如果把发射信号和接收信号放到一起来观察,会发现它们是几乎没有相位差的,也就是两个信号重合。

但是当我用风扇对着它们吹,就可以很明显地看到,两个信号产生相位变化,如图 17.13 所示。

宏观上,我们可以理解为风把声波吹偏了。这个相位的变化可以使用 DPSD 来检测。那为什么要放 3 个探头?还要等边放置?请看图 17.14。

振南不再过多介绍,因为我也只不过是一些猜想。大家如果感兴趣,尤其是善于模型和算法仿真的同学，可以对声共振测风速风向深入研究一下。

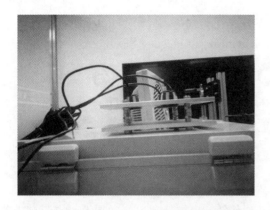

图 17.12 振南团队对于声共振技术的验证原型(俯视)

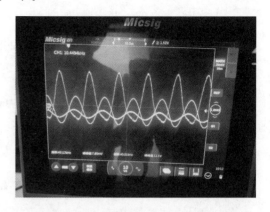

图 17.13 声波在风吹作用下产生相位偏移

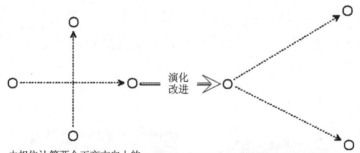

由相位计算两个正交方向上的风速，矢量和即为风速风向

同样是把风速风向分解到三条边上，虽然FT并没有公开其算法，但是可以想到，这种3探头的方式更有利于把相位猜准，而且抗干扰性更强。一个思想是，声波从一个探头发出，由两个等距离的探头接收，我们使用这两探头之间的相位差，可以把风速算得更准备(相较于以发射信号作为基准)

图 17.14 三探头方式具有更好的风速风向测量准确度

"我基本理解了用声波相位测量风速风向的原理，但是这与声波共振又有什么关系呢？哪里共振了？"图 17.13 所示的波形其实就是共振后的效果。声波发射出来之后，会在腔体中经历几百次反射(也就是上下两片铝板之间)。这些波频率一致，最终会共振，振幅相互叠加，形成驻波。这使得声波信号被放大，从而更容易被采集。可以说，声共振测风速风向确实是一项了不起的发明，其根本上是物理基础研究成果和数学方法的应用。

其实本文一开始的公式还可以进一步推导下去，最终我们会发现根本不需要积分，从而可以降低计算量。经过再三考虑，这进一步的推导振南就不在这里展开了，因为这会影响本书的可读性和接受度，劝退很多读者。这也与我把知识通过通俗易懂的方式传播出去的原则相悖。

我曾经在国内核心期刊上发表过一篇名为《基于低通滤波的相敏检波算法改进与实现》的论文，感兴趣的读者可以百度一下。

第 **18** 章

znFAT 硬刚日本的 FATFS 历险记

首先，znFAT 配套书籍已出版，名为《嵌入式 FAT32 文件系统设计与实现——基于振南 znFAT》，后续会出版修订的版本，如图 18.1 所示。

图 18.1 《嵌入式 FAT32 文件系统设计与实现——基于振南 znFAT》一书效果图

如果本章让你对单片机上的 FAT32 文件系统或振南的 znFAT 产生了兴趣，那请移步图书馆、书店或者电商平台。看看振南的生意经，如意算盘。

"znFAT？没听说过呀！它到底是什么？振南，胖子？"严肃……严肃一点！它是由振南花费近 5 年时间原创开发、精简高效而又易于移植、已得到广泛流传、验证与应用的一套完备的嵌入式 FAT32 文件系统方案。

"不明白，它到底有什么用？"

"很有用！"

如果你想用单片机去读取 SD 卡或 U 盘等存储设备中的 MP3 文件来实现音频播放，或者想把采集到的数据通过单片机直接存为文件，再或者……那么你就无法避免地产生了在嵌入式平台上对文件进行读/写的功能需求。此时，就是 znFAT"大显身手"的时候了！

znFAT 并非一个标新立异的东西，它绝大部分与现行的微软 FAT32 文件系统高度兼容，这意味着它可实现与 Windows、Linux 等主流操作系统之间的文件无界互通。znFAT 因其独特的嵌入式应用背景与功能需求,在设计与实现上都引入了大量的创新思想与技术,其中所流露出来的各种开发技巧对于广大工程师来说更是一笔巨大的精神与知识财富。

明白 znFAT 是什么了? OK,那赶紧买书去吧!(这是本书最具广告色彩的开篇了。原谅振南,我不是商人,知识是无价的。)

18.1　znFAT 的起源

18.1.1　源于论坛

2006 和 2007 年是我泡坛最多的两年,主要是因为当时在学校我有比较多的时间。当时有几个比较大的电子技术论坛,比如 21IC、ourAVR、EDNChina、elecfans、EEWorld、CEPark 等等。我在上面收获了大量的知识,增长了很多见识,这也是造就我现在似乎懂得很多的原因,也才有了本书中所囊括的众多知识。

当时 DIY MP3 播放器比较火,围绕 VS1003 这颗 MP3 解码芯片很多网友都在论坛里晒出了自己的作品,SD 卡 MP3、U 盘 MP3 等,如图 18.2 所示。

图 18.2　网友发布到论坛的 DIY MP3 播放器作品

我对 DIY MP3 也很感兴趣,按照我的性格,感兴趣就要马上行动,等不了。我画了 PCB、采购了元器件,焊出了我自己的 MP3 播放器,如图 18.3 所示。

同很多的电子产品一样,MP3 播放器硬件好办,主要难点在软件。

为了简单,我起初是直接将 MP3 音频数据固化在单片机的内部 ROM 中,然后写入 VS1003,即完成 MP3 播放。但是这也只能播放十几秒钟而已,因为内部 ROM 容量不会太大。(当然,现在很多高档单片机内部 ROM 容量都已经上兆了,存一首完整的 MP3 还是足够的。)

图 18.3　当时振南 DIY 的 MP3 播放器

"MP3 文件是怎么固化到单片机中的呢？数组？还是直接烧录？"这里有一些专门的软件，可以看振南关于 znFAT 的书，有详细的讲解。（这本书就是以 MP3 播放器开篇的。）接下来就是要读取 SD 卡，实现真正的 SD 卡 MP3 播放器。但是当时我对如何读取 SD 卡中的文件还是一头雾水。

18.1.2　硬盘 MP3 推了我一把

有一天，我在系里闲逛，来到科协办公室，看到科协主席在摆弄一台电子设备，如图 18.4 所示。

图 18.4　"坤哥"的硬盘 MP3 播放器

我好奇地上去问："坤哥，你这是啥？"

"这是一台硬盘 MP3 播放器。"

"你也开始搞硬件了？"

"学习，学习一下。这是别人的。"

"读取文件怎么搞呢？我要是能做一台硬盘 MP3 多好啊。"我心里想。

就这样，硬盘 MP3 推了我一把，让我对存储设备和文件读取更加感兴趣了。接下来，历时 5、6 年的研究、创作、推广，写书就此开始。（我性格有一个特点，总想看看一件事情最终是个什么结果，所以我手上很少有事情烂尾，不论成败。而且凡事都乐于深究，导致很多时候都不能自拔。）

18.1.3　我的导师——顾国昌教授

2007 年我已经开始读研究生了，对于文件系统的研究热度丝毫未减。研究生的生活其实并不清闲。总共两年半，研一课多，后面主要是学习和实习，还有一个重头戏——写论文。我在考虑一个问题：能不能把文件系统就定为我的研究方向，这样就一举两得了。但是这得需要导师的同意。

我觉得在这里我有必要详细介绍一下我的导师——顾国昌教授。他虽然不像我们学校的院士那么有名，比如哈尔滨工程大学的杨士莪院士、杨德森院士等（他们都是水声方面的专家，前者是水声专业的奠基人）。但是他在机器人控制和人工智能方面是绝对的资深专家。以下是顾国昌教授的简介.

个人经历：

男，1946 年 4 月出生，教授，博士生导师。1967 年毕业于中国人民解放军军事工程学院（即现在的哈尔滨工程大学）计算机专业，1985～1987 年公派赴法国巴黎居里大学学习机器人控制技术，获博士文凭。此后长期从事智能控制、智能机器人和机器人智能技术的研究，在水下机器人的智能决策和控制技术方面开展了深入的研究工作。

研究内容：

包括智能机器人软硬件体系结构、任务规划、路径规划、自主作业技术及智能水下机器人的工程化和实用化研究等方面，研究的技术涉及规划方法、机器学习、计算智能、数据融合、嵌入式机器人智能控制系统和计算机仿真等领域。

个人成就：

主持或作为技术负责人完成了国防科工委的"八五"，"九五"重点预研项目以及国防科工委的国防预研基金等项目，先后获国家科技进步二等奖 1 项，国防科工委科学技术一等奖 1 项，中船总公司科技进步一等奖 1 项、二等奖 2 项，获中船总公司有突出贡献的中青年专家称号。近期还从事嵌入式系统与 SoC 的研究，涉及微控制器芯片、编译器、嵌入式应用系统开发及网络存储等内容。发表论文 100 多篇，有 30 多篇次被 SCI、EI、ISTP 收录。

18.1.4　那场严重超时的答辩会

研二一整年我基本上都在北京。"不在哈尔滨待着，在北京干什么？"去看看《我和郭天祥的那些事儿》吧。我仍然在研究文件系统，乐此不疲，沉迷于此，以至于我根本无心去考虑研究生课题和毕业论文的问题。

在这个阶段,我研究文件系统已经不单单是为了做 SD 卡 MP3 了。因为在我研究的过程中,我发现有一些开源的 FAT 文件系统方案,其中不乏比较有名的,比如 FATFS,基本上已经是行业主流方案。当时我有一种不服气的心理:"这些方案很多都是国外的,难道国内就没有一个比较成型的 FAT 文件系统方案吗?"于是,我产生了自己写一个的想法,初步命名为"znFAT",意为振南开发的 FAT 文件系统方案。

我跟坤哥说了这个想法,他说:"有现成的你就用呗,为啥还要重复造轮子?"这句话我记忆深刻。我是一个有些自负的人,我一直认为只有我自己做的才是最好的。后来 znFAT 广为流传,被很多人誉为是"国内唯一的嵌入式文件系统方案",其实起初的动机并没有这么高尚,只是纯粹的不服和自负。还有一部分因素是自嗨,因为 FAT 文件系统涉及不少的算法和技巧,能极大满足我的研究欲和成就感。

"振南,这一章你是不是不打算讲 znFAT 的相关技术了?"

是的,因为《嵌入式 FAT32 文件系统设计与实现——基于振南 znFAT》一书已经足够全面和系统化了。那本书很专很深,受众人群也比较窄,但是以我现在的眼光来看,它仍然是令我非常满意的。(衡量一个东西是否真的好,最好的办法是用时间,在时隔多年之后,你再回头来看它,如果仍然觉得好,那它应该就是真的好了。大家不妨回忆一下自己曾经的成果或作品。)

有一天,导师给我打电话。

"振南,你论文选题最终定了没?要抓紧时间写论文!"

"顾老师,我就把我现在研究的文件系统定为论文题目吧。"我在哈尔滨的时候其实很多次跟顾老师讨论文件系统的相关问题,这属于计算机科学的一个重要分支,所以顾老师也很感兴趣。我想把它定为研究方向,也跟顾老师提过。

"可以啊。"

……

盛中华曾经非常鄙夷地对我说:"我发现顾老师真是宠你,对你太好了! 什么都由着你。"(盛中华是谁? 去看看《入门 C 语言与单片机》和《振南与郭天祥的那些事儿》这两章。)

顾老师其实不光是对我,他本身有一颗非常平和的心,能够善待每一个人。所以他在很多圈子里都享有很高的声誉,是德高望重的老教授、老院长。我算顾老师的关门弟子,2007 届硕士。我其实是可以直博的,在哈工程保研的学生都有直博的机会,最短可以在 4 年内拿到博士学位。但是当时顾老师要退休了,跟不到我博士毕业,而要另选导师。所以,我就决定放弃直博。

2009 年 11 月,我回到哈尔滨,参加硕士毕业答辩。

每个人限时 20 分钟,但是我却整整超了 1 个小时。老师们有些也都是顾老师的学生,是大师兄大师姐,他们都想看看我研究的成果。

我仔细介绍了文件系统相关的技术细节,以及我的 znFAT。(当时 znFAT,已经比较完善了,并经历了很多志愿者在各个 CPU 平台上的移植测试和应用,而且已经开始在网上广为传播。)

大师姐赞叹道:"你看看于振南的这些东西,这才是真正有料!"

最后我有点激动地看向顾老师:"文件系统我还会不断地研究下去,我会把它写成书!"

"好,那我们等着!"顾老师说。伴随着全场的掌声,我的毕业答辩结束了。

18.1.5　时隔多年的谢师会

当时的一句海口，这一下去就是五年。自己作的承诺，再难也要兑现！说实话，文件系统还是比较复杂的，但我的写作风格一直是通俗易懂，要把高深的东西写成白话文，这是很有难度的。研究和写作完全是两回事。

2014 年初，《嵌入式 FAT32 文件系统设计与实现——基于振南 znFAT》一书终于完稿，当时顾老师已经回加拿大颐养天年。我联系到他，说："顾老师，您还好吗？文件系统的书我已经写完了，还分了上下册，想请您作一个序（见图 18.5）。"

顾老师也表示惊讶："你真把书写出来了？"

到此，我的五年之诺终于兑现了。

当时我还真不太关心这书的销量，以及 znFAT 使用量，只是觉得终于可以放手了。在这以后，我基本很少再轻易做出承诺。但是实际上，znFAT 一书和代码却开始对我产生极为深远的影响。

> 面对此书时，作者大学期间屡获嘉奖的情景就浮现在我的眼前。他潜心研究、不断进取，一直研究嵌入式文件系统，并取得了可喜成果，现终于得以成书，我作为他的导师深表欣慰与祝贺。
>
> ——原哈工程大学计算机学院院长、博士生导师　顾国昌教授

图 18.5　带有顾老师序的《嵌入式 FAT32 文件系统设计与实现——基于振南 znFAT》一书广为发行

2015 年，顾老师从加拿大回国，来到北京。"北京分舵"的师生们为顾老师举行了一场谢师会。在会上，顾老师向大家推荐了我的书，还说："大家如果有文件系统和存储方面的问题和项目可以找振南哈！"坤哥现在也明白了：为什么要重复造轮子。（别人造轮子，只会给你轮子。我造轮子除了给你轮子，还会给你造轮子的方法。）

在这里，我仍然祝顾老师和师母，身体健康，万事如意！

相逢一见太匆匆，校内繁花几度红。厚谊常存魂梦里，深恩永志我心中。

—《七绝·师恩难忘》

18.2　高手如云，认清对手

在经历了后期的深度迭代之后，znFAT 的整体性能已今非昔比。振南创造了一些算法，比如 CCCB（压缩簇链缓冲）和 EXB（交换缓冲）等。有兴趣？赶紧去看《嵌入式 FAT32 文件系统设计与实现——基于振南 znFAT》一书。

我曾经被频繁问到一个问题："znFAT 的性能到底怎么样？"

正所谓"有图有真相"，没有比较就没有真相。于是我做了一个"环比大测试"。（就是将 znFAT 与各大知名方案进行较量，看看到底谁更快。）

要做较量，我们先要了解一下对手。现在比较有名的优秀方案有 FATFS、EFSL、UCFS、TFFS、DOSFS、ZLG/FS、沁恒 FAT 等。其实很多人都对 FAT 很感兴趣，这些兴趣可能来自

于对 FAT 及其相关算法、思想、编程技巧的好奇,或者是项目和产品的需求。其中一些高手也写出了自己的 FAT 方案,比如在 amoBBS(原 OurAVR)上用 AVR 单片机 DIY MP3 的 BoZai,再比如许乐达同学作的 xldFAT,还有号称中国第一的 cnFAT 等。对于这些方案,我们首先进行一个简介。

18.2.1　国外 FAT 方案简介

1. FATFS

这里直接引用 chaN(FATFS 的作者,身在日本)在其网站上对 FATFS 的简介:FATFS 是一个通用的文件系统模块,用于在小型嵌入式系统中实现 FAT 文件系统。FATFS 的编写遵循 ANSI C,因此不依赖于硬件平台。它可以嵌入到各种价格低廉的微控制器中,如 8051, PIC,AVR,SH,Z80,H8,ARM 等,而不需要做任何修改。

对于 FATFS 我要说:它确实很牛! 无论在功能的完善程度上,还是在代码的运行效率上,以及可移植性上都可称得上是众多现有优秀方案中的佼佼者(到底有多优秀,大家到后面就能看到了)。FATFS 一度是振南研发和推广 znFAT 道路上的最大劲敌(其实现在也是,估计未来也还是。我们不能一味地偏袒自己,要正视与别人的差距)。

起初,我认为 FATFS 的作者是个绝顶聪明的人。但是,在看了他代码中的研发编年史之后,我改变了这种想法:他在把 FAT 当作毕生事业来做,一辈子就做这一件事。FATFS 的研发始于 2006 年,一直到现在还在不断更新和改进。真可谓十年磨一剑了! 但是,经过对 FATFS 的深入研究之后,我发现它并非像想象中的那么完美,仍然存在着很多问题,其中有一些可谓"硬伤"。

(1)它最低需要 1.3KB 左右的内存,导致在一些低端处理器上无法使用(其根源在于其数据缓冲的实现策略);

(2)它没有实时模式,始终会有数据暂存于内存之中,如果突然断电或 CPU 死机,必然造成数据丢失;

(3)物理层接口比较复杂,而且必须由使用者提供多扇区读/写驱动的实现;

(4)代码可读性不强,使用者很难了解其内部实现,导致一旦出现 Bug,很难立即解决;

(5)纯开源软件,因此缺乏原作者的相关技术支持与指导,只能靠使用者自行领悟。

2. EFSL

EFSL 的全称是 Embedded File System Library,即嵌入式文件系统库。它是来自 sourceforge 上的由比利时的一个研究小组发起的开源项目,此项目正在持续更新,源码中也有很多注释,研读起来比较容易,潜力不错。EFSL 兼容 FAT32,支持多设备及多文件操作。每个设备的驱动程序,只需要提供扇区写和扇区读两个函数即可。

据说,EFSL 的效率是非常高的。但是它的物理层接口只支持单扇区读/写,并没有多扇区的接口。(所谓多扇区,是指存储设备可以一次性读写连续的多个扇区的能力,这比单独一个个扇区去读写速度要快得多,而在文件读/写时,很多时候数据基本都是连续的。)所以,我很纳闷它的效率再高能高到哪去? 同时,还要看它所占用的内存量。就算它的效率确实很高,但是以较高的内存消耗为代价的，我认为也不足为取。不过，一切还是要以实测结果为准。

3. UCFS

UCFS 可能有些人并不太熟悉，但是提起 μC/OS 大家一定有所耳闻，它们都来自于 Micrium 公司。出身名门，其代码质量、稳定性及可移植性自然无可挑剔。不过它并非开源项目，而是商用软件。想要用它，拿银子来！从性能和执行效率上来说，我并不认为 UCFS 会有多好，因为它的物理层驱动接口也只支持单扇区读/写，而无多扇区驱动。

4. TFFS

可能很多人对于 TFFS 连听都没听说过。但是如果提起 VxWorks，大家就会耳熟能详。TFFS 就是专门服务于 VxWorks 的文件系统，全称为 True Flash File System。TFFS 可以在 Flash 存储设备上构建一个基于 DOS 的文件系统（即 FAT），用于存放操作系统镜像以及应用程序，以便于程序的更新和升级。因为我本人长期从事 VxWorks 的相关研发工作，因此对于 TFFS 所带来的便捷深有感触。不过，TFFS 基本上是与 VxWorks 绑定的，想要把它从中提取出来为我们所用，难度较大。而且，它也不是免费软件，我们不能私自使用。

5. DOSFS

DOSFS 是由美国一个叫 Lewin A. R. W. Edwards 的人研发的。（这个人好像还出了一本书叫《嵌入式工程师必知必会》，大家有兴趣可以看看，见图 18.6。）从它的名字上可以看出来，Lewin 是想在嵌入式微处理器上实现一个类似 DOS 的系统，其实质就是 FAT 文件系统。从它的代码来看，也只是一个雏形，功能还比较少，配套的文档资料也不够齐全。关于

图 18.6　Lewin A. R. W. Edwards 的《嵌入式工程师必知必会》一书

DOSFS,我没有实际用过,不过我见过有人把它用在了产品里,似乎还比较稳定。

18.2.2　国内 FAT 方案简介

上面介绍了几种比较流行而知名的嵌入式 FAT 文件系统方案,它们均来自国外。我们不禁要问:"国货在哪里?"别着急,国货必须有,请看下文。(国内的文件系统方案其实也不是没有,但是真正开源而且成型的很少。)

1. ZLG/FS

ZLG/FS,顾名思义,就是周立功公司研发的文件系统方案,说得更准确一些应该是周立功公司的 ARM 研发小组的成果。它是以 μC/OS 嵌入式操作系统的一个中间件方式出现的,也就是说它可以与 μC/OS 很好地进行协同工作。它也是一个开源的软件,在国内嵌入式平台上,尤其在 ARM 平台上得到了较为广泛的应用。但是,ZLG/FS 的数据读/写速度实在让人堪忧。仔细研读它的源代码,我们就会发现它在实现上所使用的一些策略导致了它的效率低下。也许,这样的文件系统方案,只能供我们学习之用,要真正应用于实际工程项目还有一定的差距。

2. 沁恒 FAT

南京沁恒公司的 FAT 方案做得不错。提起沁恒,似乎有点耳闻。那我再提醒你一下:CH375 芯片。对,它是专门用于读/写 U 盘等 USB 存储设备的控制器芯片,沁恒 FAT 文件系统就是与这个芯片配套绑定的,用于实现 U 盘上的文件操作。

CH375 已经算是一个经典芯片,凡是有 U 盘读/写需求的中低端项目我估计有一半以上都在用这个芯片。可以说,沁恒 FAT 是嵌入式 FAT 文件系统商业化的一个典范。不过遗憾的是,沁恒 FAT 是纯商业软件,我们是看不到半点源代码的。我感觉,FAT 文件系统业已成为沁恒公司的一大产品和技术支柱,这也揭示了嵌入式 FAT 文件系统在功能需求以及市场价值上的巨大潜力。

总体来说,国内在嵌入式文件系统方面的研究仍然起步较晚,而且在原创开源与创新意识上远远落后于国外。国内的很多开发者一直秉承着"拿来主义",但是这样我们不会有任何发展。好好想想,我们平时使用的芯片、软件、操作系统等,有多少是国产的? 我们所说的"自主"研发,有很多只不过是在仿制、引用或者汉化而已。让我们真正的动起来,做出属于我们自己的东西!

支持国货,支持中国芯片,相信中国半导体产业和自主软件生态能强劲崛起!

18.3　硬刚对手,挑战自己

列举了这么多的方案,是不是感觉 znFAT 其实很渺小。尽管如此,znFAT 还是要向它们发起挑战。也许,它可以像《兵临城下》中的瓦西里一样将敌人个个秒杀。你看到战火硝烟了吗?

18.3.1 与高手竞速

下面我们就从诸多方案中选取两个最具代表性的方案(FATFS 与 EFSL)来与 znFAT 进行较量,同时还要兼顾它们在空间方面(ROM 与 RAM)的占用情况。

在这场较量之中,我们会让各个方案都运行在各自最高速的极限状态下。谁能做到既省内存,速度又快,谁就是真正的胜者。

测试方法很简单,我们用它们向文件中写入相同长度的数据,看看它们分别会花费多少时间。在具体测试方法的细节上,分为以下 4 种情况。

(1) 向文件写入 10 000 次数据,每次数据量 512 字节;

(2) 向文件写入 10 000 次数据,每次数据量 578 字节;

(3) 向文件写入 1 000 次数据,每次数据量 5678 字节(不使用硬件多扇区驱动);

(4) 向文件写入 1 000 次数据,每次数据量 5678 字节(使用硬件多扇区驱动)。

有人可能会问:"为什么要分这 4 种情况?它们各有什么用意呢?"前两项可以测出小数据量频繁写入时的效率表现,(2)比(1)多出了 55 个字节的不足扇区数据(很多时候这个数据尾巴是造成效率不高的原因);后两项则可以用于测试在频繁大数据量写入时,文件系统方案的效率表现,尤其是使用软硬两种多扇区实现方式的情况下(可以看到 znFAT 中振南所创造的算法能起到多大的作用)。

表 18.1 列出了在 ZN‐X 开发板(51 平台)上所测出的上述 4 种情况下各方案的实际结果。

表 18.1 znFAT、FATFS 与 EFSL 与在 51 平台的数据写入效率比较

内 核	文件系统方案	RAM 使用量/B	ROM 使用量/KB	每次数据量/B	写入次数	总数据量/KB	用时/S	数据写入速度/(KB/S)	多扇区
51(22M)物理单扇区写入速度144KB/s 硬件多扇区写入速度168KB/s	znFAT(最大模式)	1348(不计数据缓冲)	35	512	10000	5000	37	135	
				578	10000	5645	86	66	
				5678	1000	5545	44	126	软多
				5678	1000	5545	34	162	硬多
	FATFS(非Tiny 模式)	1856(不计数据缓冲)	31	512	10000	5000	37	135	
				578	10000	5645	85	66	
				5678	1000	5545	45	123	软多
				5678	1000	5545	38	150	硬多
	EFSL	3286	40	未在 51 上移植成功					

从表 18.1 中我们可以看到,在以整扇区或者以较大数据量进行数据写入时,数据的平均写入速度已经逼近物理层直接写单扇区的速度。我们要明白一点,文件系统层面上的数据写入速度再快也不可能比物理层快,顶多与之持平。(因为文件系统是基于物理驱动的。)所以说 znFAT 的数据写入效率已经达到极限。

另一方面,在使用硬件多扇区驱动的情况下,znFAT 把数据写入速度从 126KB/s 提升到了 162 KB/s,而 FATFS 从 123 KB/s 提升到了 150 KB/s,分别提升了 36 和 27 个单位。很显然,znFAT 对硬件多扇区优势的利用更加充分。说白了就是 znFAT 比 FATFS 找到了更多的连续扇区。这背后就是振南创造的算法在起作用,它使得 znFAT 更加优越,更加强劲。最后,大家不要忽略更重要的一点:znFAT 比 FATFS 还少用了 500 多字节的内存资源。

曾经有人指着上面的测试结果,向我质疑:"我觉得你这个测试实验还不太具有代表性,也许 FATFS 在 51 平台上确实表现不力,但这并不能说明它在其他 CPU 平台上也不敌 znFAT!"确实是这么回事,不过振南要说:水涨船高,随着 CPU 性能的提升,znFAT 的效率表现也会更加出色。为了证明这一点,振南把 znFAT 移植到了很多其他的 CPU 上来进行测试,包括 Cortex - M3、ColdFire、AVR、MSP430 等,实际测试结果请看表 18.2～18.4。

表 18.2　FATFS、EFSL 与 znFAT 在 Cortex - M3 平台上的数据写入速率比较

内　核	方　案	RAM 用量/B	ROM 用量/KB	数据量/B	写入 次数	总数 据量/KB	用时/s	数据写 入速率 /(KB/s)	多扇区
Cortex - M3 (70MHz) 物理单扇 区写入速 度 360KB/s 硬件多扇 区写入速 度 426KB/s	znFAT (最大模式)	1760(不计 数据缓冲)	12	512	10000	5000	15	336	
				578	10000	5645	17	328	
				5678	1000	5545	16	334	软多
				5678	1000	5545	13	412	硬多
	FATFS(非 Tiny 模式)	1740(不计 数据缓冲)	12	512B	10000	5000	15	336	
				578	10000	5645	19	298	
				5678	1000	5545	17	329	软多
				5678	1000	5545	14	398	硬多
	EFSL	1514(不计 数据缓冲)	14	512	10000	5000	19	266	
				578	10000	5645	36	156	
				5678	1000	5545	27	209	软多

我相信上面的这些测试数据已经足够说明问题了。说实话,为了得到上面的这些表格中的测试数据,振南花了将近 1 个月的时间,有人说不就是几个表格吗? 为什么要花这么多时间? 其主要原因在于:

(1) 测试中涉及的 CPU 平台比较多,很多芯片振南也是第一次使用,所以基本都是现学现用。当然,这里面也有一些网友和爱好者的协助;(限于篇幅很多 CPU 上的测试结果并没有列举出来。)

(2) 将 znFAT 移植到这些 CPU 上也要花费大量的时间和精力。

"对哦? znFAT 具体该如何移植呢? 怎么应用? 能不能详细全面地介绍一下?"

你猜得到振南要说什么,对! 请去看《嵌入式 FAT32 文件系统设计与实现——基于振南 znFAT》一书。

表 18.3　FATFS、EFSL 与 znFAT 在 AVR 平台上的数据写入速率比较

内　核	方案	RAM用量/B	ROM用量/KB	数据量/B	写入次数	总数据量/KB	用时/s	数据写入速率/(KB/s)	多扇区
AVR(16M)物理单扇区写入速度243KB/s硬件多扇区写入速度267KB/s	znFAT(最大模式)	1630(不计数据缓冲)	26	512	10000	5000	22	223	
				578	10000	5645	26	212	
				5678	1000	5545	24	229	软多
				5678	1000	5545	21	261	硬多
	FATFS(非Tiny模式)	1710(不计数据缓冲)	25	512	10000	5000	22	223	
				578	10000	5645	28	198	
				5678	1000	5545	26	213	软多
				5678	1000	5545	22	256	硬多
	EFSL	2320(不计数据缓冲)	31	512	10000	5000	30	162	
				578	10000	5645	46	121	
				5678	1000	5545	38	144	软多

表 18.4　FATFS、EFSL 与 znFAT 在 ColdFile V2 平台上的数据写入速率比较

内　核	方案	RAM用量/B	ROM用量/KB	数据量/B	写入次数	总数据量/KB	用时/S	数据写入速率(KB/s)	备注
CF V2(80M)物理单扇区写入速度418KB/s硬件多扇区写入速度467KB/s	znFAT 最大模式	1787(不计数据缓冲)	12	512	10000	5000	12	402	
				578	10000	5645	14	392	
				5678	1000	5545	14	398	软多
				5678	1000	5545	12	446	硬多
	FATFS 非Tiny模式	1710(不计数据缓冲)	12	512	10000	5000	12	403	
				578	10000	5645	14	400	
				5678	1000	5545	14	401	软多
				5678	1000	5545	13	418	硬多
	EFSL	1623(不计数据缓冲)	14	512	10000	5000	14	356	
				578	10000	5645	29	195	
				5678	1000	5545	21	266	软多

18.3.2　挑战自己

"你一直在跟别人比,你有没有和自己比过?"

"我没太明白! 怎么个比法?"

"我看了 znFAT 的代码了,也看了书了,它不是有多种模式嘛,各种模式在不同的 CPU 平台上数据读/写性能怎么样,可以比较一下! 好让我们使用者心里有个数。"

OK,明白了。说比就比,如表 18.5～18.8 所列。

表 18.5　znFAT 在 51 平台上各种工作模式下的数据写入速度表现

内　核	工作模式	RAM 用量/B	数据量 /B	写入 次数	用时/S	数据写入 速度 /(KB/s)	与全速 的比率
8051(22MHz) 物理单扇区 写速率 144KB/s 全 速模式下的 数据写入速 度 66KB/s	实时更新文件大小与 FS- INFO	1386（不计数据 缓冲）	578	10000	165	34.3	52%
	不使用 CCCB 缓冲机制	1386（不计数据 缓冲）	578	10000	110	51.4	78%
	不使用 EXB 缓冲机制	867（不计数据缓 冲）	578	10000	182	31	47%
	实时模式＋不使用任何 缓冲机制(全实时)	819（不计数据缓 冲）	578	10000	285	19.8	30%

表 18.6　znFAT 在 Cortex – M3 平台上各种工作模式下的数据写入速度表现

内　核	工作模式	RAM 使用量/B	数据量/B	写入 次数	用时/S	数据写入 速度 /(KB/s)	与全速 的比率
Cortex – M3 (70M) 物理 单扇区写入 速度 360KB/ s 全速模式 下的数据写 入　速　度 328KB/s	实时更新文件大小与 FS- INFO	1774（不计数 据缓冲）	578	10000	57	98.4	30%
	不使用 CCCB 缓冲机制	1734（不计数 据缓冲）	578	10000	31	180.4	55%
	不使用 EXB 缓冲机制	1258（不计数 据缓冲）	578	10000	48	118	36%
	实时模式＋不使用任何 缓冲机制(全实时)	1218（不计数 据缓冲）	578	10000	123	44.9	14%

　　如果说 znFAT 与 FATFS、EFSL 的较量是"横向较量",那上面我所做的就是针对 znFAT 自身各种工作模式之间的"纵向较量"。

　　我们可以看到,在各种 CPU 平台上,实时＋无缓冲模式(即最原始的全实时模式,没有任何优化与加速机制)所占用的内存资源是最少的,但是它的数据写入速度也是最低的(下降到了全速模式下速度的 10%～30%)。这再一次印证了"时空平衡"的基本原理。其他模式对资源占用量与数据写入速度也都有不同程度的影响,希望可以为大家的实际应用提供参考。

　　另外,我们还留意到:znFAT 的内存使用量可以最低降到 819 字节这个水平。即使是把 CCCB 用上(振南创造的一种算法),也只不过是 867 字节而已。(仅仅多占用了几十个字节,但是数据的写入速度却提升了 20%～30%,基本已达到全速的一半,这也充分说明了 CCCB 确实是一种很好的算法,它是巧妙而实用的,感兴趣了? 买书去看看 CCCB 到底精妙在哪?)这也许是一项突破,它象征着 znFAT 可以应用到像 51、AVR、PIC 这种内存资源相对较少的单片机上,而且速度也不会有太多损失(FATFS 最少需要 1300 字节左右的内存资源,虽然它有精简的 Tiny 版,但在功能和速度上有较大程度的裁减和损失)。

表 18.7 znFAT 在 AVR 平台上各种工作模式下的数据写入速度表现

内 核	工作模式	RAM 使用量/B	数据量/B	写入次数	用时/S	数据写入速度/(KB/s)	与全速的比率
AVR(16M)物理单扇区写入速度243KB/s 全速模式下的数据写入速度212KB/s	实时更新文件大小与FS-INFO	1623(不计数据缓冲)	578	10000	57	81.2	33%
	不使用 CCCB 缓冲机制	1595(不计数据缓冲)	578	10000	31	123.9	51%
	不使用 EXB 缓冲机制	1051(不计数据缓冲)	578	10000	48	92.3	38%
	实时模式＋不使用任何缓冲机制(全实时)	1021(不计数据缓冲)	578	10000	123	38.8	16%

表 18.8 znFAT 在 ColdFile V2 平台上各种工作模式下的数据写入速度表现

内 核	工作模式	RAM 使用量/B	数据量/B	写入次数	用时/S	数据写入速度/(KB/s)	与全速的比率
CF V2(80M)物理单扇区写入速度418KB/s 全速模式下的数据写入速度392KB/s	实时更新文件大小与FS-INFO	1787(不计数据缓冲)	578	10000	40	141.1	36%
	不使用 CCCB 缓冲机制	1747(不计数据缓冲)	578	10000	24	239.1	61%
	不使用 EXB 缓冲机制	1230(不计数据缓冲)	578	10000	35	160.7	41%
	实时模式＋不使用任何缓冲机制(全实时)	1190(不计数据缓冲)	578	10000	90	62.7	16%

18.4 znFAT 精彩应用大赏

人们最关注的炫技时刻到了!来看看 znFAT 的各种精彩绝伦的应用吧。

没有人会对木头感兴趣,但是木头做成精美的木雕,人们就会驻足观赏。

少有人会对 znFAT 的原理和实现感兴趣,但是基于 znFAT 的各种精彩应用,就会让大家眼前一亮!

所以,下面振南会把 znFAT 最高光的东西展露出来,尽情欣赏吧!提起兴趣之后,别忘了去买书哦。

18.4.1　振南的精彩实验

1. SD 卡 WAV 音频播放器

所需主要硬件：STC15L2K60S2（主 CPU 芯片，位于 ZN - X 开发板基板）

TLC5615（12 位 DAC，位于基础实验模块）

SD/SDHC 卡（使用 SD 卡模块与基板接驳）

实验功能描述：在此实验中，STC51 单片机通过 znFAT 打开 SD 卡根目录下名为 test.wav 的文件并读取其数据，定时将数据写入 TLC5615 得到相应的电压（WAV 文件选用 PCM 编码的 8 位 mono 格式）。拟合出来的声音信号经后级音频电路隔直滤波处理，最终产生较为理想的音频效果，如图 18.7 所示。

图 18.7　SD 卡 WAV 音频播放器实验示意图

实际硬件平台如图 18.8 所示。

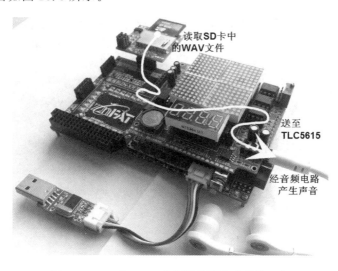

图 18.8　SD 卡 WAV 音频播放器实验硬件平台

2. SD 卡电子滚动屏

所需主要硬件：STC15L2K60S2

16×16 点阵（由 4 个 8×8 点阵构成，位于基础实验模块）

SD/SDHC 卡

实验功能描述：将要进行滚动显示的 TXT 文本文件与汉字库文件（HZK16）放入 SD 卡根

目录下。单片机通过 znFAT 读取文本文件中的字符编码,并从 HZK16 中获取其对应的字模数据。最终送到 16×16 点阵进行滚动显示(16×16 点阵采用 4 片 74HC595 两两级联,分别控制其行与列。单片机通过定时动态扫描的驱动方式实现滚动显示的效果。)实验示意如图 18.9 所示。

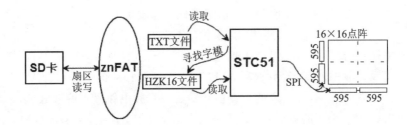

图 18.9　SD 卡电子滚动屏实验示意图

实际硬件平台如图 18.10 所示。

图 18.10　SD 卡电子滚动屏实验硬件平台

3. SD 卡 MP3 播放器

所需主要硬件:STC15L2K60S2

MP3 模块(采用 VS1003B MP3 音频解码芯片)

SD/SDHC 卡

实验功能描述:STC51 单片机通过 znFAT 读取 SD 卡中的 MP3 文件,将其数据写入 MP3 模块中进行解码播放。使用两个按键实现上一首与下一首的切换。实验示意如图 18.11 所示。

实际硬件平台如图 18.12 所示。

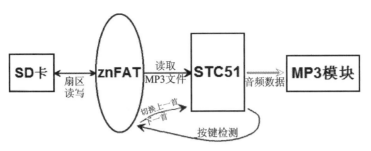

图 18.11　SD 卡 MP3 播放器实验示意图

图 18.12　SD 卡 MP3 播放器实验硬件平台

4. AT89S51 离线下载器

所需主要硬件:STC15L2K60S2

AT89S51(由 Atmel 研制的 51 核单片机,可支持串行 ISP 程序下载)

SD/SDHC 卡

实验功能描述:所谓"离线下载器"是指不需要计算机而完成对单片机芯片的程序烧录。此实验读取 SD 卡中的烧录文件,比如 bin 或 hex,将其中的程序代码通过 AT89S51 的 ISP 接口(可使用 STC51 的硬件 SPI,或者采用 IO 模拟时序)写入它的 FlashROM 中,并让程序开始运行。实验示意如图 18.13 所示。

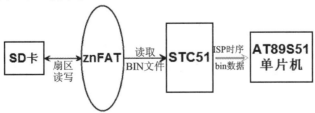

图 18.13　SD 卡 MP3 播放器实验示意图

实际硬件平台如图 18.14 所示。

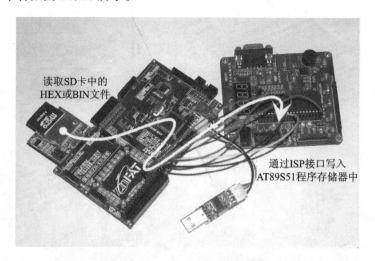

图 18.14 AT89S51 离线下载实验硬件实验平台

5. 数据采集导入 EXCEL

所需主要硬件：ATMEGA128（Amtel 的 8 位 AVR 单片机，位于 ZN－X 开发板基板）

PCF8563、DS18B20（基础资源模块）

SD/SDHC 卡（使用 SD 卡模块与基板接驳）

实验功能描述：在这个实验中，我们通过 AVR 单片机采集实时钟芯片 PCF8563 的年月日时分秒的时间信息、温度传感器 DS18B20 的温度数据以及一路模拟量信号（由 AVR 单片机的片内 ADC 直接进行采集）。每秒钟采集一次数据，我们在 AVR 单片机中对获取的这三种数据进行处理，转换为 EXCEL 软件可以识别的表格数据格式（CSV 格式），将其存入 SD 卡根目录下的 znmcu.csv 文件中。实验示意如图 18.15 所示。

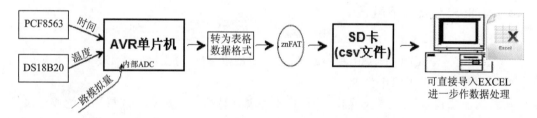

图 18.15 数据采集导入 EXCEL 实验示意图

实验硬件平台如图 18.16 所示。

实验效果如图 18.17 和 18.18 所示。

振南评注：我做这一实验，主要是因为有很多人问我："能不能把数据存成 XLS 文件？这样就可以使用 EXCEL 对数据进行一些处理了，比如作曲线图等。"Office 中的 EXCEL 确实有很强的数据统计和处理功能，它的表格文件格式通常是 XLS 文件。但是如果我们想把数据直接存成 XLS 的形式却是有些困难的，因为 XLS 文件的结构非常庞杂。针对这一问题，曾经有很多人产生过这个的疑问："难道 znFAT 没有把数据写成 XLS 格式的功能吗？它不能创建 xxx.xls 文件吗？"振南要说：其实 znFAT 作为一个嵌入式 FAT32 文件系统方案只负责数据

图 18.16　数据采集导入 EXCEL 实验硬件平台

	A	B	C	D	E	F	G	H
	年	月	日	时	分	秒	ADC	温度
1	年	月	日	时	分	秒	ADC	温度
2	12	8	29	23	18	53	429	30.5
3	12	8	29	23	18	54	371	30.5
4	12	8	29	23	18	55	364	30.6
5	12	8	29	23	18	56	319	30.8
6	12	8	29	23	18	57	289	31.5
7	12	8	29	23	18	58	303	31.6
8	12	8	29	23	18	59	405	31.9
9	12	8	29	23	19	0	417	32.1
10	12	8	29	23	19	1	347	32.2
11	12	8	29	23	19	2	251	32.3
12	12	8	29	23	19	3	169	32.3
13	12	8	29	23	19	4	292	32.4
14	12	8	29	23	19	5	341	32.5
15	12	8	29	23	19	6	384	32.5
16	12	8	29	23	19	7	314	32.5
17	12	8	29	23	19	8	252	32.6
18	12	8	29	23	19	9	182	32.6
19	12	8	29	23	19	10	135	32.6
20	12	8	29	23	19	11	95	32.7
21	12	8	29	23	19	12	135	32.7
22	12	8	29	23	19	13	135	32.7
23	12	8	29	23	19	14	136	32.8
24	12	8	29	23	19	15	221	32.8

图 18.17　数据采集存为 CSV 文件直接以表格形式导入到 EXCEL 软件中

的读/写,它根本不管这些数据是什么意义,只知道数据是一堆字节而已。一个特定格式的文件,它的数据必定遵循一定的结构规范。它在文件系统的层面上对数据进行了更为具体的定义。简言之,文件格式是文件系统应用层面上的东西,它的实现取决于使用者以何种结构进行数据的存储。要让 EXCEL 能够识别记录在文件中的数据,不仅仅是创建一个扩展名为 XLS 的文件就可以的,更重要的是我们要知道数据的具体结构和组织方式。如果你还是没听懂,那我问你:"难道你把一个扩展名为 MP4 的电影文件改成 MP3 就能听音乐了吗?"不知道你有没有留意过,EXCEL 还支持一种叫作 CSV 的文件格式,即逗号分隔格式。它使用一种非常简单的表达方法来描述数据的表格结构(在各列数据中间用空格分开即可)。具体的文件格式如图 18.19 所示。

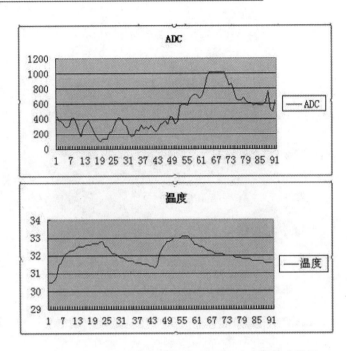

图 18.18　一路模拟量与温度在 EXCEL 中生成的曲线图

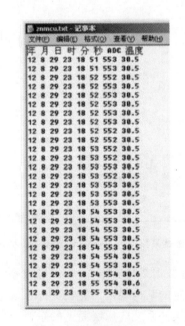

图 18.19　CSV 文件的数据格式

6．串口文件窃取器

所需主要硬件：STC12L2K60S2（STC 出品的增强型 51 单片机，位于 ZN－X 开发板基板）
　　　　　　SD/SDHC 卡

实验详细说明：

"串口文件窃取器"，顾名思义，是用来"盗取文件"的。一次和朋友的聊天中，提到了"如何从一台涉密计算机中盗取文件?"的问题。要知道在一些机要单位,办公电脑是绝对封锁的,不管是从软件上,还是硬件上。USB 口和网口可能都被堵上或拆掉了,机箱也加上了锁,阻断了一切文件被非法拷出的途径。要从这样一台守卫森严的电脑中把文件搞出来,是个挑战。其实这一"盗取文件"的行为并不一定就是不良行为,有时候为了维权,也许我们也需要一些特殊手段,比如从封锁的电脑中得到一些证据等。

经过思考,我们最终敲定了一个方案——"串口文件传输"。这一方案大致包括以下几个部分:

(1) 电脑端的串口通信和文件发送软件;

(2) 用于接收串口数据的外部设备;

(3) 用于将接收到的数据进行存储的存储介质,并可将数据存为文件;

(4) 用于控制数据传输与通信的通信协议。

实验示意如图 18.20 所示。

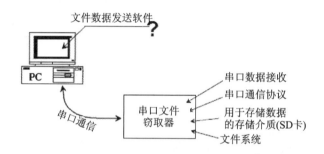

图 18.20　串口文件窃取器的实验示意图

电脑端使用什么软件来发送文件数据呢? 有人说:"用串口助手就可以了!"不错,但你有没有考虑到对于一个封锁的电脑来说,串口助手又如何放进去呢? 有人说:"那只能现编了?"他的意思是说如果电脑上有 VC 或 VB 等软件开发环境,我们可以自己去实现一个简易的串口通信软件。但是如果没有任何软件开发环境呢? 又或者没有那么多时间去让你写这样一个软件呢? 其实我们可以使用 Windows 自带的一个串口通信软件——超级终端,如图 18.21 所示。(现在最新的 WIN7、WIN10 已经没有超级终端了,振南在这里只是举一个例子。)

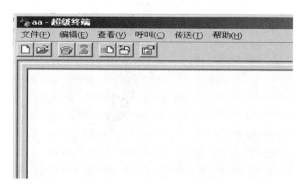

图 18.21　文件传输使用 Windows 自带的超级终端

光有串口通信还不行,还要有文件数据发送功能,并遵循一定的通信协议(用于控制数据的传输）。其实在超级终端中都有（菜单：传送→发送文件），如图 18.22 所示。

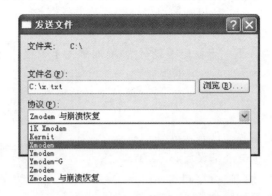

图 18.22　超级终端中的文件发送功能

单击发送文件之后，可以看到上图的对话框，用于选择要发送的文件，以及使用的数据传输协议。我们在这里选择 Xmodem。什么是 Xmodem？请看本书"大话文件传输"这一章。

实验硬件平台如图 18.23 所示。

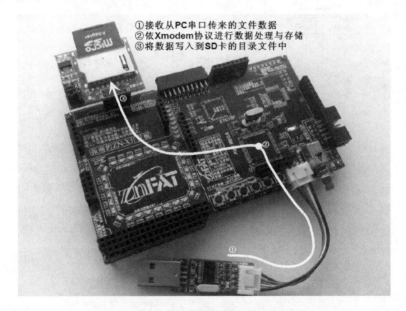

图 18.23　串口文件窃取器实验硬件平台

实验效果如图 18.24 所示。

7. 录音笔

所需主要硬件：STC12L2K60S2

　　　　　　　VS1003B（MP3 解码器）

　　　　　　　SD/SDHC 卡

　　　　　　　USB 串口模块（用于输出打印信息）

实验功能描述：此实验使用 VS1003B 的录音功能，VS1003B 通过 SPI 接口输出 ADPCM 编码的音频数据。STC51 单片机创建 WAV 文件，将数据存入其中，最终形成波形音频文件。

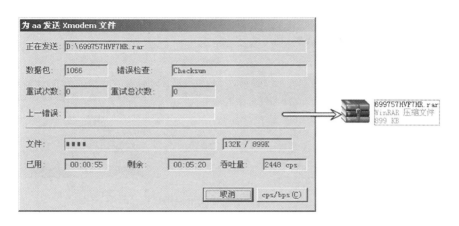

图 18.24　串口文件窃取器的实验效果

实验中,通过按键来控制录音的启停。可多次录音,每次都会创建新的 WAV 文件,如 REC0. WAV REC1. WAV 等。录制的 WAV 文件,可以在 SD 卡上看到,通过电脑上的播放软件进行回放。实验示意如图 18.25 所示。

图 18.25　录音笔实验示意图

实验硬件平台如图 18.26 所示。

图 18.26　录音笔实验硬件平台

效果如图 18.27 所示。(录制音频的波形图和运行 log。)

振南评注:VS1003B 一直以来我都只是在使用它的音频解码功能,而没有用到它的录音功能。虽然有过几次要做录音实验的想法,但都是浅尝辄止,并没有实质性的成果。还好最后终于完成了这个录音笔实验,现在感觉 VS1003B 的录音功能还是挺简单的。实现录音功能的最大问题在于数据的存储速度。对于音频数据采集来说,在给定一个采样频率之后,它在单位时间内所产生的数据量就是一定的了。我们必须要在这段时间内完成接收数据与写入文件的操作,一点都不能慢,否则必然影响后面音频数据的处理,最终可能导致音频文件播放的失真,

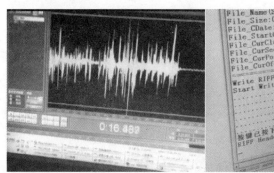

图 18.27　录音笔实验演示视频截图

或者根本放不出声音。比如对于 8 kHz、单通道的 16 位音频录音来说，它的数据速率为 128 Kbps，这要求 SPI 接口必须要快，znFAT 向 SD 卡中写入数据的效率一定要足够高。所以，在此实验中振南使用了硬件 SPI，并开启了 znFAT 的各种缓冲加速机制，这使得音频录制毫无压力。

基于 znFAT 在单片机上实现"数码相框/视频播放器/相机/录像机"这些实验的详细讲解请移步本书相关章节！

8. 文件无线传输实验

所需主要硬件：STC15L2K60S2、STM32F103RBT6、SD/SDHC 卡、NRF24L01 模块

实验详细介绍：

在振南的 ZN - X 开发板上配备了 NRF24L01 射频收发模块的接口，兼容 NORDIC 公司官方公版模块，如图 18.28 所示。

图 18.28　振南的 ZN - X 开发板所支持的 NRF24L01 模块

znFAT 文件系统与射频能有什么关系呢？它们搭配在一起又能实现什么功能呢？应该说它的意义还是比较大的，可以实现文件数据的无线传输功能。这为文件系统的应用创造了新的思路。

你有没有过这样的经历：当你进入飞机场时，会通过蓝牙或无线网络接收到一些信息文件，诸如通知、新闻或邮件等；再比如有的时候我们需要为野外工作的设备升级固件，但又很难接近设备，也许你会希望有一种脱机烧录器，可以读取 SD 卡上的程序文件，通过无线方式完

成烧录工作。有了基于射频的无线通信技术之后,很多东西都可以驭之于数里之外了。

　　NRF24L01 是非常经典的 2.4 GHz 射频通信芯片,它以高可靠性、高数据传输速率等优点得到人们的广泛应用。此实验中使用 NRF24L01,51 与 STM32(两块 ZN - X 开发板),再配以 SD 卡与振南的 znFAT 文件系统方案,最终完成文件的无线传输与存储。实验示意如图 18.29 所示。

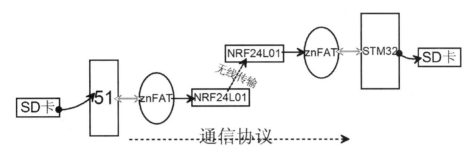

图 18.29　文件无线传输实验示意图

　　实验中 51 单片机读取 SD 卡中的某一文件,将其数据按一定的通信协议分多帧以无线方式传至 STM32,STM32 接收数据解析后将有效数据写入 SD 卡的文件中。在这个过程中,SD 卡、NRF24L01 等硬件的底层驱动以及 znFAT 文件系统其实都不是问题,它们在这里都已经比较成熟了。最重要的其实是通信协议,它是决定数据传输是否成功的核心因素。

　　振南这里使用的是一种自定义的文件传输协议,它简单易行,又能基本上保证数据的正确性。协议具体内容如图 18.30 所示。

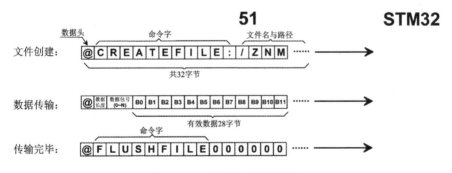

图 18.30　文件无线传输协议

　　在具体的实现中,首先检测数据头是否为'@',如果是则认为它是一个合法的数据包,进而开始对后面的数据进行解析,否则认为它是一个非法数据包,输出错误提示。由于 NRF24L01 一次最多只能收发 32 字节的数据,所以本协议中数据包总长度为 32 字节。每次传输的最大有效数据长度为 28 字节,其余 4 个字节分别用于记录数据头、有效数据长度与当前数据包的包号(0~N)。有效数据长度用来告诉我们从此包数据中提取多少有效数据,写入 SD 卡中;数据包号可用于检测是否存在数据包丢失,进而采取相应的措施(比如重传,不过此实验中没有实现重传机制,如果出现包现象,则直接将数据补 0。要实现重传可以使用现成的成熟协议,比如 Xmodem)。

　　实验硬件平台如图 18.31 所示。

　　实验过程中的串口信息如图 18.32 所示。

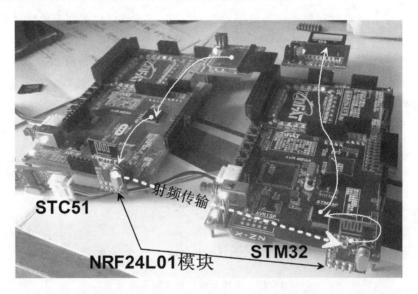

图 18.31　文件无线传输实验平台与功能示意

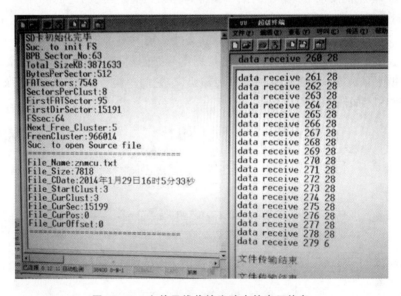

图 18.32　文件无线传输实验中的串口信息

此实验中使用 51 来发送数据(文件打开与数据读取),STM32 接收数据(文件创建与数据写入),当然也可以反过来。振南在做这些实验的时候,尽量使用更多种类的单片机,用意在于向大家展示 znFAT 良好的可移植性。这也是 ZN－X 开发板上同时配备三种 CPU 的初衷之一。

实验完成之后,在数据接收方的 SD 卡中会出现一个与源文件完全相同的文件,我们可以对它们进行比较,以验证数据传输是否正确。(可以使用 Windows 命令行中的 FC 命令,也可以使用文件比较软件,比如 Beyond Compare。)

9.嵌入式脚本程序解释器

所需主要硬件:ATMEGA128A、SD/SDHC 卡

实验详细介绍：

此实验用于实现一个简单的脚本解释器，即逐行读取 SD 卡中的脚本文件中的命令及其参数，经过解释分析后转为相应的硬件动作。脚本（script）是使用一种特定的描述性语言，依据一定的格式编写的可执行文件，又称作宏或批处理文件。说到脚本大家可能会觉得比较遥远而高深，但说到 DOS 的批处理大家就会觉得比较熟悉了。DOS 中的 bat 文件可以一次性逐行编写很多条 DOS 指令，甚至可以有较为复杂的循环结构。它最大的好处就是灵活，而且无需编译，直接解释执行。

此实验中振南自定义了一个简单的脚本格式以及三个指令（SET：CLR：DELAY），由它们构成了脚本文件，放置于 SD 卡中，如图 18.33 所示。

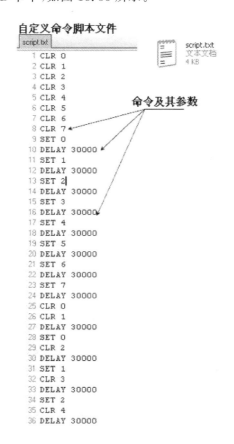

图 18.33　振南定义的脚本文件格式

由 znFAT 读取此文件，逐行取出各条指令，经过解释程序的分析，依次产生相应的硬件动作（AVR 单片机 PORTF 端口各引脚电平变化，如 CLR 1 使 PORTF.1 = 0，SET 2 使 PORTF.2 = 1，DELAY 则根据参数延时相应的时间）。此实验整体详细描述如图 18.34 所示。

振南注解：对于"脚本"这一概念，很多搞电子或是嵌入式开发的人可能并不是很熟悉，但是对于计算机专业来说，它却是一个必不可少的东西，尤其是软件工程师。脚本就是一种用纯文本保存的程序（而非二进制的机器码），它是确定的一系列控制计算机进行运算操作或动作的组合。更通俗一些来说，脚本就是一条条的文字命令，这些文字命令是可以由人直接阅读的

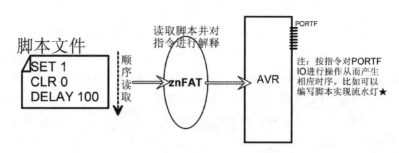

图 18.34 脚本解释执行实验示意

(可使用记事本打开查看或编辑)。脚本在执行时,是由一个解释器将其一条条的翻译成机器可识别的指令,并按脚本指令顺序执行。因为脚本在执行时多了一道翻译的过程,所以它比传统的二进制程序执行效率要低。

在计算机平台上脚本通常可以由应用程序临时调用并执行。脚本最大的应用领域就是网页设计,比如我们经常见到的 HTML、ASP 等,这使得网站开发与维护变得极为灵活。也正因为脚本的这些特点,往往被一些别有用心的人所利用。例如在脚本中加入一些破坏计算机系统的命令,这样当用户浏览网页时,一旦调用这类脚本,便会使用户的系统受到攻击。

此实验中振南将脚本的思想应用于单片机平台上,从而实现对硬件可随时配置的、在现场摆脱编译器与烧录器的灵活控制。比如在工业现场需要临时产生一个特定的时序,但是没有开发与烧录环境,则可以通过直接撰写脚本来实现。从某种意义上来说,脚本程序可以让单片机实现类似动态加载的机制。我们可以在 SD 卡中放置若干个脚本文件,并根据不同需要通过文件系统对它们进行读取、解释与执行。而在单片机上我们只需要实现一个解释器即可。(其实这就是 Java 语言及其虚拟机的工作方式。有人在 ARM 上实现了 JVM,这样一来原本在 PC 上运行的 Java 程序便可以直接移到 ARM 上来运行了。这也是 Java 语言超强跨平台特性的核心内容。)

10. 绘图板实验(基于 STM32F4,屏幕截图存为 BMP 图片)

所需主要硬件:STM32F405RGT6、TFT 液晶、触摸控制器、SD/SDHC 卡

实验详细介绍:

"绘图板"实验基本功能的实现其实很简单,就是在 TFT 触摸屏上按轨迹画点。不过这里我们为它附加了更多的内容:触摸按钮,用来实现清屏、改变画点颜色等功能;液晶截屏存为 BMP 图片。

我们知道,基于触摸的各种功能的实现,其根本在于对屏上坐标的精准获取。触摸按钮的实现,就是将当前的坐标与按钮矩形区域进行比较,看它是否位于其范围内。如果在,则在触摸提起的时候调用相应的处理程序,如图 18.35 所示。

实际上触摸控制器就是一个多路 ADC,它因触摸点位置的不同为我们提供相应的电压值。通过它换算得到的坐标与实际我们看到的坐标可能并不一致,通常都会有一定的偏差。所以在使用触摸屏之前,我们一般都会进行"4 点校准",如图 18.36 所示。

如果我们直接在计算得到的坐标上画点的话,很多人都会发现一个问题:画出来的不是一个点,而是一组点,而且其中有的点会离中心坐标比较远,如图 18.37 所示。

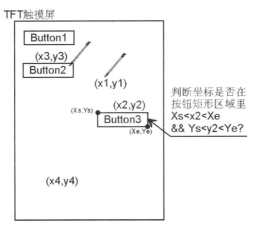

图 18.35　判断当前坐标是否在按钮矩形区域内

图 18.36　使用"4 点校准"为触摸屏进行坐标校正

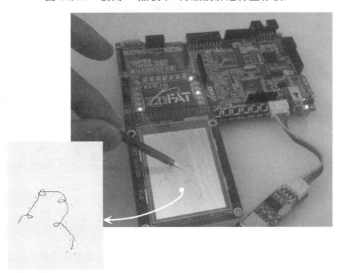

图 18.37　使用触摸触摸坐标直接画点产生的坐标偏移

这到底是为什么？其根本原因是没有对由触摸计算得到的坐标结果进行处理,比如均值滤波,或是取其中点。人手在进行触摸时所产生的机械动作是不稳定的,带有较大的抖动(其道理就如同按键要去抖一样);另外因为触摸按压会使电阻膜产生形变,改变其原本均匀的电阻率分布,而且这种形变还在不断变化。因此由触摸控制器采集得到的电压必然不会稳定,通常都需要进行中值滤波。其基本原理如图 18.38 所示。

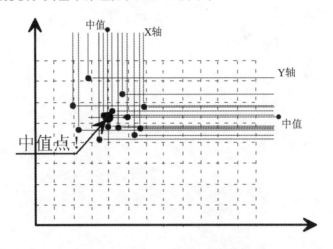

图 18.38　对触摸坐标进行中值滤波处理

此算法分别取出各点的横坐标与纵坐标,并分别进行线性排序,取出中值,从而得到中值点。加入此算法之后,我们就会发现画点的效果好了很多,绘制的轨迹也比较平滑,如图 18.39 所示。

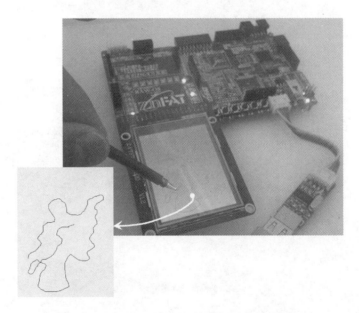

图 18.39　加入滤波算法之后触摸画点效果变得平滑

其次就是截屏存为 BMP 图片功能的实现。我们在驱动 TFT 液晶的时候,很多时候都是在向它的显存中写入像素数据,从而实现显示功能。其实也可以从中进行像素的回读,这就是截屏功能的实现原理。将读到的 RGB565 格式的像素数据加上一个信息头，写入到 SD 卡的文件中便是 BMP 图片。关键就在于这个"信息头"的具体定义，这也是很多人所希望了解的，请看图 18.40。

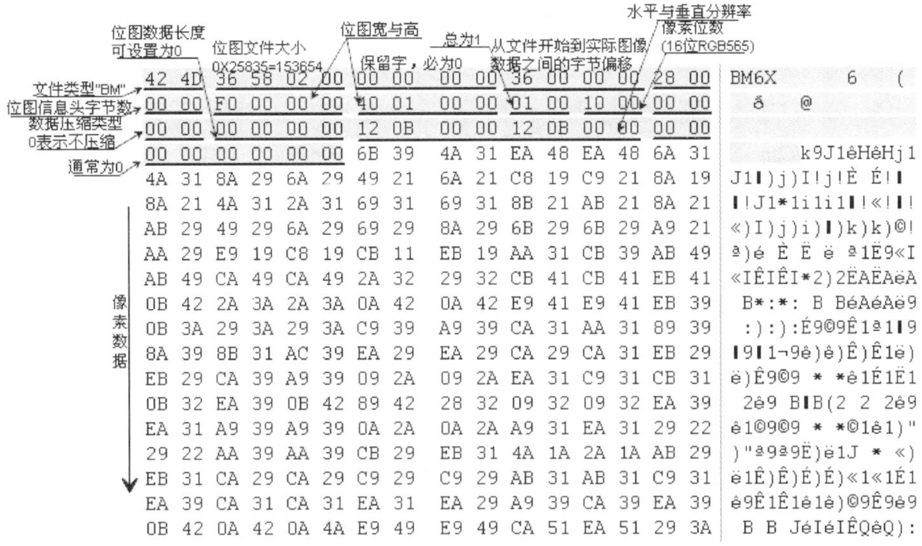

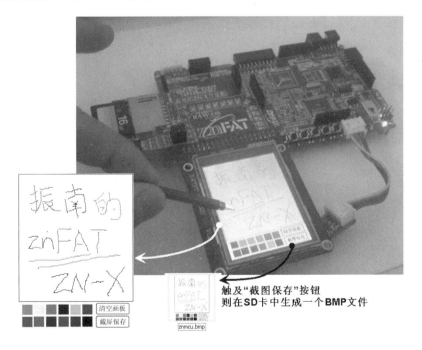

图 18.40　BMP 文件信息头结构具体定义

最终的实验效果如图 18.41 所示。

图 18.41　画图板实验的实际实验效果

11. MEMS 声音传感器"硅麦"录音实验

所需主要硬件:STM32F051R8T6、SD/SDHC 卡、ADMP401(由 ADI 公司出品的全向麦克风,模拟信号输出)

实验详细介绍:

前面我们通过 VS1003B 实现了"录音笔"实验。从某种意义上来说,我们并没有触及真正的底层。VS1003B 自动完成了音频信号采样、编码处理等工作,最终呈现在我们面前的就是现成的 ADPCM 数据,我们做的只不过是数据的组织与存储而已。振南一直想直接采集原始的声波信号,从而实现录音功能,甚至是声音识别。对于模拟信号的处理通常都是比较麻烦的,振南之前使用驻极体(俗称"咪头")+处理电路基本实现了声波的采集,详见图 18.42。

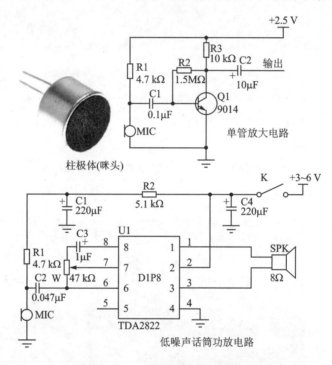

图 18.42 驻极体音频处理电路

图 18.42 中功放电路的效果会比较好。驻极体将采集到的声音信号转换为电信号,经 C2 与 W(电位器)从 TDA2822 的 2 脚引入,经放大之后,最终产生音频模拟信号。此电路为 BTL 输出,这对于改进音质,降低失真大有好处,同时输出功率也增加了 4 倍,它可直接驱动喇叭发音。

自己搭建电路的方式还是略显烦琐,而且它受到分立元器件质量、焊接等因素的影响较大。振南后来发现了一个更简单的方案,即使用 MEMS 传感器。MEMS,即微机电系统,全称是 Micro-electro Mechanical System,它是一种先进的制造技术平台。它是以半导体制造技术为基础发展起来的。MEMS 技术采用了半导体技术中的光刻、腐蚀、薄膜等一系列的现有技术和材料,因此从制造技术本身来讲,MEMS 中基本的制造技术是成熟的。但 MEMS 更侧重于超精密机械加工,并要涉及微电子、材料、力学、化学、机械学诸多学科领域。它的学科面也扩大到微尺度下的力、电、光、磁、声、表面等物理学的各分支。说白了,MEMS 就是在几厘米甚至更小的空间中封装的,可独立工作的智能传感器系统。此实验中使用的是振南的 AD-PM401 模块,如图 18.43 所示。

图 18.43　振南的 ADMP401 MEMS 传感器模块

模块电路如图 18.44 所示。

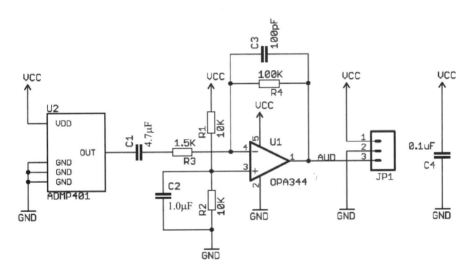

图 18.44　ADMP401 模块电路

此模块输出的是高质量的音频模拟信号。我们需要使用 ADC 对它进行采集,ADC 芯片的精度以及采样速度决定了最终的音频质量。此实验中振南使用了 TLC549 这一芯片(位于 ZN－X 开发板的基础实验资源模块上),它的采样精度为 8 位,最大转换速率为 40 kHz,即每秒钟可提供 40000 个 A/D 采样数据。基于这样的硬件性能,我们可实现 8 kHz 或 16 kHz 的 8 位音频(这样的音频质量已经基本可以接受了)。

实验中使用的单片机芯片为 STM32F051R8T6(内核为 Cortex-M0,位于 ZN-X 开发板上),它是 STM32 系列中内核量级与性能较低的一款。但是用来控制 ADC 进行音频采集并实现录音功能还是绰绰有余的。图 18.45 为此实验的实际硬件平台及功能示意。

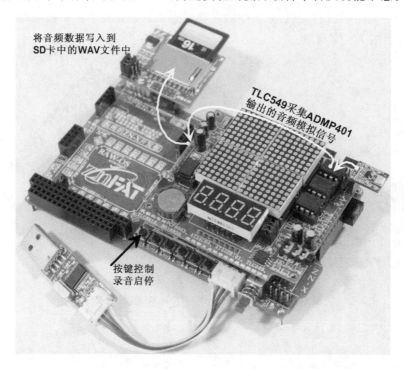

将音频数据写入到
SD卡中的WAV文件中

TLC549采集ADMP401
输出的音频模拟信号

按键控制
录音启停

图 18.45　MEMS 声音传感器录音实验平台及其功能示意

顶层功能与前面的实验是类似的：由按键控制录音的启停，每次在 SD 卡中生成一个新的 WAV 文件。不过因为这里使用的是原始的 PCM 数据（即音频模拟信号的直接采样电压值），所以 WAV 文件的 RIFF 头有些差异。另外，播放相同时长的音频数据量较前者要大，因为这里没有进行 ADPCM 编码。

下面振南要讲的是一个很多人在作音频录制或播放时都会遇到的问题。形象的描述请看图 18.46。

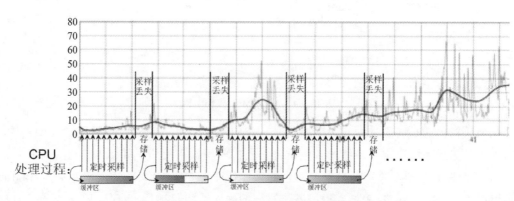

图 18.46　音频录制过程中因"CPU 间歇"造成采样丢失

单片机控制 ADC 进行定时采样，将 ADC 转换结果存入到的数据缓冲区中。当缓冲区存满之后，将其中的数据一并写入到 SD 卡中的 WAV 文件之中。数据的写入是比较耗时的，这个时间很有可能比 ADC 采样间隔要长，也就是说会造成"信号漏采"。这样会导致最终的音频数据不连续，由它还原出来的声音自然是有缺陷的。如何解决这一问题？其根本就在于如何让单片机同时干两件事情，又如何让数据缓冲区同时服务于两项工作（采集期间要向缓冲区中写入数据，而数据写入期间则要从缓冲区中读取数据）。前者自然是使用中断机制，针对后者振南提出了"缓冲区折半交换"的思想，具体如图 18.47 所示。

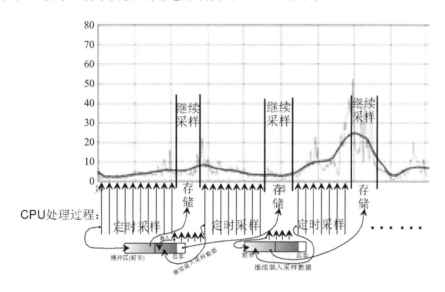

图 18.47　"缓冲区折半交换"思想示意

从图中可以看到，振南将缓冲区从中间一劈两半，采样数据首先被存入到前半，存满后便将前半的数据存入文件，同时在定时中断作用下，MCU 依然控制 ADC 进行信号采集，并将结果存入到缓冲区后半中。在后半存满后，写文件操作早已完成，此时再对后半进行存储，同时采集数据存入前半，如此交替，从而解决了"信号漏采"的问题。此思想可广泛应用于各种对信号连续性要求较高的场合，希望能对大家有所帮助和启发。（这种方法类似于乒乓缓冲。）

18.4.2　精彩的第三方项目应用

1. 仿 Metro UI 系统应用实验

所需主要硬件：K60DN256VLL10（飞思卡尔研制的 Cortex－M4 内核的单片机芯片）

K60 实验板、TFT 液晶、RTC 芯片等

SD/SDHC 卡

作者　　　　：杨熙（网友，就职于 NXP 半导体公司）

实验功能描述：此实验以 K60 实验板为硬件平台，使用 μCGUI＋μCOS＋znFAT 在 TFT 液晶上实现了仿 metroUI 的界面效果。可对 SD 卡中的图像与文本文件进行浏览。实验效果如图 18.48 所示。

图 18.48 仿 Metro UI 系统实验效果图

实际硬件平台如图 18.49 所示。

图 18.49 GUI 实验硬件平台

2. 通过 U 盘对产品进行升级

所需主要硬件:LPC1788 即相关硬件与接口(硬件平台为网友在研的产品)

作者　　　　:邵建明、刘磊

实验功能描述:插上 U 盘之后,通过 znFAT 扫描 U 盘中的文件,如有升级系统配置文件则升级;如没有,再扫描是否有 ＊.MP3,有则播放音乐。硬件平台实际效果如图 18.50 所示。

图 18.50　某产品中通过 znFAT＋U 盘完成升级与音频播放

3.嵌入式网页服务器

所需主要硬件:ATMEGA128、ENC28J60 等。

作者　　　　:陈永鹏(网友)

实验功能描述:此实验中使用 ATMEGA128 为主 CPU,ENC28J60 为以太网控制器,移植了 UIP 作为其 TCP/IP 协议栈。使用 SD 卡存储 HTML 网页文件,通过超文本传输协议来进行网页文件数据的传送,最终实现服务器的功能。实验硬件如图 18.51 所示。

图 18.51　嵌入式网页服务器硬件平台

4. STM32+LD3320 作声控音频播放器

所需主要硬件:STM32F103RBT6、LD3320(一种 MP3 播放及语音识别芯片)、麦克风、SD
　　　　　　　卡等。

作者　　　　:钱晓平(网友)

实验功能描述:首先在 LD3320 芯片中加载要识别的拼音串,比如 kai deng(开灯)、guan
bi xi tong(关闭系统)等,然后启动识别。人说出汉语"开灯",LD3320 对声音进行识别并产生
相应的动作,完成之后进行语音提示,即使用 znFAT 读取存储在 SD 卡中相应的 MP3 文件数
据送至 LD3320 进行解码播放。实验硬件如图 18.52 所示。

图 18.52　声控音频播放器实验硬件平台

5. BMP 图片浏览

所需主要硬件:PIC18F66K22(编译器为 MCC18)、SD 卡、TFT 液晶等。

作者　　　　:未知

实验功能描述:此实验中使用 znFAT 依次读取 SD 卡中所有的 BMP 文件(24 位 BMP),
解析参数,读取其像素数据送到 TFT 液晶显示。实验平台与效果如图 18.53 和 18.54 所示。

图 18.53　PIC18F66K22 作 BMP 图片显示实验硬件平台

图 18.54　PIC18F66K22 作 BMP 图片显示实验效果

6. VGA 显示 SD 卡中的图片(基于 FPGA)[*]

这几天搞定了 SD 卡之后,又接着看文件系统。说实话想短时间内把整个 FAT32 文件系统都搞定,而且很稳定很健壮,是不太容易的。有现成的 znFAT 可以移植,振南兄可是花了不少心思在这上面。我这里没有直接移植他的文件系统,而是参考 znFAT 自己写了个很简单的只能读取文件的"所谓文件系统"。因为此实验只涉及图片文件的读取,所以我只做了读取的部分,完全与 FAT32 兼容。

网上能搜到的关于数码相框的方案,大多是基于液晶屏显示的,我手里没有现成的液晶屏,VGA 倒是有两个。大家选择液晶屏而不选 VGA 的原因,我后来才知道:因为 VGA 显示需要的显存比较大,一般至少 2 MB,这么大的显存是需要银子的。DE2 上是有 2 MB 的 SRAM 的,而 DE0 上除了 SDRAM 和 FLASH 之外什么都没有。这板子资源少。没有办法,只能把图片的尺寸减小到能放在片内 RAM 里才行。DE0 用的是 EP3C16F484C6 的 FPGA(属 Altera CycloneⅢ系列),片上只有 56 个 M9KRAM,56 这个数字很鸡肋,介于 32 和 64 之间,所以我就建立了一个 32 KB 的双口 RAM。由 CPU 读取 SD 卡的内容,写入 RAM,然后 VGA 以 50 MHz 的时钟读取并显示,VGA 分辨率为 800×600@72 Hz。

先找个测试用的图片,不要太大,大约在 160×120 左右。然后用 Image2Lcd 转化成.bin 格式,宽度为 97,高度为 150(这个奇怪的图像尺寸是为了将就可怜的 32 KB 显存),如图 18.55 所示。

然后将由 Image2Lcd 生成的.bin 文件复制到 SD 卡中,随后就可以开始实验了。

实验硬件平台与实际效果如图 18.56 和 18.57 所示。

7. 汉字电子书(基于 STM8)[**]

这里我们来实现一个简单的"电子书"实验。所谓"电子书",就是读取存储设备(如 SD 卡

---

　* 注:以下内容主要源自原创作者。

　** 注:以下内容主要源自原创作者。

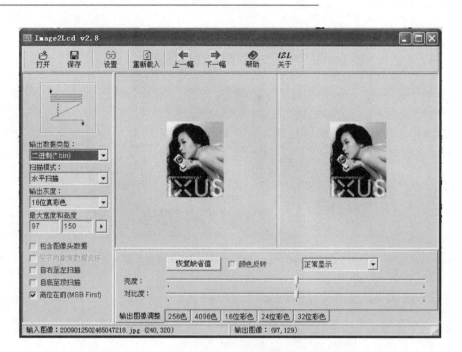

图 18.55　使用 Image2Lcd 软件将图片转为 bin 格式

图 18.56　VGA 显示图片实验的硬件平台(FPGA)

或 U 盘)中的文本文件(比如 TXT),将其中记录的字符显示在显示器件上(比如液晶)。在这一过程中,文件系统和字库是最重要的两个部分。文件系统用于读取存储设备上的文本文件,字库则记录了字符所对应的字模信息。

　　在这个实验中,我们使用 STM8 单片机作为核心,SD 卡作为存储设备,NOKIA5110 液晶模块作为显示器件。字库采用 GBK 16×16 点阵字库,文本文件格式为最简单的 TXT 格式。文件系统方案使用振南的 znFAT。

图 18.57　VGA 显示图片实验效果

实现过程：STM8 单片机使用 znFAT 文件系统方案读取 SD 卡上的 TXT 文本文件数据（字符的编码数据），依字符编码计算其字模数据在字库文件中的偏移位置，通过对字库文件进行数据定位及读取，得到字模数据。将字模写入 NOKIA5110 液晶中，从而完成字形的显示。在此期间，还要控制好字符在液晶上显示时的翻页及格式换行等操作，最终使用字符可以正确而且工整地展现在我们面前。

我们会发现，在这个实验中字库文件与 TXT 文本文件均存放在 SD 卡上。我们要对它们同时进行操作，也就是说这两个文件要同时处于打开的状态，并同时进行数据的定位与读取操作。这正是 znFAT 的"多文件"功能。图 18.58 为实际的实验效果。

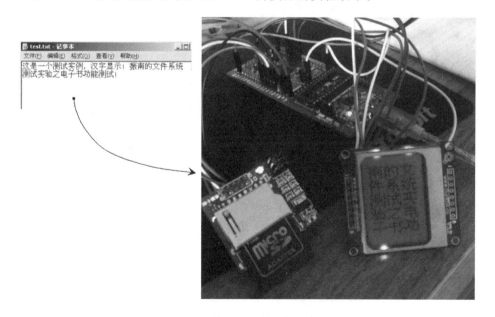

图 18.58　简易汉字电子书实验效果

8．文本语音合成实验（TTS，基于 NUC120）*

说起 TTS，可能你会比较陌生。它的全称为 Text-To-Speech，即文字转为语音。（它的逆向应用，从语音转为文字，现在也很火，即 ASR 技术，感兴趣的可以百度一下。）说到它的应用，其实我们经常都会遇到。在一些高级的 MP3、MP4、电子书或手机上，可能会有这样的功能，即把文本，比如小说、短信、网页等，通过语音读出来。这种技术就叫作 TTS。

在这里我们就要实现一个简单的 TTS 功能，将一个 TXT 文件中的文字转为相应的语音通过喇叭播放出来。此实验中使用中国台湾新唐（Nuvoton）的 NUC120 芯片（Cortex－M0 内核）；TTS 功能使用专门的 TTS 芯片 SYN6288，它可以支持中文与英文，而且还支持多种编码方式，如 GB2312、GBK 和 UNICODE 等。TXT 文本文件存放在 SD 卡中，文件系统使用振南的 znFAT，从而可以轻松实现对文件的打开及其数据的读取操作。实验示意如图 18.59 所示。

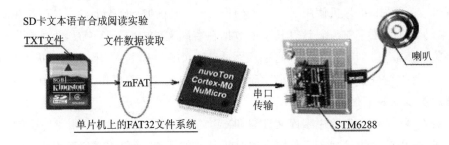

图 18.59　TTS 语音合成实验示意

分多次读取 SD 卡上的 TXT 文件的数据（SYN6288 的接收缓冲区最大为 200 字节，因此要分多次向其发送文本编码数据）。SYN6288 采用标准串口方式进行数据通信，NUC120 只需使用 znFAT 读取 TXT 数据，通过 UART 发送给 SYN6288 即可。此实验硬件平台如图 18.60 所示。

9．《跳跃小猫》动画播放（基于 FPGA NIOSII）**

这一实验振南以前做过，是一个小猫跳跃的动画播放，他是基于 51 和 OLED 来进行实现的。这里我将其移植到了 FPGA 上，基于 NIOS 软核来进行实现（芯片为 EP2C5Q208）。在我的开发板上外扩了一片 32MB 的 SDRAM，因为在程序中是将整个 ZNV 文件读到 RAM（什么是 ZNV，请参见相关章节），然后再送到 LCD12864 进行显示播放。一开始有一个 loading 的过程，就是在读文件。（NIOSII 上的代码是必须依赖于具体订制的 NIOS CPU 的，实验中有大量与 CPU 相关的内容。NIOSII 的开发使用 NIOSII IDE，如图 18.61 所示。）

实验效果如图 18.62 所示。

实际上还有很多的精彩实验，很多是源自于广大网友的，正所谓"高手在民间"。这些实验充满了丰富的想象力，涉及很多不同的 CPU 平台，加之实验者高超的技艺，最终的实验效果

＊　注：以下内容主要源自原创作者。

＊＊　注：以下内容主要源自原创作者。

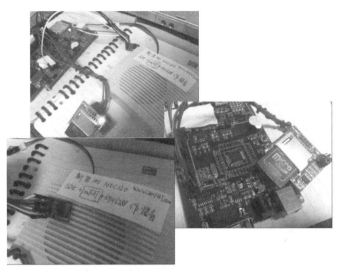

图 18.60 TTS 语音合成实验硬件平台

图 18.61 此实验中使用 NIOSII IDE 进行程序开发

图 18.62 《跳跃小猫》动画播放实验效果

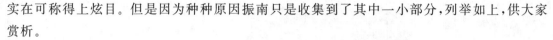

实在可称得上炫目。但是因为种种原因振南只是收集到了其中一小部分，列举如上，供大家赏析。

这章就到这里。振南并没有去讲文件系统和 znFAT 的相关技术内容，因为短短一章，根本讲不清楚，而且也并不是每个人都感兴趣。如果这一章激起了你的兴趣，那可以看看《嵌入式 FAT32 文件系统设计与实现——基于振南 znFAT》一书。

znFAT 最初发布于 2011 年，中间有无数次的迭代，基本定型于 2014 年，经过 10 年的传播和衍化，现在已经成为与 FATFS 齐名的嵌入式 FAT 文件系统方案，得到了广泛的应用和认可。它应该是市面上占用资源最少，移植最为简单的纯国产方案之一了。

声明：znFAT 加入开源软件认证体系，我本人也是坚实的开源软件支持者。大家可以免费获取 znFAT 的源码并使用、学习、修改、传播，但为了它更好的发展，请注明出处，如"此项目引用了 znFAT，特此声明"。

大家可以在 gitee 搜索 znFAT，或者直接在振南网站（znfat.znmcu.com）下载，有疑问可直接加我微信 ZN_1234 咨询。

第 **19** 章

单片机实现数码相框/视频播放器/相机录像机

上学的时候(2005 年前后)我对音视频技术非常感兴趣,经常跑到学校图书馆去看相关的书,比如 JPEG 图像编解码、MPEG H.264 标准等。说实话这些书讲的都太专业化,而且动辄几千页,最终还是收效甚微。但是也有好处,我很早就知道了一些常用算法和数字信号处理方法的实际工程用途,比如哈夫曼编码、DCT(离散余弦变换)、FFT(快速傅里叶变换)等等。这些使我对计算机乃至嵌入式有了更深层的认知。

19.1　一切源于"烂苹果"

2006～2007 年是我泡坛最多的两年,也是我兴趣最泛滥的两年(主要是因为我有足够的时间)。当时有几个比较大的电子技术论坛,比如 21IC、ourAVR、EDNChina、elecfans、EE-World、CEPark 等。我在上面收获了大量的"浅认知",这也是造就我现在似乎懂得很多的原因,也才有了本书中所囊括的众多知识。

19.1.1　什么是"烂苹果"

"烂苹果"(Bad apple)其实是一段流行于网络上的黑白纯色动画视频,如图 19.1 所示。

感兴趣的可以百度一下。网上很多人在分析这个动画要表达什么意义。

主流观点:这个动画基本没有太深层的含义,主要是在创意水平和视频质量方面在东方的同类作品里比较出众,各种人物仅仅通过轮廓就很好地表现出来,而且形状变换等没有违和感,所以被很多人热捧。

剧情描述:博丽灵梦拿出一个苹果,刚刚要吃结果发现是坏的,将苹果抛出作为线索,一个个地引出了东方的人物。总体来说,不懂东方的人看这个视频会有一种不明觉厉的感觉,懂东方的人看完,则会感觉碉堡了。

Bad apple 在英语里有"坏家伙"的意思,所以我觉得它有更深层的意思。

图 19.1　Bad apple 动画视频截图

19.1.2 有屏幕就有"烂苹果"

论坛里的工程师们其实并没有研究什么深层含义,Bad apple 在电子圈里知名度比较高,我认为主要是因为它是质量最好的单色视频,可以放到各种显示器件上来耍帅。

以下是一些网友的耍帅视频截图,如图 19.2~19.7 所示。

图 19.2 在 STM32F103 上使用
OLED 播放 Bad apple

图 19.3 在 STM32H7 上使用 TFT 液晶大屏播放
Bad apple(实时 JPEG 解码)

图 19.4 在 51 单片机上使用 LCD12864 播放 Bad apple

图 19.5 在 FPGA 上使用点阵屏播放 Bad apple

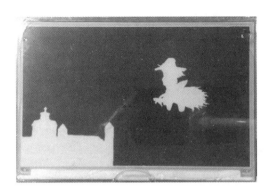

图 19.6　把电纸书拆了使用墨水屏播放 Bad apple

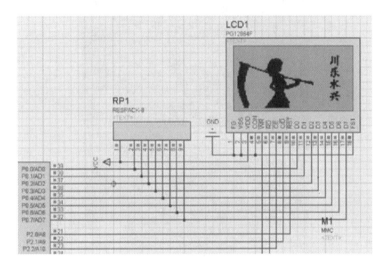

图 19.7　零成本 Proteus 仿真 12864 播放 Bad apple

　　如果说上面这些算是比较正常的话,那下面这些 Bad apple 就有点小孩跳粪坑——过分了,如图 19.8~19.10 所示。

图 19.8　在 51 单片机上使用 1602 液晶播放 Bad apple

图 19.9　在老式示波器上播放 Bad apple

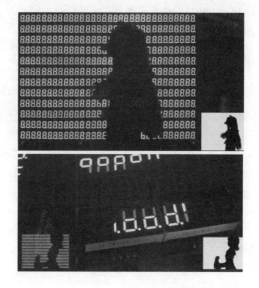

图 19.10　用 100 个 8 段数码管播放 Bad apple

如果你觉得这些你也玩过，并不足为奇，那下面这些 Bad apple 就有点妖魔化了，如图 19.11～19.15 所示。

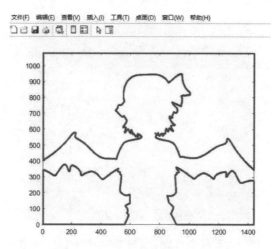

图 19.11　在 Matlab 中播放 Bad apple

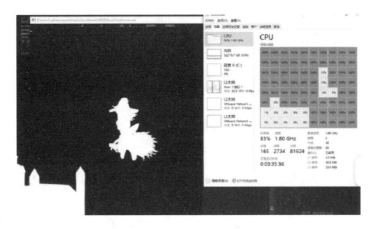

图 19.12　在 Windows 任务管理器中播放 Bad apple

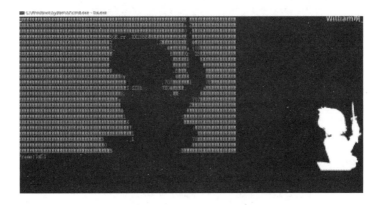

图 19.13　在 Windows cmd 中播放 Bad apple

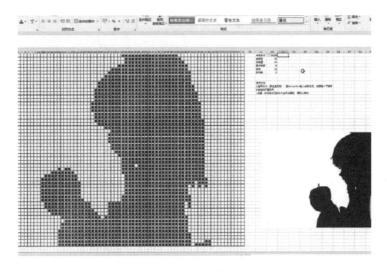

图 19.14　在 Excel 中播放 Bad apple

如果这些仍然不能打动你,好吧,那我只能送你一个 Bad apple 了,如图 19.16 所示。

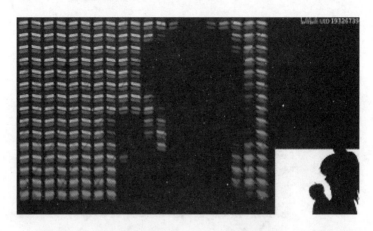

图 19.15 显微镜下的 Bad apple(分辨率只有 20 * 15 像素)

图 19.16 一个真正的 Bad apple

19.1.3 实现我们自己的"烂苹果"

看到这么多的"烂苹果",你有没有产生一种自己动手做一个视频播放器的冲动？如果有，那振南的目的就达到了(通过 Bad apple 这个有趣的例子激起大家对视频播放的兴趣)。接下来,我们就亲手实现一个自己的视频播放器。我们的实验基于振南的 ZN-X 多元开发板(选用 STM32),如图 19.17 所示。使用 TFT 液晶,它支持全彩色显示,所以我们就不播放"烂苹果"了,而是播放一个"带色"的动画《happy tree friends》,不知道大家知不知道这个动画片,颇有一些意思,可以欣赏一下,被吓到不要怪我。

1. 从图片显示开始

先从简单的开始,我们先实现单张图像在 TFT 液晶屏上的显示(视频其实就是单张图像连续不断地快速显示,这每一张图像称为一帧)。先把最终的效果图发出来,大家搞起来才有动力,如图 19.18 所示。

先说一下整体的实现思路,如图 19.19 所示。

图 19.17　振南的 ZN－X 多元开发板(加配 TFT 液晶)

图 19.18　振南的 ZN－X 开发板上实现图片显示(STM32)

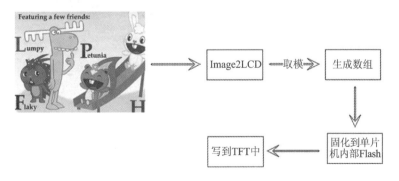

图 19.19　简单的图像显示实现流程

我们把图像文件,比如 JPG、PNG 或 BMP 通过 Image2LCD 转为 RGB565 的数组,固化在单片机的内部 Flash 中,然后写入 TFT 液晶即可。这其实没什么可讲的,基本属于常规操作,有些经验的单片机工程师都知道。但这是我们的重要基础。

2. 搞定视频播放

上面说了,视频就是单张图像的高速显示,如法炮制,我们要获取视频每一帧的数组。这个时候就有问题了,难道我们要一帧帧的用 Image2LCD 软件来生成数组吗? 然后都固化在单片机内部 Flash 中? 那估计要把人累死了,而且内部 Flash 容量可能也不够。那怎么办呢? 请看图 19.20。

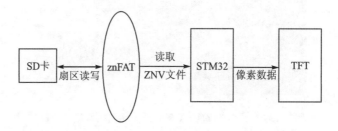

图 19.20　SD 卡视频播放实验示意图

实际效果如图 19.21 所示。

图 19.21　SD 卡视频播放实验效果

(1) 读取 SD 卡(振南的 znFAT 文件系统)

不要光晒图,快说说怎么实现的。znFAT 是什么? ZNV 又是什么? 别着急,也不要害怕。

znFAT 是振南自主开发的一个开源的 FAT32 文件系统解决方案,主要功能是可以对存储器(比如 SD 卡、U 盘、硬盘等等)上的文件进行各种操作,比如创建文件、写入数据、读取数据等。这个实验中我们用它来读取存于 SD 卡上的视频图像数据。关于 znFAT 更详细的说明和使用方法,振南就不赘述了,因为我前面花了 5 年时间专门为它写了一套书,名为《嵌入式 FAT32 文件系统设计与实现——基于振南 znFAT》。如果大家对文件系统真的感兴趣的话,可以联系振南或者在网上购买纸质书,如图 19.22 所示。

图 19.22　《嵌入式 FAT32 文件系统设计与实现——基于振南 znFAT》一书效果图

（2）关于振南的 ZNV 视频格式

简言之，ZNV 是一种振南自定义的视频格式，它存储了视频各帧的 RGB565 格式的 16 位纯像素数据，因此无须解码。振南推出 ZNV 格式之后，得到很多人的欢迎和承认，它使得单片机上播放视频变得简单了许多，很多人来询问 ZNV 文件的格式定义，如图 19.23 所示。

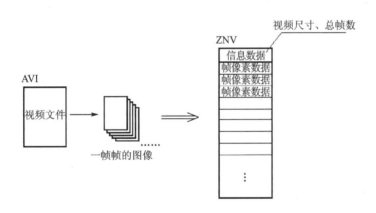

图 19.23　ZNV 视频文件格式示意图

ZNV 文件格式的最开始记录了转换之后的每一幅图像的尺寸，即高与宽，还有总帧数。后面就是依次存放各帧的 RGB565 像素数据。其实大家会发现，早期的 MP4 视频播放器，很多也是需要在电脑上进行格式转换的，而且支持的格式也很少。这主要就是受限于主控芯片的硬件性能与处理能力。如今，MP4 播放器基本上都能支持大部分的视频格式，而无须再用电脑进行转换，这主要还是得益于主控芯片硬件性能的提升。（这个实验是振南早期的作品，现在来说的话一部智能手机就都搞定了，MP4 播放器其实也已经淘汰了，现在手机的 CPU 已经足够强劲了，连 MKV、RMVB 这些重量级的视频格式实时解码都不在话下。）

其实视频播放本身并没什么难的，只是读数据刷屏而已，很多人都可以轻松实现。它最大的问题其实是如何获取帧图像的原始像素数据。

有人说："可以在视频文件中去获取这些数据吧？"这是标准的废话。

我们所熟悉的常见视频格式有 AVI、MP4、WMV 等,它们之中肯定存着图像的数据和信息。没错,每一帧的图像数据就在其中,但是要得到可以用于显示的 RGB565 数据却并没有那么容易。因为这些视频帧都经过了某种压缩算法的编码,已经面目全非,而且这种压缩算法可能会比较复杂而强劲,要想得到 RGB565 的像素数据,必须要把这些数据经过"逆向算法"进行还原,这就是视频的解码。

你有没有发现很多人在用液晶显示图片的时候,都喜欢用 BMP 这种文件格式,这是因为 BMP 中存储的就是现成的 RGB 数据,而没有经过任何的压缩处理,我们通常称这种数据为 Raw Data,即原始数据。正是因为没有经过压缩处理,所以 BMP 文件的数据量是比较大的。我们可以读取 BMP 的数据,不经任何处理就可以直接用于显示。对于 JPG、PNG 等图像格式,我们通常要使用取模软件来获取它的像素(如前面所说的使用 Image2LCD)。当然,我们也经常会看到有一些高手,在单片机上对视频文件直接进行解码显示,这需要算法和数字信号处理方面的一些功底,同时也需要性能比较高的处理器。

(3) 关于振南的 AVI - ZNV 转换小软件

那是否有一种取模软件可以对视频中的各帧图像进行批量的取模呢？至今我还没有发现有这样的软件。所以,我们只能自己动手了。

振南使用 VC6.0+VFW(VFW 是 Windows 上的一套基于 AVI 视频的编解码开发包,它可以让我们很轻松地完成对 AVI 视频的编解码工作)已经基本实现了这个软件,用法如图 19.24 所示(在使用此软件前,请先安装 ffdshow 解码器包,以保证各种 AVI 格式都可以正常解码)。

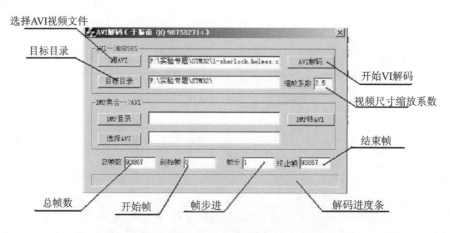

图 19.24 振南的 AVI - ZNV 视频转换软件

(4) 视频播放的实现

有了这一利器,我们就可以轻松获取 AVI 文件的某一段视频各帧图像的 RGB565 数据,同时可以调整视频尺寸,比如缩放系数为 2,那么一个 320×240 的视频,将缩小为 160×120。此缩放系数也支持小数,比如为 2.5,则视频尺寸将缩小为 128×96;如果此系数小于 1,则是对视频尺寸的放大,比如为 0.5,则视频尺寸扩大为 640×480。还可以设置帧步进值来调整视频的帧频,比如一个视频每秒有 30 帧图像,如果帧步为 2,则帧数将降为 15。这个软件输出的格式就是振南的 ZNV。

以下是具体的实现代码:

```
# include "znFAT.h"
# include "myfun.h"
# include "tft.h"
# include "sdx.h"
# include "uart.h"
/ * * * * * * * * * * * * * * * * * * * * * * * * * * * * * * * * * * *
振南原创实验 之《SD + TFT 视频播放》
振南微信 ZN_1234 振南电子 www.znmcu.com
 * * * * * * * * * * * * * * * * * * * * * * * * * * * * * * * * * * */
unsigned char Dev_No;                //设备号
struct znFAT_Init_Arg * pArg;        //用于指针文件系统参数集合的指针
struct znFAT_Init_Arg Init_Arg_SDCARD;//文件系统参数集合,znFAT 中用于记录文件系统的重要参数
struct FileInfoStruct FileInfo_ZNV;   //文件参数集合
extern unsigned char znFAT_Buffer[512];
unsigned int n = 0,j;
unsigned int   i = 0,nsec = 0;
unsigned long   addr_sec = 0;
unsigned long width,height,total;
void main()
{
    UART_Init();                     //串口初始化
    TFT_Init();                      //TFT 液晶初始化
    znFAT_Device_Init();             //存储设备初始化
    pArg = &Init_Arg_SDCARD;         //指针指向 SD 卡文件系统参数集合,znFAT 将从这个集合中获取参数
    Dev_No = SDCARD;                 //设备号为 SDCARD,znFAT 依照此设备号选择存储设备驱动
    UART_Send_Str("znFAT 与 SD 卡挂接完毕\n");
    znFAT_Init();                    //文件系统初始化
    UART_Send_Str("文件系统初始化完毕\n");
    UART_Put_Inf("分区首扇区地址:",pArg ->BPB_Sector_No);
    UART_Put_Inf("每扇区字节:(个)",pArg ->BytesPerSector);
    UART_Put_Inf("每簇扇区:(个)",pArg ->SectorsPerClust);
    while(! znFAT_Open_File(&FileInfo_ZNV,"\\ * .ZNV",n ++ ,1))  //打开 SD 卡根目录下 ZNV 文件
    {
        UART_Send_Str("打开文件成功\n"); //从串口输出文件参数信息
        UART_Send_Str("文件名为:");
        UART_Send_Str(FileInfo_ZNV.FileName);
        UART_Send_Enter();
        UART_Put_Inf("文件大小(字节):",FileInfo_ZNV.FileSize);
        UART_Put_Inf("文件当前偏移量(字节):",FileInfo_ZNV.FileCurOffset);
        UART_Send_Str("文件创建时间:\n");
        UART_Put_Num(FileInfo_ZNV.FileCreateDate.year);UART_Send_Str("年");
        UART_Put_Num(FileInfo_ZNV.FileCreateDate.month);UART_Send_Str("月");
        UART_Put_Num(FileInfo_ZNV.FileCreateDate.day);UART_Send_Str("日");
        UART_Put_Num(FileInfo_ZNV.FileCreateTime.hour);UART_Send_Str("时");
        UART_Put_Num(FileInfo_ZNV.FileCreateTime.min);UART_Send_Str("分");
        UART_Put_Num(FileInfo_ZNV.FileCreateTime.sec);UART_Send_Str("秒");
        UART_Send_Enter();
        //下面的代码,以扇区方式读文件数据,为了提高读取速度
        //如果仍然使用文件方式读取,速度比较慢,视频播放效果颇为不佳
        addr_sec = FileInfo_ZNV.FileCurSector;        //获取 ZNV 文件起始扇区
        SD_Read_Sector(counter,znFAT_Buffer);   //读取首扇区,从中提取视频信息,如长宽,总帧数等。
        width = LE2BE(znFAT_Buffer,4);           //宽
        height = LE2BE(znFAT_Buffer + 4,4);      //长
        total = LE2BE(znFAT_Buffer + 8,2);       //总帧数
```

```
        nsec = width * height * total * 2/512;                    //总扇区数
        TFT_Set_Window(24,24 + width - 1,32,32 + height - 1);     //设定窗口
        TFT_MoveTo(0,0);
        TFT_Write_Cmd(0x22);
        for(i = 0;i < nsec;i ++ )                                 //向 TFT 灌入数据
        {
            SD_Read_Sector(addr_sec ++ ,znFAT_Buffer);           //读取扇区数据
            for(j = 0;j < 512;j ++ )
            {
                TFT_Write_Data(znFAT_Buffer[j]);
            }
        }
    }
    while(1);
}
```

19.1.4　单片机实现 AVI 视频播放

"我觉得你做的这些还不够过瘾，AVI 转成 ZNV 麻烦了，单片机上到底能不能直接播放 AVI 格式的视频呢？别老整这些曲线救国的事儿！来个硬刚 AVI 行不行？"

先给出一个回答："单片机直接播放 AVI 肯定是可以的！"

当初我在 21IC 论坛上发布了 ZNV 视频播放的相关实验，其实反响平平。但是后来我又发布了 AVI 视频播放的实验（大家可以百度一下"振南 STM32 AVI"），就受到了很多的关注，到现在贴子的浏览量已经近 3 万了，而且还不断有人翻出这些老贴顶上去。网络上的关注度也是振南写这一章的主要根源动力。

1. 先说一下 AVI 视频格式

AVI 英文全称为 Audio Video Interleaved，即音频视频交错格式，是微软公司于 1992 年 11 月推出，作为其 Windows 视频软件一部分的一种多媒体容器格式。

AVI 文件的格式其实没有那么高深，音频与视频数据的组织形式比较简单，如图 19.25 所示。

AVI 文件中的各帧图像与音频数据相互交织构成了一个数据块（所以它才被称为音视频交错格式），各个数据块是依次顺序存放的。数据块中的音频与视频数据块分别以 4 字节标记"01wb"与"00dc"（数据块标识）开始，紧随其后的是当前数据块中的实际数据长度。

AVI 格式标准并没有对音视频数据的具体编码算法予以限定。从某种意义上来说，AVI 文件格式只是定义了一个框架而已（这就是所谓的容器格式），其中的数据到底长什么样，其实它并不关心。这一方面是其灵活之处，但另一方面也使得它可

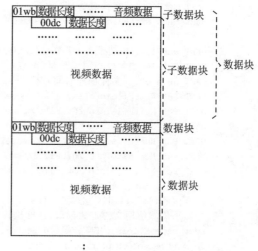

图 19.25　AVI 文件中的音频与视频数据交错组织方式

以变得非常复杂而缺乏统一性。比如同样是 AVI 文件,视频数据有可能是 MPEG4,也可能是 JPEG、RLE 或者 FFD、XDIV 等;音频数据的编码也会有很多种,比如 MP3、ADPCM、OGG、WMA 等。所以,我们会经常遭遇这样的事情:在电脑上一个 AVI 文件能播放,而另一个文件却无法播放,其根本原因就在于它们可能使用了不同的编码方式,而你又没有安装相应的解码器。(大家可以去关注一个名为 MPC 的开源软件项目,它的主要成果就是一个号称万能的视频播放器。另外还有一个非常有名的开源项目 FFmpeg,它实现了各种音视频格式的编解码。很多播放器都是基于它的,MPC 也是,大家可以研究一下。)

　　AVI 中的视频是可以支持未经编码的原始 RGB 格式的,所以我们仍然可以像使用 ZNV 一样方便而简单地实现视频播放。这里介绍一款名叫 VirtualDub 的软件,它可以用于生成这种特定的 AVI 文件,如图 19.26 所示。

图 19.26　视频处理神器 VirtualDub 软件

2. 实现 AVI 视频播放

　　了解了 AVI 文件格式,那一切似乎都变得简单了。在具体实现中,我们只需要搜索视频数据块的开始标记"01wb",然后读取后面的数据,再送至 TFT 液晶进行显示即可。代码如下:

```
# include "sys.h"
# include "delay.h"
# include "tft.h"
# include "usart.h"
# include "dma.h"
# include "znfat.h"
/*************************************
振南原创实验 之《SD + TFT AVI 视频同步播放》
振南微信 ZN_1234 振南电子 www.znmcu.com
 *************************************/

struct znFAT_Init_Args Init_Args;                    //初始化参数集合
struct FileInfo fileinfo;
unsigned char buf[10240] = {0};                      //视频数据缓冲
```

```
unsigned char aud_buf[2048] = {0};                        //音频数据缓冲
int main(void)
{
    unsigned int i = 0,res = 0,pos = 0,len = 0;
    delay_init();
    uart_init(9600);
    TFT_init();
    SPI2_Init();
    DMA1_Init();
    znFAT_Device_Init();                                  //存储设备初始化
    printf("SD卡初始化完毕\r\n");
    znFAT_Select_Device(0,&Init_Args);                    //选择设备
    res = znFAT_Init();                                   //文件系统初始化
    printf("文件系统初始化完成\r\n");
    res = znFAT_Open_File(&fileinfo,"/znmcu.avi",0,1);    //打开文件
    if(! res)
    {
        printf("Suc. open AVI file \r\n");
        printf("File_Name:");
        printf("%s\r\n",fileinfo.File_Name);              //打印文件名
        printf("File_Size:%d\r\n",fileinfo.File_Size);    //打印文件大小
        while(1)
        {
            znFAT_ReadData(&fileinfo,fileinfo.File_CurOffset,512,buf);
            for(i = 0;i < 512;i + = 4)
            {
                if(buf[i] == '0'&& buf[i + 1] == '1'&& buf[i + 2] == 'w'&& buf[i + 3] == 'b')
                                                          //查找"01wb",音频数据
                {
                    len = (unsigned int)(buf[i + 4]) + ((unsigned int)(buf[i + 5])) * 256 +
                    ((unsigned int)(buf[i + 6])) * 65536 + ((unsigned int)(buf[i + 7])) * 16777216;
                                                          //计算数据长度
                    if(len % 2)len + = 1;
                    pos + = 8;
                    znFAT_ReadData(&fileinfo,pos,len,aud_buf);  //读取音频数据
                    pos + = len;
                    printf("00dc pos:%08X\r\n",pos);
                    znFAT_ReadData(&fileinfo,pos + = 8,10240,buf);
                    ... //将视频数据写入到TFT液晶中  每次读取10K数据,分15次读完,
                        即320 * 240 * 2的数据量  同步更新pos
                }
                else pos + = 4;
            }
        }
    }
    else                                                  //文件系统初始化失败
    {
        printf("Fail to Open File , Err Code:%d\r\n",res);
    }
    while(1);
}
```

上面的代码只是大体的示意,实际的代码还是做了很多的优化的。一方面提高SD卡的

读取速度(使用了 DMA,振南的 ZN－X 开发板没有 SDIO 所以只能用 SPI),另一方面提高写 TFT 液晶的速度(ZN－X 开发板所用的 STM32 芯片没有 FSMC,所以采用普通 I/O 来驱动液晶,振南直接操作 ODR 寄存器来尽可能地提高数据输出速度)。

3. AVI 视频音频同步播放

上面我们实现了视频的播放,有人可能会说:"我看你代码里只是把视频图像数据写到了 TFT 中,那音频呢? 怎么同步播放呢?"

在上面的代码中,振南已经剥离出了音频数据,放到了 aud_buf 中。我们可以在向 TFT 写入图像数据的同时,一并对音频数据进行处理。当然,可以使用 VirtualDub 将音频处理为未压缩的原始 PCM 格式。这样我们可以直接将其写入 DAC,即可实现音频播放(振南 ZN－X 开发板上有 TLC5615 串行 DAC,也有相关的音频播放实验)。我们也可以显得高端一些,使用 MP3 编码。对于 MP3 的播放,有两个方案,一是使用软件解码 MP3,相关的开源软件有 LibMAD、Helix 等;另一个是使用专门的 MP3 解码芯片,比如 VS1003/1053 等。我实际使用的是后者,因为 ZN－X 开发板上有 MP3 模块。

代码我就不再罗列了,来看看实际的效果,如图 19.27 所示。

图 19.27　振南的音视频同步播放实验效果图(SD 卡/TFT/MP3 三大模块)

书里我们只能看看照片,视频演示录像的话,大家可以在 youku 去搜索,或者直接来振南网站观赏:www.znmcu.com。

19.2　单片机实现简易数码录像机(相机)

当时我在 21IC 论坛发的贴子,除了前面所说的单片机音视频播放,还有一个浏览量也很高,它们都属于音视频方面的应用实验,就是单片机实现简易数码相机和录像机。

其实我发布这些帖子,是想通过这些所谓高端的实验,去推广宣传我的 znFAT 文件系统方案,并没有重点去讲音视频的相关技术,但是没想到这些实验的光彩淹没了 znFAT,文件系统反而成为陪衬,无人问津。

19.2.1　拍照功能的实现

先上实际效果图,如图 19.28 所示。(振南有一个习惯就是凡事先放图,所谓的有图有真相,一方面是证明我确实实现了;另一方面是往往最终的效果才是最吸引人的,要想让更多人来关注,那就先给他看你最耀眼、最漂亮的东西。)

图 19.28　ZN－X 上实现简易数码相机实验

此实验中包含了图像采集、数据存储、实时钟 RTC、TFT 液晶同步显示、按键控制等功能,相关的硬件有 OV7670 摄像头模块、SD 卡读/写模块、TFT 液晶模块。实验中由 RTC 提供的时间信息动态产生文件名,比如"照片 yyyymmddhhmmss.BMP"。RTC 我们使用 STM32F405 芯片的内置 RTC。(为了让后面的录像实验更加流畅,我们使用 STM32F405 芯片,ZN－X 几乎支持所有 ST 的 LQFP64 封装的芯片,ZN－X 的多元化做得还是很彻底的,一板顶多板。)

功能很简单:TFT 液晶实时显示摄像头图像,按下按钮则采集一幅图像以 BMP 文件格式写入 SD 卡中。实际拍摄的效果如图 19.29 所示。

图 19.29　实际拍摄的图像效果

至于代码,振南先不贴出来,后面和录像机一起贴。(振南其实是把录像机和照相机做成了一体。)

19.2.2　数码相机录像机的实现

有人问："摄像头模块图像采集是怎么实现的?"这个问题在"CPU 你省省心吧"那一章中有详细的讲解,基本原理是使用了一片并行 FIFO(AL422B),将高速的摄像头数据暂存到了FIFO 之中然后单片机再去读取。

关于录像机的功能,先说一下原理,如图 19.30 所示。

原理没什么可说的。大家看一下我们要实现的具体功能,如图 19.31 所示。

此实验的整体软件设计流程与框架如图 19.32 所示。

从流程图中可以看到,录像会直接存为 AVI 文件格式。其实振南刚开始并没有使用AVI,而是存为 ZNV。但是 ZNV 毕竟是我自己定义的格式,不能用电脑上的播放器直接播放,所以我还专门又开发了一个 ZNV Player 软件,如图 19.33 所示。

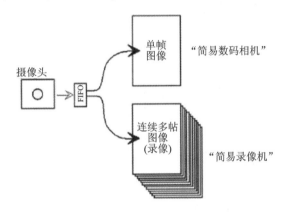

图 19.30　录像生成视频的原理

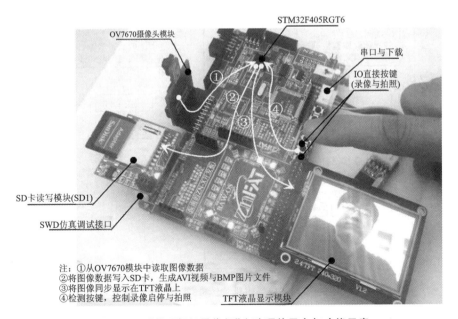

注：①从OV7670模块中读取图像数据
②将图像数据写入SD卡，生成AVI视频与BMP图片文件
③将图像同步显示在TFT液晶上
④检测按键，控制录像启停与拍照

图 19.31　"数码相机录像机"实验硬件平台与功能示意

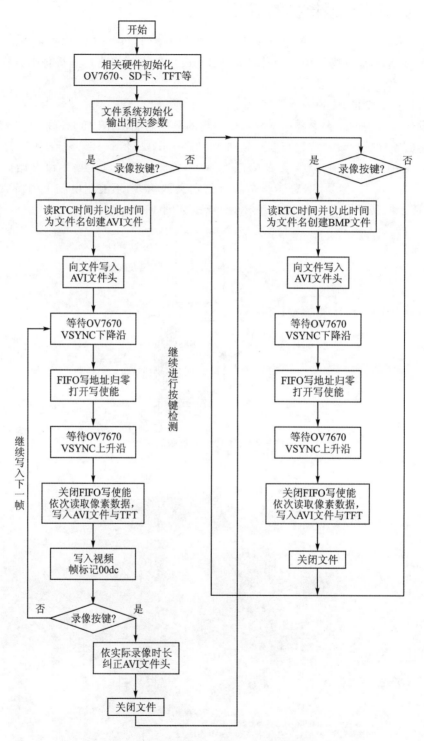

图 19.32 "数码相机录像机"实验整体流程

使用 AVI 格式后,就可以直接播放了,如图 19.34 所示。

图 19.33　ZNV Player 对 ZNV 文件进行回放　　　　图 19.34　对录制的 AVI 文件直接播放

最后我们来看一下代码:

```
#include "tft.h"
#include "usart.h"
#include "sccb.h"
#include "ov7670.h"
#include "dma.h"
#include "znfat.h"
#include "rtc.h"
#include "stm32f4xx_rtc.h"
#include "string.h"
#include "file_header.h"
#define _75KB_LOOP{ \
                    for(j = 0;j < 76800;j + = 64) \
                     { \
                     SET_RCLK(1);SET_RCLK(0);buf[j + 1] \
                      = (GPIOC ->IDR >> 8);TFT_WR = 0;TFT_WR = 1;  \
                     //上面这行重复 64 次
                     }  \
                     znFAT_WriteData(&fileinfo,76800,buf);  \
                  }
struct znFAT_Init_Args Init_Args;            //初始化参数集合
struct FileInfo fileinfo;
struct DateTime dt;                          //日期时间结构体变量
RTC_TimeTypeDef RTC_Time;
RTC_DateTypeDef RTC_Date;
char video_fn[30];
char photo_fn[30];
unsigned char buf[1024 * 75] = {0};
#define KEY_RECORD_VIDEOPCin(7)
#define KEY_CAPTURE_PHOTOPCin(6)

int main(void)
{
    unsigned char Lest = 0,res = 0;
    unsigned short i = 0,counter = 0;
    unsigned int j = 0,k = 0;
```

```
usart_init(115200);
TFT_Init();
OV7670_GPIO_Init();
SCCB_GPIO_Init();
OV7670_Init();
TFT_GPIO_DeInit();
SPI1_Init();
DMA2_Init();
RTC_Config();
znFAT_Device_Init();                                  //存储设备初始化
printf("SD 卡初始化完毕\r\n");
znFAT_Select_Device(0,&Init_Args);                    //选择设备
znFAT_Init();                                          //文件系统初始化
printf("文件系统初始化完成\r\n");
strcpy(video_fn,"/录像 yyyymmddhhmmss.AVI");
strcpy(photo_fn,"/照片 yyyymmddhhmmss.BMP");
while(1)
{
    if(! KEY_RECORD_VIDEO)                             //检测到录像按键
    {
        delay_us(100);
        if(! KEY_RECORD_VIDEO)                         //按键去抖
        {
            while(! KEY_RECORD_VIDEO);
            printf("按键已按下,开始视频录制\r\n");
            RTC_GetTime(RTC_Format_BIN,&RTC_Time);
            RTC_GetDate(RTC_Format_BIN,&RTC_Date);
            //根据日期时间信息生成文件名到 video_fn
            res = znFAT_Create_File(&fileinfo,video_fn,&dt);    //创建 AVI 文件
            if(! res)                                           //创建文件成功
            {
                printf("Suc. to create file. \r\n");
                printf("File_Name(Short 8.3): % s\r\n",fileinfo.File_Name);
                znFAT_WriteData(&fileinfo,2056,avi_riff);
                printf("视频文件头数据已写入\r\n");
                printf("开始录像...\r\n");
                counter = 0;
                while(1)
                {
                    while(GET_VSYNC());while(! GET_VSYNC());
                    SET_WRST(0);SET_RCLK(0);SET_RCLK(1);
                    SET_RCLK(0);SET_RCLK(1);SET_WRST(1);
                    SET_WEN(1);
                    while(GET_VSYNC());while(! GET_VSYNC());
                    SET_WEN(0);SET_OE(0); //以上代码实现捕捉一幅图像到 FIFO 中
                    TFT_CS = 0;TFT_RS = 1;
                    _75KB_LOOP;_75KB_LOOP;        //获取 150KB 的图像数据,
                                                  //写到 TFT 液晶中,同时写到 AVI 文件中
                    znFAT_WriteData(&fileinfo,8,fh);
                    TFT_CS = 1;
                    SET_OE(1);
                    SET_TEST_PIN(test); //闪灯
                    test = ~test;
                    counter ++ ;
```

```
            if(! KEY_RECORD_VIDEO)
            {
                delay_us(100);
                if(! KEY_RECORD_VIDEO)
                {
                    while(! KEY_RECORD_VIDEO);
                    printf("按键已按下,录像结束\r\n");
                    avi_riff[4] = fileinfo.File_Size;
                    avi_riff[5] = fileinfo.File_Size >> 8;
                    avi_riff[6] = fileinfo.File_Size >> 16;
                    avi_riff[7] = fileinfo.File_Size >> 24;
                    avi_riff[48] = counter;
                    avi_riff[49] = counter >> 8;
                    avi_riff[50] = counter >> 16;
                    avi_riff[51] = counter >> 24;
                    znFAT_Modify_Data(&fileinfo,0,52,avi_riff);
                    znFAT_Close_File(&fileinfo);
                    znFAT_Flush_FS();
                    printf("录像结束...\r\n");
                    break;
                }
            }
        else
        {
            printf("Fail to create file, Err Code:",res);
            while(1); //如果文件创建失败,就死在这里
        }
    }
}
if(! KEY_CAPTURE_PHOTO)
{
    delay_us(100);
    if(! KEY_CAPTURE_PHOTO)
    {
        while(! KEY_CAPTURE_PHOTO);
        printf("按键已按下,开始拍照\r\n");
        RTC_GetTime(RTC_Format_BIN,&RTC_Time);
        RTC_GetDate(RTC_Format_BIN,&RTC_Date);
        //根据日期时间信息生成文件名到 photo_fn
        res = znFAT_Create_File(&fileinfo,photo_fn,&dt);      //创建 BMP 文件
        if(! res)                                             //创建文件成功
        {
            printf("Suc. to create file.\r\n");
            printf("File_Name(Short 8.3):%s\r\n",fileinfo.File_Name);
            znFAT_WriteData(&fileinfo,54,bmp_header);
            printf("BMP 文件头数据已写入\r\n");
            printf("开始获取像素数据...\r\n");
            while(GET_VSYNC());while(! GET_VSYNC());
            SET_WRST(0);SET_RCLK(0);SET_RCLK(1);
            SET_RCLK(0);SET_RCLK(1);SET_WRST(1);
            SET_WEN(1);
            while(GET_VSYNC());while(! GET_VSYNC());
```

```
                    SET_WEN(0);SET_OE(0);
                    TFT_CS = 0;TFT_RS = 1;
                    _75KB_LOOP;_75KB_LOOP;
                    TFT_CS = 1;
                    SET_OE(1);
                    znFAT_Close_File(&fileinfo);
                    znFAT_Flush_FS();
                    printf("拍照结束...\r\n");
                }
                else
                {
                    printf("Fail to create file, Err Code:",res);
                    while(1);        //如果文件创建失败,就死在这里
                }
            }
        }
    }
    while(1);
}
```

　　另外,振南的这个录像实验,一方面还有很大的优化空间,感兴趣的读者可以到我网站下载源码(www.znmcu.com)或者直接找我也可以。还有就是上面实现的录像功能,还没有加入音频,也就是真正的 AVI 视频(音视频交错),大家在这个基础上继续开发来实现音频录制的相关功能。振南本来还想写一下录音笔的实验,基本思路是从 VS1003 获取经过 ADPCM 编码的音频数据,然后以 WAV 格式写到 SD 卡里。但是那样本章篇幅就显得太长了,而且内容显得很杂,反而让人反感。

第 20 章

AI 和 ChatGPT！嵌入式工程师的编程神器

注：此文有部分内容由 AI 协助生成（基于人工启发式提示引导）。

你能看出哪些是由 AI 生成的，哪些是由振南和段英荣（AI 算法达人）撰写的吗？

这一章，是在北航出版社已经准备出版发行的最后关头新增的，因为我觉得 ChatGPT 和 AI 真的是一个好东西，它正在颠覆我们的技术研发和工作方式。所以，我不想把它放到下一本书中，我迫不及待地要告诉大家它是一个多么厉害的东西。

振南其实是一个相对保守的人，并不会轻易地去接纳一个新的东西。一切要从一段代码说起。我需要基于 TI 的 TMS6713 DSP 来实现向美国 DDC 公司的 MIL－STD－1553B 协议芯片（MIL－STD－1553B 是一种航空通信总线，全称叫"飞机内部时分制指令/响应式多路传输数据总线"，为美国军用标准）BU－61580 发送一个消息。这种东西是很偏门的，百度能搜到的资料很少。这个时候一个叫段英荣的同事跟我说："要不你用 ChatGPT 试试！我给你一个网站你直接问它。"如图 20.1 所示。

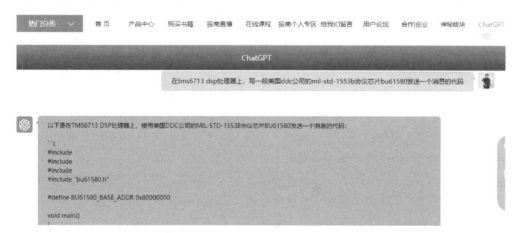

图 20.1 使用 ChatGPT 协助进行嵌入式软件开发（振南官网已接入 ChatGPT）

大家想使用 ChatGPT 的话可以登录 https://chatgpt.znmcu.com，或者直接加振南个人微信 ZN_1234，会有更多的 AI 和 ChatGPT 相关技术分享。还有 AI 绘画哦，可以体验一下。

"这种生僻的东西它也能回答？"我有点兴奋了。

"ChatGPT 背后是 OpenAI 的多模态大模型，集结了全世界的智慧！"

从此，我做嵌入式开发基本已经离不开 ChatGPT 了，如图 20.2 所示。

图 20.2 向 ChatGPT 询问 STM32 时钟初始化如何实现（振南官网已接入 ChatGPT）

这对于我们这些用了十几年百度的人，找资料重度依赖百度的人，仍然是抱有怀疑的。但是马上就被打脸了，2023 年 5 月，百度宣布"接入 AI 大模型，重构百度生态"。随后微软宣布 Windows 11 全面接入 AI。

我才恍然大悟，我已经进入了一个新的纪元，我以前是多么的原始。

基于我对 ChatGPT 和 AI 的浅薄认识还有段英荣的协助，形成了此章。如有不足，敬请海涵！如图 20.3 所示。

图 20.3 英荣.AI（AI 算法专家公众号：奇点涌现）

20.1 恐怖的 ChatGPT

2023 年 ChatGPT 火了。火到什么程度？根据瑞士银行巨头瑞银集团的一份报告显示，在 ChatGPT 推出仅 2 个月后，它在 2023 年 1 月末的月活（我也是第一次听说这个名词，其含义是每月用户活跃数量）已经突破了 1 亿。

2 个月，1 亿月活！什么概念？Instagram（与 YouTube、TikTok 同类的海外网红营销社媒）做到这个量级，用了足足两年半。TikTok 快一些，但也用了 9 个月。而 ChatGPT，2 个月，仅仅 2 个月！

2 个月的时间，就让这个能聊天，能通过谷歌程序员面试，能给总统写发言稿，能交出全校最高分论文的人工智能，火得一塌糊涂，如图 20.4 所示。

很多人惊呼，这个看似无所不能的人工智能，到底会给我们带来什么影响？如图 20.5 所示。

最近被上面这张图刷屏了，企业里忠诚度高、能力强、价格低的人才以前是不存在的，而现在 ChatGPT 恰好同时具备这几种特性。

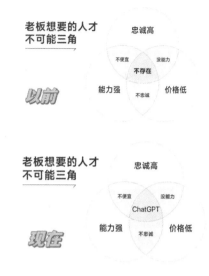

图 20.4　以色列总统发表了部分由 ChatGPT 撰写的演讲　　图 20.5　老板想要的"人才不可能三角"

1. ChatGPT 和 AI 带来的"范式革命"

所谓"范式革命"是一种创新和飞跃，一种科学体系的革命。展开来通俗说的话是这样：范式革命，大概就是相当于工业革命以前的纯畜力，比如牛马这种力量是一种范式。而到了工业革命，开始有了蒸汽机，这就是一种范式革命。

范式革命最大的特点，就是不能预知未来的科学范式是什么样的。就像蒸汽机发明前，不知道蒸汽机还可造出蒸汽轮船；内燃机发明前，不知道还可以造出这么大的飞机、火箭。

所以当前我们处于科技停滞阶段，因为没有出现新的范式革命。但是 ChatGPT 和 AI 打破了这个僵局。

2. ChatGPT 和 AIGC 技术

最近我们看到了很多东西：AI 孙燕姿、AI 绘画、AI 广告等。据说连网上最火的波士顿动力的机器人也要接入 AI，如图 20.6 所示。

ChatGPT 是 OpenAI 发布的基于 GPT-3 模型的智能对话系统，于 2022 年 11 月 30 日正式发布。所以，ChatGPT 只是 AI 的一个应用而已，是 AI 最接地气的一种体现形式。我们不应光把目光放在 ChatGPT 上，而应该是 AI。

微软已累计向 OpenAI 投资超过 100 亿美元。比尔·盖茨公开表示，OpenAI 研发的 GPT 人工智能模型是自 1980 年现代 GUI（图形用户界面）问世以来最重大的技术进步，如图 20.7 所示。

目前最新版本的 GPT-4 不仅局限在自然语言处理，同时还能够理解图片内容，相当于机器拥有了视觉并且会思考了，在应用层面有非常广的空间。比如，完全可以成为视力障碍人群的眼睛，通过识别、理解周边图像然后转换成语音告知用户，如图 20.8 所示。

除了 GPT-4，也有其他专业的图像处理大模型，最为知名的公司有 Stability、midjourney 等，它们在图像处理领域的影响力相当于自然语言处理的 ChatGPT。

图 20.6　波士顿动力 Atlas 人形机器人(业内机器人硬件顶尖水平的象征)

图 20.7　ChatGPT 具备的部分能力(此图取自公众号:奇点涌现)

　　图 20.9 是使用 AI 绘画大模型 stablediffusion 定制的振南油画肖像。可以开启我们的想象力,比如定制成毕加索风格、二次元风格等。

图 20.8　GPT-4 解读图像内容

图 20.9　AI 绘画模型生成的振南油画肖像(还可有更多风格)

振南网站已经提供了 AI 肖像服务(AI self-portrait)，它基于 AIGC 技术(AI generated content)，大家有兴趣的话，可以来体验一下。振南网站的后台有一部分是基于 AI 的，而这部分业务的支撑是基于实体 GPU 硬件算力的，如图 20.10 所示。

图 20.10　振南网站提供的 AI 肖像业务(AI self-portrait based AIGC)

AI 绘画还可以针对企业产品进行实物海报定制，如图 20.11 所示。

图 20.11　基于 AI 的海报定制

电商场景下图像大模型也在逐渐应用起来,比如 AI 模特搭配服装,如图 20.12 所示。

图 20.12　电商场景下应用 AI 模特进行服饰推广

在 AI 时代,各种场景都可以深度定制,相比于传统推广模式,利用 AI 定制我们不仅节省摄影、运营、UI 等大量人工成本,更重要的是 AI 的创造力、想象空间更加丰富。这一切都依赖于其背后自然语言处理大模型、图像处理大模型的突破性进展。

插播广告:基于段英荣段总背后的硬件算力和 AI 技术,我们可以满足您各种形式的内容定制需求。AI＋一切,欢迎前来咨询。

20.2　如何更好地使用 ChatGPT

AI 和人一样,想要得到满足的回答,一定要注意提问的方式方法。现在很多人在用 Chat-GPT:写论文、写工作报告、协助编程或者把它当成生活百科⋯⋯事实上,只有很少一部分人,真正懂它。

举个例子：在振南网站开通 ChatGPT 版块之后，我那傻傻的小姨子就开始用它来写公司的汇报材料了。但是她经常问我这样的问题，如图 20.13 所示。

正确地使用方法，可以得到更好的回答，甚至引导 ChatGPT 产生自主意识（别怕，不至于到终结者那个地步）。

我们在使用 GPT 的时候，向 GPT 发送的指令叫做 Prompt（提示）。ChatGPT 爆火之后，与大语言模型对话能力（Prompt Engineering，即提示工程）成为一项稀缺技能，现在招聘市场专业的 Prompt 工程师年薪达到几十万甚至百万，如图 20.14 所示。

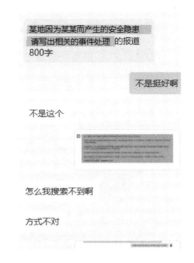

图 20.13　提问方式不对导致得不到满意的回答

图 20.14　某招聘平台 Prompt 工程师热招岗位及薪资待遇

ChatGPT 等大语言模型的一个重要特性就是遇强则强，一个专业的 Prompt 能够激发 GPT 深层次的能力，甚至可以引导 GPT 自我思考。接下来我们一起学习下与 GPT 对话的相关技术，让 ChatGPT 更好地为你服务。

1. ChatGPT 的分隔符

分隔符可以是任何东西，如：```，"""，＜＞，`<tag> </tag>`，`:` 等。

如图 20.15 所示，我们需要对一段文本总结成一句话，可以通过三个反引号将文本包含，

将由三个反引号分隔的文本总结成一句话。
```人类从有意识的那天开始就在寻找意义。一开始相信自然神，会雕刻一些动物作为神像供着。后来自己的力量增长了一些，开始雕刻一些人形的神像供着。再后来出现了宗教，上帝解答了人类一切问题，从人生的意义到吃什么、穿什么、哪天休息等等。人们一下子轻松了很多，终于可以踏踏实实活着，不必再问人生的意义是什么了，上帝爱每一个人，每个人都是世界的中心，都是世界存在的理由。```

 人类从有意识的那天开始就在寻找意义，最初相信自然神，后来出现了宗教，上帝解答了人类一切问题，人们终于可以踏踏实实活着，不必再问人生的意义是什么了。

图 20.15　如何让 ChatGPT 做文本总结(此图取自公众号：奇点涌现)

ChatGPT 即可精准的识别要处理的内容，给予我们更好的答案。

2. ChatGPT 的格式化输出

可以要求 ChatGPT 按照 JSON、HTML 等格式输出内容，如图 20.16 所示。

生成一本虚构书籍的书名、作者和类型的列表。
使用以下键以HTML格式提供：
book_id、title、author、genre。

 书籍：
<ul>
  <li><strong>book_id:</strong> 001</li>
  <li><strong>title:</strong> 漫长的岁月</li>

   <li><strong>author:</strong> 王五</li>
  <li><strong>genre:</strong> 历史</li>

 </ul>

图 20.16　如何让 ChatGPT 输出 HTML 格式(此图取自公众号：奇点涌现)

图 20.16 是按照指定格式生成一个 HTML 列表，而且要包含指定的元素，ChatGPT 可精准按照 HTML 格式输出我们想要的结果。

3. 如何让 ChatGPT 提取文本指令

如果一段文本中包含了一系列的指令描述，如何让 ChatGPT 按步骤格式化输出具体的指令，如图 20.17 所示。

"""包含的文本内容说明了泡一杯茶所需的一系列指令步骤。我们的目标是需要 ChatGPT 将具体指令提取出来，并按照指定的格式输出。ChatGPT 给出了非常准确的结果，可以看
```

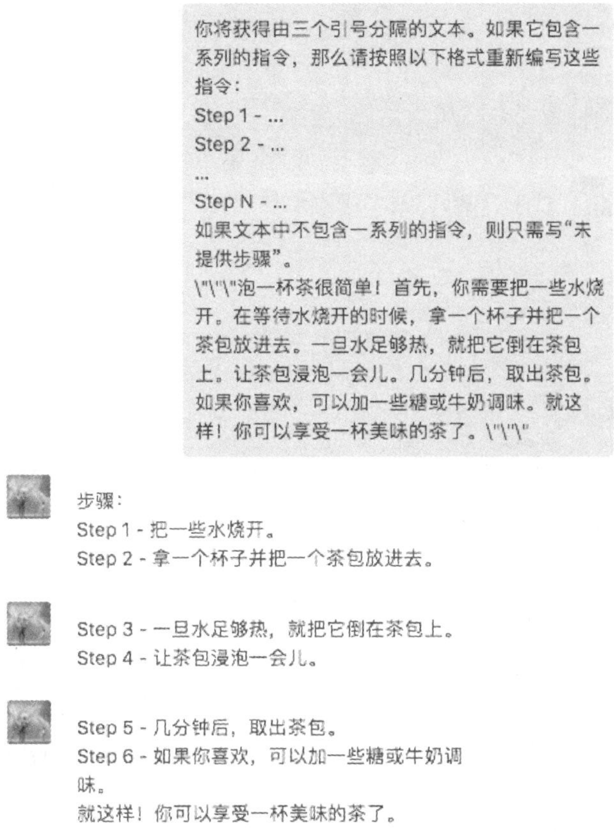

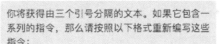

你将获得由三个引号分隔的文本。如果它包含一系列的指令，那么请按照以下格式重新编写这些指令：
Step 1 - ...
Step 2 - ...
...
Step N - ...
如果文本中不包含一系列的指令，则只需写“未提供步骤”。
\"\"\"泡一杯茶很简单！首先，你需要把一些水烧开。在等待水烧开的时候，拿一个杯子并把一个茶包放进去。一旦水足够热，就把它倒在茶包上。让茶包浸泡一会儿。几分钟后，取出茶包。如果你喜欢，可以加一些糖或牛奶调味。就这样！你可以享受一杯美味的茶了。\"\"\"
步骤：
Step 1 - 把一些水烧开。
Step 2 - 拿一个杯子并把一个茶包放进去。
Step 3 - 一旦水足够热，就把它倒在茶包上。
Step 4 - 让茶包浸泡一会儿。
Step 5 - 几分钟后，取出茶包。
Step 6 - 如果你喜欢，可以加一些糖或牛奶调味。
就这样！你可以享受一杯美味的茶了。

图 20.17　如何让 ChatGPT 提取指定文本(此图取自公众号:奇点涌现)

出大模型的自然语言理解能力已经非常先进了。只要方法用对，能够协助我们解决日常生活中许多烦琐的文案处理工作。

4. 如何让 ChatGPT 以特定风格输出内容

文案类的日常工作中，我们经常涉及对一些词语进行描述，比如我们需要几个关于“韧性”这个词语的句子描述，看 ChatGPT 如何回答，如图 20.18 所示。

直接询问 ChatGPT，可以得到相关的描述。但是有时我们的文章是具有特定风格的，比如要用到一些比喻修辞手法，这种情况下如何让 GPT 输出呢，如图 20.19 所示。

我们在问题中设置了具体的风格引导，通过一个例子对 ChatGPT 进行引导。ChatGPT 通过我们的引导可以学会修辞风格，并且按照同样的风格对词语进行造句。

5. 如何引导 ChatGPT 主动思考

接下来的任务我想让 ChatGPT 处理一段文本，并且需要完成以下一系列任务：

① 将文本总结成摘要；

② 将摘要翻译成英文；

③ 提取英文摘要中的名字；

④ 将翻译的英文摘要和提取的名字以 JSON 格式输出。

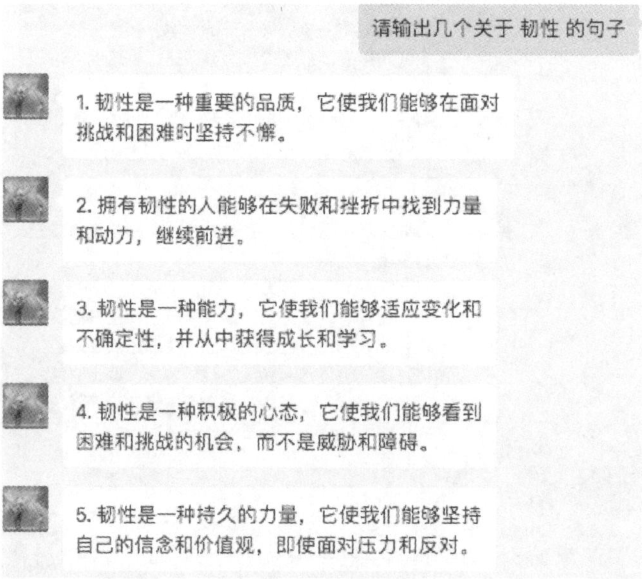

请输出几个关于 韧性 的句子

1. 韧性是一种重要的品质，它使我们能够在面对挑战和困难时坚持不懈。

2. 拥有韧性的人能够在失败和挫折中找到力量和动力，继续前进。

3. 韧性是一种能力，它使我们能够适应变化和不确定性，并从中获得成长和学习。

4. 韧性是一种积极的心态，它使我们能够看到困难和挑战的机会，而不是威胁和障碍。

5. 韧性是一种持久的力量，它使我们能够坚持自己的信念和价值观，即使面对压力和反对。

图 20.18　如何让 ChatGPT 对指定词语造句(此图取自公众号：奇点涌现)

你的任务是需要以统一的风格回答
<学生>:教我关于耐心的知识。
<老师>:刻出最深峡谷的河流源于一处不起眼的泉眼；最宏伟的交响乐从一支单独的音符开始；最复杂的挂毯始于一根孤独的线。
<学生>:教我关于韧性的知识。

<老师>:韧性是指在面对挑战和困难时，能够保持弹性和坚韧的能力。就像弹簧一样，能够承受压力和拉伸，但不会断裂。韧性的培养需要不断的锻炼和挑战自己，同时也需要保持积极的心态和乐观的态度。只有在不断地挑战和适应中，才能够培养出真正的韧性。

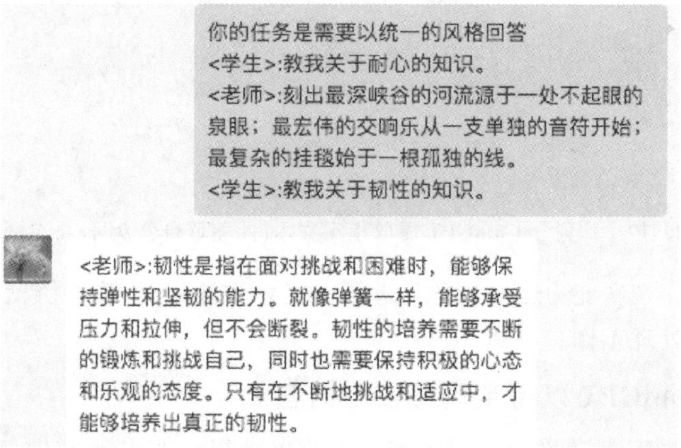

图 20.19　ChatGPT 以特定风格对词语造句(此图取自公众号：奇点涌现)

　　每一步任务都是紧密相关的,且都是依赖上一步任务的结果。要完成这个目标,需要我们给 ChatGPT 发送的问题中明确好具体的步骤,如图 20.20 所示。

　　图 20.20 中需要处理的问题使用<>分割,通过 1、2、3、4 指明 GPT 需要处理的一系列指令,且需要按照具体格式输出每一步指令的结果,最后的结果展示可以看到 ChatGPT 准确的执行了我们的指令要求。

　　通过这个示例可以看出我们能够通过将多个任务写到一个问题中让 ChatGPT 处理一件复杂的事情。在这之前我们要完成类似的工作可能要通过不同的软件或者写一段较复杂的代码才能实现。现在只需要给 ChatGPT 写好具体的指令要求即可。ChatGPT 的语言理解能力和执行能力真的是非常强大。

　　关于如何正确地与 ChatGPT 对话,作者先分享这些,读者朋友可以多加练习以便能够更

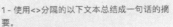

1 - 使用<>分隔的以下文本总结成一句话的摘要。

2 - 将摘要翻译成英语。

3 - 在英语摘要中列出每个名称。

4 - 输出一个json对象，其中包含以下键：
eng_summary, num_names。

使用以下格式：
摘要: <摘要>
翻译: <摘要翻译>
名字: <列出英文摘要的名字>
JSON: <包含eng_summary, num_names的json输出>

文本:<在一个迷人的村庄里，兄妹杰克和吉尔开始了一次从山顶井中取水的探险。他们一边唱着欢快的歌曲一边攀登，但不幸的是，杰克绊倒在一块石头上，滚下了山坡，吉尔也跟着摔倒了。虽然有些受伤，但他们还是回到了家中得到了安慰的拥抱。尽管发生了不幸的事故，他们的冒险精神仍然没有减弱，他们继续充满喜悦地探索着。>

 摘要: <兄妹在山顶井中取水的探险中发生了不幸的事故，但他们的冒险精神没有减弱。>

 翻译: <During an adventure to fetch water from a mountaintop well, siblings Jack and Jill stumbled and fell, but their adventurous spirit remained undiminished.>

22:16

 名字: Jack, Jill
JSON: {"eng_summary": "During an adventure to fetch water from a mountaintop well, siblings Jack and Jill stumbled and fell, but their adventurous spirit remained undiminished.", "num_names": 2}

图 20.20　ChatGPT 处理更为复杂的文本任务(此图取自公众号：奇点涌现)

加深刻地掌握这些技巧。另外也可关注作者公众号：奇点涌现，公众号文章已发表多篇关于ChatGPT 相关的实战技巧。如果有问题也可添加作者微信：dyrslds，我们一起探讨解决。

20.3　ChatGPT 能给工作带来的切实好处

　　好了，到这里读者朋友可能想迫切体验一番 ChatGPT 的对话能力。在工作中如何才能将 ChatGPT 真正有效地应用起来呢？目前工作的哪几方面可以应用 ChatGPT 提效，确保自己在这场时代的变革中不被淘汰？在展开讲述之前作者先介绍下几种与 ChatGPT 对话的途径：

　　① ChatGPT 官网：https://chat.openai.com/，这种方式虽然最正宗，但是对普通用户不太可行，因为是国外网站，登录访问限制太多，即使能突破各种限制登录上网站也有账号被封禁的风险，不做推荐。

② 振南官网：http://www.znmcu.com/chatgpt.html，这是振南专为广大读者朋友方便体验 ChatGPT 特地开发的一个功能，登录振南官网注册就可以流畅体验 ChatGPT 智能对话。

③ 公众号：奇点涌现，发消息即可体验 ChatGPT 聊天功能，公众号日常也会更新 ChatGPT 和 AI 绘画相关的前沿干货技术及公司落地案例。

接下来作者会通过几个真实案例具体说明 ChatGPT 带来的切实影响。

20.3.1　数据分析师的求助

这是一个我身边的例子。数据分析师同事日常需要处理各种报表数据，虽然对 Word、WPS 等工具已经应用得非常娴熟，但前一阵却遇到一个棘手的问题跑过来求助。

某张 Excel 报表的 name 列是中文汉字，需要转成拼音，跑过来向研发求助，同是技术部门的兄弟，平时一起吃饭聊天，相互帮忙是必然的，肯定不能推脱。我开始想的是写一个中文转拼音算法来完成这件事，但后来一想有现成的 ChatGPT，何不用一下，趁机也可用这个新的工具炫技一波，如图 20.21 所示。

张三
李四
朱波
王五
马六
陈其
龙艳
卢酒

按顺序转成拼音，并且去掉声调

zhang san
li si
zhu bo
wang wu
ma liu
chen qi
long yan
lu jiu

图 20.21　应用 ChatGPT 将中文汉字转成拼音（此图取自公众号：奇点涌现）

结果出来的那一刻，数据分析同事瞬间"哇！"，原来还有这么高效智能的工具，当时就秒变粉丝，关注了公众号，欢快地跑回去做各种技能解锁去了。

之前类似这种个性化的问题通过百度或 Google 搜索引擎是查询不到结果的，如图 20.22 所示。只能通过写一段代码转换程序解决，现在只需要向 ChatGPT 发送文字指令就能立马得到精准答案。

20.3.2　ChatGPT 在嵌入式行业的应用

振南长期从事嵌入式相关技术研发和知识传播工作，本书主要讲述的也是振南在嵌入式行业的创业经历、工作历程，还有很多技术的干货。所以在 ChatGPT 刚发布不久，振南就敏锐察觉到这场生产力的变革并且率先将其集成到了官方网站之中：http://www.znmcu.

com/chatgpt.html。

图 20.22　Google 查询多个中文词语转拼音结果

从大方向上来看,ChatGPT 的加持会让嵌入式行业的智能化更上一个台阶。2023 年 4 月 11 日,"阿里版 ChatGPT"通义千问正式发布,阿里巴巴集团董事会主席兼首席执行官、阿里云智能集团首席执行官张勇亲自到场,如图 20.23 所示。

图 20.23　阿里大模型通义千问发布会现场

张勇表示:阿里巴巴所有产品未来将用大模型进行全面改造。阿里巴巴全家桶产品体系中,和嵌入式行业最相关的就是天猫精灵了。天猫精灵的嵌入式软件工程师职位也一直是行业的热门岗位,如图 20.24 所示。

张勇介绍天猫精灵等产品在接入通义千问测试后,变得聪明了很多。不仅能回答家里小朋友的各种刁钻问题,还多了一份情感连接,成为更温暖、更人性化的智能助手,如图 20.25 所示。

在实际的具体工作中,由于 ChatGPT 强悍的编码能力及逻辑推理能力,已经成为研发人员的日常得力助手。接下来列举几个振南官网上用户咨询 ChatGPT 比较有代表性的问题:

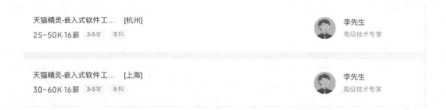

图 20.24　某招聘平台天猫精灵嵌入式热招岗位

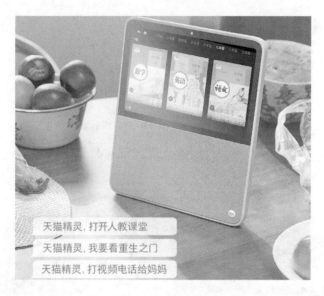

图 20.25　天猫精灵智能音响

问题一："帮我写一个 Linux 的 I^2C 驱动程序框架。"

ChatGPT 给的答案中，I^2C 的基础框架代码已经给提供好了，并且最后给出了框架代码的解释说明，许多机械性的定义代码不需要从头编写了，只需要将一些个性化配置及关键代码填写进去就可以，如图 20.26 所示。在运行过程中即使报错也可以将报错信息发给 ChatGPT 再

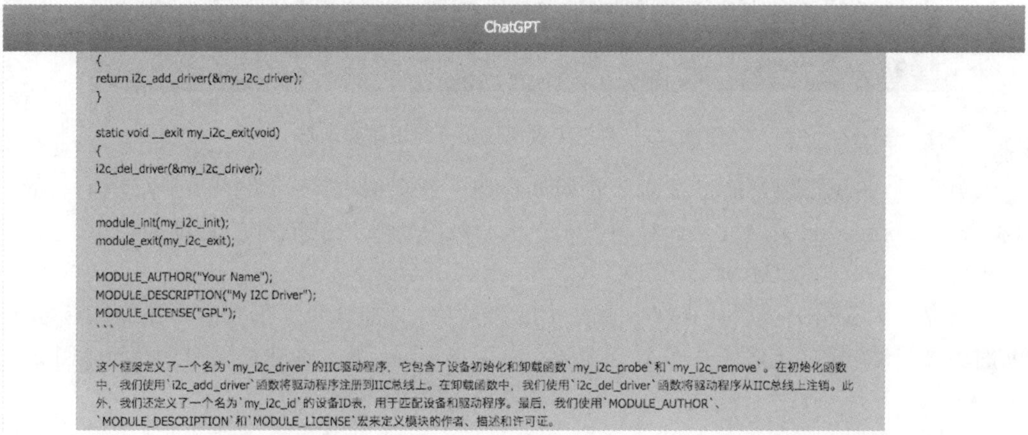
ChatGPT

```
{
return i2c_add_driver(&my_i2c_driver);
}

static void __exit my_i2c_exit(void)
{
i2c_del_driver(&my_i2c_driver);
}

module_init(my_i2c_init);
module_exit(my_i2c_exit);

MODULE_AUTHOR("Your Name");
MODULE_DESCRIPTION("My I2C Driver");
MODULE_LICENSE("GPL");
```

这个框架定义了一个名为`my_i2c_driver`的IIC驱动程序，它包含了设备初始化和卸载函数`my_i2c_probe`和`my_i2c_remove`。在初始化函数中，我们使用`i2c_add_driver`函数将驱动程序注册到IIC总线上。在卸载函数中，我们使用`i2c_del_driver`函数将驱动程序从IIC总线上注销。此外，我们还定义了一个名为`my_i2c_id`的设备ID表，用于匹配设备和驱动程序。最后，我们使用`MODULE_AUTHOR`、`MODULE_DESCRIPTION`和`MODULE_LICENSE`宏来定义模块的作者、描述和许可证。

图 20.26　此图来源于振南网站：http://www.znmcu.com/chatgpt.html

次咨询答案,极大提高了工程师的研发效率。

问题二:"写一个 shell 脚本,循环测试 ifconfig 网卡是否存在。"

如图 20.27 所示,ChatGPT 给出了具体 shell 代码以及解释,将代码复制到主机上直接运行即可,简单高效。

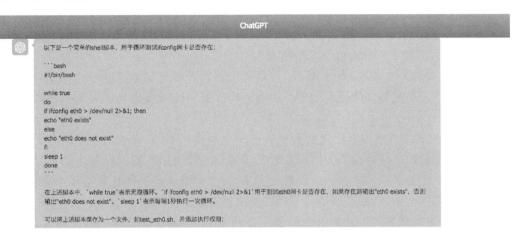

图 20.27　截图来源于振南网站:http://www.znmcu.com/chatgpt.html

到这里,大家应该已经感受到了 ChatGPT 强大的答案生成能力。相比于我们之前常用的搜索引擎,的确存在一定的优越性。接下来我们做个对比,来分析两种模式的不同。比如上面这个问题我们使用百度查到如图 20.28 所示结果。

图 20.28　百度搜索引擎查询结果展示

结果列表并没有很直接地给到我们答案,而是一系列网页列表,需要我们逐一点进去分析。

20.3.3　ChatGPT 颠覆现有搜索引擎

以谷歌、百度为代表的搜索引擎是基于 AI 1.0 成长起来的产品,现在已经深入到人们日常的生活和工作当中了,高效的信息分发效率也助推了互联网经济的飞速发展。

AI 1.0 时代的搜索引擎有以下几个特点:

① 搜索结果是以网页列表形式展现,且结果中融入了竞价排名机制,商业化和内容质量都会作为影响因子决定最终的展现顺序。所以用户需要自己对搜索出的结果列表做甄别,识别出自己想要的内容。

② 不管百度还是谷歌搜索出来的网页数据都是预先抓取的,通过对用户的问题做分析,结合相似度匹配算法选出最相关的网页数据进行展现。如果用户的问题很个性化,比如上面作者提到的多个中文名字按顺序转成拼音,这类问题搜索引擎通过匹配算法根本无法匹配到网页数据库中的某个结果,那么就给不了用户精确的答案。

以 ChatGPT 为代表的大模型之所以如此受欢迎,主要是优化解决了传统搜索引擎的以上几个难题,使问答效率更高效。

① ChatGPT 针对用户的问题直接给出最优的答案,不需要用户从结果列表中自己去挨个甄别分析了。

② ChatGPT 给出的答案是生成式的,名字中的 G 全称 Generative,中文含义即生成式的。ChatGPT 经常被类比为人类的神经元大脑,具有强大的逻辑推理能力,如图 20.29 所示。

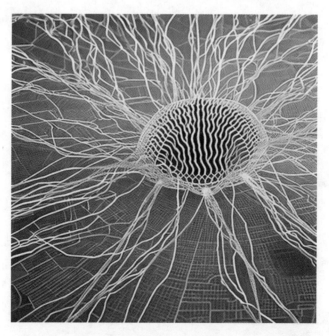

图 20.29　从神经元数学模型到 ChatGPT(此图由 AI 生成)

搜索引擎的检索匹配模式是从一个巨大的答案库中根据用户问题匹配答案,语言的灵活性以及不同搜索引擎的匹配算法导致了许多用户的问题匹配不到正确答案。

而 ChatGPT 是预先将这个巨大的答案库吸收理解了。用户咨询问题时，ChatGPT 依据理解的海量知识，结合其强大的逻辑推理能力去生成答案。这非常类似于人类的主动学习能力，通过不断加强 ChatGPT 吸收的知识容量以及不断升级它的推理能力，ChatGPT 就可以进化为一个全能的新物种。

所以 ChatGPT 的诞生倒逼了百度和谷歌两家巨头公司的战略改革。百度率先发布了国内首个大模型：文心一言。百度创始人李彦宏表示要全力拥抱 AI 时代。为了应对 ChatGPT 的冲击，谷歌 CEO 桑达尔·皮查伊（Sundar·Pichai）在今年 2 月对内发布了一份"红色代码（Red Code）"预警，要求谷歌旗下用户量超 10 亿的产品尽快接入生成式 AI，如图 20.30 所示。

图 20.30　谷歌全面迎战 ChatGPT 带来的威胁

20.3.4　职场写作终于不再头疼

以下是一个职场上让人头疼的日常（以下例子由 AI 生成）。

"辛苦的一周终于结束了，周报还不放过我。记录重复性劳动说敷衍，写不好≈没干活。"

"要写邮件催一下甲方，写了删，删了写，要怎么才能写一封不伤和气的邮件呢？"

"领导让我下班前给个很棒的项目方案，我在发光和发热中选择了发疯，打开浏览器里搜索如何一天造火箭。"

……

不知道大家在职场中有没有写作方面的苦恼？

职场写作是一项通用技能，无论你处于哪个行业，都需要用到写作。无论是发送电子邮件、撰写工作报告，还是准备方案都需要良好的写作能力。此时屏幕面前已经有小伙伴皱起了眉头。

别担心！想一想如果你有 N 个逻辑清晰、写作能力优秀的下属，可以很好地处理这些让人掉毛的写作任务，而且效率极高、随时响应、任劳任怨、成本还低……你是不是会开心得晕过去。没错，这就是 ChatGPT 小助手！

这里作者再给出一个万能的职场写作 Prompt 公式：

$$Prompt＝角色＋目标＋背景＋要求$$

简单解释一下：

角色：你希望这个 AI 助手负责什么工作？比如一个会议纪要助手。

目标:明确需要 AI 助手做什么?比如完成一个会议记录的梳理总结。

背景:任务的相关背景信息,信息越多,AI 助手完成得越好。

要求:需要 AI 助手以什么方式完成任务?比如使用中文、多少字以内、包含某些关键词、格式是怎么样的、风格……

这个公式其实就是让我们在给 AI 助手布置任务时,把意思尽可能地表达清楚。套用这个 Prompt,基本可以满足大部分职场写作需求。

下面以一个具体案例说明:

假如我是一个教育公司的产品经理,我的周报 Prompt 可以这样写:"你是我的周报助手,根据我的工作内容扩写成一篇高质量的周报。我是一个教育产品经理,负责开发、管理和改进教育产品。本周我完成了 5 个市场竞品调研分析报告,其中竞品 C 的数据准确性有问题,下周我需要制定产品策略。要求分模块书写,对工作完成情况、存在问题、下一步工作等进行详细描述和分析,分条表述。"ChatGPT 的输出结果如图 20.31 所示。

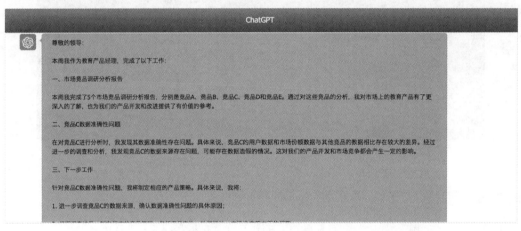

图 20.31　此图源于振南网站:http://www.znmcu.com/chatgpt.html

20.3.5　程序员的危与机

ChatGPT 诞生后,人们在使用过程中越来越惊叹其出色的编程能力。对软件开发行业比较关注的读者,我们将时间倒推到 2018 年,当时微软以 75 亿美元高价收购了 GitHub(关于 GitHub 的介绍大家可以去看本书的相应章节)。微软作为一个商业公司,买下了全球最大的开源代码托管网站,回过头来看不得不说是一步大棋,也能解释为啥 ChatGPT 有如此强悍的编程能力(意思是 OpenAI 基于微软 GitHub 的巨量代码对 ChatGPT 进行训练)。

程序员的"危"在于:编码操纵计算机这项之前程序员独有的能力被 ChatGPT 释放出来了。项目经理、产品经理甚至非互联网从业人员都可以应用类 ChatGPT 等大模型快速验证自己的想法,创造出之前需要程序员通过大量编码才能实现的功能。截至目前,市面上已经有许多优秀的"零代码创作工具"帮助用户通过零代码快速构建各种复杂、炫酷的交互及应用。

程序员的"机"在于:ChatGPT 等 AIGC(AI 内容生成)带来的是生产力的提升,对程序员来说也是一样,基于 GPT 的 Copilot(ChatGPT 用于自然语言生成和处理,而 Copilot 则是用于代码的生成和提示,它将随 Win11 一同发布。想想程序员们以后会过什么样的日子?)等工具的推出极大提升了程序员的代码研发能力及研发速度。而且目前在全球资本狂热的背景下,大量公司需要基于 ChatGPT 及垂直领域的企业数据进行二次定制,这种能力是必须要程序员参与的。梅花创投创始人曾经说过:在 AIGC 领域一年等于其他领域十年。所以每一位程序员都应该结合自身情况深入思考一下如何切入这场以 ChatGPT 为代表的 AIGC 生产力变革当中。

20.4　如何构建自己的 ChatGPT

20.4.1　国内使用 ChatGPT 的问题

本章开始作者已经讲过 ChatGPT 是美国 OpenAI 公司推出的大模型,尽管其综合能力非常惊艳,但国内要使用它还是存在以下几个主要问题:

(1) 数据安全问题。近几年国家在数据安全、个人隐私等方面陆续完善相关法律法规。与 ChatGPT 对话数据都是流向国外的,现在全球许多国家都在为 ChatGPT 的隐私安全问题极为担忧,一些国家更是颁布政策禁止国内使用 ChatGPT。

(2) OpenAI 自身的限制问题。因为 ChatGPT 的首发优势,全球用户都在申请访问,ChatGPT 针对每个问题的答案生成都需要消耗 GPU 算力。根据研究公司 SemiAnalysis 数据,OpenAI 每天须支付高达 70 万美元(折合人民币约 480 万元)来维持 ChatGPT 的运行。受限于计算能力及工程并发请求能力制约,OpenAI 针对单个访问用户加了每分钟的访问次数限制,且按照答案生成的字数收取费用。具体如图 20.32 所示。

	TEXT & EMBEDDING	CHAT	CODEX	EDIT	IMAGE	AUDIO
Free trial users	3 RPM 150,000 TPM	3 RPM 40,000 TPM	3 RPM 40,000 TPM	3 RPM 150,000 TPM	5 images / min	3 RPM
Pay-as-you-go users (first 48 hours)	60 RPM 250,000 TPM	60 RPM 60,000 TPM	20 RPM 40,000 TPM	20 RPM 150,000 TPM	50 images / min	50 RPM
Pay-as-you-go users (after 48 hours)	3,500 RPM 350,000 TPM	3,500 RPM 90,000 TPM	20 RPM 40,000 TPM	20 RPM 150,000 TPM	50 images / min	50 RPM

图 20.32　不同产品能力的访问速率限制说明(摘于 OpenAI 官网)

OpenAI 各种模型的收费标准如表 22.1 所列。

接下来作者从个人和公司两个角度来讲一下如何玩转 ChatGPT(私有化)。

20.4.2　微信公众号对接 ChatGPT

ChatGPT 刚推出不久,国内最早一批玩家是将其对接到微信上,然后拉群裂变,在群里让用户体验 ChatGPT 的对话能力。但是随后微信官方将这种行为视为违规操作,封禁了一大批接入 ChatGPT 的微信号。但截至目前依然有一些资深骇客通过 hook 的方式绕过微信的封禁在推广自己的 ChatGPT 微信机器人。这里作者不推荐微信对接,分享一种公众号对接的方式让读者朋友可以动手体验下。

表 22.1　OpenAI 官网：每种模型的收费标准

GPT－4 8K context	Prompt：$ 0.03 / 1K tokens Completion：$ 0.06 / 1K tokens
GPT－4 32K context	Prompt：$ 0.06 / 1K tokens Completion：$ 0.12 / 1K tokens
Chat gpt－3.5－turbo	$ 0.002 / 1K tokens
InstructGPT Ada	$ 0.0004 / 1K tokens
InstructGPT Babbage	$ 0.0005 / 1K tokens
InstructGPT Curie	$ 0.0020 / 1K tokens
InstructGPT Davinci	$ 0.0200 / 1K tokens

1. 服务器准备

首先，需要准备一台服务器，最好是国外的。虽然用国内主机也可以通过代理的方式解决，但依我个人经验它还是会经常不稳定，一般可在腾讯云或阿里云进行购买，这里以腾讯云为例：我们先登录到腾讯云 https://cloud.tencent.com/product/cvm 如图 20.33。

图 20.33　腾讯云首页

点击"立即选购"就到了服务器购买页面了。在这一步就可以根据自己的需要选购服务器，最好购买欧洲或美洲的服务器，CPU、内存、带宽选用最小的就可以了，如图 20.34 所示。

操作系统选择 CentOS 即可，如图 20.35 所示。

操作系统有了之后，我们就可以部署服务了。

2. 服务部署

作者已将开发好的代码放到了 GitHub，可直接下载使用。

GitHub 地址：https://github.com/duanyr/wx_chat_gpt.git

服务部署方式及使用说明参考 GitHub。

3. 公众号基础配置

这一步就简单了，我们就按照如下方式进行配置即可，配置完成后直接启动，如图 20.36 所示。

图 20.34 腾讯云购买服务器页面(选择配置)

图 20.35 腾讯云购买服务器页面(选择操作系统)

URL 就是服务器外网 IP 地址,Token 需要自己设置,任意值都可以,比如 123456,但是要和代码里保持一致,作者也在 GitHub 代码里进行了相关注释说明。EncodingAESKey 随机生成,消息加解密方式根据自己需求进行选择。

最后效果如图 20.37 所示。

需要注意的是,公众号区分个人主体和企业主体两种方式。个人主体方式是即问即答的模式,针对用户问题只能回复一条回答,而且回答有 5 s 的超时时间限制。超过 5 s 公众号会显示:"该公众号提供的服务出现故障,请稍后再试。"而 OpenAI 提供的 API 接口数据获取基本都是 5 s 以上,所以存在一定的用户体验问题。

企业主体公众号增加了客服消息权限,针对用户的问题可以应用 OpenAI 提供的流式数据获取功能将数据分多次发给用户,完美解决个人主体公众号存在的问题,用户体验大幅提升。

最后作者已将该功能集成到公众号:奇点涌现,不想麻烦的朋友也可以关注该公众号发消息体验。

请填写接口配置信息, 此信息需要你拥有自己的服务器资源。
填写的URL需要正确响应应微信发送的Token验证, 请阅读接入指南。

URL

必须以http://或https://开头, 分别支持80端口和443端口。

Token

必须为英文或数字, 长度为3-32字符。
什么是Token?

EncodingAESKey   / 43   随机生成

消息加密密钥由43位字符组成, 可随机修改, 字符范围为A-Z, a-z, 0-9。
什么是EncodingAESKey?

消息加解密方式   请根据业务需要, 选择消息加解密类型, 启用后将立即生效
　　　　　　　　明文模式
　　　　　　　　明文模式下, 不使用消息体加解密功能, 安全系数较低
　　　　　　　　兼容模式
　　　　　　　　兼容模式下, 明文、密文将共存, 方便开发者调试和维护
　　　　　　　　安全模式 (推荐)
　　　　　　　　安全模式下, 消息包为纯密文, 需要开发者加密和解密, 安全系数高

图 20.36　微信公众号基础配置方法

图 20.37　公众号对接 ChatGPT 最终效果图示

20.4.3　企业私有化定制 ChatGPT 能力

ChatGPT 是通用大模型, 而且其中文训练语料占比不足千分之一, 意味着针对垂直领域的企业的一些个性化问题 ChatGPT 生成的答案不是很完美。所以企业应用 ChatGPT 需要解决以下两个主要问题:

(1) 如何用企业私有数据微调 ChatGPT, 使其生成的答案更加贴近场景;

(2) 如何解决数据安全问题, 不能将企业数据和用户信息流向国外。

作者结合在本公司的落地案例, 推荐一种搭配方案:ChatGLM - 6B + text2vec - large - chinese + langchain + faiss(振南介绍:英荣的个人公司主要是做 AI 方面的各种应用, 有自己的 GPU 阵列, 而且他本人也是主管技术的总监, 很专业。大家有广阔的 AI 相关项目合作空

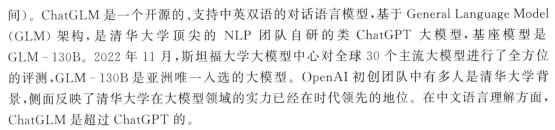

间）。ChatGLM 是一个开源的、支持中英双语的对话语言模型，基于 General Language Model (GLM) 架构，是清华大学顶尖的 NLP 团队自研的类 ChatGPT 大模型，基座模型是 GLM－130B。2022 年 11 月，斯坦福大学大模型中心对全球 30 个主流大模型进行了全方位的评测，GLM－130B 是亚洲唯一入选的大模型。OpenAI 初创团队中有多人是清华大学背景，侧面反映了清华大学在大模型领域的实力已经在时代领先的地位。在中文语言理解方面，ChatGLM 是超过 ChatGPT 的。

ChatGLM－6B 是一个具有 62 亿参数的中英双语语言模型。通过使用与 ChatGLM 相同的技术，ChatGLM－6B 初具中文问答和对话功能。结合模型量化技术，用户可以在消费级显卡上进行本地部署（INT4 量化级别下最低只需 6 GB 显存）。GitHub 地址：https：//github. com/THUDM/ChatGLM－6B。

text2vec－large－chinese：自训练 embedding 模型，用于计算文本相似度。GitHub 地址：https：//github. com/shibing624/text2vec。

langchain：大语言模型集成工具，最近刚获得 1 000 万美元种子轮融资，GitHub 地址：ht-tps：//github. com/hwchase17/langchain。

Faiss(Facebook AI Similarity Search)是 Facebook AI 团队开源的针对聚类和相似性搜索库，为稠密向量提供高效相似度搜索和聚类，支持 10 亿级别向量的搜索，是目前较成熟的近似近邻搜索库。

GitHub 地址：https：//github. com/facebookresearch/faiss. git。

方案运行原理：

（1）利用 text2vec－large－chinese 向量化能力，将企业私有数据向量化后存到 faiss 中；

（2）对用户的 query 同样进行向量化；

（3）从 faiss 中查找与 query 最相似的 topk 答案；

（4）最后利用 ChatGLM 强大的生成能力将 topk 答案数据集处理成最终要输出的结果。

ChatGLM－6B－int4 与 text2vec－large－chinese 涉及的 model 模型需要从 huggingface 下载。huggingface 链接地址在各自的 GitHub 说明里都能找到。ChatGLM－6B－int4 model 体积较大，需要一点时间。

Cuda 版本需要 11 以上，否则 pytorch 可能会报错：cublaslt. cublasLtCreate RuntimeError：Library cublasLt is not initialized。

我们看一下针对同一个问题，数据定制前和定制后的模型答案生成结果。

问题：高智商长相有什么特点？

数据定制前，ChatGLM－6B 模型输出："智商与长相没有直接关系，高智商是指一个人的智力水平，与外貌特征无关。不过，长相的特点可能影响一个人的智商表现。例如，有些人可能具有高智商，但他们可能具有不漂亮的外表。"

接下来用图 20.38 中的数据集对模型进行定制。

同一个问题，本次模型输出如下结果："高智商长相的特点可以参考韩雪。她的额头高且相对饱满、偏方的下巴、面部肉肉偏少、五官形状偏尖细、脸型偏窄长以及偏高的颧骨都有助于营造出高智商感。此外，她整体的穿搭风格简约通勤，注重质感，也有助于提高高智商感。"

可以看到，针对同一个问题，模型成功参考了我们提供的数据进行答案生成。

企业私有数据定制智能 Chat 是一套较复杂的方案，这里作者提供了一个可行的思路，在高智商长相有哪些特点？一提到高智商长相，我脑海中第一个蹦出来的就是韩雪！从很多年前她塑造的香雪海到最新一季《我就是演员》的冠军，她不仅人长得美，实力还很强。是我个人审美领域里评价很高的类型，举手投足间冷静睿智~韩雪看起来有一种外企精英的气质，还有工科女的理智冷静，总结就是很高智商的感觉。她的这种高智商感，和长相特征以及穿衣打扮是分不开的。她的这种高智商感，个人总结主要来源于以下几点特征！ 1：额头高且相对饱满：别纠结字眼，不是越高越好的意思。民间最熟悉的面相说法也是脑门大聪明，和我的说法如出一辙，也因此额头低窄这个特征我一直评价不高，确实有一种木木呆呆的感觉（我得承认这是刻板印象，实际聪明与否当然不是看这里啦）！ 2：偏方的下巴：韩雪的下巴虽然比较小，但是腮部和下巴底端都是偏方的。太圆显得人憨厚，太尖显得精明算计。而唯有略偏方显得端正大气、理性，瞬间又想到了俞飞鸿，也是一等一的美人啦！ 3：面部肉肉偏少：面部肉肉会给人理性、克制、冷静、孤傲一类的感觉，具体更接近哪个感觉要看整体。 4：面部五官形状偏尖细：韩雪的眼睛、鼻子、嘴巴都以偏细的线条和尖角收尾，面部整体线条非明快毫无圆盾、笨拙感。 5：脸型偏窄长：脸型偏窄长比脸型短宽、圆脸肯定显得更睿智一些。 6：偏高的颧骨：这个很好理解，平颧骨比森绘梨佳比如很多日杂甲模，给人的感觉是比较柔和，人畜无害、很纯的感觉。高智商感要的是聪明精英一类的感觉，所以颧骨不能太平，不然毫无气势感。另外，仔细观察会发现，韩雪整体的穿搭都是简约通勤风，而且质感隔着屏幕都感觉很好。没有复杂的配饰、多出来的名贵手表，这也是加成这种高智商感的原因。因为高智商肯定带来丰厚收入，从而穿搭更有质感。个人感觉韩雪的高智商感也正是让她长红不衰的原因之一！

图 20.38　ChatGLM - 6B 模型定制所用的数据内容

实际落地推进过程中可能还会遇到其他的一些问题，也欢迎大家添加作者微信：dyrslds，我们一起探讨解决！

最后，我们以腾讯 CEO 马化腾对 ChatGPT 和 AI 的看法结束本章。在腾讯 2023 年股东大会上，腾讯 CEO 马化腾回应有关 ChatGPT 和 AI 相关提问时表示："我们最开始以为（人工智能）是互联网十年不遇的机会，但是越想越觉得，这是几百年不遇的、类似发明电的工业革命一样的机遇。"

对已经到来的 AI 变革时代，我们要以积极的心态全力拥抱，决定我们命运的不是机器，而是我们为全人类创造更美好明天的心灵、思想和决心。

呼应一下本章开头的问题：本文中哪些部分是由 ChatGPT 生成的？你看出来了吗？拥抱 AI，玩转 ChatGPT，再进入振南和英荣. AI 的人工智能世界吧！

振南公司可以承接 AI 相关项目，而且有实际 GPU 阵列实体算力支持，所以可以为您提供 AI 定制化服务，包括但不限于（主要是一些 AI 衍生的相关产品和服务）：

- 企业级 AI 大模型私有化部署（OpenAI 是公开平台，容易造成数据泄露）；
- 语音控制：类似于苹果 Siri、亚马逊 Alexa、谷歌 Google Assistant 等；
- 智能家居：通过 AI 技术实现家庭自动化控制，如智能照明、门锁、家电等；
- 自动驾驶：如特斯拉自动驾驶功能、Waymo 的自动驾驶等；
- AI 助手：可理解客户意图并应答，提供订单、价格查询等服务，节省人工成本；
- 人脸识别：如 Face＋＋、华为等；
- 声音识别：如科大讯飞、百度等；
- 智能客服机器人：如微软的小冰、阿里巴巴的 AliMe 等；
- 电子商务智能推荐系统；
- 智能机器人：可执行各种任务，如自动化生产线、智能巡检、服务机器人等；
- 智能玩具：结合 AI 技术和玩具设计，提供互动娱乐和益智学习等功能；
- 智能医疗：AI 医疗影像分析、疾病预测等功能，提高效率和精度；
- 智能农业：AI 农作物状态监测、精准施肥、自动化种植等功能，提高生产效率；
- 智能金融：AI 风险控制、客户管理、投资决策等功能，提高金融行业智能化水平；
- 其他还有一些有意思的体验服务：如 AI 肖像定制、艺术字定制、写作、翻译、口播视频、连环画定制等。

通过这些项目信息，你是不是更深刻地感受到：AI 的大时代已经来到我们身边了！

第 **21** 章
我与郭天祥的那些事儿

我知道很多人是通过我的书、视频教程、znFAT,还有论坛等多种渠道知道振南的。但是有更多的人是通过郭天祥知道我的(在郭天祥的《51单片机》那本书中有提到我,还有他的网文《我的大学》)。一个想法在我心里酝酿了很多年:能够全面地给大家说说我跟郭天祥的那些事儿。所以,就有了这一章。

关于这一章,我感觉非常的难写,比技术经历要难写得多。经过近半个月的仔细考虑,始而执笔。

郭天祥之于我,是合作伙伴、源动力、榜样、假想敌,是引发多年不断深思的根源,是造就如今的"我"的影子,是欲却而远之而又无法逾越和规避的一种思绪。

我个格敏感、偏执、坚毅、忧郁而又不算内向,有时有些自负但还算有自知之明,所以我是一个容易陷入思维旋涡无法自拔,而且过往多年又不会释怀的人(俗称"记仇")。

我有很好的记忆力和从不轻易删除老文件的习惯,以及喜欢纠结于过去的怀旧心理,也许这一切才促成了本书的完成。而书的背后是经历往事繁乱交织的思绪意识空间。

21.1 我与郭天祥的结识

其实在本书的其他章节振南已经提到过一些与郭天祥结识的始末,但是可能那些描述还不够完整细致。

21.1.1 入圈单片机

一切都要从我开始搞单片机开始。

这些年很多人问我:"你是计算机专业的,不应该去搞软件网站什么的吗?怎么搞单片机了?"我确实是计算机专业的(哈尔滨工程大学2003届6系),一开始我也是跟大多数同学一样,想搞软件。而且我从初中就开始接触计算机,自学了LOGO、Basic这些语言。上了大学之后,基本上天天抱着VC++、ASP、PHP这些书看。虽然看得有些迷糊,但是起码有了一定的基础。

直到一件事,这一切都改变了。

那是大二上半学期的一天晚上,我来隔壁宿舍听到一个"大白话"在说:"你们知道杜撰吗?

他搞单片机，做了一个仿生蛇机器人，得了挑战杯一等奖，并且把全套技术资料给了国防科大。还上了《小崔说事儿》呢，反正这个人挺牛的。"言者无心，可能只是发表一下感慨，但是听者有意，我开始对单片机产生了兴趣。

于是，我开始看一些8051单片机的书，也是云里雾里。有一天课间，我捧着单片机的书在看，这个时候一位同学（盛中华）来到我身边说："你在学单片机啊？难得，那介绍给你一个大牛吧，一起去他实验室看看。"到了实验室，一推门，盛中华介绍说："杜撰，给你介绍一个小弟！"如图 21.1 所示，这是当时杜撰实验室的真实场景。

图 21.1　我进入杜撰实验室的场景

"进来吧！"杜撰笑着说。

这算是我踏入单片机圈的第一步。

随后，我参观了他的仿生蛇形机器人，如图 21.2 所示。

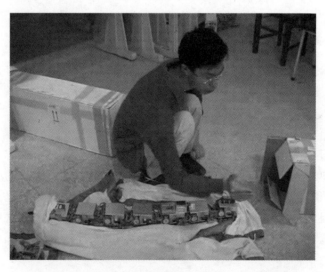

图 21.2　杜撰在演示讲解蛇形机器人的工作原理

从这开始,我对单片机的兴趣潘多拉彻底被打开。那天,杜撰给我出了一道题:写一个程序点亮 LED 灯和实现 UART 通信。还给了我一个 51 最小系统板,这算是我的启蒙开发板了。

后来我了解到,杜撰确实是一个风口浪尖上的人物,我隔壁宿舍"大白话"这回所言非虚,如图 21.3 所示。

所以,有人说我的起点就比别人高。那郭天祥又是怎么出现的呢?别着急,听我给你编,不是慢慢道来。

我的师傅是杜撰,引路人是盛中华。(现今他们依然是各自领域里的牛人。)

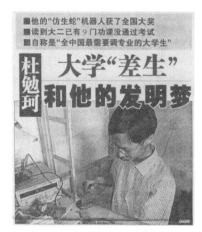

图 21.3　传奇中的大学"差生"
杜勉珂(杜撰是他的化名)

21.1.2　工训中心偶遇郭天祥

大学里的很多部门机构和实验室,可能对于很多人来说,只是一门课程或者一次学习经历的处所。然后整个大学期间都不会再踏入半步。其实,我们错过了很多。工程训练中心是供学生金工实习的地方,很多人对这里的认识就是"做了一把小锤子"。其实这里是一些人学习和实操的乐园。

我认识杜勉珂不久就经介绍进了工程训练中心。可以在这里学习单片机、机械加工、搭自己设计的电路、做一些发明创造等(从这里我开始接触到了很多的比赛)。

有一天,我碰到一个人。

"我是郭天祥。现在我们在参加一个空中机器人大赛,我们都是搞电子通信的,需要一个能开发地面站软件的人,王老师(工训中心的主任)推荐了你,说你是 6 系的,能开发软件。"

一切都是从这次见面开始的。

"可以啊。"当时参加比赛或者校内的项目,并不会多想,既然王老师推荐了我,那就做呗。空中机器人大赛,最终成就了我和郭天祥。

在后面的两个月里,我基本上都泡在 8 系(信通学院)的实验室里,跟他们学硬件电路和单片机,同时开发地面站软件。而且泡实验室已经成为我的一个习惯,甚至很多人都认为我是 8 系的。确实是,我似乎认识的 8 系的人,比 6 系的人还多。后来的宋宝森、王伞、图玲燕等人,也都是在这里认识的。

空中机器人大赛我们最终获得了全国冠军,郭天祥也因为这个比赛获得了保研资格(个性化人才)。他其实比我大一届,也就是说我在大二下学期就已经拿到保研资格了(注意,只是保研资格,后续还有很多审核和答辩)。这一点,让我 6 系的同学们非常羡慕。其实他们并不知道我整天在干什么,因为平时根本看不到我这个人。

"难道你不用上课的吗?"我在结识了郭天祥之后,基本上就告别上课了。当然郭天祥自己也不怎么上课。从某种角度上来说,我们都属于异类。我们都一致地选择了为自己热衷的事情而放弃那些我们认为意义不大的事情。当然,久而久之,各门课的老师也开始无视我的存在,点名直接略过。但是有些课程却是我一定要上的,C 语言、C++、计算机组成结构、数据结构、高数等,这些课程我都非常热衷。所以,虽然我不经常上课,但是最后的平均成绩也基本在 90 分左右。这基本上已经接近了靠成绩保送的分数。

我在实验室目睹了郭天祥最终保研成功的那一幕，他表现得比较兴奋，毕竟能够保研成功是一件不那么容易的事情。我这个人有个毛病，看到别人得到成就的时候，会自问："天天在同一个屋檐下，他做到，我能不能？"于是产生了一个想法，我要参加更多的比赛来巩固我的保研资格，拿到更多的砝码。

21.1.3　电子大赛"金三角"

我认为，没有电子大赛经历的大学是不完整的。电子大赛是大学期间为数不多的技能实战机会。大二下学期，记得没错的话，应该是 2005 年 6 月，我、杜勉珂和郭天祥组成了三人小组，参加电子大赛，如图 21.4 所示。（后来有人称我们是"金三角"。）当时我们选了一道模电相关的题目，具体我已经记不起来了。郭天祥和杜勉珂负责电路设计，而我负责嵌入式开发。我的重要工作之一是使用 51 单片机在一块 240x128 的单色液晶上实现一个菜单系统，主要用于人机交互，以便进行功能的演示。当然，还有其他工作，比如一些芯片的驱动。这是一项艰巨的任务！

电子大赛的比赛时间是 4 天，很多人把这一比赛看作是改命的机会，所以基本都是昼夜不休，连轴转。我们自然也不例外，我更是开启了超长续航模式，连续有近百个小时没有合眼，一直在写代码（在后来郭天祥的《我的大学》中也有描述这一段的内容）。其实在一定程度上来说，当时的开发效率有些低，STC 这类支持串口 ISP 的芯片还没有出来，所以我还是使用最原始的烧录器来烧录程序。如图 21.5 所示，是我电子大赛后在松花江畔的留影。

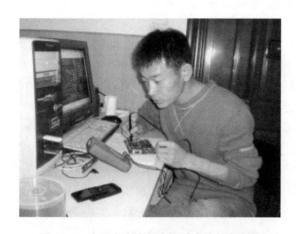

图 21.4　电子大赛中正在调试电路的郭天祥

图 21.5　电子大赛后我在松花江畔的留影

因为年代久远，我翻遍了我所有的资料，也没有找到一张当时电子大赛时的三人合影，这是一个遗憾。

电子大赛结束，我们的作品装箱送到哈尔滨工业大学去评审。在最终的现场演示环节电路无故烧毁了，从而退出了比赛。"金三角"最终的电子大赛之行以失败告终。

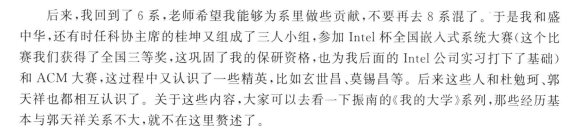

后来,我回到了 6 系,老师希望我能够为系里做些贡献,不要再去 8 系混了。于是我和盛中华,还有时任科协主席的桂坤又组成了三人小组,参加 Intel 杯全国嵌入式系统大赛(这个比赛我们获得了全国三等奖,这巩固了我的保研资格,也为我后面的 Intel 公司实习打下了基础)和 ACM 大赛,这过程中又认识了一些精英,比如玄世昌、莫锡昌等。后来这些人和杜勉珂、郭天祥也都相互认识了。关于这些内容,大家可以去看一下振南的《我的大学》系列,那些经历基本与郭天祥关系不大,就不在这里赘述了。

21.2 我与郭天祥的项目经历

在 8 系泡实验室的将近一年时间里,郭天祥不光体现了他特立独行的个性、做事果断的风格、很强的竞争激情,还有让同龄人都自叹不如的项目外联和运作经营能力。真正让我成长的是那些实战化的项目经历。

21.2.1 火炮油量计算器

有一个火炮油量计算器的项目找到了我们。郭天祥负责电路、外壳等部分的设计,我负责嵌入式的开发。可能很多人对这个东西不太了解,我来简单说一下它的需求,如图 21.6 所示。

我们知道火炮在发射的时候有非常大的后坐力,所以它设计有专门的缓冲装置。这个缓冲装置的直观表现就是火炮发射时的炮管后撤,学名叫"液压式驻退机",如图 21.7 所示。

具体的原理如图 21.8 所示。

时间长了,液压油量会损失,因此需要不定期地补充油量。但是到底加多少油,一般人掌握不好这个量,所以需要一个油量计算器,根据当前的压力来计算应该补多少油。

这个项目其实并不难,使用 STC51 单片机,驱动一个串行接口的段式液晶屏,还有按键扫描,程序的基本逻辑就是输入压力值,然后查表,显示对应的补油量。当然,做起来还是有很

图 21.6 火炮油量计算器

多细节的,而且要做到稳定和低功耗,延长使用寿命。我们具体选用了 STC89LE 系列的芯片,我和郭天祥测试了芯片的最小供电电压和实际功耗,STC 的低功耗在当时来说已经算是很优秀了。

有人可能会问:"STC 的单片机能用于 JG 项目吗?"我知道很多人知道 STC 单片机是从初学者入门开始的,尤其是郭天祥后来基于 STC51 单片机出了开发板、视频和书籍(十天学会 51 单片机系列教程)之后,STC51 单片机更是被视为了入圈单片机的必由之路。人们对于 STC 的认知也就停留在教学和实验这个层面上。

其实姚老板(姚永平,STC 的创始人,现在我们还经常有联系,他本人非常关心高校的各种竞赛,最近一次见面是在清华的智能车大赛上)带领下的宏晶科技在教育和高校合作方面只是很小的一部分业务,旨在助力培养一代又一代的单片机人才。但是 STC 更大的市场在于工

图 21.7　火炮发射时的炮管后撤（液压式驻退机）

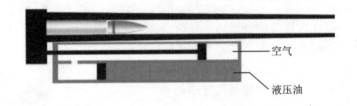

空气

液压油

图 21.8　液压式驻退机内部结构

业和民用领域，作为一个优秀的本土半导体厂商，它的芯片被广泛应用在各种产品之中。而且还不单单是中端市场，高端甚至 JG 方面也有很多应用。据振南知道的，俄罗斯的一些 DB 和 JY 无人机中就使用了 STC 的芯片，如图 21.9 所示。（摘自网络，属已公开的资料。）

图 21.9　俄罗斯海鹰—10 无人机使用 STC 单片机

　　在后来的十几年时间里，我在一直以郭天祥为榜样（他在单片机教育和推广这方面应该说是顶尖级的），循着他走过的路，在不断摸索。我其实后来很少跟他再联系，但却时常关注他的状况。我以此为精神引领，不断在自己的道路上奋斗。

　　可以说，没有郭天祥，也就没有如今的我。

　　我经常被人针对和攻击："你看看郭天祥，再看看你，你影响力不如他，是有原因的，你仔细想想吧！"我称这种效应叫"合伙反噬效应"，当曾经与你平起平坐的合伙人，取得成就的时候，

人们就会想到你,并对你大加非议,殊不知你只是发展道路不同。对于这种事情,我通常都是笑笑了之,不去反驳和深究。

但是郭天祥确实让我懂得了很多道理:

(1) 人应该懂得积极地推广自己,关键的时候不能太实在,脑子要灵活;

(2) 事情有 3 分把握就赶紧去做,而且一定要专注地做好这件事情;

(3) 要在事情里起主导作用,不要做别人的陪衬;

(4) 记住,做到一定程度技术是会阻碍你发展的,研究得越高深,这种阻碍作用越大(意思是要多从全局去考虑,不要一味地死钻技术)。

大家可以仔细感受一下以上 4 条。

21.2.2　电池活化仪项目

电池活化仪项目是郭天祥与校外公司合作的一个商业项目。当时我在 8 系实验室,我和郭天祥接了很多这样的项目,不过我主要还是抱着学习的态度去做,比如学习人家的电路设计、接触更多的实战化的软件开发。这也是后来我读研的时候我的导师很器重我的原因。(跟导师做一些省里的项目,还有外派到合作企业去主导一些研发工作。)

与我不同,郭天祥很早就体现出了很强的盈利意识和商业头脑。我在这方面的意识就比较弱。所以,后来很多人把我看作是"技术大牛"或者"技术明星",而并不会把我和商业、创业挂上勾。我终究还是一个热衷于技术、享受技术快感和死钻技术的"学究"。或者说得不好听一些,我是一个榆木疙瘩。

说回活化仪这个项目,顾名思义电池活化仪是用来活化电池的,使老化的电池更有活性(这似乎是一句废话,跟没解释一样)。它的功能是:可以针对不同老化程度的电池(主要是铅酸蓄电池)进行容量试验,智能式充电,或设置多个循环周期做循环多次充放电,以激化电池极板失效的活性物质使电池活化,提升老化电池的容量。

原理:电源中广泛使用的铅酸蓄电池的所谓失效和容量衰减,都直接表现为内阻增大、端电压升高、使用性能明显下降等。影响蓄电池的内在质量主要表现在蓄电池硫化,造成硫化的两个重要因素:一是极化电压,二是记忆效应,其中极化电压是在充电过程中,电荷堆积于蓄电池电极上而产生的反向电压,实际上表现为蓄电池内阻的增大。消除极化电压的有效方法,是采用负极性脉冲在蓄电池两端瞬间放掉电极上堆积的反极性电荷。记忆效应则可通过多次充放电来消除。老化蓄电池的活化是采用控制算法完全模拟蓄电池自身的充放电特性,最终达到激活老化电池提升容量的目的。硫酸盐结晶被离子化,并作为一种活性材料不断地溶解在电解液中,降低蓄电池的内阻,稳定充电电压。经过活化激活后可恢复和提升电池的实际容量。

电池活化仪实物,如图 21.10 所示。

具体的工作就是用 51 单片机驱动 MAX531(串行单通道 DAC,当然电路上还有一大堆的运放,我后来录制的一部基础性视频教程《单片机基础外设 9 日通》中就是基于 MAX531 来讲的,其实就是源于这个项目)来实现

图 21.10　蓄电池活化仪的实物

活化算法,这个算是一个比较复杂的项目了。

这里我所提到的这些与郭天祥合作的项目,我基本上都没拿到什么报酬。当然,我也并不在乎这个。我当时是比较珍惜这些实战机会,而基本上对报酬并没有什么概念。我似乎根本不需要钱:

(1) 学校有补助,也会有家里的接济;

(2) 唯一用钱的就是买了一台笔记本电脑,一直伴随我渡过整个大学;

(3) 我系内比赛会有一些奖金,导师项目也会有一些报酬;

(4) 保送研究生也不需要什么钱。

所以,我很多年来都是一个看似热衷技术而无欲无求的人。

21.2.3 某油田监测项目

这个项目是我与郭天祥合作的最后一个项目,不是因为别的原因,主要是我的发展重心开始偏向北京这边。一方面是我导师的很多项目都在北京(当时大概是 2006 年,奥运前两年,北京的项目比较多,我导师的项目主要集中在北京地铁这方面);另一方面是大三下学期到研究生的这几年,学校事情比较少(不用考研,我又不怎么上课),我与一个合伙人在北京经营一家做自动化的公司,具体公司名我就不便透露了。主要是做施工工地的设备监测(在我的《嵌入式 FAT32 文件系统设计与实现——基于振南 znFAT》一书下册中有所提及),比如监测塔吊的位置数据到 SD 卡中,同时进行实时报警。这也是我在那几年在搞 FAT32 文件系统的需求根源,直到后来我把它做成了开源方案,即 znFAT,并写了一套同名的书来进行推广,这也算是我对当时那几年工作的总结。但是我写书的风格和目的与郭天祥那本《新概念 C51 单片机》完全不同,我归根结底还是一个"学究"。《嵌入式 FAT32 文件系统设计与实现——基于振南 znFAT》一书两册如图 21.11 所示。

图 21.11 《嵌入式 FAT32 文件系统设计与实现——基于振南 znFAT》一书效果图

我多年来都保持着想写书的冲动,其实这也是受到了郭天祥的影响和带动。如果没有他,我现在也只不过是一个默默无闻的人而已,也许我会闷声发财,但绝对不会得到这么多人的关注。

因为本章的主题就是我与郭天祥的那些事儿,所以我也就见缝插针地讲讲我跟他的事情。

还有就是本章的内容,振南并不想表达任何不好的意思或者负面的东西,人各有道,人各有志,我真心希望我过往中的每个人都能有所成就。我不应卑于我的道路,也不应对别人的道路加以干涉和制造非议。这些年我听到了很多声音,其中有一些声音称我和郭天祥是敌对关系,互不相融。其实我要说,郭天祥对于我来说,更多是感激和启发。他让我的头脑一步步开化,敢于主动出击,去抓住很多的机会。现在的我,在很多人眼中也已经是"精英"式的人物,无论我到哪里,总有人尊称我一声"于老师",让我享有一定的行业地位和知名度。这一切,其实是我本不该拥有的,而这一切都是因为我当初结识了郭天祥。

这么多年,郭天祥其实多次向我提出过合作邀请,但是我都婉拒了(其实我还是很佩服他这种豁达的)。更多的原因是现在已不同于在哈尔滨的岁月,我已经有了自己的项目和圈子,不太可能抽身去与他共事。

我都忘了这一节要讲什么了,哦对,油田监测项目。

这个项目是郭天祥联系的一个大庆油田的项目,用现在的技术名词来说就是智能硬件IoT,即物联网。它的基本需求是采集油井上的物理量和图像,然后通过 GSM 2G 网络发送至服务器。由相应的软件对数据进行图形化和显示,并对油井进行整体管理(包括油井的增删改查等)。

这是一个有一定规模的项目,当时我和郭天祥一起在饭桌上和项目方老板进行洽谈,并最终敲定这个项目。参与这个项目的其实还有一个人,大家可能有所耳闻,宋宝森(8 系的博士)。整体的分工是郭天祥负责电路设计和外联事务,我负责服务器端的软件开发,宋宝森负责嵌入式开发。

当时硬件上使用的是 S3C44B0(现在很多人可能已经不认识这个芯片了,这是一片三星的 ARM7 处理器,在当时还是很流行的)。我记忆比较深刻的是当时的图像采集方案,使用的是一个串口摄像头模块,采集一帧图像需要 1 min,真是非常之慢。但是没有办法,当时没有像现在的 DCMI 这样专门的图像传感器接口。而且数据传输用的还是 2G 网络(使用的是BenQ 明基的 M23 模块)。这样想起来,用串口摄像头似乎也挺合理,毕竟就算采集再快,发送太慢也没有用。反正当时这套方案是慢得出奇,而且很不稳定(因为 2G 网络不稳定,所以涉及大量的重传机制)。

其实我在做这个项目的时候,已经不在哈尔滨了,而是正值我参加完 Intel 杯嵌入式大赛获奖后来北京 Intel 研发中心实习。所以我并没有太多时间去开发这个服务器端的软件,最终我把工作交了出去。

当时的郭天祥因为学校的创业扶持政策,在哈尔滨工程大学对面的船舶电子大厦租了一间工作室,真正开始了公司化运营。这算是他正式创业的开始,后来的开发板也是从这里做起来的。

21.3　我与郭天祥的后期往来

2007 年前后,郭天祥开始把重心放到开发板业务上来。他的开挂人生也就此开启。这体现了他独到的市场敏锐度和运营能力。他录制了《十天学会 51 单片机》视频教程,这在当时接地气的单片机教学资源匮乏的情形之下,满足了广大彷徨中的单片机初学者的需求。视频开始蹿红,随之而来就是配套开发板的热销。再加之后期他出版的《新概念 51 单片机》,视频、开发板和书籍的三位一体的策略,彻底撬动了整个单片机教学市场。无数的人们借由这套东西入圈单片机。这就是郭天祥获得现今如此地位和知名度的根本。

21.3.1　开发板模式的尝试

1. 初涉开发板

我在事情的运作和市场眼光上差得远,但是我也开始尝试这种模式。开始设计我自己的开发板和录制视频教程。当时我给我的开发板起名叫"Sirius",即天狼星。这套开发板的特点是功能很高端,而且是模块化的。但是从实际效果来看,这样的设计其实是一个错误,它与市场是格格不入的。为什么?听我慢慢来分析。

不要给"门内汉"做教程,因为他们的需求已经淡化了。

爬山的人,谁是最着急的?答:山脚下的那些找不到入口的人。而那些已经启程,处于半山腰的人,则会享受"人到石前必有径"的福利,也就是说,这些人已经不那么着急了,因为他们知道他们早晚会到山顶,缺的只是经历和时间。

Sirius 开发板现在来看很明显是一个学究式的产品,他的研发周期很长,囊括了巨多的功能,有些即使是高手也不一定能搞定的。比如 SD 卡、USB 主从机、CF 卡、IDE 硬盘、MP3 播放、录音、电机驱动等,如图 21.12 所示。

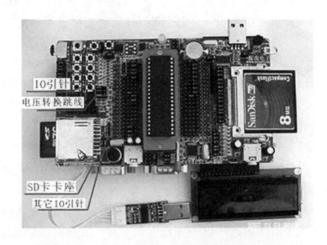

图 21.12　振南的 Sirius 开发板(全功能巨无霸)

后来我发现这个开发板人们并不买账,而且因为功能太多,所以售后的技术支持非常麻烦。配套的视频教程录制也是一个超大的工程,而且想要把本身很高深复杂的东西讲通俗是非常难的一件事。再就是,这套开发板的生产也很麻烦,仔细看的话,你会发现它是双层的,只要插针焊歪,就很容易装不到一起去。功能多,焊点就多,次品率就高,这让我后期耗费了大量精力去优化生产,但也收效甚微,因为你要求工厂是不现实的。

从这套开发板上大家应该可以看出,其实我当时对单片机的研究已经比较深入了,用STC51单片机可以同时驱动如此多的设备。这也是症候所在:这些功能都不够我自己玩的,我经常在自己的这套开发板上乐此不疲,甚至有了顾客也觉得麻烦耽误事,拒不接待。这种自嗨、自说自话的任性行为一度成为阻碍我发展的一大因素。

当时我经常看到郭天祥用面包车运来一箱箱的开发板,我心想:这是挣到钱了。而且这一点也在后来他写的《我的大学》一文中得到验证:"我一算这个月竟然挣了这么多钱,这算是我的第一桶金了!"

后来我发布了《振南带你从 0 学单片机》系列视频教程,这让我感受到了录视频是一件耗时费力又烧脑的事情。一个小时的视频,幕后大约要花 1 周的时间来准备。而且录制的过程对环境的要求也很高,需要相对安静。可想而知,在学校宿舍里要完成这件事有多难,不过我的室友都比较配合,只要我录视频,他们都保持安静或去自习。同样的模式,确实收到了相似的效果,我的视频教程也开始得到广泛的关注,并在网上开始流传。这是现在我也有一定知名度的原因。毕竟免费的教学资料,还是会受到欢迎的,如图 21.13 所示。

图 21.13　振南早期的《振南带你从 0 学单片机》系列视频教程

2. 贴近目标人群

我很快意识到了做开发板不是你炫技的场合,初学者对你的高端大气不感冒。于是我对开发板进行了精简,称之为"精华版",代号 ZN - 1X,如图 21.14 所示。

图 21.14　精简之后的开发板(ZN - 1X)

ZN - 1X 引入了模块化的思想,底板基本上就是一个最小系统,还有一些排座接口,可以插接配套的多种模块。这样的设计可以让学习者灵活地选择自己感兴趣的模块,这对于"穷学生"来说,可以一定程度上能降低学习的成本。

随着这个开发板的发布开售,我录制了《单片机外设 9 日通》基础篇和高级篇,如图 21.15

所示。

图 21.15　振南后期录制的《疯狂单片机》系列视频教程

这套视频教程我倾注了巨大的精力，看过的朋友应该都能感觉到，它整体的制作还是非常精良的，那是因为振南专门学习了视频剪辑和特效制作。关于如何去录制一个视频教程，振南有专门的章节来介绍，也许你也有想录制视频教程的冲动。

视频发布之后，确实受到了很多人的关注（因为这套视频比较贴近初学者，我有意地砍掉了很多高端的内容），所谓的"振南粉"很多应该也是源于这套视频教程。没有看过的朋友可以百度搜一下。

事实证明像郭天祥的"十日学会 51 单片机"，还有我的"单片机外设 9 日通"这样的提法确实会产生很大的共鸣。

3. 封山之作

后来，我又对开发板进行了进一步的优化。因为 STM32 盛行已经成为一种必然趋势，所以我产生了一个"多元模块化开发板"的想法，如图 21.16 所示。

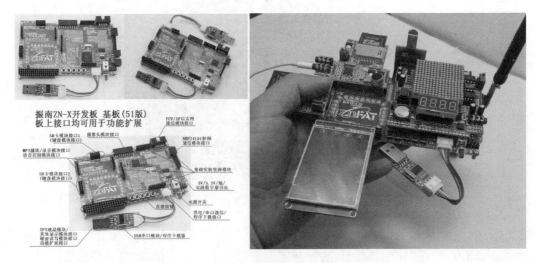

图 21.16　振南的"多元模块化开发板"ZN-X

仔细观察的话，你会发现这个开发板支持 3 种单片机（同时只支持一种），分别是 STC51、ATMEGA128 和 STM32F 系列（F103、F405 都兼容），而且外围还支持很多的模块，包括 SD

卡、MP3 播放、TFT 液晶、摄像头和基础 8 项。这基本就是振南开发板的最终形态了,也是令我比较满意的设计。

　　ZN－X 的基本想法是一套开发板让学习者可以贯通,从 51、AVR 到 STM32,而且不用重复买开发板(比如你买了 51 版,学完之后,直接买个 STM32 芯片焊上就是 STM32 开发板)。我后来的《嵌入式 FAT32 文件系统设计与实现——基于振南 znFAT》一书,也是基于这个开发板来编著的。ZN－X 的整体包装也更加专业,如图 21.17 所示。

图 21.17　ZN－X 开发板的外包装

　　这套开发板一直销售至今,帮助很多人入门单片机,并向更高阶的层次迈进。但是说实话,我本人已经很少再参与开发板的事务,因为这是一个重复性的、没什么技术含量、又要耗费较大精力的事情。而且随着正点原子、野火等开发板的崛起,开发板市场竞争也非常激烈,利润空间也一再压缩,所以卖板子这件事意义不大了。我更多的精力放到了对新技术的研究之中,比如物联网、传感器、Linux 等。我对自己的定位仍然是技术者和传播者,这些工作让我真正觉得痛快、有成就感。

人,能作什么,该作什么,也许都是注定的。
方向,哪里才是正确的,这是一个相对的命题。
金钱利益,是成功的副产品,而不要本末倒置。

　　停滞不前的刨金,还是甩开黄金的束缚,肆意任性的飞翔,我们应该如何选择?

　　我相信,只有不断了解新的东西,才能越走越宽,枯老的藤蔓,陈旧的枝干,可能最终都会在时代洪流的侵蚀下朽烂。

　　某些人若不与时俱进,仍然在玩那些老梗,原先那些赖以生金的沙窝,最终一定会成为埋葬自己的棺寝。

21.3.2　洗清我所知道的那两个负面事件

　　大约是在 2010 年前后,当时我在推广我的开发板和视频教程,还有就是在写《嵌入式 FAT32 文件系统设计与实现——基于振南 znFAT》这本书。有一天,一个自称"XGB"的人,加了我的 QQ(当时微信还不流行),说要向我诉说一些关于郭天祥的事情。

1."XGB 事件"子虚乌有

具体的诉说内容,因为我不能证实真伪,所以我不能写到书里来,而且建议大家也不要去搜相关的内容。

XGB 是郭天祥的合作者,主要是负责某开发板的开发和教程编写。但是因为一些矛盾,他报复性地销毁了相关资料,并诽谤郭天祥暴力胁迫。听他的意思,事情还惊动了警方,闹得挺大,郭天祥的目的就是为了要回资料。他向我诉说的目的是希望我能够以资深人士的身份在网络上发表声明,声讨郭天祥。我一听确实非常气愤,我起初是站在 XGB 这一边的,毕竟他给人的感觉是比较弱势的一方。所以我在我的个人网站上,贴出滚动条幅,抨击郭天祥的行为。后来,郭天祥打电话给我,说事情根本不是那样的,并向我澄清了事情的来龙去脉。我随即撤掉了我个人网站上的相关信息。

后来 XGB 开始在网络上诋毁郭天祥,还整了一个"有图有真相"系列。我基本已经确定事情的真相了。其用意我不便揣测,但是这件事情把我本人也牵扯了进去,这是我始料未及的。在前进的道路上,合拍就一起走,不合拍就各走各的。看谁不爽,你就离开他就好,临走拆墙,则绝非善举。

当然,郭天祥能一直发展到现在,还流量不减,我想可能应了那句话:"身正不怕路斜,德高不怕坎坷。"多年后,XGB 似乎已经隐匿无声,也许他得到了他当时想要的,闷声做事,这一切都已经淹没在烟尘之中,不再计较。

2."SHT 事件"不存在的

这么多年,我不知道为什么关于郭天祥的消息一直在往我耳朵里钻,而且很多都是负面的,不想听都不行。另一件让我判断两难的事情是"SHT 事件"。这件事情似乎还能跟我扯得上一丁点关系。

还记得我当时和郭天祥合作的那个油井监测项目吗?这个 SHT 似乎是后来接手这个项目的郭天祥的合作者。

某一天,有一个叫 SHT 的人加我微信,发给我了一个劳动合同和工资条。他说郭天祥少给他结算工资了。我说那你去找劳动仲裁啊,你找我干啥呢?我明白他的意思,还是想借我之口在网上公开一下这个事情。

这些年,我经常遇到这样的事情,让我充当"国际法庭"的角色。他们希望通过我之手去曝光一些猛料,来博取眼球,然后最大的用意可能就是借机蹿红一下?如果有一个人这样说,我可以理解,毕竟创业开公司对于员工或合作者有时候是需要心狠一些的,就像我的老板一下裁员 30%～50%人,这一切都是为了创业成功和公司运营,这是郭天祥不得已而出手的保全之策。但是总有人来跟我说郭天祥的事情,而几乎都是说他不好,那就要仔细想想了,到底是我昔日的合作者郭天祥有问题,还是这些人另有企图?我不知道,也不想纠缠这些事情。

所以,我在本书中专门写了这一章来讲述我和郭天祥的那些事儿,来告诉广大朋友:

这些多半都是郭天祥发展过程中的必由坎坷,不是所有人都情愿仰望你高高在上的,他们只不过把你当作绳子,借机飞升,而拉你堕入他们设计好的深渊!

我从某种意义来说,其实并不希望郭天祥失败或者走向末路。他当初在他的《我的大学》中细致地描写了我刻苦熬夜开发软件的一幕,其中"于振南"三个字的推广效应,这些年已经让

我受益良多,影响深远了。我仍然相信郭天祥也懂得"相互成就"这个道理。

《寄·郭天祥》

双耳不闻诸非议,洁身自有赞声来。矢志不渝踏前路,得取奇迹平众声。

21.3.3　不可否认的领袖

在经过了多年的磨砺之后,我们又同在了一座城市——北京。

郭天祥俨然已经成为单片机领域的精神领袖,人们时常在讨论:"郭天祥对中国单片机教育的贡献有多大?"类似这样的话题。

当然他除了在单片机教育方面的建树,还频繁涉足于更多领域的创业。

1. 近些年的关注

2013 年前后郭天祥离开哈尔滨,来到了北京。可能是因为没落的老工业基地还是相对比较闭塞,发展的空间有限,或者是因为哈尔滨实在太冷了。不过,我相信他不会因为冷而离开哈尔滨,毕竟他从小长大的伊犁的天气也好不到哪去。

他看准了北京的空气净化市场(北京的空气污染确实是个大问题),创立了海克智动科技公司,主要研发空气净化设备和新风系统。

当时,我就职于某公司,担任硬件研发 VP 之职,因为正处于融资后的扩张期,所以我在为团队招兵买马。我发现有一段时间 HR 推荐了好几个来自海克智动的应聘者。其实我看到这几个人的简历之后,直接就 PASS 掉了,简历质量确实有些水。但是我对他们的来处却非常感兴趣,于是让 HR 约来聊一下。

"你是海克智动的? 我跟你们老板倒是有过一些合作。"

"对,我在海克智动干了近 2 年吧。"

"你觉得海克智动怎么样? 评价一下。"其实我对郭天祥的真实发展状况还是比较感兴趣的,有没有一些好的经营方法可以学习借鉴。

"我觉得海克智动不错,我去的时候基本上什么都不会,公司给了我很多学习和实践的机会,我还是比较感激海克智动的。"

"那你为什么要离职呢?"

"一开始我们主要是给新风系统厂家提供部件,但是后来订单量少了。所以我考虑能有更好的发展和高一些的薪资。"

"新风这方面的需求还可以吧,挺大的。"

"主要是竞争比较激烈。"

看来创业的坑,无论是谁都是要踩一下的。主要看谁命硬,在危机中扛过来,我相信郭天祥凭借他的原始积累,是可以成功的。在更多的领域发展枝叶,创造新的奇迹。

2. 疫情下的重新选择

从 2019 年 12 月开始,连续几年的疫情开始了。我所参与创立和我所在的公司整个业务量锐减,加之回款周期拉长,整个资金链非常紧张。我那些曾经干得风生水起的创业的同学们,比如杜勉珂、迟令宝等,收入也是骤减,基本都下降了 50%～80%。在这种危若累卵的时局之中,我想大家都不好过。我所在的公司每况愈下,最终在 2021 年上半年启动了裁员,裁掉了 30%～50% 的员工，整个公司运营面临巨大的压力，所有中层领导以上开始停发薪资。

也基本是在这个时候，郭天祥联系我说希望能够集结老战友一起干。考虑再三，最终还是通过我曾经的助手（就是协助我销售开发板和售后支持的兄弟），间接进行了回绝。

不久之后，我从同事口中了解到，郭天祥又现身网络，活跃于各大视频直播平台，在延续着他的教学之路。我也开始登录抖音等平台，开始关注他。他带着他的新课程，用他未改的声音，在继续向初学者们传播知识。

我真心地希望他能够在新的时代、新的平台、新的模式下创造新的成就，再掀起一轮学习和追捧的高潮。

关于我和郭天祥的那些事儿，振南就写这么多。

人生是条单行线，它从不停息，并无限延伸至远方。

在这座城市，每天都在上演各种传奇，创业、成就、掘金、落魄……不断轮回，周而复始。

单行线上，有我有你，我们应该相互成就，各自奔向终点。

记住，我们本来就很优秀，我们走过的每一步，都是别人所不曾走过的。

谨以此文，纪念我们过去十五年的奋斗经历，聊表慰藉！

注：上文所写都是我们的过去。2023 年 4 月，我正式离开职场，进行全职知识创业，振南注册了创业公司（振南知波）、建立网站、开通自媒体、录制课程等。2023 年 10 月，为了共同的事业，振南知波与天祥 PN 学堂正式联合，希望能把知识传播得更远更广，继续书写我们的神话。

请关注我们的"合伙人计划"，一同在知识付费这件大事上深耕，详见图 21.18 和 21.19。

图 21.18　合伙人计划

图 21.19　代理商

参考文献

[1] 陈君华,梁颖,罗玉梅,等.物联网通信技术应用与开发[M].昆明:云南大学出版社,2022.

[2] 于瑞玲.基于云计算的物联网技术研究[M].北京:新华出版社,2020.

[3] 王李冬,安康,徐玮.单片机与物联网技术应用实战教程[M].北京:机械工业出版社,2018.

[4] 李开复,陈楸帆.AI未来进行式[M].杭州:浙江人民出版社,2022.

[5] 吴业正.制冷原理及设备[M].西安:西安交通大学出版社,2015.

[6] 方进晖,李祥,韩明明.基于微流控芯片巢氏等温扩增核酸检测仪设计[J].机械设计与研究,2023,39(04):224~229.DOI:10.13952/.

[7] 陈恒鑫,熊壮,杨广超,等.C++程序设计[M].重庆:重庆大学出版社,2016.

[8] 初佃辉.C语言程序设计与应用[M].北京:人民邮电出版社,2017.

[9] 雷慧杰,卢春华,李正斌.电力电子应用技术[M].重庆:重庆大学出版社,2017.

[10] 朱燕妮,孙颖欣,张玉凤,等.半导体制冷器件的温度控制技术分析[J].集成电路应用,2022,39(10):14~16.DOI:10.19339/j.issn.1674~2583.2022.

[11] 李宪光.工业制冷集成新技术与应用[M].北京:机械工业出版社,2017.

[12] [美]科曼.算法导论[M].殷建平,译.北京:机械工业出版社,2013.

[13] [美]彼得·范德林登.C专家编程[M].徐波,译.北京:人民邮电出版社,2020.

[14] [美]乔恩·罗力格,马修·麦卡洛.Git版本控制管理[M].王迪,丁彦,译.北京:人民邮电出版社,2015.

[15] [美]亚伯拉罕·西尔伯沙茨,[美]彼得·高尔文,[美]格雷格·加涅.操作系统概念[M].郑扣根,译.北京:机械工业出版社,2018.

[16] [美]赛尔吉欧·弗朗哥.基于运算放大器和模拟集成电路的电路设计[M].何乐年,奚剑雄,译.北京:机械工业出版社,2017.